최신 방위사업 개론

김선영

학 력
1990 육사 46기 졸업(전자공학)
1994 미국 오클라호마주립대학교 전자공학 석사
2010 동국대학교 경영학 박사
2014 국방대학교 안보과정

경 력
1990 ~ 1999 소·중대장 / 사단참모
2001 육군 교육사령부(M&S업무)
2002 육군대학 전문과정
2003 제20기계화보병사단 작전장교
2004 / 2009 육군 전력발전부(UAV소요업무) / 분석평가단(M&S업무)
2006 ~ 현재 방위사업청(국방 R&D, 핵심기술기획/관리, 국제기술협력, M&S, 사업관리, 계약관리 등)
현, 방위사업청 팀장(육군 대령)
　　　건국대학교 산업대학원 외래교수
　　　한국방위산업학회 이사
　　　방위산업학회지 편집위원
　　　국방대학교 국방연구지 편집위원
　　　육군미래혁신연구센터 객원연구원

저서 및 연구
《방위사업 이론과 실제》(2017, 북코리아)
방위사업 전문가로서 활발한 활동 및 연구
총 30여 편의 논문 및 기고, 다수의 논문상 수상

최신 방위사업 개론

2020년 8월 30일 초판1쇄 발행
2023년 1월　5일 초판2쇄 발행

지은이 김선영 | 펴낸이 이찬규 | 펴낸곳 북코리아
등록번호 제03-01240호 | 전화 02-704-7840 | 팩스 02-704-7848
이메일 ibookorea@naver.com | 홈페이지 www.북코리아.kr
주소 | 13209 경기도 성남시 중원구 사기막골로 45번길 14
　　　우림2차 A동 1007호
ISBN | 978-89-6324-711-3 (93390)

값 27,000원

최신 방위사업 개론

김선영 지음

북코리아

머리말

　역사적으로 힘이 약한 나라는 수많은 침략을 받았으며 그에 따라 국민들은 죽음을 포함한 많은 고통을 당해야 했다. 안타깝지만 우리 대한민국도 그러한 국가 중에 하나였다. 이러한 역사는 바로 힘이 있어야 한다는 사실을 분명하게 보여주고 있다. 이에 국방력의 핵심을 이루는 방위사업을 이해하고 이를 기초로 국방을 준비하는 것은 특정 사람들의 역할이 아니라 우리 국민 모두의 의무일 것이다.

　방위사업은 정책적인 측면, 기술적이고 실무적인 측면과 학문적인 측면이 융합되어 난해하고 광범위하며 복잡하기 때문에 이해하기가 쉽지 않다. 더구나 대부분의 서적이나 자료는 국방정책, 소요기획, 사업관리, 계약관리, 원가관리, 시험평가 등 각 분야별로 분리되어 있어 방위사업 전반에 대하여 흐름을 파악하기 쉽지 않은 실정이다.

　최근 수년간 방위사업은 대내외적으로 고난을 겪으면서 견뎌 왔지만, 근본적인 문제인 제한된 수요와 경직된 제도는 해결해야 할 문제로 남아 있다. 더구나, 방위산업 분야에서의 국제 경쟁은 더욱 치열해지고 있으며, 주변의 잠재적 위협과 군사적 위협, 그리고 비군사적 · 초국가적 위협은 더욱 증가될 것으로 예상되고 있다.

　이러한 현실에 기초하여 방위사업 관련 최신 법규와 문헌, 자료를 기초로 무기체계, 방위산업, 군사학 및 안보학의 필독서가 되도록 국방정책부터 소요기획, 방위사업, 방산정책, 사업 · 계약 · 원가 · 군수관리, 시험 · 분석평가, 절충교역, 과학적 사업관리 및 의사결정까지 방위사업 전 과정을 반영하였다. 또한 각 장마다 이슈가 되고 있는 내용을 반영하였고, 생각해 보거나 연구할 만한 가치가 있다고 판단되는 내용에 대해서는 "생각해 볼 문제"로 제시하였다. 이를 통해 방위사업에 관심이 있거나 종사하는 관리자, 실무자, 그리고 방위사업을 연구 및 공부하는 분들께 방위사업 전반에 대한 이해는 물론 분석 능력과 대안을 제시할 수 있는 소양 함양과 전문성을 향상시키는 데 도움이 되고자 하였으며, 궁극적으로는 방위산업의 경쟁력을 강화시켜 선진 강군(先進强軍)의 육성과 국가경제 발전에 조금이나마 기여하고자 하였다.

저자는 1990년에 장교로 임관 이후 야전 현장에서 방위사업을 통해 도입된 무기·장비를 직접 운용하고 관리하는 책임자로 근무하였고, 2001년부터는 본격적으로 무기체계 소요기획 업무, 국방 M&S업무, 국제기술협력업무, 핵심기술 기획 및 관리 업무, 업체선정 평가 업무, 사업관리 및 계약관리 등 방위사업 전 분야에 대한 다양한 경험을 쌓았다. 그러한 과정에서 효율성, 전문성 및 투명성 향상과 경쟁력 제고를 통한 방위사업 발전에 대한 열망을 가지고 많은 고민과 연구를 하였다.

특히 2009년 업체선정 시 실질적인 기술 중심의 업체선정으로 전환하는 데 결정적인 역할을 한 비용평가 산식을 제정하였다. 이전까지 협상에 의한 계약체결 시 모든 정부기관이 공통으로 적용하던 회계예규의 비용평가 산식은 평가기준가 대비 60% 이하에서 최고 점수를 받게 되어 있었다. 이에 따라 60% 이하로 입찰하여 연구개발 업체로 선정되고 있었는데, 부실 개발이 우려되었다. 무기체계 연구개발 시 적절한 연구개발비를 보장해 주어야 우수한 성능으로 개발 성공 가능성을 높이고 기술력도 향상시킬 수 있다는 확신과 제도개선에 대한 사명감으로 많은 반대에도 불구하고 80% 이하에서 최고점수를 받도록 비용평가 산식을 별도로 제정하여 적용하였다. 당시 별도로 제정한 산식을 수차례 개정하여 현재 95%까지 연구개발비가 보장되도록 발전하게 된 것에 큰 보람을 느낀다.

본서가 방위사업 전반을 다루는 최고의 서적으로서 무기체계, 방위산업, 군사학 및 안보학의 필독서로 활용되도록 심혈을 기울여 집필하였으나, 본의 아닌 미비한 점도 있을 것으로 생각한다. 이는 앞으로 계속 보완 및 수정해 나갈 것을 약속드리며, 본서가 모든 독자 여러분께 많은 도움이 되기를 진심으로 기원한다.

끝으로 본서가 출판되기까지 수고를 해주신 북코리아 이찬규 사장님과 직원 여러분께 감사드린다.

2020년 8월
저자 김 선 영

차례

표 차례

그림 차례

제1장

안보환경과 국방정책

중국 · 인도 분쟁 가운데… 시진핑 "티베트 수호" 특명

신화통신과 사우스차이나모닝포스트(SCMP) 등에 따르면 시 주석은 지난 29일 폐막한 티베트중앙심포지엄에서 공산당과 정부, 군대 고위층에 "방위를 강화하고 국경 안전을 보장하라"고 주문했다. 이어 인도 국경 지역에서의 국가 안보를 강조했다.

올해로 7회째를 맞은 티베트중앙심포지엄은 중국의 티베트(시짱자치구) 정책의 틀을 정하는 고위급 회의다. 올해는 28~29일 이틀에 걸쳐 열렸는데, 이 같은 규모로 개최된 것은 2015년 이후 처음이다.

티베트는 최근 유혈 분쟁이 발생한 중국과 인도의 국경 지대에 있다. 지난달 갈완고원에서 양국 간 충돌로 인도 병사 20명이 사망했다. 중국은 사망자 규모를 밝히지 않았다. 군과 외교 관계자들이 이후 협상에 나섰으나 아직 특별한 진전을 보지 못하고 있다.

중국은 티베트에서 추방한 종교 지도자 달라이 라마의 티베트 내 영향력을 줄이기 위해 노력해 왔다. 시 주석은 티베트의 불교가 사회주의와 중국의 특수한 상황을 받아들여야 한다고 주장했다.

시 주석은 또 티베트 지역이 주변의 쓰촨, 윈난, 깐수, 칭하이 성들과 보조를 맞춰 발전할 수 있도록 대규모 경제 부양 정책을 실시하겠다고 밝혔다. (이하 생략)

한국경제, 2020.8.30.

제1절 세계 안보정세

범세계적으로 영토, 종교, 인종 등과 같은 전통적 갈등 요인에 따른 국지분쟁의 가능성이 상존하는 가운데 초국가적·비군사적 위협의 확산으로 안보 불확실성이 증대되고 있다. 세계 각국은 핵·미사일, 테러, 사이버공격, 감염병 등 다양한 안보 위협에 공동 대응하여 지역 안정과 세계 평화이 기여할 수 있도록 국제적 공조 노력을 강화하고 있다.

1. 전통적 갈등 요인에 따른 안보위협 지속

범세계적으로 영토, 종교, 인종 등과 같은 전통적 갈등 요인으로 인한 안보위협이 지속되고 있다. 동아시아 지역에서는 미국이 중국, 러시아의 영향력 확대를 견제하고 안보위협에 대응하기 위해 동맹국 및 우방국들과의 협력체계를 구축하고 있다. 중국이 '일대일로 구상'을 추진하는 가운데 미국은 일본, 호주, 인도와의 협력을 중심으로 '인도·태평양 전략'[1]을 구체화하는 과정에 있다.

유럽 지역에서는 시리아와 북아프리카 지역에서 발생한 대규모 난민들이 난민유입, 테러 위협, 영국의 브렉시트 결정 등 다양한 대내외적 도전에 직면하고 있다. 유럽연합(EU)은 난민할당제 도입을 통해 난민 문제의 해결책을 모색하고 있으나, 유럽 일부에서 반유럽연합, 반이슬람, 반난민 정서 확산에 따른 극우 정당의 약진이 두드러지면서 유럽연합 국가 간 갈등이 지속되고 있다. 또한 벨기에, 영국, 스페인 등에서 일반 대중과 공공장소를 대상으로 ISIS(Islamic State of Iraq and Syria)에 의한 테러가 수차례 발생하면서 역내 반이슬람·반이민 정서는 지속적으로 약화되고 있다.

한편 2017년 12월 덴마크, 몰타, 영국을 제외한 25개 유럽연합 회원국들은 신무

---

1 2017년 11월, 미국 트럼프 대통령이 아시아 순방 시 '자유롭고 열린 인도·태평양 구상'을 제시, 이후 미국은 '인도·태평양 전략'으로 구체화 추진

기와 군사장비개발에 공동투자하고 군사작전 역량을 강화하는 내용을 담은 '항구적 안보·국방협력체제(PESCO: Permanent Structured Cooperation)' 구축에 서명하고, 17개 협력사업을 합의하는 등 군사 분야의 협력을 강화해 나가고 있다.

중동지역은 폭력적 ISIS와 같은 폭력적 극단주의 세력이 약화되고 있으나, 그동안 잠재되어 있던 중동 지역 내 갈등이 폭발적으로 표출되면서 정세 불안이 지속되고 있다. 시리아에서는 아사드 정권과 반군 세력 간의 갈등 및 터키군의 군사작전 등의 이유로 혼란스러운 상황이 계속되고 있으며, 수년간 지속되어온 예멘에서의 내전은 평화를 위한 여러 노력에도 불구하고 단기간 내 종전되기는 쉽지 않을 전망이다. 또한 중동 지역에서의 불확실성은 2018년 5월 미국의 이란 핵 합의(JCPOA: Joint Comprehensive Plan Of Action)[2] 탈퇴 선언과 대이란 제재 복원, 예루살렘으로의 미국 대사관 이전에 대한 팔레스타인의 강력한 반발 등으로 더욱 가중되고 있는 상황이다.

아프리카 지역에서도 저발전, 국가역량 부족, 취약한 거버넌스 등 만성적인 문제들로 인한 정치 세력 간 권력투쟁, 종족 간 갈등, 폭력적 극단주의 세력에 의한 테러 정치·경제 불안이 지속되고 있다. 소말리아에서는 2017년 10월 알샤바브에 의한 차량 자폭공격으로 500여 명의 사상자가 발생하였다. 나이지리아, 소말리아, 말리 등에서는 보코하람, 알샤바브와 같은 폭력적 극단주의 세력에 의한 테러가 여전히 계속되고 있다.

2. 초국가적·비군사적 위협 요인 다양화 및 범위 확대

이라크와 시리아에서 활동 영역을 상실한 ISIS는 북아프리카, 서남아시아, 동남아시아, 유럽 등으로 활동 영역을 확장하고 있다. 이로 인해 국경이 필요 없는 ISIS 2.0[3] 으로 진화하고 있다는 우려가 있다.

---

2 포괄적 공동행동계획으로 유엔 안보리 상임이사국 및 독일과 함께 2015년 7월에 체결한 이란 핵 문제에 관한 합의문서
3 글로벌 테러 확산, 무명테러 증대, 노마드형 테러 등이 주요 특징

증가하는 사이버공격 위협 역시 심각한 초국가적 위협의 하나이다. 민간기관은 물론 정부기관의 정보시스템에 침입하여 중대한 장애를 발생시키거나 시스템을 파괴하는 사례가 빈번하게 발생하였다. 2017년 5월 워너크라이 랜섬웨어 공격, 2017년 6월 낫페트야 랜섬웨어 공격, 2018년 3월 터키 가상화폐거래소 공격 등 전 세계적으로 사이버위협이 지속되고 있어 각국은 사이버위협에 대응하기 위한 전략 마련에 애쓰고 있다.

신종 감염병의 확산도 국제사회의 불안을 고조시키고 있다. 2013년 에볼라 바이러스에 이어 2015년에는 메르스가 26개 국가로 확산되었고, 최근에는 전 세계 73개국에서 지카 바이러스 감염환자가 발생하고 있다. 유엔 안전보장이사회 등 국제사회는 감염병을 중요한 안보위협[4]으로 인식하고 대응 역량 강화에 주력하고 있다.

지구촌 곳곳에서 자연재해와 재난이 발생하고 있다. 2017년에는 멕시코 강진, 발리 화산분출, 2018년에는 인도네시아와 대만에서는 지진이, 일본과 필리핀 그리고 하와이 화산 분화 등이 발생한 바 있다. 이러한 대규모 재해·재난은 발생을 예측하기 어렵고, 발생에 따른 경제적 손실 규모도 증가하고 있다. 또한 재난 발생 국가만의 능력으로 신속하고 효과적으로 구호·재건하기에는 제약이 따른다.

3. 안보 위협 대응을 위한 국제사회의 공조 강화

개별 국가의 노력만으로는 해소되기 어려운 안보 위협에 대응하기 위해 긴밀한 국제공조의 필요성이 강조되고 있다. 오늘날 더욱 고도화되고 있는 사이버위협은 국경의 제한 없이 국가안보에 치명적인 피해를 야기할 수 있어 국제사회의 공조가 필수적이다. 국제사회는 사이버공간에서의 신뢰구축과 효과적인 위협 대응을 위해 지역 다자안보협의체인 아세안 확대 국방장관회의뿐만 아니라 유엔, 아세안 지역안보포럼 (ARF: ASEAN Regional Forum), 사이버스페이스 총회 등을 통해 적극 협력하고 있다.

---

4   2014년 9월 18일 유엔 결의 제2177호에서는 "아프리카에서의 전례 없는 에볼라 발병의 확산이 국제 평화와 안전에 위협을 구성한다"고 선언

2015년 9월 제2차 글로벌 보건안보구상 고위급 회의에서는 메르스, 지카 바이러스 등 감염병 확산이 국제정치·경제·사회·안보 위협이라는 데 인식을 공유하고 각국 정부가 협력하기로 합의하였다.

대규모 재해재난 발생 시 신속한 구호와 복구 지원을 위한 국제공조 노력도 강화하고 있다. 국제사회는 유엔 글로벌 재난경보·조정시스템(GDACS: Global Disaster Alert and Coordination System)을 통해 전 세계에서 발생하는 각종 재난 정보, 재난 구호 현황과 계획을 실시간으로 공유하고 있다. 또한 아세안 지역안보포럼(ARF)과 아세안 확대 국방장관회의 등 지역 다자간안보협의체에서도 재난 구호 방안을 논의하고 모의훈련을 실시하고 있다.

제2절 동북아 안보정세

동북아 지역에서는 미국과 중국의 전략적 경쟁이 심화되는 가운데 일본과 러시아 또한 영향력 확대를 위해 해공군력 중심으로 군사력을 경쟁적으로 증강하고 있으며, 이러한 안보정세는 한반도 비핵화 변수와 맞물려 동북아 지역의 안보 유동성과 불확실성을 더욱 증대시키고 있다.

1. 역내 안보 구도의 유동성 증대

미국은 '힘을 통한 평화' 기조하에 국가안보전략(NSS: National Security Strategy)[5]과 국방전략(NDS: National Defense Strategy)[6]에서 중국과 러시아를 '수정주의 세력(Revisionist power)'으로

---

5 미 행정부가 의회에 제출하는 안보 관련 최상위 문서(NSS: National Security Strategy)
6 「국가안보전략(NSS)」에 따라 미 국방부가 작성하는 문서로, 미 합참의 「국가군사전략(NMS)」 등 하위 문서에 대한 작성 지침(NDS: National Defense Strategy)

명시하고 장기적·전략적 경쟁을 공식화하였으며, '인도·태평양 전략' 추진을 통해 미국, 일본, 호주, 인도 간 4자 협력을 중심으로 역내 국가들과의 양자 및 다자간 협력을 강화해 나가고 있다. 특히 국방예산을 증액하여 아태 지역 배치 전력증강 추진, 재래식 전력 강화, 핵 억제능력 현대화, 미국 본토의 미사일 방어능력 강화 등 군 현대화와 대비태세 강화를 위한 투자를 지속 확대하고 있다.

중국은 2017년 10월 제19차 당대회에서 시진핑 집권 2기 청사진으로 2020년부터 2035년까지 소강(小康)[7]사회 건설의 기조 아래 사회주의 현대화를 실현하고, 2050년까지 부강하고 아름다운 사회주의 강국의 전면적 건설을 통한 '세계 일류 강군 육성'을 목표로 내세웠으며 향후 글로벌 강국을 지향하는 대외정책을 추진할 것으로 예상된다.

일본은 평화헌법에 기초한 '전수방위'[8] 원칙을 유지한다는 입장을 견지하고 있으나, '국제협조주의에 입각한 적극적 평화주의'[9]를 내세우며 일본의 안전 및 국제사회의 평화와 안정 및 번영을 실현한다는 명분으로 이전보다 더욱 적극적인 방위정책으로의 전환을 추구하고 있다. 아울러 북한의 핵·미사일, 중국의 군사력 증강 등 변화된 안보환경을 반영하여 2018년 이후 기존의 '통합기동방위력' 개념을 '다차원 횡단방위' 개념으로의 변경을 추진하고 있다.

러시아는 '위대한 강대국 러시아의 부활'을 완성하기 위해 동북아시아, 유럽, 중동 등 국제무대에서 보다 적극적이고 단호한 대외정책을 구사할 것으로 예상된다. 또한 크림반도 병합에 대한 국제사회의 경제제재를 극복하고 극동 지역을 개발하기 위해 신동방정책[10]을 적극 추진하는 한편 중국과 긴밀하게 공조하여 아태 지역에 대한

---

7 중국 사회의 발전 단계에서 '따뜻하고 배부르다'라는 뜻의 '온포(溫飽)' 다음 단계를 말함. '온포'가 기초적 의식주 문제를 해결하는 것이라면, '소강'은 문화적 여유까지 가미한 중산층 생활을 의미

8 상대방으로부터 무력공격을 받았을 때 비로소 방위력을 행사하고 그 행사 또한 지위를 위한 필요한 범위 내에서 최소한으로 제한하며, 보유하고 유지하는 방위력도 자위를 위해 필요한 범위 내에서 최소한으로 제한하는 등의 수동적 방위전략

9 일본의 국가안전보장전략에 기술되어 있는 국가안전보장의 기본 이념으로, 일본이 그 국력에 걸맞게 국제사회의 평화와 안정 및 번영을 확보하기 위해 이제까지보다 더욱 적극적으로 기여해 나가야 한다는 개념

10 극동개발과 아태 지역 협력을 통해 국토 균형발전 및 강대국 러시아 재도약을 위해 2012년부터 극동

군사적 영향력도 지속적으로 확대할 것으로 보인다.

2. 주변국의 국방정책 및 군사동향

　동북아 지역에서 미국은 군사적 우위를 유지하고 있으며, 중국과 일본, 러시아도 해·공군력을 중심으로 군사력을 경쟁적으로 증강하고 있다. 한반도 주변 4국의 군사력을 개관하면 〈그림 1-1〉과 같다.

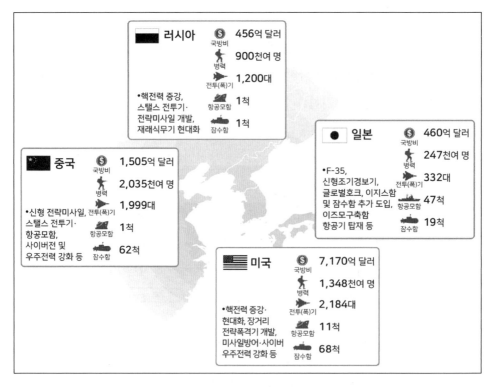

출처: 「The Military Balance 2018」(국제전략문제연구소, 2018년 2월), 미국 2019 회계연도 국방수권법(NDAA)

〈그림 1-1〉 한반도 주변 4국의 군사력

　개발부를 신설하여 추진 중이며, 2015년 동방경제포럼 개최를 통해 본격화

1) 미국

미국은 2017년 「국가안보전략(NSS)」과 2018년 「국방전략(NDS)」에서 본토 보호, 자국의 번영 증진, 힘을 통한 평화유지와 영향력 확대 등을 핵심 전략목표로 설정하고, 이를 힘으로 뒷받침하기 위한 군사적 우위 유지를 강조하고 있다. 또한 중국과 러시아를 전략적 경쟁국으로 평가하면서 정치·경제·군사 등 모든 분야에서 장기적 견제 노선을 추구하고 있다. 미국 국민과 동맹·우방국가의 안보 증진, 미국 경제 촉진, 미주주의 등 보편적 가치의 보호, 범세계적 도전에 대응한 국제질서 확립을 위한 군사적 우위 유지를 강조하고 있다.

미국은 러시아의 강압적 대외정책, 중국의 공격적 행동, 북핵·미사일 도발, 이란의 중동지역 위기 조성, ISIL(Islamic State of Iraq and the Levant)을 포함한 테러 위협을 5대 위협으로 간주하고 이 같은 안보위협에 대응하기 위해 강력하고 지속적인 리더십을 유지하면서 동맹 및 우방국들과의 협력체계를 구축하고 있다.

미국은 아태 지역의 안보질서를 안정적으로 유지하기 위해 한국, 일본, 호주 등 역내 동맹국은 물론 필리핀, 인도, 싱가포르, 베트남 등과의 군사협력을 강화해 나가고 있다.

일본과는 2015년 4월 「미·일 방위협력지침」을 개정하여 일본이 자위대의 역할을 확대하도록 견인하였다. 호주와는 이라크와 시리아에서 반ISIL 공조를 강화하고 있다. 필리핀과는 2014년 4월 「방위협력확대협정」을 체결하여 현지 군사기지와 시설에 대한 미군의 접근권과 사용권을 확보하였다. 인도와는 2015년 1월 「합동전략비전」을 발표하고, 2015년 6월 양국 정상회담에서 군수지원협정을 체결하는 등 안보 협력의 폭을 확대해 나가고 있다. 2015년 12월에는 싱가포르와 「방위협력합의서」를 개정하여, 군사·정책·전략·기술분야 협력과 비전통적 위협에 대한 공동대응에 합의하였으며, 2016년 5월 오바마 대통령의 베트남 방문기간에는 베트남의 무기수출 금지 조치를 완전히 해제하였다.

이처럼 미국은 동맹과 우방국들과의 양자 관계를 강화하면서 한·미·일, 미·일·호주, 미·일·인도 등 3자 또는 다자 관계로 결합시키는 안보 네트워크화를 통해 공세적으로 대외정책을 관리하고 있다.

군사적으로는 새로운 작전 요구사항을 반영하여 국제공역에서의 접근과 기동을 위한 합동개념 등 합동전투 개념을 발전시키고 F-22, F-35 등 스텔스 전투기, P-8 포세이돈 해상초계기, 버지니아급 핵잠수함, 해저 무인잠수정, 전략폭격기 등 해·공군 첨단전력을 아태 지역에 배치하고 있다.

일본은 병력규모를 현재 50만 명에서 2017년 9월까지 46만 명 수준으로 감축하고, 해군은 2020년까지 함정 보유량을 지속적으로 늘리면서 아태 지역에서 운용하는 함정을 증강하여 전력 규모의 약 60%를 이 지역에 배치할 예정이다. 공군도 차세대 전투기·공중급유기·수송기와 장거리 스텔스기를 획득하는 데 주력하고 있다. F-22의 지상공격 및 전자전 능력을 보강하고 있으며, B-2 B-52를 대체할 장거리타격폭격기를 개발 중이다.

사이버안보 태세를 강화하기 위한 노력도 강화하고 있다. 2014년 12월 미 의회는 사이버 보안 강화법을 승인하였으며, 2016년 사이버 위협정보 통합센터를 창설하였다. 2016년 2월 발표한 사이버보안 국가행동계획에서는 사이버위협을 미국의 국가안보에 대한 심각한 위협으로 지정하고 한국, 일본 등 동맹과 우방국과의 사이버 분야 협력을 강조하고 있다. 2017년 1월 트럼프 행정부의 출범으로 미국의 대외정책과 군사전략이 변화될 가능성도 있으나, 미국의 아시아 중시 전략과 한미동맹 및 미·일 동맹 중시 기조는 유지될 것으로 전망된다.

2) 일본

일본은 적극적 평화주의 명분하에 2014년 7월 집단적 자위권 행사에 대한 헌법해석을 변경하여 자위대의 역할을 확대하고 있다. 2015년 4월 「미·일 방위협력지침」 개정과 9월 안보법제 정비를 통해 자국의 존립에 위협이 된다고 판단되는 경우에는 직접적인 무력공격이 없더라도 집단적 자위권을 발동하여 무력을 행사할 수 있게 되었다. 일본에 중요한 영향을 미치는 사태라고 판단되는 경우 미군뿐만 아니라 타국 군에도 지리적인 제한 없이 발진 준비 중인 항공기에 대한 급유와 탄약지원 등 후방

지원이 가능하게 되었고, 재외 일본인에 대한 자위대의 구출활동, 자위대와 함께 행동하는 미군 및 외국군에 대한 방호, 국제평화유지활동에서 출동경호임무 등으로 자위대의 활동범위가 확대되었다.

군사적으로는 2013년 「방위계획대강」과 「중기방위력정비계획」에서 채택한 통합기동방위력 개념에 기초하여 육·해·공 자위대의 전력을 증강하고 있다.

육상자위대는 도서 지역을 감시하기 위해 조어도 인근 도서에 연안 감시대를 배치하고 수륙양용작전을 전담하는 수륙기동단 창설을 추진하고 있다. 사·여단을 신속하고 유연하게 운용하기 위해 육상총대를 창설하고, 도서지역 상황에 즉각적으로 대응하기 위해 일부 사·여단을 기동사·여단으로 개편할 예정이다.

해상자위대는 2023년까지 이즈모급 호위함 등 호위함과 잠수함 전력을 증강하고, 탄도미사일 방어능력을 향상시키기 위해 현재 6척인 이지스함을 8척으로 증강할 계획이다. 항공자위대는 2014년 4월 도서지역 감시를 강화하기 위해 오키나와에 조기경보기 부대인 경계항공대를 창설하고, 2016년 1월 F-15 전투기 비행대를 증편한 제9항공단을 창설하였다. 신형 조기경보기, 체공형무인기, 수직이착륙기, 신형 공중급유기, 수송기 등을 전력화하고 있다.

사이버전에 대비하기 위해 2014년 3월 육·해·공 자위대의 사이버전 기능을 통합한 사이버방위대를 방위성에 창설하였고, 2015년 1월 사이버보안전략본부와 내각 사이버보안센터를 설치하였다. 정보수집 위성을 이용하여 탄도미사일 감시 능력을 향상시키고 있으며, 우주 공간을 안정적으로 이용하기 위해 우주감시시스템을 정비하고 있다.

일본 자위대는 대해적 작전과 국제긴급구호 활동에도 참여하고 있다. 소말리아와 아덴만에 호위함 2척, P-3C 2대, 지원부대를 파견하고 있으며, 2014년 12월 인도네시아 실종항공기 수색과 2015년 4월 네팔 지진 구호활동에 함정, 수송기, 의료진을 파견한 바 있다.

3) 중국

중국은 중국 공산당 창당 100주년이 되는 2020년까지 전면적 소강(小康)사회를 달성하고 건국 100주년이 되는 2049년까지 부강하고 민주적이며 조화로운 사회주의 강대국 건설을 추진하고 있다.

2015년 중국의 국방백서인 『중국의 군사전략』에서 '중국의 꿈은 강국의 꿈이며 군대의 꿈은 강군의 꿈'이라고 규정하고 '아시아의 안보는 아시아의 손으로'[11]라는 신안보관을 제창하여 중국 주도의 동아시아 지역주의 의지를 천명한 바 있다. 중국은 '정보화 조건하 국지전 승리'를 기치로 군사전략을 혁신하고 군구조를 최적화하고 있다. 2015년 9월 전승절 70주년 기념 열병식에서 시진핑 주석의 인민해방군 30만 감축 선언 이후 중국군은 편제를 조정하였으며, 기강 확립을 위한 반부패 개혁도 지속 추진하고 있다.

육군은 2015년 육군사령부를 신설하여 정밀작전과 입체작전, 전역작전과 다기능작전, 지속작전 능력을 향상시키고 있다.

해군은 근해 방어와 원양 호위형이 결합된 해상작전 형태로 전환시키며, 전략적 억제와 반격, 해상 기동작전, 해상 합동작전, 종합 방어작전 능력을 향상시키고 있다. 사거리 8천km 이상의 쥐랑 탄도미사일을 탑재한 전략핵잠수함 4척과 수상·수중함 870여 척을 운용하고 있으며, J-15 함재기 20여 대를 탑재할 수 있는 랴오닝 항공모함을 전력화하고 수척의 항공모함도 자체 개발하고 있다.

공군은 공격과 방어, 항공과 우주 능력을 발전시키기 위해 항공우주방어 전력 체계를 구축하고 전략 조기경보, 공중 타격, 공중 및 미사일 방어, 공수 작전, 전략 수송, 종합지원 능력을 향상시키는 데 주력하고 있다. 현재 3천여 대의 군용 항공기를 보유하고 있으며 Y-20 전략 수송기를 작전 배치하고 J-20 시제기 시험 비행에 이어 J-31의 실물을 공개한 바 있다.

중국은 위성통신, 정보와 감시정찰, 위성항법, 기상, 우주탐사 등 우주 강국 건설에도 역점을 두고 있으며, 2016년 운반용 로켓 창정 7호와 창정 5호 발사 성공에 이어

---

11 중국의 시진핑 주석이 2014년 5월 제4차 아시아 신뢰구축회의 기조연설에서 제시하였음.

2018년에는 달 탐사위성 창어 4호도 발사할 예정이다.

4) 러시아

러시아는 2014년 네 번째 「군사독트린」과 2015년 「국가안보전략」 개정안에서 '강력한 군사력을 통한 적극방어' 전략을 표방하고 있으며 조직과 정원 개편, 군인 봉급인상, 주택 개혁 등 과감한 국방개혁을 단행하고 있다.

육군은 사단급 제대와 감편 부대를 해체하여 총 85개의 여단을 창설하였고, 서부지역에 3개 사단을 창설하여 서부지역 국경 일대에서 증가하고 있는 북대서양조약기구(NATO)군의 위협에 대비하고 있다.

해군은 2014년 북양함대를 모체로 북극통합전략 사령부를 창설하였고, 2015년에는 북극지역 도서에 대한 상륙훈련을 최초로 실시하여 북극해 지역에 대한 실효적 지배를 강화하고 있다.

항공우주군은 잠재적인 항공우주 공격에 신속하고 효과적으로 대응하기 위해 2015년 공군과 우주군을 통합하여 창설되었다.

전략미사일군은 상시 전투준비태세와 야전 적응능력 제고를 위해 2016년에 총 16회 대륙간탄도미사일 발사 훈련을 실시하였고, 2020년까지 실전배치를 목표로 전투열차 미사일 시스템을 개발 중이다.

하바롭스크에 위치한 동부군관구는 2015년 12월 최신예 전투기 SU-35 전대를 처음으로 배치하였고, 전략미사일 발사 잠수함 알렉산드르 넵스키호, 전술미사일 이스칸데르-M, S-400 지대공 미사일을 전력화하는 등 무기 현대화도 진행하고 있다.

제3절 북한 정세 및 군사위협

북한은 2011년 정권세습 이후 남북관계 주도권 확보 노력과 함께 핵개발에 따른 제재 및 고립국면 탈피를 위한 외교활동에 주력해 왔다. 또한 핵과 탄도미사일을 비롯한 대량살상무기 개발, 재래식 전력증강, 접적지역 무력도발, 사이버공격과 소형무인기 침투 등 지속적인 도발을 해왔으나, 2018년 들어 한반도 비핵화 목표를 표방하면서 남북 및 대외관계 개선 등을 통해 평화적 이미지를 부각하며 국제사회에서의 위상 정립에 주력하고 있다.

1. 북한 정세

1) 내부 정세

북한은 2011년 정권세습 이후 조직개편과 인적 교체 등을 통해 정권의 안정성을 유지한 가운데 2013년 '핵 · 경제 병진노선'에 이어 2018년 '사회주의 경제건설 총력집중 노선'을 채택하는 등 전략적 변화를 모색하고 있다.

북한은 2010년 9월 제3차 당대표자회에서 정권세습을 공식화한 이후 2011년 12월 최고지도자의 유고에 따라 신속히 권력을 이양하였고, 당 · 정 · 군 고위간부들을 세대교체하면서 정권안정을 도모하였다. 그리고 2016년 5월 노동당 최고의사결정 기구인 제7차 당대회와 제13기 제4차 6월 최고인민회의를 연이어 개최하는 동시에 기존 국방위원회를 국무위원회로 대체하고 국무위원장을 정권의 공식적인 최고수반으로 공표함으로써 정권 교체에 따른 제도적 · 법적 통치체제를 완성하였다.

또한 정권 차원에서 핵 · 미사일 능력 고도화에 역량을 집중하였으며, 2017년 9월 6차 핵실험 및 다중의 탄도미사일 발사를 통해 소위 '국가핵무력'의 완성을 선언하였다. 북한은 2018년 신년사에서도 '핵 · 경제 병진노선'의 정당성을 주장하며 핵탄두

대량생산 및 실전배치를 강조하는 한편 경제 자립성 강화와 함께 주민 생활 개선의 필요성을 부각하였다.

2018년 4월 당 중앙위 제7기 3차 전원회의에서 '사회주의 경제건설 총력 집중노선'을 새로운 전략노선으로 공식화한 이후 정권 차원에서 경제 현장 위주 점검을 강화하고 각종 공개매체 등을 통해 자력갱생과 과학기술, 중산돌격운동 등을 강조하며 경제성과 창출을 독려하고 있다.

이와 함께 9월 정권수립일 70주년을 계기로 3년 만에 사면조치를 단행하고 대규모 열병식 및 집단체조와 해외 고위인사 초청, 적극적인 대외홍보를 통한 관광객 유치 등을 통해 국제사회로부터의 고립 탈피를 시도함과 동시에 체제결속을 도모하고 있다. 또한 북한은 정권의 전략적 노선 및 정책 변화에 따른 외부 사조유입과 주민들의 사상이완 가능성 등을 우려하여 사회주의 체제 우월성에 대한 선전도 강화하고 있다.

향후에도 북한은 체제 안정성을 유지하기 위한 노력을 지속하면서도 경제개선을 위한 법·제도 정비와 함께 유리한 대외환경 조성에 주력할 것으로 예상된다. 특히 '경제발전 5개년 전략'이 종료되는 2020년까지 주민 생활의 실질적인 개선을 목표로 인력과 자원을 총동원하면서 경제성과 창출에 주력할 것으로 전망된다. 또한 과학교육 발전을 통한 중장기 경제발전 토대 마련을 위해 과학 인프라 증설 및 과학교육의 양적·질적 향상을 도모하려 할 것이다.

2) 대남 정책

북한은 지속적으로 남북관계 개선 필요성을 주장하면서도 상황 변화와 정치적 목적에 따라 군사적 긴장 조성 등의 방식으로 우리 정부의 대북정책 전환을 유도해 왔다.

2016년 1월 북한의 4차 핵실험에 따라 대북확성기 방송 재개 등 우리 정부의 대응조치가 이루어지고 국제사회 차원의 대북제재 논의가 진행 중이던 2월 장거리 미사일을 발사하며 위기를 한층 고조시켰다. 또한 우리 정부의 2월 개성공단 전면 중단 발표에 대응하여 개성공단 폐쇄를 결정하였으며, 9월 5차 핵실험을 강행하며 남북관계는 급랭되었다.

2017년에도 북한은 신년사를 통해 '전 민족적 통일대회합' 개최 제안 등 남북관계 개선의 필요성을 주장하였으나, 악화된 남북관계 책임을 우리 정부에 전가하는 한편 2017년을 '싸움 준비 완성의 해'로 설정하며 후가적인 핵개발과 투발수단 전력화' 추진을 공언하였다.

2월 '북극성-2형'을 시작으로 대륙간탄도미사일(ICBM: Inter Continental Ballistic Missile)급 미사일까지 포함한 다종의 탄도미사일 발사와 6차 핵실험 강행 등 핵·미사일 능력 고도화에 주력하였다. 특히 우리의 제19대 정부 출범 4일 만인 5월 14일 반도미사일 시험발사를 통해 정세를 긴장시켰으며, 이후에도 7월 6일 우리의 '베를린 구상' 및 7월 17일 남북 군사·적십자 회담 제의에 대해 제재와 대화는 병행될 수 없다고 주장하며 추가 핵실험 및 미사일 발사를 강행함으로써 경색국면이 지속되었다.

그러나 우리 정부의 일관된 남북관계 개선 노력이 지속된 가운데 북한이 2018년 신년사에서 우리의 평창 동계올림픽을 계기로 관계개선 의지를 밝힌 이후 평창 동계올림픽에 특사단과 대표단을 파견하는 등 남북관계 전환의 계기가 마련되었다. 특히 4원 27일에는 2007년 이후 11년 만에 남북 정상회담을 갖고 남북관계 개선과 한반도 평화체제 구축을 위한「판문점선언」에 합의하면서 남북 간 협력 확대를 위한 기반이 구축되었다.

이후 북한은 당국 및 민간 차원의 대남접촉을 지속하는 한편 합의된 사항들에 대해서 충실히 이행하는 모습을 보이고 있다. 또한 5월 26일 4차 남북 정상회담에 이어 9월 18일부터 20일까지 5차 남북 정상회담을 평양에서 개최하며「9월 평양공동선언」, 「판문점선언 이행을 위한 군사분야 합의서」를 채택한 이후 공동경비구역(JSA) 비무장화 등 남북관계 개선과 군사적 긴장 상태를 완화하기 위한 일련의 조치들에 호응하고 있다. 한편 전력증강 등 안보 현안 관련 사안에 대해서는 선전매체들을 활용하여 선별적으로 비난하고 있다.

앞으로도 북한은 경제 활로 마련에 유리한 외부적 환경 조성을 위해 큰 틀에서 남북 간 협력 및 교류 기조를 유지할 것으로 예상된다. 남북 공동연락사무소를 통해 적십자 및 군사, 도로 등 다양한 분야에서 당국 간 접촉을 상시화하고 합의된 사항들에 대해 「판문점선언」 및 「9월 평양공동선언」을 강조하며 적극적인 이행 분위기를 조성할 것이다. 이와 함께 민간 분야의 협력도 강화함으로써 당국 및 민간 투트랙으로 안정적인 남북관계를 구축하고자 할 것이다.

2. 북한의 군사전략 및 군사능력

1) 군사전략

북한은 '주체사상'에 입각한 '국방에서의 자위' 원칙에 따라 1962년 4대 군사노선을 채택하고, 군사력을 지속적으로 증강하고 있다.

기습전, 배합전, 속전속결전을 중심으로 하는 군사전략을 유지한 가운데 다양한 전략·전술을 모색하고 있다. 북한은 정권세습 이후에도 군사분계선(MDL), 작방법계선(NLL) 등 접경지역에서의 군사행동을 통해 주도권 장악을 시도하는 한편 선별적인 재래식 무기 성능 개량과 함께 핵·WMD, 미사일, 장사정포, 잠수함, 특수전 부대, 사이버 부대 등 비대칭 전력을 증강시켜 왔었다. 특히 6,800여 명의 사이버전 인력을 운용하고 있으며, 전문인력 육성 및 최신기술에 대한 연구개발을 지속하는 등 사이버전력 증강을 위한 노력을 계속하고 있는 것으로 보인다.

북한군은 유사시 비대칭 전력 위주로 기습공격을 시도하여 유리한 여건을 조성한 후 조기에 전쟁을 종결하려 할 가능성이 크다. 한편 북한이 그간 전략적 환경 변화에 맞춰 군사전략을 변화시켜 온 것처럼 한반도 비핵화 및 평화체제 구축 과정에서 비핵화 협상 진전 여부 등에 따라 변화를 모색할 가능성이 있다.

2) 육군

육군은 총참모부 예하에 10개의 정규전·후방군단, 2개의 기계화군단, 고사포군단, 11군단,[12] 1개 기갑사단, 4개 기계화보병사단, 1개 포병사단 등으로 편성되어 있다.

총참모부는 지휘정보국 신편 등 조직 개편과 통합전술지휘통제체계[13] 구축을 통해 CA132 능력을 강화하고 있으며, 사이버전 수행능력도 강화하고 있다.

북한은 육군 전력의 약 70%를 평양~원산선 이남 지역에 배치하여 언제든지 기습공격을 감행할 태세를 갖추고 있다. 전방에 배치된 170mm 자주포와 240mm 방사포는 수도권 지역에 대한 기습적인 대량집중 공격이 가능하고 최근 개발이 완료되어 일부 배치된 300mm 방사포[14]는 중부권 지역까지 공격이 가능하다. 또한 122mm와 200mm 견인방사포[15]를 추가 생산하여 전방과 해안 지역에 집중 배치하고 최근에는 사거리 연장탄 및 정밀유도탄 등의 다양한 특수탄[16]을 개발하여 운용하고 있다. 기갑 및 기계화부대는 선군호 및 준마호 등 신형장비를 추가 생산하거나 부분 성능개량을 통해 작전능력을 향상시키고 있다.

특수전 병력은 현재 20만여 명에 달하는 것으로 평가된다. 특수전 부대는 11군단과 전방군단의 경보병사 · 여단 및 저격여단, 해군과 항공 및 반항공군 소속 저격여단, 전방사단의 경보병연대 등 전략적 · 작전적 · 전술적 수준의 부대로 다양하게 편성되어 있다. 최근에는 요인 암살작전을 전담하는 특수작전대대를 창설하였고 특수전 부대의 위상을 강화하기 위해 '특수작전군'을 별도의 군종으로 분류하는 등 특수작전능력을 지속적으로 강화하고 있다.

특수전 부대는 전시 땅굴을 이용하거나 잠수함, 공기부양정, AN-2기, 헬기 등 다양한 침투수단을 이용하여 전 · 후방지역에 침투하여 주요 부대 · 시설 타격, 요인 암살, 후방 교란 등 배합작전을 수행할 것으로 판단된다.

---

12 전략적 특수선부대, 일명 폭풍군단

13 지휘관의 결심 및 타격을 지원하는 체계(GS-2000)

14 수차례의 시험발사를 실시하고 2015년 10월 당 설립 70주년 열병식에서 살( )장비를 최초 공개

15 기존 차량에 탑재된 방사포를 평시에는 화포만 운용하고 유사시 차량이나 트랙터 등으로 견인하면서 운용할 수 있도록 개조한 방사포

16 북한군은 방사포탄을 개량하여 정밀유도탄, 사거리연장탄, DPICM(Dual Purpose Improved Comventional Munitions)탄, 화염탄, 대공표적을 제압할 수 있는 공중작용탄 등의 다양한 특수탄을 개발 및 운용 중

〈표 1-1〉 북한 육군 주요 전력

전차	장갑차	야포	방사포
4,300여 대	2,500여 대	8,600여 문	5,500여 문

3) 해군

해군은 해군사령부 예하 동·서해 2개 함대사령부, 13개 전대, 2개의 해상저격여단으로 편성되어 있다.

해군은 총 전력의 약 60%를 평양-원산선 이남에 전진 배치하여 상시 기습 공격할 수 있는 능력을 보유하고 있으나, 소형 고속함정 위주로 편성되어 원해 작전능력이 제한된다.

수상전력은 유도탄정, 어뢰정, 소형경비정 및 화력지원정 등 대부분 소형 고속함정으로 구성되어 있으며, 지상작전과 연계하여 지상군 진출을 지원하고 연안 방어 등의 임무를 수행한다. 최근 신형 중대형 함정과 다양한 종류의 고속특수선박(VSV: Very Slender Vessle)을 배치하여 수상공격 능력을 향상시키고 있다.

수중전력은 로미오급 잠수함과 잠수정 등 70여 척으로 구성되어 있으며 해상교통로 교란, 기뢰 부설, 수상함 공격, 특수전 부대의 지원 등의 임무를 수행한다. 최근에는 잠수함발사탄도미사일(SLBM: Submarine Launched Ballistic Missile) 탑재가 가능한 고래급 잠수함을 건조하는 등 전력을 증강하고 있다.

〈표 1-2〉 북한 해군 주요 전력

전투함정	상륙함정	기뢰전함정(소해정)	지원함정	참수함정
430여 척	250여 척	20여 척	40여 척	70여 척

상륙전력은 공기부양정, 고속상륙정 등 250여 척으로 구성되어 있으나 대부분 소형함정으로 특수전부대를 우리 후방지역에 침투시켜 주요 군사·전략시설을 타격하고 중요 상륙 해안을 확보하는 임무를 수행할 것으로 예상된다.

4) 공군

공군은 항공 및 반항공사령부[17] 예하 5개 비행사단, 1개 전술수송여단, 2개 공군제격여단, 방공부대 등으로 편성되어 있다.

북한 공군은 북한 전역을 4개 권역으로 나누어 전력을 배치하고 있으며, 총 1,640여 대의 공군기를 보유하고 있다. 전투임무기는 810여 대 중 약 40%를 평양~원산선 이남에 전진 배치해 놓고 있어 최소의 준비로 신속하게 공격할 수 있는 태세를 갖추고 있다. 또한 AN-2기와 헬기를 이용한 대규모 특수전 부대의 침투능력을 갖추고 있으며, 정찰 및 공격용 무인기와 경항공기도 생산·배치하고 있다.

방공체계는 항공기, 지대공 미사일, 고사포, 레이더 부대 등으로 통합 구축되어 있다. 전방지역과 동·서부 지역에 SA-2[18]와 SA-5[19] 지대공 미사일이 배치되어 있으며 평양 지역에는 SA-2와 SA-3[20] 지대공 미사일과 고사포를 집중 배치하여 다중의 대공 방어망을 형성하고 있다. 또한 GP 전파교란기를 포함한 다양한 전자교란 장비를 개발하여 대공방어에도 운용하고 있는 것으로 추정된다.

지상관제요격기지, 조기경보기지 등 다수의 레이더 방공부대는 북한 전역에 분산 배치되어 있어 한반도 전역을 탐지할 수 있으며 레이더 방공부대의 탐지 정확도를 높이고 작전 대응시간을 단축하기 위하여 자동화 방공 지휘통제체계를 구축하고 있다.

---

17 기존 공군사령부를 항공 및 반항공사령부로 명칭 변경(2012. 5.)

18 최대사거리 56km의 중·고고도 표적 요격용 유도탄제계(SA-2: Surface to air-2)

19 SA-2 보완용으로 개발된 최대사거리 250km의 고고도 표적 요격용 유도탄체계(SA-5: Surface to air-5)

20 최대사거리 25km의 중거리, 저·중고도 표적 요격용 유도탄체계(SA-3: Surface to air-3)

〈표 1-3〉 북한 공군 주요 전력

전투임무기	감시통제기	공중기동기(AN-2 포함)	훈련기	헬기(해군 포함)
810여 대	30여 대	340여 대	170여 대	290여 대

5) 전략군

북한은 전략로케트사령부를 전략군으로 확대 개편하여 별도의 군종사령부로 운용하고 있으며, 사령부 예하에 9개 미사일여단을 편성하고 있는 것으로 추정된다. 전략군은 중국군의 로켓군, 러시아군의 전략미사일군과 유사한 기능을 수행할 가능성이 클 것으로 예상된다.

북한은 전략적 공격능력을 보강하기 위해 핵, 탄도미사일, 화생방무기를 지속적으로 개발하고 있다. 1980년대 영변 핵시설의 5MWe 원자로를 가동한 후 폐연료봉 재처리를 통해 핵 물질을 확보하였고, 이후 2006년 10월부터 2017년 9월까지 총 6차례의 핵실험을 감행하였다. 북한은 수차례의 폐연료봉 재처리 과정을 통해 핵무기를 만들 수 있는 플루토늄을 50여kg 보유하고 있는 것으로 추정되며, 고농축 우라늄(HEU)도 상당량을 보유한 것으로 평가된다. 또한 핵무기 소형화 능력도 상당한 수준에 이른 것으로 보인다.

1970년대부터 탄도미사일 개발에 착수하여 1980년대 중반 사거리 300km의 스커드-B와 500km의 스커드-C를 배치하였으며, 1990년대 후반에는 사거리 1,300km의 노동 미사일을 배치하였고, 그 후 스커드 미사일의 사거리를 연장한 스커드-ER을 배치하였다. 2007년에는 사거리 3,000km 이상의 무수단 미사일을 시험발사 없이 배치하여 한반도를 포함한 주변국에 대한 직접적인 타격능력을 보유하게 되었다.

북한은 작전 배치되었거나 개발 중인 미사일에 대한 시험발사를 2012년부터 본격적으로 시작하였으며, 2017년에는 북극성-2형, 화성-12/14/15형 미사일 등을 시험발사하였다. 특히 2017년 5월과 8월, 9월에는 화성-12형을 북태평양으로 발사하였으며, 7월과 11월에는 미국 본토를 위협할 수 있는 화성-14형과 15형을 시험 발사하였

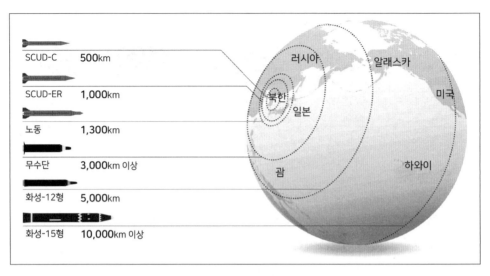

<그림 1-2> 북한의 미사일 종류

다. 그러나 탄두의 대기권 재진입기술 확보 여부를 검증할 수 있는 실거리 사격은 실시하지 않아, 이에 대한 추가적인 확인이 필요하다. 북한이 현재 보유하고 있는 탄도미사일의 사거리는 〈그림 1-2〉와 같다.

북한은 1980년대부터 화학무기를 생산하기 시작하여 현재 약 2,500~5,000톤의 화학무기를 저장하고 있는 것으로 추정되며 탄저균, 천연두, 페스트 등 다양한 종류의 생물무기를 자체 배양하고 생산할 수 있는 능력도 보유하고 있는 것으로 보인다.

6) 전쟁지속능력

북한의 예비전력은 전투동원 대상인 교도대, 직장 및 지역 단위의 노농적위군, 고급중학교 군사조직인 붉은청년근위대, 준군사부대로 구성되어 있다. 이들은 14세부터 60세까지 동원 대상이며, 전 인구의 약 30%에 달하는 762만여 명으로 추산된다.

유사시 정규전 부대의 전투력을 보강할 수 있는 교도대는 60만여 명에 달하며, 정규군에 준하는 훈련수준을 유지하고 있다. 북한 예비전력 현황은 다음 표와 같다.

북한은 전시 약 1~3개월 동안 지원이 가능한 수준의 식량, 유류, 탄약 등을 비축하고 있다. 전시에 수공장으로 전환되도록 지정된 민수공장은 단시간 내에 전시 동원

〈표 1-4〉 북한 예비전력 현황

구분	병력	비고
계	762만여 명	
교도대	60만여 명	동원예비군 성격(17~50세 남자, 17~30세 미혼 여자)
노농적위군	570만여 명	향토예비군 성격(17~60세 남자, 17~30세 교도대 미편성 여자)
붉은청년근위대	100만여 명	고급중학교 군사조직(14~16세 남녀)
준군사부대	32만여 명	호위사령부, 군수동원지도국 등

체제로 전환할 수 있어 전시 군수공장은 300개 이상 가동이 가능할 것으로 예상된다. 이들 군수공장에서는 전투임무기를 제외한 대부분 장비와 탄약을 자체 생산할 수 있는 능력을 갖추고 있는 것으로 추정된다. 그러나 외부로부터의 지원이 없을 경우 장기전 수행은 제한될 것이다.

제4절 국가안보전략과 국방정책

1. 국가안보전략

현재 정부는 '국민의 나라 정의로운 대한민국'을 국가비전으로 설정하고, 안보 분야 국정목표로 '평화와 번영의 한반도'를 선정한 '국가안보전략'을 수립하여 추진하고 있다. 정부는 튼튼한 안보를 유지한 가운데 북한 핵문제를 해결하고 한반도의 항구적인 평화를 정착시켜 나갈 것이다.

1) 국가비전과 국가안보목표

현재 정부는 국민이 나라의 주인이 되고 정의가 바로 선 국가를 건설하기 위해

'국민의 나라 정의로운 대한민국'을 국가비전으로 설정하고, '국민이 주인인 정부', '더불어 잘사는 경제', '내 삶을 책임지는 국가', '고르게 발전하는 지역', '평화와 번영의 한반도'를 5대 국정목표로 설정하였다. 안보 분야 국정목표로 '평화와 번영의 한반도'를 선정하고 '북핵 문제의 평화적 해결 및 항구적 평화정착', '동북아 및 세계 평화·번영에 기여' 그리고 '국민의 안전과 생명을 보호하는 안심사회 구현'을 국가안보목표로 설정하였다.

(1) 북핵 문제의 평화적 해결 및 항구적 평화정착

국제사회 공조하에 한반도의 완전한 비핵화와 평화체제 구축, 남북 간 신뢰구축 및 군비통제의 포괄적인 추진으로 북한 핵문제를 평화적으로 해결하고, 군건한 한미동맹을 바탕으로 우리의 국방역량을 강화함으로써 한반도의 항구적인 평화정착을 뒷받침할 것이다.

(2) 동북아 및 세계평화·번영에 기여

동북아와 세계평화 번영을 증진을 도모하는 환경조성을 통해 국익을 도모하는 가운데 평화협력을 주도하는 국가로 발돋움하고자 한다. 우선 한·미 공조를 토대로 역내 국가 간 협력을 통해 한반도 문제를 주도적으로 해결해 나갈 것이다. 아울러 인도, 아세안, 유라시아 국가들과의 정치·경제적 협력 강화, 지역 협력의 제도화를 통해 이 지역의 평화와 안정, 공동번영에 기여하고 기후변화, 국제 테러, 감염병, 난민문제 등 국제사회가 직면하고 있는 글로벌 안보 현안 해결에 대해 적극적으로 참여할 것이다.

(3) 국민의 안전과 생명을 보호하는 안심사회 구현

국민의 눈높이에서 국민 개개인의 재산과 권익을 보호하는 한편 사이버위협, 테러, 재난, 생활 안전 등 다양한 위협과 위험으로부터 국민의 안전과 생명을 보호할 것이다.

2) 국가안보전략 기조

정부는 안보 분야의 국정목표인 '평화와 번영의 한반도'를 구현하기 위해 국방, 통일, 외교 분야에서 실행해야 할 추진 전략으로 '한반도 평화·번영의 주도적 추진', '책임국방으로 강한 안보 구현', '균형 있는 협력외교 추진', '국민의 안전확보 및 권익보호' 등을 선정하였다.

(1) 한반도 평화·번영의 주도적 추진

우리는 한반도 문제의 직접 당사자로서 한반도 평화와 번영을 위해 지속해서 노력해 나갈 것이다. 북핵 문제 해결이 진전되고 여건이 조성될 경우 '한반도 신경제구상' 등의 본격적인 이행을 통해 평화와 번영의 선순환 구조를 창출할 것이다. 나아가 남북대화 정례화, 다방면의 교류협력 확대, 남북합의 법제화 등을 통해 지속 가능한 남북관계를 발전시킬 것이다.

(2) 책임국방으로 강한 안보 구현

'우리 국방은 우리 스스로 책임진다'는 책임국방을 구현하여 확고한 안보태세를 구축할 것이다. 전환기적 안보 상황에 대비하여 확고한 국방태세를 유지하고, 굳건한 한미 동맹 기반 위에 전시작전통제권의 조기 전환을 통해 우리 군 주도의 새로운 연합방위체제를 구축할 것이다. 미래지향적이고 강도 높게 「국방개혁 2.0」을 추진하여 국민들이 외부환경 변화에 불안감을 느끼지 않도록 우리의 국방역량을 강화하고 방위사업의 투명성과 효율성을 제고할 것이다. 아울러 장병 인권보장, 복무 여건 개선 및 선진병영문화 창출을 등해 국민과 함께하는 군대를 육성할 것이다.

(3) 균형 있는 협력외교 추진

주변 4국과의 협력을 강화하면서 아세안, 유럽, 중동, 아프리카 등으로 협력의 외연을 확정하는 균형 있는 협력외교를 추진할 것이다. 우신 한미동맹을 안보 및 경제

협력, 인적 교류와 글로벌 리더십을 포함하는 포괄적 관계로 심화·발전시키는 한편 주변국에 대한 협력외교를 강화함으로써 북한 핵문제를 평화적으로 해결하고 동북아의 안정과 평화에 기여할 것이다. 또한 신북방정책, 신남방정책[21]을 추진하여 외교의 지평은 확장함으로써 한반도의 평화와 번영을 위한 기반을 확대할 것이다. 아울러 대규모 자연재난, 감염병, 마약, 난민 문제 등 초국가적 위협에 대해 국제사회와 공동대응하고, 공공외교, 국제경제, 기후변화, 개발협력 등의 분야에서도 우리의 국력에 상응하는 국제협력과 기여외교를 적극적으로 추진할 것이다.

(4) 국민의 안전확보 및 권익보호

대규모 재난과 사고에 대해 상시적인 대응이 가능하도록 통합적인 재난관리체계를 구축하고 현장 대응능력을 강화할 것이다. 사이버위협, 테러 등 다양한 유형의 비군사적 안보위협에 대응하기 위한 국가 차원의 역량을 강화하고, 재외국민을 보호하는 데 소홀함이 없도록 재외국민 보호시스템을 더욱 강화해 나갈 것이다.

2. 국방정책과 군사전략

우리 군은 국방비전인 '유능한 안보 든든한 국방'을 구현하기 위해 국방정책 6대 기조를 추진하고 있다. 군 본연의 임무인 군사대비태세를 튼튼히 하고, 장병들이 가고 싶고 국민들이 보내고 싶은 선진병영문화를 정착시켜 국민이 신뢰하는 군을 육성할 것이다. 또한 굳건한 한미 연합방위체제를 토대로 국방역량을 강화하여 한반도의 항구적 평화정착을 강한 힘으로 뒷받침할 것이다.

---

21 정부는 한반도와 동북아를 넘어 주변 지역의 평화와 번영을 위한 환경을 조성하기 위해 '동북아클러스트 책임공동체'를 추진 중이다. 신남방정책은 아세안 10개국 및 인도를 정치, 경제, 문화, 인적 교류 측면에서 주변국 수준으로 우호협력을 강화하는 외교정책이고, 신북방정책은 러시아, 중국, 몽골, 중앙아시아 국가 등 한반도 북방 유라시아 국가들과 교통, 물류 및 에너지 인프라를 연계하여 우리 정책의 신성장동력을 창출하고 공동번영을 추구하는 한편 한반도를 포함한 유라시아 대륙의 평화·안정을 도모하기 위한 정책임.

1) 국방목표

국방목표는 외부의 군사적 위협과 침략으로부터 국가를 보위하고, 평화통일을 뒷받침하며, 지역의 안정과 세계평화에 기여하는 것이다.

(1) 외부의 군사적 위협과 침략으로부터 국가 보위

우리 군은 대한민국의 주권, 국토, 국민, 재산을 위협하고 침해하는 세력을 우리의 적으로 간주한다. 남과 북은 군사적 대치와 화해·협력의 관계를 반복해 왔으나, 2018년 세 차례의 남북 정상 회담과 최초의 북미 정상회담이 성사되면서 한반도의 완전한 비핵화와 평화정착을 위한 새로운 안보환경을 조성하였다. 특히 2018년 9월에는 남북 군사당국이「역사적인 판문점선언 이행을 위한 군사분야 합의서」를 체결하고 이행함으로써 남북 간 군사적 긴장완화와 신뢰구축을 위한 기반을 마련하였다.

그러나 북한의 대량살상무기는 한반도 평화와 안정에 대한 위협이다. 우리 군은 한반도의 완전한 비핵화와 항구적 평화정착 노력을 군사적으로 뒷받침하고, 모든 상황에 철저히 대비해 나갈 것이다. 아울러 잠재적인 위험과 테러·사이버공격·대규모 재난 등 초국가적·비군사적 위협에 대한 대응능력도 지속적으로 발전시켜 나갈 것이다.

(2) 평화동일 뒷받침

평화는 우리의 생존 문제이자 최고의 국익이며, 평화통일을 달성하기 위한 토대이다. 강한 안보 없이는 평화를 지킬 수도, 만들어갈 수도 없다. 이를 위해 우리 주도의 국방역량을 구축하여 한반도의 평화를 힘으로 뒷받침할 것이다.

(3) 지역의 안정과 세계평화에 기여

굳건한 한미동맹을 바탕으로 주변국과 군사적 우호협력 관계를 증진시키고 국제평화유지활동 및 국방교류협력 등에 적극 참여함으로써 동북아 지역의 안정은 물론 세계평화에 기여할 것이다.

2) 국방비전 및 국방정책 기조

(1) 국방비전

우리 군은 '유능한 안보 튼튼한 국방'을 우리 군이 달성해야 할 국방비전으로 설정하여 추진하고 있다. '유능한 안보'는 우수한 첨단전력, 실전적인 교육훈련 및 강인한 정신력 등을 토대로 우리 주도의 전쟁 수행능력을 구비하여, '강한 힘'으로 대내외 위협과 침략으로부터 대한민국의 영토와 주권을 수호하고 국민의 안전과 생명을 보호하는 것이다. '튼튼한 국방'은 굳건한 한미동맹 기반 위에 우리주도의 강력한 국방력을 보대로 적의 도발을 억제하고 도발 시 적극 대응하여 싸우면 이기는 전방위 군사대비태세를 확립하는 것을 의미한다.

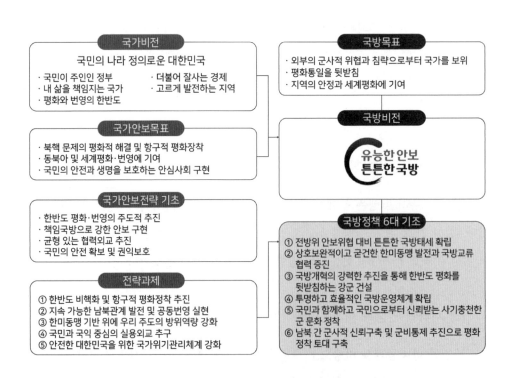

〈그림 1-3〉 국가안보전략과 국방정책

(2) 국방정책 기조

국방비전을 구현하기 위한 일관된 방향으로 ① 전방위 안보위협 대비 튼튼한 국방태세 확립, ② 상호보완적이고 굳건한 한미동맹 발전과 국방교류협력 증진, ③ 국방개혁의 강력한 추진 통해 한반도 평화를 뒷받침하는 강군 건설, ④ 투명하고 효율적인 국방운영체계 확립, ⑤ 국민과 함께하고 국민으로부터 신뢰받는 사기충천한 군 문화 정착, ⑥ 남북 간 군사적 신뢰구축 및 군비통제 추진으로 평화정착 토대 구축을 6대 기조로 선정하여 추진하고 있다. 국가안보전략과 국방정책은 〈그림 1-3〉에서 보는 바와 같다.

① 전방위 안보위협 대비 튼튼한 국방태세 확립

우리 군은 굳건한 한미 연합방위태세를 기반으로 북한은 물론 잠재적 위협으로부터의 도발을 억제하고, 도발 시 즉각적이고 단호하게 대응할 수 있는 전방위 군사 대비태세를 유지하고 있다. 동시에 사이버공격, 테러, 각종 재난에 대한 대응능력을 강화하고 민·관·군·경 통합방위태세 발전을 통해 국민의 안전과 생명을 보호할 것이다.

② 상호보완적이고 굳건한 한미동맹 발전과 국방교류협력 증진

굳건한 한미동맹의 기반 위에 우리 군이 주도하는 연합방위체제를 구현하기 위해 전시작전통제권 조기 전환을 안정적으로 추진할 것이다. 또한 한미동맹을 상호보완적인 관계로 발전시키고, 국방교류협력 강화 및 해외파병 성과의 확대·발전을 통해 우리에게 우호적인 전략환경을 조성할 것이다.

③ 국방개혁의 강력한 추진을 통해 한반도 평화를 뒷받침하는 강군 건설

급변하는 안보환경과 전방위 안보위협에 능동적으로 대처하고 한반도의 평화와 번영을 강한 힘으로 뒷받침하기 위해 「국방개혁 2.0」을 강력하게 추진할 것이다. 이를 통해 전방위 안보위협에 유연하게 대응할 수 있는 첨단과학기술 기반의 효율적이

고 정예화된 강군을 건설함으로써 우리 스스로 국방을 책임지는 '책임국방'을 구현할 것이다.

④ 투명하고 효율적인 국방운영체계 확립

사회 여건 변화와 국민의 요구에 부응할 수 있도록 국방운영 체계 전반의 효율성, 개방성, 투명성을 강화할 것이다. 이를 위해 군의 정치적 중립 의무 준수에 대한 법적 기반을 마련하고 정책 과정에 대한 국민의 참여를 지속적으로 확대할 것이다. 또한 방위사업 비리 근절 대책을 수립하여 적극 시행하고, 국방운영의 효율화를 통한 국방비 절감노력도 강력히 추진할 것이다.

⑤ 국민과 함께하고 국민으로부터 신뢰받는 사기충천한 군 문화 정착

장병이 전투임무에 전념할 수 있도록 장병의 인권을 보장하고 복무 여건을 획기적으로 개선하여 사회 변화에 부합하는 선진병영문화를 정착시켜 나갈 것이다. 또한 국민의 편익을 증진하고 국가적 재난에 대한 적극적인 지원을 통해 국민과 함께하고 국민의 신뢰와 지지를 받는 군대를 육성할 것이다.

⑥ 남북 간 군사적 신뢰구축 및 군비통제 추진으로 평화정착 토대 구축

북핵 문제 해결과 한반도의 항구적 평화정착 여건을 조성하기 위해 남북 간 군사적 긴장완화와 신뢰구축 조치를 추진할 것이다. 남북 간 교류협력사업의 진전과 연계하여 안정적인 군사적 보장조치를 추진하고 비핵화와 평화체제 구축 진전에 따라 실질적인 군비통제 방안을 모색할 것이다.

3) 군사전략

군사전략은 국가안보전략과 국방정책을 군사적 차원에서 구현하기 위해 군사전략 목표를 설정하고 이를 달성하기 위한 군사력 운용 개념과 군사력 건설 방향을 구체화한 것이다.

(1) 목표

우리 군은 안보환경의 급격한 변화를 고려하여 북한의 위협과 잠재적 위협 및 비군사적 위협에 동시에 대비한다. 군사전략 목표는 외부의 도발과 침략을 억제하고 억제 실패 시 '최단 시간 내 최소 피해'로 전쟁에서 조기에 승리를 달성하는 것이다.

(2) 개념

우리 군의 군사전략 개념은 안보환경 변화와 전방위 안보 위협에 유연하게 대응하면서 전방위 위협에 대해서는 굳건한 한미동맹을 기반으로 주도적인 억제·대응능력을 구비하는 것이다. 북한 위협에 대해서는 위협 감소를 통해 전쟁 가능성을 감소시키고 장기적으로 평화체제를 구축할 수 있는 군비통제 전략을 수립하여 시행한다. 또한 굳건한 한미동맹을 바탕으로 강력한 억제력을 발휘하고, 유사시 전승을 달성할 수 있는 능력과 태세를 갖춘다. 이를 통해 북한의 도발과 침략을 억제하고, 우발적인 군사적 충돌을 방지하며 도발 시에는 신속한 대응과 위기 완화조치를 병행하여 상황을 안정적으로 관리한다. 억제 실패 시에는 '최단 시간 내 최소 피해'로 전쟁을 조기에 종결한다.

평시 주변국과는 긴밀한 협력을 통해 유리한 전략 환경을 조성하고 억제능력을 강화함으로써 분쟁을 예방한다. 사이버위협에 대해서는 포괄적 대응전략을 수립하여 선제적으로 대비하고 적극적으로 대응한다. 비군사적 위협에 대해서는 국내외 국민 보호를 위한 군사적 대비와 유관 기관과의 정보공유 및 공동 대응체계를 구축하여 위협을 예방하고 사태 발생 시에는 신속한 대응으로 조기에 안정을 회복한다.

(3) 군사력 건설방향

우리 군의 군사력 건설 목표는 북한 및 잠재적 위협을 포함한 전방위 안보위협에 유연하게 대응할 수 있는 군사력을 건설하는 것이다. 전시작전통제권 전환을 위한 군구조(지휘구조, 부대구조, 병력구조, 전력구조) 개편을 통해 우리 주도의 연합작전 수행능력을 구비한다. 사이버·우주 위협에 효과적으로 대응할 수 있는 능력과 작전수행체계를 구축

히고 테러, 국제범죄, 재해·재난 등 비군사적 위험에 적극적으로 대응하기 위한 군사적 지원체계를 보강한다(2018년 국방백서 참조).

>> **생각해 볼 문제**

1. 향후 세계 안보정세는 어떻게 될 것인가?

2. 미국과 중국의 동북아시아 정책은?

3. 북한의 군사적 위협은 무엇이며, 북한은 핵무기를 포기할 것인가?

4. 우리의 군사전략과 군사력 건설방향에 대한 평가는?

제2장

방위사업 이해

4차 산업혁명 첨단기술 무기체계 신속 도입 위한 제도 개선

국방부는 지난 5월 20일 1차 TF 회의를 통해 군이 안보환경 변화와 기술발전추세에 빠르게 대응할 수 있도록 '신속시범획득사업' 제도개선, 무기체계 획득절차 간소화, 진화적 획득방안 등의 과제를 도출하고 논의하기로 했다.

이번 회의는 4차 산업혁명 첨단기술을 무기체계에 신속히 도입하기 위한 국방획득체계 개선에 중점을 두고 진행된다.

특히 신속시범획득사업의 활용범위 확대, 사업절차 개선 등을 집중적으로 논의하고, 미국 등 선진국의 최신 획득절차를 분석하여 참고할 계획이다.

신속시범획득사업은 인공지능, 무인, 드론 등 4차 산업혁명 기술이 적용되어 있는 제품을 우선 구매한 뒤에 군의 시범운용을 거쳐 신속하게 도입하는 사업이다.

또한 선행연구, 소요검증 등 사업준비 및 예산 검증단계에서 수행하는 조사·분석 업무도 효율적으로 통합하거나 간소화하는 방안을 논의한다.

국방부는 "TF회의에서 논의된 획득체계 개선안을 토대로 법규 개정안 마련 등 연내에 제도개선을 완료하는 것을 목표로 하고 있다"고 설명했다.

코나스넷, 2020.7.1.

제1절 사업관리 지식체계

1. 사업관리의 개념

1) 사업의 정의

사업의 뜻은 아주 광범위하고 두루 쓰임이 많으나, 보통의 경우에는 표현의 맥락 속에서 의미를 파악하는 것이 가장 바람직하다고 할 것이다. 우리가 일반적으로 사업이라고 할 때는 기업을 경영하는 행위를 일컫는데, 국방획득 분야에서 사업이란 특정한 목적을 위해서 예산을 투입하여 관리해야 할 대상을 말한다.

즉, 사업(Project)이란 고유한 제품, 서비스 또는 결과물을 창출하기 위해 한시적으로 투입하는 노력이다. 사업은 고유한 제품, 서비스 또는 결과물을 산출한다. 유형물과 무형물이 모두 사업의 산출물이 될 수 있으며 일부 반복적인 요소가 있더라도 고유한 특성은 변질되지 않는다. 한시성은 사업기간이 단기간임을 의미하는 것이 아니라 특정한 기간 동안의 참여와 지속성을 의미한다. 따라서 사업의 결과물로 산출되는 것은 다른 품목의 구성품, 기존 품목을 개선한 제품이나 완제품, 서비스 또는 서비스 수행역량 등을 포함한다.[1]

사업 관련 용어를 정리해보면, PMBOK[2]에서는 포트폴리오(Portfolio), 프로그램(Program) 및 사업으로 나누어 설명한다. 다음 그림과 같이 포트폴리오는 전략적 목표를 달성하기 위해 하나의 그룹으로 관리되는 하위 포트폴리오, 프로그램, 사업으로 구성되는 집합체이다. 여러 프로그램이 모여 포트폴리오가 형성되고, 포트폴리오를 지원하며 통합된 방식으로 관리되는 사업, 하위 프로그램들이 모여서 프로그램이 구성된다. 프로그램에 속하지 않는 개별 사업도 포트폴리오의 일부로 간주된다.

---

1   PMI, 프로젝트관리 지식체계 지침서(PMBOK GUIDE), 2017.

2   미국 PMI에서 발간하는 프로젝트관리 지식체계(Project Management Body of Knowledge) 또는 그 지침서(PMBOK GUIDE)를 의미함.

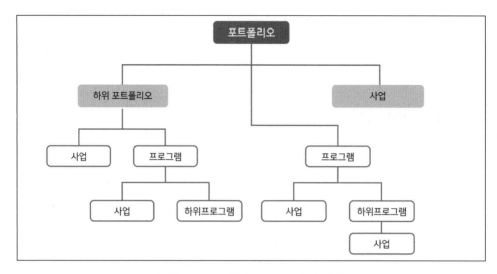

〈그림 2-1〉 포트폴리오, 프로그램 및 사업[3]

포트폴리오는 프로그램과 사업의 집합이며 책임자인 CEO는 조직의 자원과 예산을 최적으로 관리해야 하고, 그에 따라 사업은 프로그램으로 묶일 수 있다. 그리고 프로그램을 사업부장인 프로그램 관리자가 담당하고 각 사업 간의 연관성을 관리한다. 그 하부에서는 사업관리자가 개별사업의 성공을 책임진다. 이를 정리하면 〈표 2-1〉과 같다.

〈표 2-1〉 구분별 책임자와 관리포인트[4]

구분	정의	책임자	관리포인트
포트폴리오	사업 혹은 프로그램들의 집합 (조직에서 수행하는 전체 사업)	CEO	포트폴리오 구성, 성과 모니터링 (조직의 자원과 예산의 최적 관리)
프로그램	상호 연관된 사업들의 집합	사업부장 (프로그램관리자)	프로젝트 간 연관성 관리
사업(프로젝트)	사업관리 시스템 구축	사업관리자	개별 사업의 성공

3   PMI, 전게서, 2017.

4   이무건, PMBOK 강해서, 2016.

2) 사업관리

사업관리(Project Management)란 사업과 관련된 요구사항을 충족시키기 위해 지식, 기술, 도구, 기법 등을 사업활동에 체계적으로 적용하는 것이다. 따라서 사업관리에 있어 요구사항 식별이 가장 중요한 첫 출발이다. 사업을 기획하고 실행하는 과정에서 이해관계자의 다양한 요구사항, 관심사항, 기대사항 등을 해결해야 한다.

(1) 이해관계자

여기서 이해관계자(Stakeholder)란 사업의 의사결정, 활동 또는 결과에 영향을 주거나 또는 그로 인해 영향을 받는 개인, 집단 또는 조직을 가리킨다. 방위사업에서 이해관계자를 알아보면 합참 등 군, 국방부 및 방위사업청, 기재부 등 정부기관, 방산 및 군수업체 등 공급기업, 민수기업으로 군수 분야에 관심을 갖는 기업, 국회 등을 들 수 있다. 이해관계자들의 다양하고 때로는 상충되는 의견을 수렴하고 일정한 기준이나 우선순위를 만들기 위한 노력이 중요하다. 이러한 이해관계자의 요구사항을 수렴하는 행위는 어느 특정한 단계에서만 이루어지는 것이 아니라 소요기획, 획득관리 및 운영유지 등 군수품의 전 수명주기에서 지속적으로 이루어져야 한다.[5]

(2) 조직

이해관계자들의 다양한 요구사항이 식별되면 지식, 기술, 기법을 체계적으로 적용해야 하는데 조직과 관리자가 중요하다. 조직이란 사업 수행의 목표를 달성하기 위해 구성된 다양한 주체들의 집단이다. 조직의 문화와 양식, 의사소통 그리고 조직구조는 사업관리의 성공에 큰 영향력을 행사한다. 조직의 문화와 양식은 오랜 시간에 걸쳐 이어져온 집단현상으로 문화규범이라고도 한다. 사업의 착수 및 기획지침으로 확립된 방식, 작업을 완료하기 위한 방법으로 허용되는 수단, 의사결정을 내리거나 의사결정에 영향력을 행사하는 공인기관의 규범 등이 포함된다.

---

5   장준근(2019), 통합군수원론, p. 260.

<표 2-2> 조직구조와 사업관리

조직구조 / 사업의 특성	기능(Functional) 조직	매트릭스(Matrix) 조직			사업 전담 (Projectized) 조직
		약함	균형	강함	
사업관리자(PM) 권위	거의 없음	제한적	적음-보통	보통-높음	높음
사업관리자 역할(명)	파트타임(코디 또는 리더)	전담 (PM/Officer)		전담 (PM/ Program Manager)	
지원조직	파트타임	전담			
팀원 참여	거의 없음	제한적	적음-보통	보통-높음	높음
자원 가용성					
예산 통제	부문 관리자	혼재		PM	

조직의 의사소통 역량은 사업수행 성패를 좌우할 정도로 중요하다. 원활한 의사소통을 갖춘 조직에서는 비록 사업관계관들이 지리적으로 멀리 떨어져 있더라도 이해관계자들과 효과적으로 소통하면서 올바른 의사결정을 내릴 수 있다. 특히, 전통적인 소통방식에 더해져 전자적 소통인 이메일, 메시지 등의 활용이 도움을 준다. 조직구조는 자원의 가용성과 사업 수행방법에 영향을 미치는 환경요인이다. 〈표 2-2〉와 같이, 기능조직부터 사업 전담조직, 그리고 다양한 매트릭스 조직이 활용될 수 있다.[6]

전통적인 형태의 기능조직은 직원마다 상위 수준의 생산, 마케팅, 회계 등과 같은 영역에 따라 분류되고 조직되는 수직적 구조이다. 이러한 수직적 기능조직은 특정한 사업을 수행하는 조직이 아니므로 기존의 조직에 속한 직원들로 구성되는 느슨한 형태를 보이게 된다.

다음으로 수직적 기능조직과 사업 전담조직의 특성이 혼합된 매트릭스 조직을 볼 수 있다. 매트릭스 조직은 기능조직 관리자와 사업 전담조직 관리자 사이의 상대적인 권력과 영향력 수준에 따라 약한 조직, 균형 조직, 강한 조직으로 구분할 수 있다. 약한 조직은 기능조직의 특성을 많이 갖고 있으며 사업관리자의 역할이 조정자나 촉진자에 가까운 편이다. 강한 매트릭스 조직에는 사업 전담조직지의 특성이 많으며 상당한 권한을 보유한 전임 사업관리자와 행정업무를 전담하는 직원이 배속된다. 반

---

6   이무건, 전게서, 2016.

면에 균형 매트릭스 조직은 사업관리자의 필요성은 인정하지만 사업의 예산 사용 등에 대한 권한을 사업관리자에게 부여하지 않는다. 사업 전담조직에서 팀원은 같은 장소에서 근무하게 된다. 조직자원의 대부분이 사업에 투입되며 사업관리자는 상당한 수준의 독립성과 권한을 보유한다. 이러한 형태의 조직 이외에도 다양하고 복합적인 조직이 가능하고 그 여건, 임무 등에 따라 변형된 형태로 적용할 수 있다. 다만, 이러한 조직이 사업의 성패에 미치는 영향을 감안하여 가장 적합한 형태의 조직을 편성하고 운영하는 노력이 중요하다.[7]

2. 사업관리 프로세스 그룹

1) PMBOK 이해

최근 Standish group에서 발간하는 Chaos Report 등 국내외에서 발간되는 연구개발사업 관련 통계를 보면 사업성공률이 대략 30% 정도이고 나머지 70%는 실패하거나 목표성능을 구현하지 못한 것으로 나타난다. 실패의 현황을 보면 비용을 초과하는 경우 22%, 납기가 지연된 경우 32%, 인원이 변동되는 경우 24%, 그 밖에도 요구사항이 추가되거나 변경되어 사업이 중단되는 경우도 있었다.[8] 이러한 통계는 실패로 확정된 것만을 통계에 반영했다는 점을 고려하면 실제로는 더 많은 경우가 실패했을 것으로 추정된다. 이를 통해 사업이 성공하기가 매우 어렵고, 사업관리를 체계적으로 해야 한다는 점을 알 수 있다.

사업(Project)과 사업관리에 대한 이해를 바탕으로 사업관리에 있어서 글로벌 표준이라고 할 수 있는 PMBOK은 PMI(Project Management Institute)라는 미국의 민간단체에서 만든 사업관리 방법론으로 사업관리자(PM) 입장에서 사업을 관리하는 방법을 다루어 범세계적 기준으로 자리 잡은 표준과 지침이 포함되어 있다. 표준이란 확립된 규범, 방

7   장준근(2019), 전게서, p. 261.

8   이무건(2016), 전게서. Standish Group(2016)에서 인용.

지식영역	프로세스 그룹				
	착수	기획	실행	감시 및 통제	종료
4. 통합관리	4.1 현장 개발	4.2 관리계획서 개발	4.3 작업지시 및 관리 4.4 사업지식 관리	4.5 작업감시 및 통제 4.6 변경통제 수행	4.7 종료 7단계 종료
5. 범위관리		5.1 범위관리계획 수립 5.2 요구사항 수집 5.3 범위 정의 5.4 작업분할구조(WBS) 작성		5.5 범위검수 5.6 범위통제	
6. 일정관리		6.1 일정관리계획 수립 6.2 활동 정의 6.3 활동순서 배열 6.4 활동기간 산정 6.5 일정개발		6.6 일정통제	
7. 원가관리		7.1 원가관리계획 수립 7.2 원가산정 7.3 예산책정		7.4 원가통제	
8. 품질관리		8.1 품질관리계획 수립	8.2 품질관리	8.3 품질통제	
9. 자원관리		9.1 자원관리계획 수립 9.2 활동자원 산정	9.3 지원확보 9.4 팀개발 9.5 팀관리	9.6 자원통제	
10. 의사소통 관리		10.1 의사소통 관리계획 수립	10.2 의사소통 관리	10.3 의사소통 감시	
11. 리스크관리		11.1 리스크 관리계획 수립 11.2 리스크 식별 11.3 정성적 리스크 분석 수행 11.4 정량적 리스크 분석 수행 11.5 리스크 대응계획 수립	11.6 리스크 대응 실행	11.7 리스크 감시	
12. 조달관리		12.1 조달관리계획 수립	12.2 조달수행	12.3 조달통제	
13. 이해관계자 관리	13.1 이해 관계자 식별	13.2 이해관계자 참여계획 수립	13.3 이해 관계자 참여관리	13.4 이해 관계자 참여 감시	

9 PMI, 전게서, 2017.

법, 프로세스 및 실무사례를 설명하는 공식적인 문서를 가리킨다. PMBOK은 4년 주기로 개정되고 있으며 2017년에 제6판이 발간되었다.

PMBOK은 주로 미국을 중심으로 적용되는데, 유럽지역에서는 PRINCE 2(Project in Controlled Environments Version 2)를 활용한다. PRINCE 2는 사업 방법론이고 PMBOK은 사업 관리자의 백과사전이라고 할 수 있다. PMBOK은 사업관리자로서 갖춰야 할 도구와 기법에 대해 상세히 기술하고 인사관리에 대한 부분을 강조하는 반면에, PRINCE 2는 각 단계에서 질적 검토(Quality Review)와 사례연구(Business Case)를 재진단하여 단계를 종료하고 다음 단계로 넘어가도 좋은지 혹은 사업을 중단해야 할지, 계속 진행해야 할지를 진단하고 점검하는 단계별 관리(Manage by Stage)가 큰 특징이다.[10]

PMBOK에서는 〈표 2-3〉과 같이 5개의 프로세스 그룹을 제시한다. 착수, 기획, 실행, 감시 및 통제, 종료가 그것이다. 이러한 5개의 프로세스 그룹이 횡축을 이루고, 10개의 지식영역이 종축에 배치된다. 통합, 범위, 일정, 원가, 품질, 인적 자원, 의사소통, 리스크, 조달, 이해관계자 관리 등 10개의 영역이다. 이를 매트릭스로 하여 47개의 프로세스를 제시하고 있다. 제6판에서는 여기에 3개를 추가하고, 1개를 삭제, 10개를 이동 및 조정하여 총 49개의 프로세스를 제시하고 있다.

2) 사업관리 프로세스 그룹[11]

(1) 착수 프로세스 그룹

착수 프로세스 그룹은 사업의 시작에 대한 승인을 받아서 기본 사업의 새로운 단계 또는 새로운 사업을 정의하는 과정에서 수행할 프로세스들로 구성된다. 착수 프로세스에서 초기 범의가 정의되고, 초기 재원이 충당된다. 사업의 전체 결과에 상호작용하며 영향을 미칠 내부 이해관계자가 식별된다. 사업관리자가 아직 임명되지 않았으면 이때 선임된다. 사업헌장이 승인되면 사업이 공식적으로 승인된다. 이 프로세스의 주요 목적은 이해관계자의 기대사항을 사업의 목적에 맞게 조율하고 이해관계자

---

10 이무건, 상게서, 2016.

11 PMI(2017), 전게서 및 장준근(2019), 전게서.

에게 사업의 범위와 목표를 명확히 제시하고 사업 및 관련 단계에 대한 이해관계자의 참여가 기대사항 달성에 미치는 기여도를 확인시키는 것이다.

복잡한 대규모 사업은 여러 개별 단계로 세분화하여야 한다. 이러한 사업의 경우, 후속단계에서 착수 프로세스를 수행하면서 최초 사업헌장 수립 및 이해관계자 식별 프로세스 동안 수행한 결정사항을 확인한다. 성공 기준을 검증하고 사업 이해관계자의 영향력, 추진요인 및 목표를 검토한다. 그다음에 사업의 지속, 연기 또는 중단을 결정한다.

착수 과정에서 이해관계자들이 참여하면 성공 기준에 대한 공감대가 형성되고, 참여비용이 절감되며, 일반적으로 제품 인수율과 고객을 포함한 이해관계자의 만족도가 향상된다.

(2) 기획 프로세스 그룹

기획 프로세스 그룹은 전체 업무 범위를 설정하고, 목표를 정의 및 구체화하며, 확정된 목표를 달성하기 위해 필요한 일련의 활동을 개발하는 프로세스로 구성된다. 기획 프로세스를 통해 사업을 수행하는 데 사용할 문서와 사업관리 계획서를 개발한다. 사업의 복잡한 특성으로 추가적인 분석을 위한 반복적인 환류과정이 필요할 수도 있다. 사업정보가 더 수집되고 사업특성이 더 파악됨에 따라, 추가적인 계획 수립이 필요할 수 있다. 사업의 중대한 변경이 발생하면 하나 이상의 기획 프로세스를 재검토해야 하며, 경우에 따라 착수 프로세스도 일부 재검토할 수도 있다. 이와 같이 사업관리 계획서를 점진적으로 구체화하는 과정을 점진적 구체화라고 하며, 기획 및 문서화 작업이 반복적이며 지속적인 활동임을 의미한다.

기획 프로세스 그룹의 주요 이점은 사업이나 사업관리 단계를 성공적으로 완료하기 위한 작업의 과정 또는 경로뿐 아니라 전략과 전술도 상세히 설명하는 것이다. 기획 프로세스 그룹을 적절히 관리할 때 이해관계자의 수용과 참여를 훨씬 쉽게 유도할 수 있다. 기획 프로세스 그룹의 산출물로 작성된 사업관리 계획서와 사업문서에서는 통합, 범위, 시간, 원가, 품질, 의사소통, 자원, 리스크, 조달 및 이해관계자 관리 측면이 두루 다루어진다.

(3) 실행 프로세스 그룹

실행 프로세스 그룹은 사업관리계획서에 정의된 작업을 사양에 맞게 완료하는 과정에서 수행하는 프로세스로 구성된다. 사업관리계획서에 따라 사업활동을 통합하고 수행하는 프로세스뿐만 아니라, 인적 자원과 물적 자원을 통합하고 조정하는 프로세스, 이해관계자 기대사항을 관리하는 프로세스 등이 실행 프로세스 그룹에 포함된다.

사업을 실행하는 동안 계획 갱신 및 기준선 조정이 필요할 수도 있다. 여기에는 예정된 활동기간 변경, 자원의 생산성 및 가용성 변동, 예상치 못한 리스크가 수반되기도 한다. 이러한 변동성이 사업관리계획서나 사업문서에 영향을 미칠 수 있고, 그로 인해 철저한 분석이나 적절한 사업관리 대응책 개발이 필요할 수도 있다. 분석 결과에 따라서는 승인될 경우에 사업관리계획서는 기타 사업문서를 수정하고 새로운 기준선도 설정해야 하는 수준의 변경 요청이 제기될 수 있다. 사업예산의 상당한 부분이 실행 프로세스 그룹의 프로세스를 수행하는 데 지출된다.

(4) 감시 및 통제 프로세스 그룹

감시 및 통제 프로세스 그룹은 사업의 진행 상황과 성과를 추적·검토 및 조정하고, 계획 변경이 필요한 영역을 식별하고, 해당 변경을 착수하는 데 필요한 프로세스로 구성된다. 이 프로세스 그룹의 주요 이점은 사업계획과의 차이를 식별하기 위하여 정기적으로 또는 해당하는 사건이나 예외 조건 아래서 사업성과가 측정되고 분석되는 것이다.

감시 및 통제 프로세스 그룹에는 변경통제 및 발생 가능한 문제에 대비하여 시정 또는 예방조치의 권유가 포함된다. 또한 프로젝트 성과측정 기준선을 준수하는지를 확인하고 변경통제 또는 형상관리를 피할 수 있는 요인을 조정하여 승인된 변경사항만 구현하도록 조치한다.

감시 및 통제 프로세스 그룹은 프로세스 그룹 내에서 수행되는 작업만 감시 및 통제하는 것이 아니라 전체 사업도 감시 및 통제한다. 검토 결과에 따라 사업관리계 획서의 갱신이 권고되거나 승인될 수 있다.

(5) 종료 프로세스 그룹

종료 프로세스 그룹은 부분적인 사업이나 전체 사업의 모든 활동을 종결하는 과 정에서 수행하는 프로세스로 구성된다. 완료시점에 사업 또는 사업단계를 적절히 종 료하기 위하여 모든 프로세스 그룹에 정의된 프로세스가 완료되었는지 검증하고, 사 업 또는 사업단계가 완료됨을 공식적으로 확정한다.

사업의 조기 종료도 이 프로세스 그룹에서 공식적으로 확정된다. 조기에 종료된 사업에는 중단된 사업, 취소된 사업, 위기상황에 처한 사업 등이 포함된다. 일부 계약 을 공식적으로 종료할 수 없거나 또는 일부 활동을 다른 부서로 이관하는 등의 상황 에서는 특정 이양 절차를 마련해서 종료할 수 있다.

제2절 방위사업 수행체계

1. 방위사업의 개념

방위력개선업무는 무기체계의 소요결정 및 획득(방위사업), 운영유지를 포괄하는 개념으로 소요결정은 합참, 획득은 방위사업청, 운영유지는 각 군의 책임과 권한으로 구분하여 담당하고 있다. 한편 방위사업은 방위사업법 제3조에 따르면 군사력 건설 을 위한 무기체계의 구매 및 신규개발·성능개량 등을 포함한 연구개발과 이에 수반 되는 시설의 설치 등을 행하는 사업을 말한다.

국방전력발전업무와 방위력개선업무의 관계를 살펴보면, 국방전력발전업무란

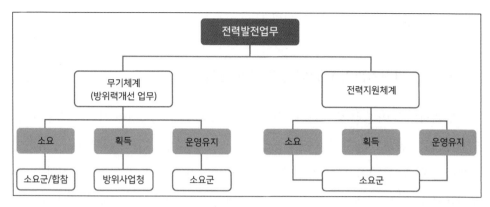

〈그림 2-2〉 전력발전업무의 구분

군에서 운용하는 무기체계와 전력지원체계의 소요결정·획득·운영유지를 포괄하는 업무(국방전력발전업무훈령 제1조)로 방위력개선 업무를 포함하는 개념이다.

여기에서 소요는 군사전략개념을 구현하기 위해 요구되는 무기체계와 이를 운용하기 위한 부대 구조, 병력, 시설 등 전력화지원요소를 포함하는 방위력개선을 위한 전력발전 소요를 말하며, 무기체계는 전차, 유도무기, 항공기, 함정 등 전장에서 전투력을 발휘하기 위한 무기와 이를 운영하는 데 필요한 장비·부품·시설·소프트웨어 등 제반요소를 통합한 것이다. 전력지원체계는 무기체계 외의 장비·부품·시설·소프트웨어, 기타 물품 등 제반요소를 말한다.

2. 방위사업의 특수성

방위사업은 일반사업과는 다른 특성이 있다. 이에 따라 별도의 방위사업법, 관련 규정과 합참(규), 국방부 및 방사청 등 관련기관에 의해 수행되고 있다. 하지만 최근 그 특수성을 인정받지 못하고 오히려 특수성 때문에 생길 수밖에 없는 과정마저도 문제가 되는 경우가 있었다. 특수성을 지나치게 강조해서도 안 되겠지만 반대로 특수성을 무시해서도 안 될 것이다. 특수성에 대한 이해가 필요하고 이를 반영한 규정, 절차 등이 정립되어야 합리적이고 효율적으로 방위사업이 추진될 수 있을 것이다. 그런 차원

에시 방위사업의 특수성을 살펴보았다.[12]

1) 많은 관련기관이 연관되어 협업이 절대 필요

방위사업은 어떤 특정 기관에 의해 독립적으로 수행되는 것이 아니라 정부와 군, 업체 등 많은 관련기관이 공동으로 수행하는 구조로 되어 있다. 무기체계를 운용하는 합참에서 현재 및 장차 예상되는 적 위협에 대비하기 위한 무기소요를 결정하면, 방사청에서 선행연구를 통해 구매 또는 연구개발 등 획득방법을 결정하여 그에 따라 사업을 추진한다. 이후 군 및 합참에서 주관하는 시험평가에 합격하면 군에 전력화되어 운용하게 된다. 이러한 과정에서 국방부에서는 획득 관련 주요 정책결정을 하며 기재부 및 국회에서는 예산을 승인해준다. 이와 같이 방위사업은 많은 관련기관이 관련되어 추진되기에 때로는 각 기관마다 입장이 상충될 수도 있어 어려움을 겪기도 한다. 따라서 관련기간 간의 협업이 절대 필요하며 협업 차원을 벗어난 문제에 대해서는 제도적으로 뒷받침되어야 한다.

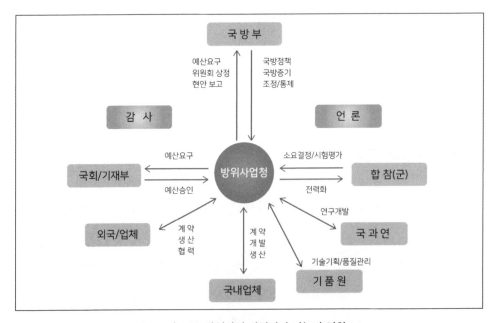

〈그림 2-3〉 방위사업 관련기관 기능과 역할

---

12 김선영, 방위사업 이론과 실제, 2017.

2) 수요의 제한 및 정부 예산에 의존

무기체계는 수출을 통해 새로운 수요를 창출할 수 있기는 하지만 기본적으로 군이 유일한 수요자로서 수요가 제한된다. 즉 군에서 어떤 무기체계, 어떤 수량으로, 어느 시기에 필요한지를 결정하게 된다. 그리고 이를 획득하기 위한 예산도 정부에서 결정한다. 따라서 방산업체의 생산 활동 및 경영여건은 정부의 정책과 예산에 전적으로 의존할 수밖에 없는 구조이다.

또한 많은 경우 방산물자별로 방산업체가 지정되어 개발 및 생산하게 되므로 공급도 독점적 형태가 되는 경우가 많다. 따라서 수요와 공급법칙에 따라 자연스럽게 가격이 결정되는 것이 아니라 정부의 예산과 쌍방의 교섭력에 의하여 가격이 결정되기 때문에 때로는 원가 문제가 대두되기도 한다. 최근에는 경쟁을 확대하는 정부정책에 따라 업체 간 경쟁이 치열해짐으로써 저가입찰 및 민원 등으로 사업관리에 큰 어려움을 겪는 경우가 많다.

3) 높은 위험 부담

오늘날 무기체계는 정밀하고 신속하지 않으면 군사적 목적을 제대로 달성할 수가 없어 첨단 과학기술과 정보화에 부응할 수 있는 구조를 가지고 있다. 이런 점에서 방위사업은 최첨단 과학기술이 동원되는 기술집약적 산업으로서 새로운 무기체계의 개념 도출에서부터 연구개발, 양산, 배치 및 폐기까지 장기간이 소요된다. 전차용 1,500마력 파워팩 개발이나 K11복합형 소총 등의 개발 문제를 통해 위험 부담이 매우 크다는 사실을 알 수 있다.

기본적으로 첨단 무기체계를 성공적으로 획득하는 데에는 많은 어려움이 내재하고 있다. 국방기술은 비밀로 분류하여 관리하는 경우가 많아 기술정보 습득이 쉽지 않고 첨단 기술은 단기간에 향상되기도 어렵다. 더구나 최근의 무기체계는 세계 최고 수준으로 최첨단의 기술이 요구되는데 국방기술은 부족하고, 예산 및 획득기간은 충분하지 않기 때문에 위험 부담은 더욱 커지는 것이다.

4) 높은 수준의 보안 요구

국가 방위를 위한 무기체계 관련 주요 정보는 군사 비밀로 지정되어 엄격하게 관리되고 있다. 무기체계에 대한 중요 정보가 공개될 경우에는 상대국에서는 대응무기 개발 등 대책을 강구할 수 있고, 자국의 안보정책 또는 약점도 노출될 수 있기 때문이다. 방산기술 및 무기체계 관련 기밀의 누설은 국가안보에 치명적인 타격을 줄 수 있으므로 국가적 차원에서 고도의 보안이 요구되는 것이다. 이에 따라서 정부에서는 많은 사항을 군사비밀로 분류하여 관리하고 있다. 따라서 관련 정보에 대한 공개가 어려워 사업추진을 어렵게 하는 측면으로 작용하기도 한다. 방위사업을 효율적이고 투명하게 추진하려면 가능한 모든 정보를 공개하는 것이 필요하기는 하지만 많은 내용이 군사비밀로 지정되어 있어서 이를 모두 공개하지 못한 상태에서 사업을 추진해야 하는 어려움도 있는 것이 사실이다.

3. 업무 수행체계

방위력개선 업무는 기획(Planning) - 계획(Programming) - 예산(Burgeting) - 집행(Execution) - 평가(Evaluation) 단계로 구분되는 국방기획관리체계(PPBEES)[13] 절차로 수행되며, 기획, 계획 및 평가단계는 국방부, 예산 및 집행단계는 방위사업청 책임하에 단계별 상호 유기적인 활동으로 수행된다.

---

13 PPBEES(Planning Programming Budgeting Execution Evaluation System)는 미국에서 출발한 기획 예산제도로서 미국은 1965년부터 기획·계획·예산 3단계의 PPBS를 적용하였으며, 지속적인 보완 발전을 통해 집행 및 평가단계가 추가되었다. 우리군은 1979년 미국의 PPBS를 도입하여 적용하였으며, 1983년에 제도정비를 실시하여 현재의 국방기획관리체계로 정착되었다.

1) 국방기획관리체계

국방기획관리체계는 국방목표를 설계하고 설계된 국방목표를 달성할 수 있도록 최선의 방법을 선택하여 보다 합리적으로 자원을 배분·운영함으로써 국방의 기능을 극대화시키는 관리활동으로 기획, 계획, 예산, 집행, 평가체계(PPBEES)로 구분한다(국방기획관리기본훈령 제4조).

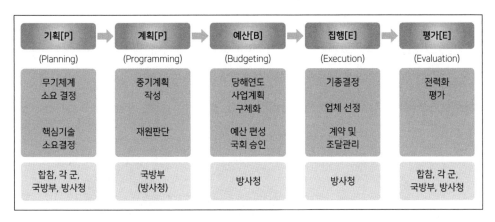

〈그림 2-4〉 국방기획관리체계도

① 기획체계(Planning): 국가안보 목표를 달성하기 위한 국방목표를 설정하고 국방정책과 군사전략을 수립하며, 군사력 소요를 제기하고 적정수준의 군사력을 건설·유지하기 위한 제반정책을 수립하는 과정이다.

② 계획체계(Programming): 기획체계에서 설정된 국방목표를 달성하기 위하여 수립된 중·장기 정책을 실현하기 위해 소요재원 및 획득 가능한 재원을 예측·판단하고 연도별, 사업별 추진계획을 구체적으로 수립하는 과정이다.

③ 예산편성체계(Budgeting): 회계연도에 소요되는 재원(예산)의 사용을 국회로부터 승인받기 위한 절차로서 체계적이며 객관적인 검토·조정 과정을 통하여 국방중기계획의 기준연도 사업과 예산소요를 구체화하는 과정이다.

④ 집행체계(Execution): 예산편성 후 계획된 사업목표를 최소의 자원으로 달성하기 위해 제반조치를 시행하는 과정이다.

⑤ 분석평가체계(Evaluation): 최초 기획단계로부터 집행 및 운영에 이르기까지 전 단계에 걸쳐 각종 의사결정을 지원하기 위하여 실시하는 분석지원 과정으로서 소요기획단계, 획득단계 및 운영유지단계의 전 과정에서 이루어진다.

2) 국방기획관리체계와 소요 · 획득 · 운영유지단계간의 관계

국방기획관리체계의 틀 속에서 소요기획단계와 획득관리단계, 운영유지단계가 유기적으로 상호작용하며 방위력개선업무가 수행된다.

소요기획은 국방기획관리체계의 기획단계 중 수행되며, 획득관리는 계획, 예산, 집행단계 중 수행된다. 운영유지단계는 전력지원체계 관리절차에 따라 국방기획관리체계가 적용되며, 분석평가는 기획관리체계 전 단계에서 걸쳐 지속적으로 실시된다.

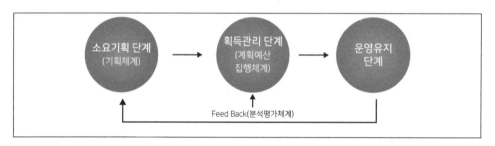

〈그림 2-5〉 소요기획 · 획득관리 · 운영유지단계 간의 관계

① 소요기획 단계: 국방목표를 달성하기 위해 예상되는 위협을 분석하여 군사전략을 수립하고 이를 구현하기 위한 군사력 건설소요를 결정하는 제반과정으로 국방기획관리체계상의 「기획체계」를 통해 수행된다.
② 획득관리 단계: 무기체계를 구매하여 조달하거나 연구개발 · 생산하여 조달하는 업무를 성능 · 일정 · 비용 측면에서 최적화되도록 관리하는 것으로 국방기획관리체계상의 「계획 · 예산 · 집행체계」를 통해 수행된다.
③ 운영유지 단계: 무기체계를 획득하여 전력화가 완료된 이후의 사용 · 정비 · 유지활동을 하는 것으로 전력지원체계 관리순기에 의한 국방기획관리체계를

적용하여 수행된다.

3) 국방기획관리체계 문서체계도

국방부는 국방정보판단을 통해 적 위협을 분석하고 이를 근거로 국방 기본정책서를 작성하고, 합참은 이를 근거로 합동군사전략서(JMS: Joint Military Strategy)와 합동군사전략목표기획서(JSOP: Joint Strategic Objective Plan)를 작성한다. 국방부와 방위사업청은 JMS, JSOP 등을 근거로 국방중기계획서와 국방예산서를 작성하며, 이때 각 군은 전력화지원요소를 검토하여 방위사업청에 제출한다. 방위사업청은 예산을 집행 및 결산하며, 합참과 소요군은 국방기획관리 전반에 걸쳐서 분석평가를 실시하여 사업별 문제점을 지속적으로 도출 및 개선을 추진한다.

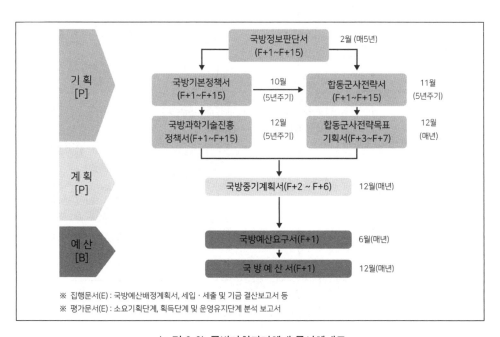

〈그림 2-6〉 국방기획관리체계 문서체계도

4) 방위사업 추진 절차

방위사업 추진 절차는 합참 및 국방부에서 전력소요를 결정하면 방위사업청에서 선행연구를 통해 구매로 획득할 것인지, 아니면 연구개발로 획득할 것인지를 사업추진기본전략을 위원회에 상정하여 결정하게 된다. 연구개발은 핵심기술 연구개발, 무기체계 연구개발, 기술협력생산으로 구분되며, 일반적으로 무기체계 연구개발 과정은

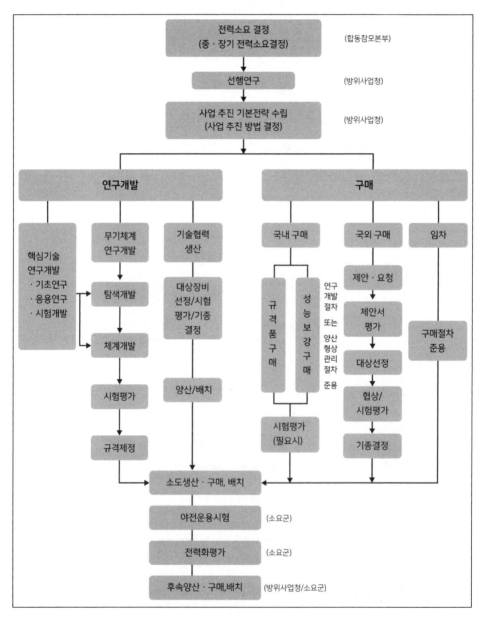

〈그림 2-7〉 방위사업 추진 절차

탐색개발, 체계개발, 시험평가 및 규격제정을 거쳐 야전에 배치하는 과정을 거친다.

구매는 국내 구매, 국외 구매, 임차 등으로 구분되며, 구매는 입찰공고, 제안서평가, 대상 장비선정, 협상 및 시험평가, 그리고 기종결정 후 생산하여 야전에 배치되는 과정을 거친다.

연구개발이나 구매로 획득하여 야전에 배치될 무기체계에 대해서는 소규모로 전력화하여 부족한 부분을 보완하기 위한 야전운용시험[14]을 실시하고, 결과를 반영하여 보완 후 운용하고 배치 후 1년 이내에 전력화평가를 실시한다. 다시 평가결과를 반영하여 야전에서 운용하는 데 문제가 없도록 하고, 이후에 후속양산을 통해 전력화가 추진되는 과정을 거치게 된다.

제3절 소요결정 및 검증

1. 소요결정 절차

합참은 외부의 위협에 군사적으로 대비하기 위해 미래의 국가안보환경을 평가하여 국가안보전략을 수립하고 이에 따른 군사전략을 도출하여 군사전략을 달성하기 위한 합동작전개념을 정립하게 된다. 무기체계 소요는 바로 이러한 합동작전개념을 달성하는 데 필요한 무기체계, 즉 군사력 건설을 위한 소요를 말한다.

우리 군의 소요기획체계는 과거 전통적인 위협기반 소요결정체계에서 합동전력에 의한 합동작전 수행에 필요한 부족한 능력을 구비하는 데 필요한 능력기반 소요결정체계로 전환하여 적용 중이다.

---

14 2010년 K21보병전투차량, K11복합형 소총 등이 야전에 대량으로 전력화된 장비에서 문제가 발생하여 많은 수의 장비를 소급 적용해야 하는 상황에서 새로 도입된 제도로 최소 전술단위로 야전에 배치하여 운용하고, 운영 간 식별된 문제를 보완한 이후에 본격적으로 전력화하는 제도

소요결정 절차는 먼저 소요제기기관인 각 군에서 국방정책과 군사전략 및 합동 개념에 부합되는 신규 또는 성능개량 전력소요에 대해 필요성, 편성 및 운영개념, 요구되는 능력 등이 포함된 소요제기서를 적 위협에 대한 자군 대응소요 중심으로 작성하여 합참에 제기한다.

합참에서는 군사전략, 작전운용, 군 구조, 교리, 무기체계, 과학기술분야 등 관련 전문가로 구성된 통합개념팀을 구성하여 소요제기기관에서 제출한 소요제기서를 근거로 단위전력의 합동성, 안전성, 통합성, 상호운용성, 소요의 우선순위 및 대체 무기체계의 도태·조정개념 등을 검토하여 전력소요서(안)를 만들어 합동전략실무회의, 합동전략회의, 합동참모회의 심의·의결 후 합참의장의 결재를 받아 소요를 결정하게 된다.

통상적으로 소요문서는 장기신규로 결정된 이후 중기전환 되어 추진되는 경우가 일반적이나 장기신규 결정 없이 바로 중기신규로 추진될 수도 있다. 또한 전시·사변·해외파병 또는 국가안전보장 등으로 인하여 특정위협에 시급히 대응할 전력이 필요한 소요인 긴급전력 소요는 소요결정 당해 회계연도 이후 2년 이내로 전력화를 추진한다.

소요기획체계에 따르면 소요결정 후 8~17년 뒤에 필요로 하는 소요는 장기소요라 하고, 7년 이내 필요로 하는 소요는 중기소요라고 한다. 예산반영 등 회계시점이 소요결정 후 2년 정도 소요되므로 중기소요는 F+3~F+7년, 장기전기 소요는 F+8~F+12년, 장기후기 소요는 F+13~F+17년으로 구분한다.

2. 소요검증 체계

소요검증은 총 사업비 규모가 2,000억 원 이상인 사업을 대상으로 합참에서 결정한 무기체계 소요에 대한 국방중기계획을 수립하기 위해 정부의 정책적 관점, 즉 국방정책, 국방재원 등을 고려한 소요 적절성, 사업추진 타당성 및 우선순위 등을 판단하는 것이다.

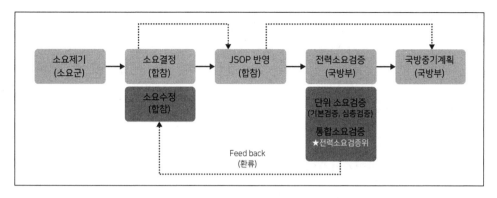

〈그림 2-8〉 소요검증 체계

이때 전력소요검증위원회는 정상추진 또는 전력화시기 조정, 소요량·ROC (Required Operational Capability: 작전운용성능) 수정 등 사업의 필요성을 판단하여 중기계획에 반영하거나 소요 재검토로 환류하도록 한다. 합참은 검증위에서 제기한 소요 재검토 사항에 대하여 각 군과 연계하여 소요를 조정하거나 ROC 등을 수정하고, 국방부·방위사업청은 중기계획에 다시 반영하여 사업을 추진하게 된다.

소요검증은 단위 소요검증(기본검증, 심층검증) 및 통합 소요검증으로 구분하는데, 기본검증은 심층검증 실시 여부를 판단하고, 심층검증은 개별 소요의 적절성과 사업추진 필요성 등을 판단한다. 검증결과는 사업추진 필요, 사업추진 재검토 필요로 구분한다.

통합 소요검증은 사업추진 필요성이 인정된 소요의 상대적 우선순위를 판단하는 과정으로 검증결과는 A, B, C로 구분하여 상대적 우선순위를 제시한다.

제4절 선행연구 및 사업추진기본전략

1. 선행연구 개요

선행연구란 방위력개선사업을 위한 무기체계 등의 소요가 결정된 경우, 방위사업청이 해당 무기체계에 대한 연구개발의 가능성, 소요시기 및 소요량, 국방과학기술 수준, 비용 대 효과 등에 대한 조사·분석 등을 통해 효율적인 사업추진방법 결정을 지원하기 위하여 실시하는 것을 말하며, 장기전력 또는 중기전력 신규소요 결정 후 1년 이내에 착수한다.[15]

선행연구는 소요결정된 무기체계를 연구개발, 국외 구매, 국내 구매, FMS 등 어떤 방법으로 사업을 추진 할 것인가를 결정하기 위한 연구로 일반적으로 방위사업청의 관리 및 통제를 받으며 기품원이 주관이 되어 수행한다.

2. 선행연구 절차 및 내용

방위사업청은 장기전력 또는 중기전력 신규소요가 결정되면 3개월 이내에 선행연구 과제를 선정한다. 선행연구 과제로 선정되면 통합사업관리팀장은 소요결정 문서와 소요제기 단계의 분석평가 결과, 합참 및 각 군에서 제출한 해당 무기체계의 운용환경, 운용개념, 운용절차, 합동성 및 상호운용성 등을 구체화한 의견과 관련자료 및 목표운용가용도 또는 RAM(Reliability, Availability, Maintainability: 신뢰도, 가용도, 정비도) 잠정 목표 값, 관련기관의 검토의견 등을 기초로 선행연구계획서 작성하여 기품원에 통보한다.

기품원은 선행연구계획서에 따라 선행연구 조사·분석 수행계획서를 작성하여 사업팀의 승인을 받고 연구를 수행하며, 주요 연구 내용은 〈표 2-4〉와 같다.

---

15 국방부(2020), 국방전력발전업무훈령 용어 정의, p. 240.

<표 2-4> 선행연구 고려요소 및 검토항목(예)[16]

대분류	중분류	소분류
기술적 요소	연구개발의 가능성	핵심기술 식별 및 확보계획
		작전운용성능(능력) 분석
	국방과학 기술수준	기술성숙도 평가
	기술적 타당성 및 소요시기	기술적 대안
		전력화시기 달성 가능성
경제적 요소	비용 대 효과 분석	비용분석
		효과분석
		비용 대 효과 분석
	경제적 타당성	편익분석(선택)
		국내개발 비용 한계(선택)
		비용 대 편익 분석(선택)
정책적 요소	방위산업육성효과	무기체계 국내개발 원칙
		방산수출
	소요량 분석	성능·비용 trade-off
		진화적 개발전략
사업관리 요소	획득방안별 사업관리 위험요소	연구개발(기술협력 포함)
		구매
	식별된 위험요소 관리방안	연구개발(기술협력 포함)
		구매

선행연구 시에 ORD(Operational Requirements Document: 운용요구서)[17] 및 비용분석도 포함하여 실시하며, ORD와 비용분석은 통상 외부 전문연구기관의 용역 계약으로 연구를 수행한다. 특히 국방과학 기술수준을 분석하여 연구개발 가능 여부를 검토를 하는데, 핵심기술요소(CTE: Critical Technology Elements)를 선정하고 선정된 핵심기술요소들이 어느 정도로 성숙되어 있는지를 정량적으로 평가하는 기술성숙도(TRL: Technology Readiness Level)를 평가하여 국내 기술수준을 결정한다.

---

16 방위사업청, 방위사업관리규정, 2020.

17 소요 요구 무기체계의 임무요구 충족에 필요한 세부적인 운용능력을 기술한 문서로서 군 요구도 설정 및 시험평가 기준으로 활용된다.

선행연구 기간 중 방위사업청의 사업팀의 협조 및 통제를 받아 합참, 관련 업체, 국과연, 방위사업청 등이 참여하는 검토를 하며 최종 선행연구 결과는 방위사업청에 통보한다. 방위사업청은 선행연구 결과를 반영하여 바로 사업추진기본전략을 수립하거나 만일 ROC 등의 수정이 필요한 경우에는 합참에 수정을 요청한다.

3. 사업추진기본전략 수립

사업추진기본전략은 선행연구 결과 및 관련부서·기관의 검토의견을 반영하여 수립하고 3,000억 원 이상의 사업은 방위사업추진위원회, 3,000억 원 미만은 분과위원회 심의·조정을 거쳐 사업추진 방안을 결정하며 이후 결정된 방법대로 연구개발 또는 구매 등으로 사업을 추진한다. 사업추진기본전략에 포함할 사항은 다음과 같다.[18]

- 연구개발 또는 구매로의 사업추진방법 결정에 대한 사항
- 연구개발의 형태 또는 구매의 방법 등에 관한 사항
- 연구개발 또는 구매에 따른 세부 추진방향
- 시험평가 전략: 시험평가 방법(적정 시제수량, 유도무기의 경우 시험평가 수량 등 확보계획 포함), 시험평가팀 구성방안
- 야전운용시험(FT) 시행여부 및 시행전략
- 전력화평가에 관한 사항, 사업추진일정
- 무기체계 전체 수명주기에 대한 사업관리절차 및 관리방안(비용분석 포함)
- 무기체계의 작전운용성능을 진화적으로 향상시킬 경우 단계별 개발목표 및 개발전략
- 합동성 및 상호운용성(암호장비 포함) 확보방안 등

---

18 국방부, 국방전력발전업무훈령, 2020.

제5절 중기계획 및 예산편성

1. 국방중기계획 편성 절차

국방중기계획이란 국방정책과 군사전략 구현을 위하여 군사력건설 및 유지 소요를 향후 5개년 간 가용한 국방재원 규모 내에서 연도별 대상사업과 소요재원을 구체화하여 기획과 예산을 연결하는 것으로 계획총괄, 전력운영사업, 방위력개선사업, 부대계획, 군인 복지기금 등으로 구성된다. 작성대상기간은 F+2~F+6으로 예를 들면 2020년에는 2022~2026년이 대상이 된다.

방위력개선사업은 방위사업청의 중기계획요구서를 기초로 국방부가 방위력개선분야 국방중기계획(안)을 작성하고, 전력운영 사업은 소요군에서 요구하고 국방부에서 종합하여 작성한다. 이때 대상 사업은 전년도 중기계획에 포함된 사업, 합동군사전략목표기획서(JSOP)에 반영된 무기체계 중 장기소요에서 중기소요로 전환된 사업, 긴급하게 반영된 중기 신규소요, 당해 연도 6월 말까지 소요가 결정된 사업 중 중기 대상기간 중 착수가 필요한 사업, 국방과학진흥실행계획(핵심기술기획서)에 신규 중기소요로 반영된 기술 개발사업, 그리고 북한의 핵개발 및 미사일 위협 등에 대한 전력보강소요 등 정책적으로 결정된 사업 등이다.

방위력개선분야 국방중기계획 작성 절차는, 국방부(전력정책관실)에서 매년 2월 방위력개선분야 국방중기계획 작성 지침을 방위사업청(기획조정관)에 통보하고, 기획조정관은 사업본부로 국방중기계획작성 지침을 통보하고 사업팀은 국방중기계획작성 지침에 기초하여 전력화지원요소(안) 작성 후 3월 말까지 전력화지원요소(안)를 소요군에 통보한다.

소요군은 사업팀의 전력화지원요소(안)에 대해 내부 검토를 거쳐 검토 결과를 5월 말까지 사업팀에 통보하고, 사업팀은 소요군의 전력화지원요소(안) 검토결과를 고려하여 사업별 국방중기계획요구서를 작성하여 국방중기계획요구서(안)를 기획조정관에게 제출한다. 기획조정관은 내부검토 및 소요군 · 방위사업정책국 · 사업분석담당관 · 기품원이 등이 참석하는 실무검토회의를 거쳐 국방중기계획요구서를 작성하여 국 방부(전력정책관실)로 제출한다. 국방부(전력정책관실)는 방위사업청의 국방중기계획요구서를 검토하여 국방중기계획(안)을 작성하고 방위사업기획관리분과위원회와 방위사업추진 위원회 심의를 거친다. 방위사업추진위원회 심의를 거친 국방중기계획서를 11월에 국무회의에 보고하고, 대통령 승인을 거쳐 12월까지 확정하여 발간 · 배포한다.

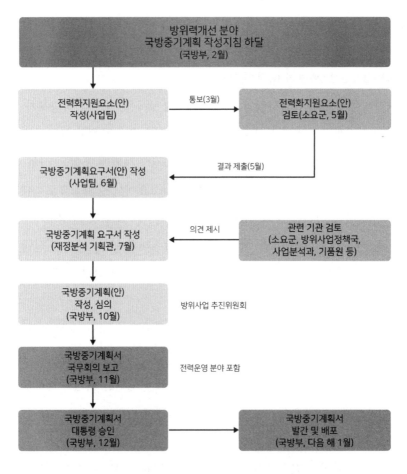

〈그림 2-9〉 방위력개선분야 국방중기계획 작성 절차

2. 예산편성 절차

　　예산편성은 국가재정운용계획 및 국방중기계획서를 기준으로 편성하며, 회계연도에 소요되는 예산의 사용을 국회로부터 승인받기 위한 절차로서, 중기계획 개시연도 사업과 예산소요를 구체화하는 것이다. 방위력개선분야는 방위사업청에서, 전력운영분야는 국방부에서 주관하여 작성한다. 대상기간은 F+1년이며, 국방중기계획이 예산편성의 근거가 된다.

　　방위사업청(사업팀)은 국방부의 예산편정지침에 따라 방위력개선분야 예산요구서(안)를 작성하고, 전력화지원요소 분야 내용을 소요군에 통보한다. 소요군은 전력화지

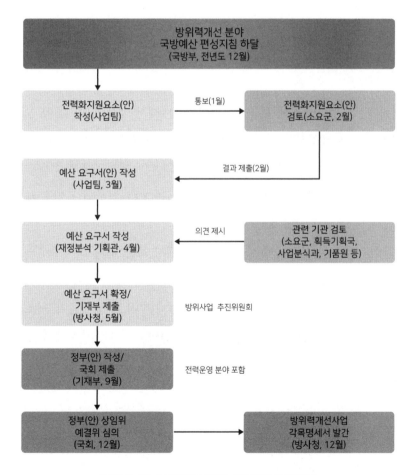

〈그림 2-10〉 방위력개선분야 국방예산 편성절차

원요소 분야 내용을 수정·보완하여 사업팀에 통보한다. 사업팀은 소요군의 의견을 반영하여 사업별 예산요구서(안)를 완성하여 기획조정관에 제출한다.

기획조정관(재정계획담당관)은 관련부서 검토의견을 반영하여 예산요구서를 작성하고 방위사업기획관리분과위원회와 방위사업추진위원회 심의를 거쳐 예산요구서를 확정하여 기재부(국방예산과)에 제출한다.

정부(안)는 9월까지 국회에 제출되며, 국회 국방위원회, 예산결산특별위원회 심의를 거쳐 본회의 의결(12월)을 통해 다음 연도 예산이 확정되며, 본회의 의결 이후 확정된 예산내용을 구체적으로 기술한 예산 각목명세서를 발간하고, 이를 근거로 예산이 집행된다.

3. 예산편성 결과[19]

방위력개선 분야 예산 증가율은 〈그림 2-11〉에서 보는 바와 같이 2006년부터 2009년까지 10%를 상회하는 수준이었으나, 2012~2014년에는 전력운영비 증가율보다 낮은 수준으로 하락하였다. 하지만 2015~2017년은 전력운영비 증가율과 유사하거나 상회하는 수준에서 반영되었고, 2018년부터는 10% 이상의 증가율을 보여주고 있다.

한편 국방 R&D 예산을 살펴보면 〈표 2-5〉에서 보는 바와 국가 R&D 대비 국방 R&D 예산 점유율은 2019년은 15.7%, 국방비 대비 국방 R&D 점유율은 6.9%의 점유율을 보이고 있다. 최근 국가 R&D 지출한도 통제 추세로 증가율이 저조하였으나, 2017년부터 증가율이 상승하고 있으며, 2019년은 전년 대비 11.3%로 대폭 증가하였다.

---

19 방위사업청, 2019년도 방위사업 통계연보, 2019.

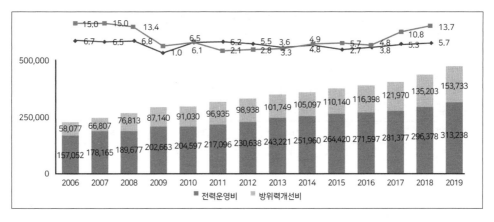

〈그림 2-11〉 방위력개선 분야 예산 증가율

〈표 2-5〉 국방 R&D 증가율 및 점유율

(단위: 억 원, %)

연도 구분	2013	2014	2015	2016	2017	2018	2019
국가 R&D	171,471	177,358	188,245	190,942	194,615	196,681	205,328
전년대비 증가율(%)	7.0	3.4	6.1	1.4	1.9	1.1	4.4
국방비	344,970	357,056	374,560	387,995	403,347	431,581	466,971
전년대비 증가율(%)	4.7	3.5	4.9	3.6	4.0	7.0	8.2
국방 R&D	24,471	23,345	24,355	25,571	27,838	29,017	32,285
전년대비 증가율(%)	5.4	△4.6	4.3	5.0	8.9	6.7	11.3
국가 R&D 대비 증가율(%)	14.3	13.2	12.9	13.4	14.3	14.8	15.7
국방비 대비 증가율(%)	7.1	6.5	6.5	6.6	6.9	6.7	6.9

주요국의 2015년 국방비 대비 국방연구개발비 현황을 보면 〈표 2-6〉에서 보는 바와 같이 한국은 6.5%, 21.2억 달러이고, 프랑스는 7.9%, 35.0억 달러이며, 영국은 5.0%, 27.1억 달러이다. 미국은 11.9%, 739.8억 달러로 규모 면에서 한국의 35배를 투자하고 있다.

구분	한국	프랑스	영국	미국
국방비	325.7억 달러	443.5억 달러	538.1억 달러	6,220억 달러
국방연구개발비	21.2억 달러	35.0억 달러	27.1억 달러	739.8억 달러
국방비 중 연구개발비	6.5%	7.9%	5.0%	11.9%
국방연구개발비 규모	1배	1.7배	1.3배	35배

제6절 사업타당성 조사

1. 사업타당성 조사 대상

사업타당성 조사는 국가재정법 제50조, 동법 시행령 제21조, 기재부 국방사업 총사업비 관리지침 제11조에 의거 정부차원에서 방위력개선사업의 총사업비에 대한 합리적인 조정·관리를 통한 재정지출 효율성을 제고하기 위해 실시한다. 연도 예산이 정부(안)에 반영되기 위해서는 정부(안) 작성 이전에 사업타당성조사가 완료되고 타당성이 인정되어야 한다.

사업타당성 조사 대상사업은 신규 착수사업으로 방위사업청장이 책정한 사전 총사업비가 500억 원 이상인 사업이나 사전 총사업비가 500억 원 미만이나, 후속 양산사업의 총사업비가 500억 원 이상인 연구개발사업이다.

사업타당성 재검증 대상사업은 총사업비가 최초 총사업비 대비 30% 이상 증가한 경우, 총사업비가 기재부장관이 확정하여 통보한 이전단계의 총사업비 대비 20% 이상인 연구개발사업, 전략, 전술, 작전운영개념 등의 변화로 해당 무기체계의 소요가 이전단계 대비 30% 이상 감소한 경우, 당초 사업추진 시 사업타당성 조사 대상은

---

20 Jane's Defense budget (2016.11.) / 원-달러 환율 1,150원

아니었으나, 사업추진 과정에서 총 사업비가 사업타당성조사 대상으로 증가한 경우, 기타 기재부장관 또는 방위사업청장이 타당성 재검증이 필요하다고 인정하는 경우 등이다.

한편 사업타당성조사 면제 대상사업은 신규사업으로 극도의 보안을 요하거나 사업추진방법 등이 명백한 사업으로 사업 타당성조사의 실익이 없다고 판단하는 경우에는 기재부장관에게 사업타당성조사 면제를 요청할 수 있다. 이때 타당성 재검증이 면제되는 경우는 사업의 상당부분이 이미 진행되어 매몰비용이 차지하는 비중이 큰 경우, 해당 사업의 총사업비 증가의 주요원인이 상위계획의 변경 등 외부적 요인에 있는 경우, 국가안보와 관련되어 사업의 진행이 시급한 경우 등이다.

2. 사업타당성 조사 수행 절차 및 후속조치

사업타당성 조사 수행 절차는 다음과 같다.

① 방위사업정책국이 전반기(3월)·후반기(9월) 사업 타당성 조사 대상사업 소요파악 시 사업팀은 대상사업을 신청한다.

② 방위사업정책국 주관으로 한국국방연구원(KIDA) 사업타당성 조사 수행부서에 사업타당성 조사 대상 신청 사업을 설명한다.

③ 사업타당성 조사 대상사업은 한국국방연구원의 검토의견을 기초로 기재부 국방예산과에서 확정한다.

④ 전반기 사업타당성 조사는 5~10월, 후반기 사업타당성 조사는 12월~다음해 5월까지 진행한다.

⑤ 예산편성 순기 고려 시 후반기 사업타당성 조사 결과(5월 종료)를 반영하여 당해연도 정부(안) 포함이 가능하나, 전반기 사업타당성 조사 결과(10월 종료)는 다음해 예산편성에 활용 가능하다.

⑥ 사업팀은 사업타당성 조사 진행 간 선행연구결과, 사업추진기본전략, 양산계획 등 조사에 필요한 자료제공 및 설명에 적극적으로 협조하여 잘못된 사업타

당성 조사가 되지 않도록 노력할 필요가 있다.

사업타당성 조사가 완료되면 후속조치를 하게 되는데, 후속조치는 연도예산 편성 시 근거자료로 활용하거나, 타당성이 미흡할 경우에는 사업 재검토 또는 소요 수정(ROC, 소요량, 전력화시기 등)을 추진하고, 사업추진기본전략 수정 등 사업추진에 활용되거나 국회 등 대외기관 설명 시 활용된다(방위사업청 · 국방부 훈령(2020) · 사업관리지식창고(2016) 등 참조).

〈그림 2-12〉 사업타당성조사 업무수행 절차

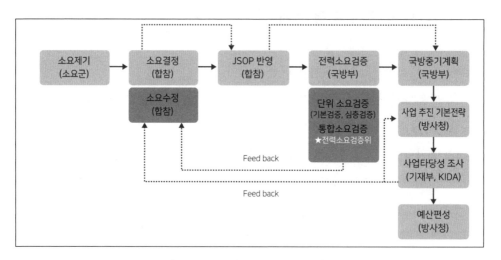

〈그림 2-13〉 사업타당성조사 결과 후속조치

>> 생각해 볼 문제

1. 효율적인 사업관리를 위한 조직구조는?
2. 방위사업의 특성 및 합리적이고 효율적인 방위사업 추진 방안은?
3. 국방기획관리체에서 중요한 단계와 그 이유는?
4. 최근 방위력개선분야의 예산은 어느 정도이고, 예산은 적절한가?

제3장
방위산업 정책

산·학·연·군·관 '방위산업 생태계' 만든다!

경남지역 방위산업 발전을 이끌 산·학·연·군 거버넌스인 '경남창원방산클러스터협의회'가 11일 출범, 창원방산클러스터사업 활성화 방안과 방위산업 생태계 구축을 위한 논의를 본격 시작했다.

이날 창원시 경남테크노파크에서 열린 '제1회 경남창원방산클러스터 협의회'에는 도 경제부지사와 방위사업청 방위산업진흥국장을 비롯해 방산 체계기업, 지역방산 중소·벤처기업협의회, 국방과학연구소, 국방기술품질원 등 27개 기관 30명의 위원들이 참석했다.

방산부품 국산화와 방산기업 육성을 위한 공동협력 과제 발굴·추진을 위해 열린 이날 협의회에서 참석자들은 경남창원방산클러스터 사업을 방산분야의 혁신성장 모델로 만드는 데 협력하고 실행계획과 부품 국산화 소요품목 발굴 선정 등 안건을 심의했다.

경남창원방산클러스터 실행계획으로 △방산혁신 기반 조성 △방산부품 국산화 △중소벤처기업 사업화 지원 △창업 및 일자리 지원 등 4개 분야 10개 세부 실행과제를 수립했다.

방산혁신 기반 조성 과제에는 연면적 $8,000m^3$ 규모의 경남창원방위산업진흥센터 구축과 시험평가 장비 구축(13종 18대)이 포함됐다.

방산부품 국산화를 위한 방산 중소벤처기업의 R&D를 지원하고, 대학 주도의 부품 국산화 연구실을 조성해 방산 전문인력 양성, 기업 R&D 과제 참여 등 방산기업 역량강화를 지원한다. (이하 생략)

경남신문, 2020.8.11

제1절 일반사항

1. 방위산업의 개념

　방위산업이란 자주국방을 실현하기 위해 그에 필요한 군의 수요, 즉 직접 무기로서의 병기류를 연구 · 개발하거나 생산하는 데 종사하는 산업이라는 협의의 개념과 간접적 · 보조적으로 군에서 사용될 수 있는 물자를 연구 · 개발하거나 생산하는 데 종사하는 광의의 개념으로 구분할 수 있다. 따라서 방위산업은 군사적으로 소요되는 물자 가운데서도 재화 그 자체가 지니는 고유의 성질상 적에 대해서 직접 또는 간접적으로 어떤 가해력을 발휘할 수 있는 기기를 생산하는 산업, 구체적으로는 총포, 탄약류, 선박, 항공기, 전차, 통신기기 및 미사일 등을 개발 · 생산하는 산업의 총칭으로 이해하는 것이 바람직하다.[1]

　방위사업법 제3조에서는 방위산업을 '방위산업물자를 제조 · 수리 · 가공 · 조립 · 시험 · 정비 · 재생 · 개량 또는 개조(이하 '생산'이라 한다.)하거나 연구개발 하는 업'으로 정의하고 있다. 그리고 방위사업법의 목적은 '자주국방의 기반을 마련하고 방위산업의 경쟁력 강화를 도모하며 궁극적으로는 선진강군(先進强軍)의 육성과 국가경제의 발전에 이바지하는 것'임을 제1조에서 명시하고 있으며, 제2조에 따르면 이 법의 기본이념은 '국가의 안전보장을 위하여 방위사업에 대한 제도와 능력을 확충하고 방위사업의 투명성 · 전문성 및 효율성을 증진하여 방위산업의 경쟁력을 강화함으로써 자주국방 태세를 구축하고 경제성장 잠재력을 확충하는 것이다. 따라서 방위산업 역시 이러한 목적과 이념을 함께 공유한다고 볼 수 있다.

1　국방대학교, 안보관계용어집, 2009, pp. 327~328.

2. 방위산업의 중요성 및 특성

현대 국가에서 방위산업의 중요성과 특성을 알아보면 다음과 같다.[2]

먼저 방위산업의 중요성을 알아보면, 첫째, 탈냉전시대에 따라 무기 공급원이 다원화되었다고 하지만 무기판매 국가들은 전쟁 잠재력이 높은 국가에 대해 자국의 이익에 부합되지 않을 경우에는 언제든지 금수 조치를 취하는 등 정치적 압력수단으로 활용할 있어 전쟁 또는 평시를 막론하고 정치적 자주성을 확보할 수 없다.

둘째, 군사적인 측면에서는 방위산업의 능력을 구비했을 때 군사적 독립성을 확보함과 동시에 국제적 주도권의 장악과 국가위상을 높일 수 있고, 독자적인 작전체계를 구축할 수 있다.

셋째, 경제적 측면에서는 양적인 투자 대 효과만 볼 것이 아니라 부가적 파급효과는 매우 크다. 한국 방위산업의 역사를 보아도 그동안 국가 산업발전의 견인차적인 역할과 더불어 신기술 개발의 원천이 되어 왔다. 예컨대 그동안 외국에서 수입을 전적으로 의존하던 무기를 국내 생산함으로써 무역수지를 상당히 개선했으며, 방위산업 기술은 고도정밀 기술이기 때문에 민간분야로의 파급효과가 더욱 컸던 것이다.

그리고 국내에서 생산한 방위산업 무기체계는 배치 후에 운영유지가 용이할 뿐만 아니라 차기세대 무기체계를 개발하는 초석으로 기여하고, 또한 생산능력이 있는 경우는 무기체계 구매협상에서 저렴한 가격에 획득할 수 있도록 국제 협상력을 높여준다.

넷째, 특히 군사기술과 민간기술의 민군겸용기술 확대는 새로운 과학기술로 발전되어 국가발전의 성장 동력으로 작용하게 된다. 지식정보화 사회에서 첨단 정보·통신·과학 기술이 군사 분야에 접목되어 전쟁의 승패가 군사력의 양적 규모보다 정보·지식·기술의 지적 우위에 의해 결정되는 5차원 전쟁시대로 전환되었다. 그 예로 전장감시체계(ISR)-지휘통제체계(C2)-정밀타격체계(PGM)가 하나로 연결되는 네트워크 중심작전(NCW) 양상으로 변화되었고, 첨단 국방과학기술의 보유 여부가 국가안보

---

2   조영갑·김재엽, 현대무기체계론, 2019, pp. 62~66.

와 직결되며, 각 국가의 방위산업 능력이 곧 국가 행동의 자주성을 뒷받침하고 있다.

다섯째, 방위산업은 첨단과학기술이 집약된 산업이라는 것이다.

예컨대 일상생활 주변에서 흔히 볼 수 있는 전자레인지나 의사소통과 정보전달의 장으로 자리매김한 인터넷은 군사기술이 민수 기술로 파급되어 활용되고 있는 대표적인 사례가 된다. 전자레인지의 경우 미국의 대표적인 방위산업체 중 하나인 레이시온(Raytheon)사의 레이더용 극초단파(microwave) 기술이 응용되어 개발된 것이고, 인터넷도 미국 국방부에서 국방연구기관과 방위산업체 등의 관련기관 간에 정보의 소통과 공유를 위해 개발한 정보교환기가 발전한 것이다.

이러한 사례에서도 볼 수 있듯이 국방과학기술의 발전이 민간과학기술의 발전을 선도해 왔으나, 오늘날에는 방위산업이 기존 첨단분야(금속, 기계, 전자 등)와 신규 첨단분야(IT, BT, NT 등)가 융합되어 민군겸용기술로써 국가 성장동력 산업으로 발전하고 있다.

세계 최고의 경쟁력을 보유하고 있는 한국의 정보통신기술(IT) 등이 국방과학기술과 접목되어 국가 성장동력 산업으로 발전하여, 국방 분야가 국민의 세금을 소비하기만 하는 것이 아니라 국가경제를 창출하는 산업으로 새롭게 자리매김한 것이다.

이와 같이 방위산업은 정치적·경제적·군사적·과학기술적으로 국가발전에 기여하게 되고, 단순한 경제논리를 초월하여 방위산업에 투자된 비용은 국가안보란 생명보험에 가입한 것과 같은 것이다.

한편, 방위산업의 특성을 살펴보면, 국가방위에 직접적으로 필요한 무기·장비 기타의 무기체계를 개발 및 생산하는 방위산업은 다른 민수산업에서 볼 수 없는 특수성을 지니고 있다. 방위산업의 특성은 그것을 육성 또는 개발하는 데 기본적인 고려 요소가 될 수 있는 점을 고려하여 민수산업과 비교하였다.

첫째, 군에서 요구하는 장비 및 물자가 수요가 되므로 국가가 유일한 수요자로서, 생산물량은 한정되어 있다.

둘째, 현대의 무기체계는 매우 복잡하고 고도의 복합된 첨단기술과 정밀성이 요구된다.

셋째, 막대한 투자가 필요하고 회수기간이 장기간 소요되는 반면에 무기체계의 급속한 발전으로 기술의 진부화가 빠르게 진행된다.

넷째, 민수산업은 가격이 지배적 요소이지만 방위산업은 성능, 정밀성 및 적기 전력화가 지배적 요소가 된다.

다섯째, 방위산업은 일단 유사시의 장비공급과 유지를 위하여 생산이 완료되었다 하더라도 생산시설을 임의로 철거할 수 없다.

여섯째, 방위산업의 생산활동은 국가안보와 직결되므로 민수산업과는 달리 군사비밀보호법에 의한 고도의 보안조치가 필요하다.

이와 같은 특성 때문에 선진 국가에서는 여러 업체에서 생산 가능한 경우를 제외하고는 경쟁계약을 지양하고 특정 업체와 수의계약에 의존하고 있다.

〈표 3-1〉 방위산업과 민수산업의 차이점[3]

구분		민수산업	방위산업
투자	투자비 규모	시장원리의 적정투자	목표 우위의 대규모 투자
	투자비 회수	회임기간 최소화	회임기간 장기화
	기술정보	단순화, 정밀도 낮음	복잡화, 정밀도 높음
	투자 위험성	소요예측 판단으로 확률 낮음	무기체계 진부화 등으로 높음
제품	목표	기업이윤 추구	성능 우위에 우선
	제조결정	시장성에 의존	무기체계에 의존
	신뢰성	수익성과 밀접한 관계	전투 시 군 사기에 영향
	형태	단순	다양, 복잡
	정밀, 정확도	상대적으로 낮음	초고도
	단가	저가, 경제성	고가, 비경제성
생산	연구기간	단기	장기
	비밀성	업체기밀	국가기밀
	시설	단순, 한정	복잡, 무한
	물량	예측에 의한 계획생산	정부계획에 의한 수주생산
구매	납기	업체통제(경제성에 영향)	정부통제(전력에 영향)
	구매자 선정	가능(수요자 다수)	불가(정부 유일)
	가격	저가(시장성)	고가(정부 예측)
	계약	경쟁계약	수의계약
파급효과		국가 경제 윤택	기술집약산업 선도

한국의 경우에도 경쟁원리 적용이 어렵기 때문에 수의계약과 최소의 지명경쟁계약, 그리고 육성지원책(조세, 금융지원)을 강구하고 있다. 이는 전력증강을 위한 정부의 필요와 요구를 원활히 수행하기 위한 조치이다. 한국은 기본 무기체계의 전력화가 완료되었고, 앞으로의 무기체계는 고가화, 정밀화, 대형화됨에 따라 핵심기술의 연구개발과 생산시설의 효율적 활용을 위해서 최적의 생산능력을 보유한 업체를 선정하고 육성해야 하는 환경에 놓여 있다.

3. 방산업체 현황

방산물자를 생산하기 위해서는 방산업체로 지정을 받아야 방산물자를 생산할 수 있다. 이렇게 방산업체로 지정된 업체수는 2019년 기준 주요 방산업체 63개, 일반방산업체 27 등 총 90개이며, 방산업체에 부품을 공급하는 협력업체 수는 대략 4천여 개로 추산된다. 이러한 방산업체로 지정되기 위해서는 업체에서 생산하는 품목이 먼저 방산물자로 지정되어야만 같은 품목에 대한 방산업체로 지정받을 수 있다.

방산물자는 방위사업법 제34조 및 동법시행령 제39조, 동법시행규칙 제27조에 따라 안정적인 조달원 확보 및 엄격한 품질보증이 필요하다고 인정되는 무기체계로 분류된 물자, 군용으로 연구개발 중인 물자로서 연구개발이 완료된 후 무기체계로 채택될 것이 예상되는 물자, 기타 국방부령이 정하는 기준에 해당되는 물자로서, 방위사업청장이 산업통상자원부장관과 협의하여 지정하도록 되어 있다.

한편 방산업체 지정절차는 다음과 같다.

① 업체가 방산업체로 지정을 방위사업청에 요청

② 방위사업청은 방산업체로 지정되기 위한 조건과 구비서류 검토

③ 방위사업청은 법무부서를 포함하여 관련기관 및 부서 의견 수렴

④ 신청업체가 방산업체로 될 수 있는지를 검토하며 요건을 구비하였다면 방산

---

3 조영갑 · 김재엽, 전게서, 2019(한국방위산업진흥회, 정책자료, 2011.).

〈표 3-2〉 2019년 방산업체 현황

분야	주요 방산업체	일반 방산업체
화력(8)	한화디펜스, 두원중공업, SG솔루션(주), 현대위아, S&T모티브, S&T중공업, 다산기공(7)	진영정기(1)
탄약(9)	삼양화학, 삼양정밀화학, 알코닉코리아, 풍산, 풍산FNS, 한일단조공업, 한화(7)	고려화공, 동양정공(2)
기동(14)	기아자동차, 두산, 두산인프라코어, 두산중공업, 삼정터빈, 삼주기업, 평화산업, 현대트랜시스, 현대로템, LS엠트론, STX엔진(11)	광림, 신정개발특장차, 시공사(3)
항공유도(18)	극동통신, 다윈프릭션, 대한항공, 쎄트렉아이, 퍼스텍, 캐스, 한국항공우주산업, 한국화이바, 한화에어로스페이스, LIG넥스원(10)	단암시스템즈, 코오롱데크컴퍼지트, 데크카본, 성진테크윈, 유아이헬리콥터, 한국로스트왁스공업, 넵코어스, 화인정밀(8)
함정(10)	강남, 대우조선해양, HSD엔진, 삼강엠앤티, 한국특수전지, 한진중공업, 현대중공업, 효성 STX조선해양(9)	스페코(1)
통신전자(16)	지티앤비, 비츠로밀텍, 한화시스템, 연합정밀, 이오시스템, 키프코프롬투, 휴니드테크놀러지스, 현대제이콤, 빅텍, 우리별(10)	삼영이엔씨, 아이쓰리시스템, 인소팩, 이화전기공업, 미래엠텍, 티에스택(6)
화생방(3)	산청, 에스지생활안전, 에이치케이씨(3)	
기타(12)	대양전기, 동인광학, 삼양컴텍, 우경광학, 유텍, 아이펙(6)	대명, 대신금속, 도담시스템즈, 서울엔지니어링, 은성사, 크로시스(6)
계(90)	63개	27개

업체 지정을 산업통상부장관에게 요청하여 최종 방산업체로 지정

4. 방산업체 의무와 혜택

1) 방산업체의 의무

방산업체의 의무는 시설유지 및 변경 시 승인, 보안요건 구비, 비밀엄수 의무, 방산물자 공급, 방산용 원자재 비축, 인수 · 합병과 폐 · 휴업 시 정부 승인, 매도명령 시

〈표 3-3〉 방산업체 의무

방산업체 의무	관련근거
시설유지 및 변경 시 승인	방위사업법 제48조 제1항 제2호
보안요건 구비	방위사업법 제35조, 시행령 제44조
비밀엄수 의무	방위사업법 제50조
방산물자 공급	방위사업법 제48조 제1항 제4호
방산용 원자재 비축	방위사업법 제55조
인수·합병과 폐·휴업 시 정부 승인	방위사업법 제35조, 제56조
매도명령 시 복종(전시)	방위사업법 제54조
주요방산물자 수출규제	방위사업법 제57조
수출 시 기술료 납부	방위사업법 제52조
주요방산업체 파업금지	노동조합 및 노동관계조정법 제41조
방산물자 매매 판매승인	방위사업법 제51조
청렴서약 의무	방위사업법 제6조 제1항

복종(전시), 주요 방산물자 수출규제, 수출 시 기술료 납부, 주요 방산업체 파업금지, 방산물자 매매 판매승인, 청렴서약 의무 등이 있다.

2) 방산업체의 혜택

방산업체는 의무가 있는 대신에 혜택도 있다. 방산업체의 혜택은 정부 우선구매, 방산수의 계약, 방산원가 적용, 사전 품질보증, 자금융자와 보조금 지급 대상, 부가가

〈표 3-4〉 방산업체의 혜택

방산업체 혜택	관련근거
정부 우선구매	방위사업법 시행령 제50조
방산수의 계약	국가계약법 시행령 제26조 제1항 제5호 라목
방산원가 적용	방산원가대상물자의 원가계산에 관한 규칙
사전 품질보증	방위사업법 시행령 제50조 제3항
자금융자/보조금 지급 대상	방위사업법 제38조, 제39조
부가가치세 영세율 적용	조세특례제한법 제105조
병력특례 채용	병역법 시행령 제72조 제3항

치세 영세율 적용 및 병력특례 채용 등이 있다.

5. 방산업체 경영실태

우리나라 방산업체의 경영여건은 지속적으로 악화되고 있다. 2016년 제조업 평균 영업이익률은 6.0%인 데 반하여 방산업체는 3.4%이며, 2017년은 제조업 7.6% 대비 방산업체는 0.5로 매우 낮다.

또한 가동률도 전반적으로 제조업 평균보다 좋지 않다. 2017년의 경우 방산업체 가동률은 69.2%로 제조업평균 가동률 72.6%에 미치지 못하고 있다.

2018년 한국방위산업진흥회 자료에 따르면 방산업체 전체 영업이익도 2014년 5,352억 원, 2015년 4,710억 원, 2016년 5,033억 원에서 2017년에는 602억 원으로 급감했다. 세전순이익은 2016년 5,706억 원에서 2017년에는 마이너스 696억 원으로 적자 전환했으며, 당기순이익 역시 같은 기간 2,184억 원에서 마이너스 1,091억 원으로 적자로 돌아섰다.

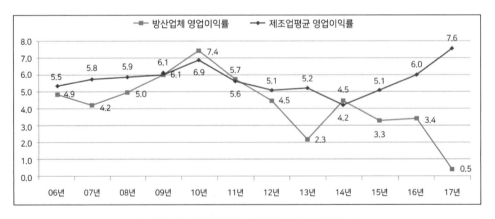

〈그림 3-1〉 방산업체와 제조업 영업이익률 비교[4]

---

4   방위사업청, 2019년도 방위사업 통계연보, 2019.

방위산업은 국가 기간산업이며 전략산업으로 국가에서 보호·육성해야 함에도 불구하고 오히려 제조업보다 어려워 방산업계가 위기에 직면하고 있음을 알 수 있다.

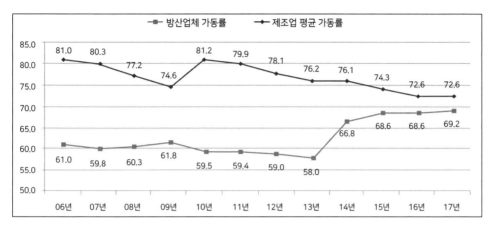

〈그림 3-2〉 방산업체와 제조업 가동률 비교[5]

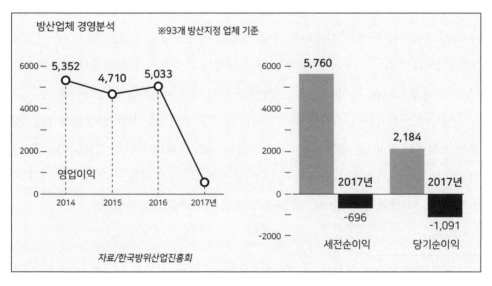

〈그림 3-3〉 2017년 방산업체 경영분석

---

5 방위사업청(2019), 전게서.

제2절 방위산업 발전

우리나라의 방위산업의 육성은 1969년 미 대통령 닉슨 독트린[6] 선포에 따른 주변 안보환경의 변화에 따라 대응 전략으로부터 시작되었다. 1970년 국방과학연구소를 설립하여 무기체계 개발을 추진하였고, 최근 국내 소요 충족은 물론 30억 달러 이상을 방산물자를 수출하는 수준으로 성장하였다. 이러한 성장과 발전 내용은 산업연구원의 정책연구(2017)에서 발췌하여 인용하였다.

1. 수입대체기

'자주국방력 확보'라는 목표하에 1970년 국방과학연구소를 설립하였으며, 미국과의 면허생산을 통해 국산화하는 수입대체형 육성전략을 도모하였다. 이 시기에 「국방 8개년 계획(1974~1981)」 수립과 시행을 통해 본격적으로 무기생산이 시작되었으며, 1970년대 말 소화기, 탄약류 등 재래식 무기에 대한 국산화를 달성하였다.

동시에 산업기반이 미약하였던 방위산업 보호·육성을 위한 방산물자 개발 및 생산 기업에게 금융 및 세제 지원, 보조금 지급 등의 혜택과 의무가 부여되었는데, 방위산업을 육성하기 위해 군수조달에 관한 특별조치법(1973) 제정, '방산물자·기업 지정제도(1973)'와 방위세 신설(1975), '방산원가 제도(1978)' 등을 시행하였다.

---

6 미국의 닉슨독트린(Nixon Doctrine, 괌선언)은 미국 대통령 닉슨이 대아시아정책을 발표한 내용으로 내용은 다음과 같다. ① 미국은 앞으로 베트남전쟁과 같은 군사적 개입을 피한다. ② 미국은 아시아 제국(諸國)과의 조약상 약속을 지키지만, 강대국의 핵에 의한 위협의 경우를 제외하고는 내란이나 침략에 대하여 아시아 각국이 스스로 협력하여 그에 대처하여야 할 것이다. ③ 미국은 '태평양 국가'로서 그 지역에서 중요한 역할을 계속하지만 직접적·군사적인 또는 정치적인 과잉개입은 하지 않으며 자조(自助)의 의사를 가진 아시아 제국의 자주적 행동을 측면 지원한다. ④ 아시아 제국에 대한 원조는 경제중심으로 바꾸며 다수국간 방식을 강화하여 미국의 과중한 부담을 피한다. ⑤ 아시아 제국이 5~10년의 장래에는 상호안전보장을 위한 군사기구를 만들기를 기대한다.

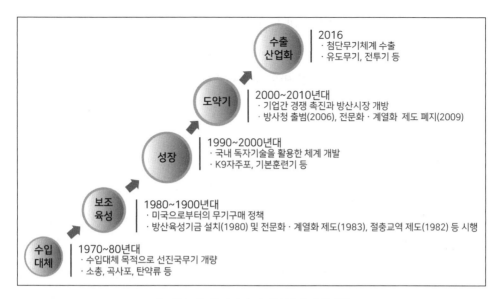

〈그림 3-4〉 우리나라 방위산업의 발전과정

2. 보호 · 육성기

1980년대 제5공화국에서는 독자개발보다는 주로 미국으로부터의 무기 구매 정책을 추진하였다. 방위산업 발전에 필수적인 국방 R&D 예산이 축소되는 등 정책적 지원도 크게 감소하면서 방산기업들은 가동률 저하와 생산성 저하 등의 어려움을 겪게 되었으며, 국방관련 연구소들도 인력 감축, 예산 삭감 등을 피할 수 없었다. 이를 보전하기 위하여 방산육성기금 설치(1980), 전문화 · 계열화 제도(1983) 등을 시행하였으며, 특히 절충교역 제도 시행(1982)을 통해 최초로 방산물자를 수출하였다.[7]

3. 성장기

1990년대에는 무기체계 획득 시 국내 연구개발 우선정책을 추진함으로써 기술

---

7 유형곤 외, 방산수출 확대에 따른 방위산업 선진화 방안 연구, 2012.

혁신역량 제고에 주력, 그 결과 국내 독자기술을 활용하여 K9자주포, 훈련기 등을 개발하였다. K-9 자주포 개발, 구축함(KDX-II급)과 잠수함(KSS-II) 건조, KT-1, T-50, 유도무기체계 등 대규모 획득사업을 통한 방위산업 육성을 본격화하기 시작하였다.

4. 도약기

2000년대는 방위산업 정책의 기조가 과거 보호 · 육성 위주에서 기업 간 경쟁 촉진과 수출 지향적으로 서서히 전환되기 시작하였다. 2006년 방위사업청이 출범하면서 '방위사업법' 제정(2006), 전문화 · 계열화 제도 폐지(2009) 등을 통해 점차 방산시장을 개방하고 경쟁체제로 전환시키기 시작하였다.

5. 수출산업화

2010년 미래기획위원회의 방위산업 육성정책(2010)과 방위산업육성 기본계획(2013) 시행 등을 통해 현재까지 방위산업의 경쟁력 강화 및 수출산업화를 위한 정책을 추진

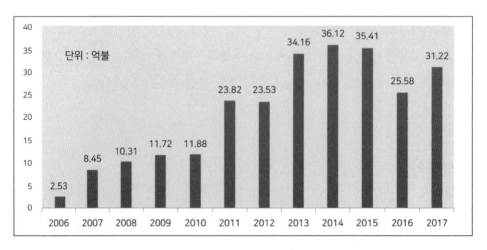

〈그림 3-5〉 우리나라 방산수출 현황[8]

중이다. 국내 방위산업은 최근 5년(2011~2015)간 생산과 고용 면에서 각각 8.6%, 4.5%의 연평균 성장률을 보였으며, 특히 방산수출은 연평균 22.9%의 고성장세를 시현하여 2013년 34억 달러를 달성하였고, 2015년 기준 글로벌 10위권을 달성하였으나 최근 정체되고 있다.

방위산업의 발전과정별 주요 정책변화의 내용을 요약하면 아래 표에서 보는 바와 같다.

〈표 3-5〉 방위산업의 발전과정별 주요 정책변화

구분	연도	특징	비고
수입대체기	1970년대	- 국방과학연구소(국과연) 설립 - 군수조달에 관한 특별조치법 제정, 방위세 신설 - 방산물자·기업 지정제도로 방산기업에게 방산물자 개발/생산에 따른 금융 및 세제지원, 보조금 지급	1969 미 닉슨독트린 및 월남패망
보호·육성기	1980년대	- 주로 미국으로부터의 무기 구매 정책 추진 - 국방 R&D 예산 축소로 신무기 개발 지연 - 전문화·계열화 제도 시행	
성장기	1990년대	- 국내 연구개발 우선정책 추진으로 기술혁신 역량 제고 - 대규모 획득사업을 통한 방위산업 육성 본격화	
도약기	2000년대	- 보호·육성 위주의 정책에서 기업 간 경쟁촉진과 수출지향적으로 전환되기 시작 - 방위사업청 출범(2006) - 전문화 계열화 제도 폐지(2009)	
수출 산업화기	2010~현재	- 국방산업발전협의회 등 범정부 협의체 운영 - 방산수출수주 6년 연속 20억 달러 돌파(2011~2016) * 2013~2015년 30억 달러 이상 연속 수주 - T-50, K-9 자주포 등을 통한 방산수출 노력 확대	

---

8 방위사업청, 2017년도 방위사업 통계연보, 2018.

제3절 방위산업 육성 효과

1. 국방·안보, 산업, 과학기술 측면

국내 기술로 개발한 첨단 무기체계를 활용하여 국방력 강화로 선진강군 육성을 통한 튼튼한 안보기반을 확충한다. 산업·경제 측면에서는 방위산업의 특수성에 기인한 선진형 산업구조 정착에 기여하였다. 즉 대규모 자본집약적 장치산업의 특성을 보유하게 되었고, 다수의 첨단 부품·소재의 조립(System Integration)으로 높은 산업파급효과 창출 및 기술형 중소기업 육성에 적합하였는데, 산업구조상 엄격한 위계구조(체계종합-전문방산업체[9]-1차 협력업체-2차 협력업체)를 형성하였다.

항공우주, 함정 등의 분야는 높은 민·군 겸용성을 보유하여, 국내 주력산업과의 상호보완을 통한 시설·장비·인력의 겸용성 등에서 시너지 창출이 가능하였다. R&D 인력의 비중이 산업 내 인력의 23.2%를 차지, 타 산업 대비 고급 인력에 대한 높은 고용창출효과를 창출하였다(2015년 기준).

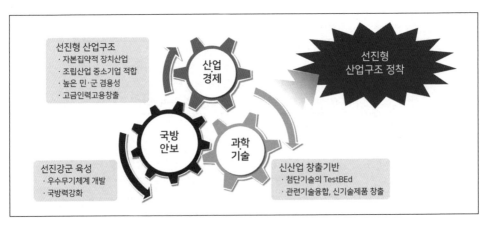

출처: 산업연구원, 2014 방위산업통계 및 경쟁력백서, 2017.

〈그림 3-6〉 방위산업 육성의 효과

---

9 전문방산업체는 방위사업청에 등록된 방산업체 중 전문 구성품을 생산하는 업체를 의미

과학·기술 측면에서는 최첨단 기술의 'Test Bed'로서, 4차 산업혁명 시대의 기술혁신을 이끄는 무인기, 로봇 등 최첨단 기술의 융·복합으로 미래기술 선도 등 신산업 창출의 기반을 마련하였다.[10]

2. 방위산업이 경제에 미치는 효과

1) 성장성 측면

2015년 기준 제조업의 부진에도 불구하고 방위산업은 전년대비 14.6% 성장하였다. 이것은 우리나라 경제를 견인하는 자동차 산업에 비해서도 높은 성장률을 시현하였고, 수출증가율 측면에서도 방위산업은 전년대비 34.8% 이상 증가하는 등 2010년 이후 2014년 제외하고 연간 10% 이상 성장하였다.

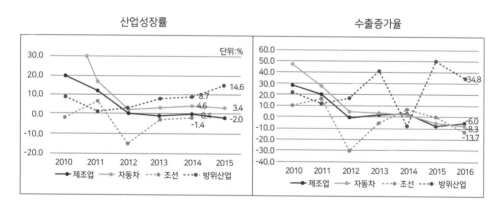

〈그림 3-7〉 방위산업의 성장성[11]

2) 고용창출효과 측면

2015년 고용은 다음 그림에서 보는 것처럼 전년대비 5.5% 증가하는 등 2013년

---

10 산업연구원, 『'18~'22 방위산업육성 기본계획』 수립을 위한 정책연구, 2017.

11 산업연구원, 2014 방위산업통계 및 경쟁력백서, 2017.

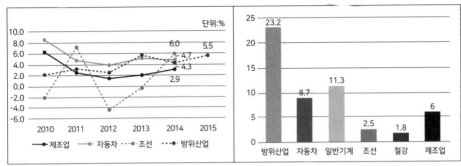

<그림 3-8> 방위산업의 고용창출효과[12]

이후 연간 4% 이상의 고용 증가율을 시현하였는데, 반면 제조업의 경우 2011년 이후 2%대의 고용증가율에서 머무르고 있어 신규 고용창출의 한계에 직면한 것으로 파악되었다. R&D 인력 비중 또한 산업전체의 24.2%를 차지하여, 매우 높은 수준의 고급 일자리 창출효과를 발생시켰다. 주력산업과 비교 시 자동차는 10.7%, 제조업은 8%에 불과하다. 산업별 R&D 인력 비중은 방산매출액 5억 원 이상 109개 기업 기준이다.

일부 사람들은 방위산업을 '밑 빠진 독에 물 붓기'와 같은 소모적 산업으로 오해하고 있지만, 사실은 국가안보를 위한 예산투자가 고용창출과 같은 많은 경제적 효과를 내고 있다. 다음 같이 매출 10억 원당 얼마나 많은 취업자를 창출하는지 나타내는 취업유발계수는 일반 제조업이 6.90명인 데 반해 방위산업은 8.12명으로, 오히려 방위산업이 유리한 것으로 나타나고 있다. 대부분의 제조업 시장은 자동화를 통한 인건비 절감이 이루어지고 있는 추세로, 고용률이 계속해서 낮아질 수밖에 없는 상황이다. 그러나 방위산업은 '다품종 소량 주문제작'의 산업구조를 가지고 있기에 그 특성상 고용창출이 꾸준히 일어날 수 있다. 최근에는 중국, 인도 등 세계 여러 나라의 경쟁이 치열해지면서, 우리나라의 경제성장을 이끌어오던 자동차·조선·반도체와 같은 국내 제조업의 경쟁력이 점차 약화되고 있기 때문에 높은 부가가치와 함께 양질의 일자리를 창출할 수 있는 방위산업이 미래의 청년 고용창출형 신(新)성장동력 산업으

---

12 산업연구원, 전게서, 2017.

<표 3-6> 방위산업과 일반제조업의 취업유발계수[13]

(단위: 원, 명)

구분	생산유발계수	부가가치 유발계수	취업유발계수 (명/10억 원)	고용유발계수 (명/10억 원)
방위산업	2,301	0,625	8,12명	6,30명
일반제조업	2,096	0,568	6,90명	5,32명

로 부상할 것이라 예상된다.

제4절 방위산업 육성 정책

방위사업청은 방위사업법 제33조에 따라 방위산업을 합리적으로 지원·육성하기 위하여 국방기본정책서, 국방과학기술진흥실행계획과 연계하여 방위산업육성기본계획을 방위산업육성의 기본정책에 관한 사항, 방위산업 생산설비의 합리화에 관한 사항, 방산물자의 연구개발 및 구매에 관한 사항, 방산물자의 국산화 추진에 관한 사항, 방위산업 관련 인력의 개발 및 기술수준에 관한 사항, 방위산업의 국제협력 및 수출에 관한 사항 등을 포함하여 5년 주기로 작성하고 필요시 1년 단위로 이를 수정·보완할 수 있다.

본 절의 내용은 방위사업청이 작성한 2019년도 방위산업육성 실행계획(2019)과 2019 방산육성 및 방산수출 지원제도 GUIDE (2019) 등에서 발췌하여 인용하였다.

---

13 안보경영연구원, 방위산업 통계조사 기반구축 및 협력업체 실태조사, 2017.

1. 주요 성과 및 분석

1) 방위산업의 발전적 생태계 조성

2018년 지체상금 상한액을 연구개발 및 초도양산까지 적용하게 되었다. 즉 연구개발하여 방산물자로 지정된 무기체계 개발 및 초도양산의 경우에 10% 상한을 적용하여 업체로 하여금 부담을 덜어주는 데 큰 효과가 있는 것으로 보인다. 또한 방위사업과 무관한 부정당업자 제재 시에는 착·중도금을 지급할 수 있도록 하여 사업예산의 추가집행으로 업계의 유동성 확보를 지원할 수 있게 되었다.

또한 연구개발비 보장을 위한 비용평가 하한선 상향과 우수기술 보유업체가 선정되도록 평가방법을 개선하였는데, 비용평가 만점 기준을 60%에서 80%, 다시 90%에서 95%로 상향하여 연구개발비를 보장하고 기술평가 배점 및 간격 확대로 기술 중심의 업체선정이 되도록 하였다.

2) 국방 R&D 역량 강화

기술변화를 신속하게 반영하여 무기체계 소요를 선도하는 '미래도전기술개발 사업'을 도입하여 사이버 위협 지능형 분석 기술 등 13개 과제를 선정하였고, 2019년 기준 예산도 200억 원으로 증액되었다. 또한 개방형 국방 R&D 체계 구축을 위해 2018년 과기정통부·국방부·방위사업청이 참여하는 '미래국방 정책협의회'를 신설하였다. 관련부처 간 협력 확대의 일환으로 방위사업청-산업부 공동 다부처 중점 프로젝트 시범사업을 선정하였는데, 시범사업은 무인항공기 완제 터보팬 엔진 사업으로 총 1,016억 원 중에서 방위사업청은 645억 원, 산업부 371억 원을 투자하였다. 하지만 업체 주도 R&D 확대 및 협약제도 도입 등의 구체적 실현은 미흡한 실정이다.

3) 유망 중소·벤처기업 육성

2018년 고난이도 기술을 개발하는 중소·벤처기업을 위한 '국방벤처 혁신기술

지원사업'을 신설하여 신규과제 2건, 10억 원 지원하였고, 2017년부터 핵심부품 국산화 지원을 확대하고 있는데, 2018년에는 11개 과제를 신규로 선정하여 119억 원을 지원하였고, 국산화 장려를 위한 수입부품목록 총 60,904건을 공개하였다.

그리고 대·중소기업 협력적 파트너십 구축을 위한 하도급 관련 불공정거래 관행 개선하기 위해 착·중도금 사용실태 조사와 우수방산업체표창 시 상생협력 우수업체에 대한 가점을 부여하고 있다. 하지만 중소기업 판로 확보 및 기술개발 이후 후속지원이 미흡한 실정이다.

4) 수출형 산업구조로 전환 및 양질의 일자리 창출

수출 지원체계 일원화를 위한 수출 전담부서 신설 및 수출지원 One-Stop 서비스 체계를 구축하기 위해 국제협력관 신설 및 방산수출지원센터를 개소하여 업체의 수출업무 처리 시 '방산수출지원센터'가 업체를 대신하여 관계기관에 직접 협조하고 7일 이내 답변 등 일괄서비스를 제공하고 있다.

또한 수출용 개조개발을 위한 지원예산 대폭 확대하였는데, 2018년 22억 원에서 2019년 200억 원으로 증액하였다. 또한 방산기술 획득 중심의 절충교역을 방산수출 중심의 산업협력으로 전면 개편하였다. 즉 절충교역의 부품수출 비중을 30%에서 80%까지 대폭 확대하였고, 사전 가치축적 및 산업협력 쿼터제를 도입하였다. 하지만 다양한 수출 품목·방식 개발 미흡 및 인프라(협업체계, 해외인력) 보강이 지연되고 있다.

5) 대내·외 여건 진단

세계 안보정세는 비핵화 움직임 강화 속에 이를 뒷받침할 강한 안보와 책임국방 수요가 지속적으로 증대되고 있는데, 2019년 방위력개선예산은 15조 3,733억 원으로 전년 대비 13.7% 증가되었다. 미·중·러·일 등 동북아 각 국의 전력 증강 및 긴장 상태가 지속되고 있으며, 일본은 2019년 방위비 예산을 사상 최대인 5.3조 원에 편성하는 등을 고려 시 역동적 변화 속에 강한 안보 구축 필요성이 증대되고 있다.

방위산업은 군 수요 중심의 내수시장 한계, 방위산업 수출시장 경쟁 심화에 따른 방위신업 혁신이 요구되고 있는데, 방위력개선비 예산은 증가하였으나 방산업체의 매출액은 2014년 12.0조 원, 2015년 14.3조 원, 2016년 14.8조 원에서 2017년에는 오히려 12.8조 원으로 줄어들었다. 그리고 4차 산업혁명 시대의 도래에 따라 미래 전장환경 변화에 따른 국방 R&D 혁신 요구되고 있는데, 4차 산업혁명 주도적 활용 등 획기적 역량 제고가 필요하다.

정책 환경은 방위사업 비밀 및 사업관리 부실문제가 지속적으로 제기되는 등 방위사업에 대한 국민적 불신은 여전하고 국방개혁 2.0의 본격 추진에 따라 방위사업 혁신의 가시적 성과를 통해 국민의 신뢰 확보가 필요하다.

2. 방위산업육성 주요 추진방향

1) 방위산업 육성을 위한 정책 인프라 구축

방위산업 육성을 위한 전담 법률 제정 및 전문 지원기관 설립을 위해 전향적인 수출형 산업구조로 전환이 필요하고, 국방 중소·벤처기업 육성과 방산 일자리 창출의 체계적인 지원을 추진하고 기업 간 상호 보증·공제를 통해 기업의 경영애로 해소 및 자율적인 경제활동의 촉진이 필요하다.

또한 기업 생산성을 제고할 수 있도록 방위산업의 진입장벽을 완화하고, 방산물자·업체 지정제도 개선 등을 통한 적정 경쟁환경을 조성하며 유연한 ROC 설정과 성실수행인정제도를 핵심기술에서 국방 R&D 전체로 확대시켜야 한다.

2) 도전적·개방적 국방 R&D 생태계 조성

국가안보에 중대한 영향을 미치거나 범국가적인 역점 사업을 '국가정책사업'으로 지정하여 도전적 연구개발 여건을 보장하기 위해 지체상금을 감면하고, 기술능력 중심의 업체 선정 등 전향적으로 제도를 개선하고, 혁신·도전적 연구개발 촉진을 위한 제도적 기반 마련 및 국방 R&D 수행체계 재구조화를 위해 협약방식 도입, 지식재산권을 국가와 연구개발기관이 공동으로 소유하는 제도를 도입해야 한다.

또한, 국과연과 기품원의 핵심역량을 집중할 수 있도록 체계를 구축하고, 국방기술기획·평가·관리 전문기관으로 국방과학기술기획평가원의 설립도 필요하다. 국과연은 신기술 개발 중심의 '국방과학연구원', 기품원은 품질관리 및 신뢰성평가 중심의 '국방품질연구원' 체제로 재편도 필요하다.

3) 국방 중소·벤처기업의 기술혁신 촉진 및 안정적 매출 보장

중소·벤처기업에 대한 지원 확대 방안으로 신규진입 유도 및 안정적인 정착 지원을 위해 '국방벤처 혁신기술 지원사업'의 지원규모·개발기간 확대하여 창업을 활성화하고, 수출통제 대상 핵심기술 품목, 고부가가치 첨단 품목 중심의 국산화개발계획을 수립하며 수입부품 목록 공개를 확대해야 한다.

또한 기업의 지속적 성장을 위한 자금 및 판로 확보 지원을 위해 수출·연구개발 자금 지원 확대 및 유휴인력·시설 발생 시 지원방안 마련, 국산품 우선구매(Buy Korea) 제도 도입을 통한 중소·중견기업의 판로를 확보해야 한다.

4) 수출 중심의 역동적 산업구조로 전환

전략적 해외시장 진출을 지원하기 위한 기반 확대를 위해 업체의 해외시장 진출이 용이하도록 방산물자·기술 수출 시 기술료 인하, 수출허가 절차 간소화를 추진하고, 방산수출입지원시스템(D4B) 개선으로 기업 수요에 맞춘 해외 시장정보를 실효적으로 제공하며, 국내기업이 글로벌 방산기업의 협력사로 참여할 수 있도록 지원체계를 구축해야 한다.

절충교역은 수출지원 중심의 '산업협력' 전환 확대를 추진하고 있는데, 부품 제작·수출 비중을 30%에서 80%로 확대하고, 국외업체가 기본계약금의 일정비율을 국내업체의 부품, 기술용역 등으로 조달하는 산업협력 쿼터제를 정착시켜야 한다. 또한 기본계약 이전에 미리 산업협력 실적 축적 및 향후 기본계약에 활용하는 사전 가치축적제도를 도입하고, 중소기업 수출물량에 대해서는 가치승수를 부여하여야 한다.

3. 주요 방산육성 및 방산수출 지원제도

1) 기술개발 지원

(1) 국방벤처 지원사업

국방벤처 지원사업은 우수 기술을 보유한 중소 · 벤처기업의 방산분야 참여 기회를 제공하고 민간의 창조적 아이디어를 국방 분야에 적용하기 위해 국방벤처 기업을 대상으로 기술개발, 마케팅 등을 지원하는 사업이다. 여기서 국방벤처 기업이란 국방 분야 진출을 희망하는 중소기업 또는 벤처기업 중 국방기술품질원에서 운영하는 국방벤처센터[14]와 입주계약 또는 사업 지원 협약을 체결하였거나 체결을 희망하는 기업을 말한다.

지원대상 과제는 국방 분야에 적용할 수 있는 기술 및 제품으로 지원대상 기업은 중소기업기본법 제2조에 따른 중소기업 또는 벤처기업의 육성에 관한 특별조치법 제2조의 2에 따른 벤처기업으로서 국방벤처센터와 입주계약 또는 사업 지원 협약을 체결하였거나 체결을 희망하는 기업이다.

지원내용은 제품 또는 기술개발비로 기업당 최대 2년 3억 원으로 총사업비의 75% 이내를 지원하고 개발 성공 시 정액기술료 또는 경상기술료 중에서 택일하여 기술료를 징수하게 된다. 2019년 전체 예산은 약 65억 원으로 매년 12월에 국방기술품질원에서 사업을 공고한다.

(2) 글로벌 방산강소기업 육성사업

글로벌 방산강소기업 육성사업은 방산 분야에서 성장잠재력이 높은 중소기업을 선정하여 제품 개발부터 마케팅까지 패키지로 지원하여 글로벌 시장에서 경쟁력을 갖춘 강소기업[15]으로 육성하기 위한 사업이다. 지원대상 과제는 무기체계에 적용할

---

14 민간 중소 · 벤처기업의 국방시장 참여를 지원하기 위해 전국 9개 지역(서울, 부산, 경남, 전주, 대전, 광주, 구미, 전남 등)에서 운영 중으로 국방과학기술 지원, 정보제공, 판로확보를 위한 유관기관 협조 등 국방시장 진출을 위한 원스톱 서비스를 제공하고 있다.

수 있는 기술, 제품, 부품으로 지원대상 기업은 중소기업으로서 최근 3년간 매출액 대비 R&D 투자 비율이 2% 이상이거나 중소기업청에서 기술혁신형, 경영혁신형 또는 수출유망 중소기업으로 인증받은 기업이다. 지원내용은 최대 3년, 총사업비의 75% 범위 내에서 연간 최대 7억 원이며, 개발 성공 시 정액기술료 또는 경상기술료 중에서 택일하여 기술료를 징수하게 된다. 2019년 전체 예산은 26억 원 매년 2월경에 국방기술품질원에서 사업을 공고한다.

(3) 핵심 부품 국산화개발 지원사업

핵심부품 국산화개발 지원사업은 무기체계 핵심 부품 국산화 촉진 및 방산분야 우수 중소기업 육성을 위하여 무기체계 핵심 부품 국산화 과제를 선정 후 중소기업을 대상으로 개발지금을 지원하는 연구개발 지원시업이다. 여기서 핵심 부품이란 무기체계의 원활한 성능 발휘에 필수적인 부품으로 국내에서 개발 또는 생산에 필요한 기술력이 확보되어 있지 않은 부품, 지속적으로 소요가 제기되나 초기 비용이 높아 국내 생산이 이루어지지 않는 부품, 국산화 여부가 무기체계의 수출에 결정적인 영향을 미칠 수 있는 부품 등이다.

지원대상 과제는 무기체계 부품 중 기술개발 수준의 고도성, 기술적·경제적 파급효과 등을 고려하여 선정하며, 대상업체는 중소기업이 원칙이나 중견·대기업도 참여가 가능하다. 지원내용은 과제당 최장 5년 이내의 개발기간에 최대 50억 원 한도 내에서 중소기업은 총 개발비의 75% 이내, 중견기업은 총 개발비의 60% 이내, 그리고 대기업은 총 개발비의 50% 이내를 지원하며, 개발 성공 시 수의계약 및 수입가격을 5년간 인정해 준다. 2019년 전체 예산은 140억 원이며, 신규지원 금액은 70여억 원 정도이며, 매년 1월경에 국방기술품질원(부품 국산화 통합정보관리시스템)에서 사업을 공고한다.

---

15 독일의 경영학자 헤르만 지몬의 저서(히든 챔피언(Hidden Champion))에서 비롯된 말의 한국식 표현으로 대중에게 잘 알려져 있지 않지만 세계시장에서 높은 점유율을 기록하는 수출형 중소기업

(4) 구매조건부 신제품 개발사업(부품 국산화)

구매조건부 신제품 개발사업(부품 국산화)은 중소벤처기업부에서 주관하는 중소기업 상용화 기술개발 사업 중 수요처가 공공기관이나 대기업 등에 필요한 신제품에 대해 기술개발비의 일부를 지원하고 일정 기간 구매하는 사업으로 국방 분야는 국방기술품질원에서 제안하는 부품 국산화 과제에 한하여 진행된다.

지원대상 과제는 국방기술품질원에서 제안한 기술개발 과제로 대상기업은 중소기업자가 되며, 개발기간은 최대 3년, 과제당 최대 5억 원이며, 정부 출연금은 총 사업비의 65% 이내를 지원하며, 개발 성공 시 수의계약을 최대 5년간 인정해 준다.

2) 금융 · 경영 지원

(1) 방위산업 육성자금 지원사업

방위산업 육성자금 지원사업은 방산육성을 위하여 시중 금융기관의 비용을 유치하여 방산업체 및 방산 관련 참여업체에 연구개발 등에 필요한 비용을 장기 저리로 융자하고, 시중금리와의 차액을 정부가 보전해 주는 사업이다.

자금지원 대상사업은 정부투자 국과연 주관 개발사업, 정부투자 업체 주관 개발사업, 무기체계 또는 전력지원체계의 업체 투자 또는 공동투자 개발사업, 핵심기술 연구개발 시제업체로 선정된 과제 등 연구개발 및 핵심기술 개발, 그리고 체계 부품 국산화 승인품목 개발, 일반 부품 국산화 승인 품목 개발, 운용 · 유지 및 정비 능력 개발의 부품 등 국산화 개발과제 등 이며, 지원대상 업체는 방산업체 및 방산 관련 참여업체이다.

방위사업청 또는 한국방위산업진흥회 홈페이지에 공고하며, 매년 2월경 신청 · 접수를 받는데, 2018년 융자추천액은 1,263억 원이며 26개 업체에 해당된다.

(2) 국방중소기업 정책자금 지원사업

국방중소기업 정책자금 지원사업은 국방 중소기업의 경영 여건 개선 및 경쟁력 강화를 위하여 기업에 연구개발 등에 필요한 비용을 시중 금융기관의 자금을 유치하여 장기 저리로 융자하고, 시중금리와의 이자 차액을 정부가 보전해 주는 사업이다.

자금 융자 대상사업은 업체자체투자 군수품 연구개발이나 군수품 생산에 필요한 시설의 설치 · 이전 · 대체 등으로 대상업체는 최근 3년간 총 매출액 중 군수품 매출액 비율이 5% 이상인 업체나, 국내 조달계약 체결 실적이 있는 업체 및 그 업체와 계약을 맺은 1 · 2차 협력업체의 계약 이행을 위한 생산자금이 필요한 업체이다.

본 사업은 방산업체로 지정받은 중소기업은 신청이 제한되며, 방산업체는 방산육성자금 지원사업을 통해 지원받을 수 있다. 방위사업청 또는 한국방위산업진흥회 홈페이지에 공고를 하며, 매년 2월경 신청 · 접수를 받는다.

(3) 방산중소기업 컨설팅 지원사업

방산중소기업 컨설팅 지원사업은 방산 전문가의 분야별 컨설팅을 통해 기술력을 갖춘 민간 우수 중소기업의 방산업체 참여를 확대하고, 기존 방산 중소기업에 대한 맞춤형 지원을 통해 경쟁력을 강화하는 사업이다. 지원규모는 연간 수억 원 정도이며, 지원대상 업체는 방산 중소기업 또는 방산 참여 희망 기업 중 기술력을 갖춘 중소기업으로 업체별 3천만 원 한도 내에서 컨설팅 비용의 75%를 지원한다.

본 사업은 방위사업청 및 국방기술품질원 홈페이지에서 매년 3월경에 공고하여 접수를 받는다(2019년도 방위산업육성 실행계획(2019) 등 참조).

제4장

국방과학기술 개발관리

레이저 · EMP로 무인기 격추,
스텔스기 잡는 광자 · 양자레이더 개발

국방과학연구소(ADD)가 적(敵) 무인기나 로켓 등을 레이저빔으로 무력화하는 '레이저 요격무기'와 소형 무인기 여러 대를 고출력 전자파로 동시에 쏴 떨어뜨리는 '드론 대응 전자기펄스 발사기' 등 미래무기를 언론에 처음으로 공개했다.

ADD는 6일 창설 50주년을 앞두고 지난 3일 충남 태안 안흥시험장에서 미래무기 언론 합동 시연회를 개최했다. 이날 시연회에서 ADD는 지난해부터 시작해 2023년 전력화를 목표로 개발하고 있는 레이저 요격무기를 공개했다. 레이저 요격장치를 활용해 3km 이하 거리에서 10kW, 20kW 출력으로 레이저빔을 쏴 무인기를 떨어뜨리는 영상을 보여줬다. ADD 관계자는 "우리나라 레이저빔 생성기술은 미국에 이어 두 번째로, 기술격차가 1~2년에 불과하다"고 전했다.

이와 함께 ADD는 군집을 이룬 소형 드론 3대를 한꺼번에 전자기펄스(EMP)로 요격해 떨어뜨리는 시험 영상장면과 발사기도 공개했다. ADD는 또 스텔스기를 탐지하는 미래형 레이더 '광자레이더'와 '양자레이더'의 핵심기술도 연구개발 중이라고 밝혔다. (이하 생략)

이데일리, 2020.8.5.

제1절 일반사항

1. 우리의 국방과학기술 수준

국방기술품질원(기품원)이 2019년 12월에 펴낸 「2018년 국가별 국방과학기술 수준 조사서」에 의하면 한국의 국방과학기술 수준은 주요 16개국 가운데 이탈리아와 함께 세계 9위이며, 한국의 국방과학기술 수준은 미국의 80% 수준으로 평가됐다. 한국은 기동전투, 잠수함, 항공무인, 화포, 유도무기, 수중유도 분야에서 상대적으로 우수한 평가를 받았다. K9 자주포 성능 개량, 155mm 사거리 연장탄 개발, 지대공 유도무기 개발 등 화력 분야 기술 수준이 두드러졌다. 지휘통제, 레이더, 수중감시 등의 무기체계에서도 비교적 좋은 평가를 받았다. 반면, 전자전, 고정익, 우주무기, 국방 소프트웨어 분야에선 상대적으로 미흡한 것으로 조사됐다.

2015년 조사 이후 이번에도 미국은 1위를 이어갔다. 수중글라이더 개발 등 다양한 분야에서 신무기 개발이 가시화하면서 독보적인 위치를 지켰다. 프랑스와 러시아가 공동 2위에 올랐고, 독일, 영국, 중국, 일본, 이스라엘이 뒤를 이었다. 한국의 순위는 2015년과 동일하다.

대부분 국가의 상대적인 기술 수준이 하락하거나 현상유지에 머물렀으나 중국이 유일하게 상승했다. 중국의 국방과학기술 수준은 최신 잠수함, 6세대 전투기, 극초음속 유도탄 개발 등에 힘입어 미국의 84% 수준으로 평가됐다. 일본은 함정 분야에서 상대적으로 높은 기술력을 갖고 있으며, 수상함과 잠수함 등 해양 무기체계에서도 우위를 유지하고 있는 것으로 평가됐다.

2. 국방연구개발사업 구분

　　국방연구개발 사업은 목적에 따라 크게 무기체계 연구개발(주관형태에 따라 국과연 주관, 업체 주관으로 구분)과 국방과학기술 연구개발로 구분되며, 국방기획관리(PPBEE) 체계에 따라 업무를 수행한다. 무기체계 연구개발은 소요가 결정된 체계에 대해서 선행연구를 거쳐 연구 개발을 수행하는 사업으로 선행연구 이후 기술성숙도를 평가 후에 탐색개발 또는 체계개발을 수행한다.

　　국방과학기술 연구개발은 무기체계에 필요한 기술을 다양한 방법으로 확보하기 위한 연구개발 사업이다. 국방과학기술 연구개발은 사업형태에 따라 기초연구, 핵심기술개발, 신개념기술시범, 민·군겸용, 핵심부품국산화 개발 사업 등으로 분류된다.

　　국방연구개발에서 무기체계 연구개발과 국방기술연구개발은 사업의 개념적인 관계는 다음 그림과 같다. 기본적으로 국방기술연구개발은 무기체계연구개발에 적용하기 위하여 선행적으로 추진되고 있다.

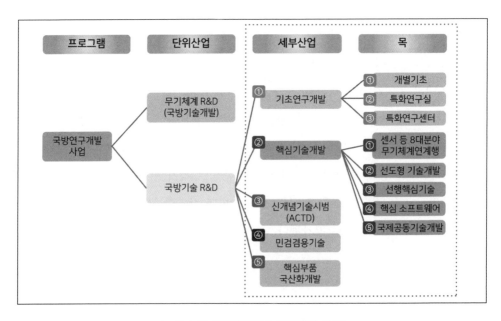

〈그림 4-1〉 국방과학기술 연구개발 분류[1]

1　방위사업청, 국방과학기술연구개발 소개, 2014.

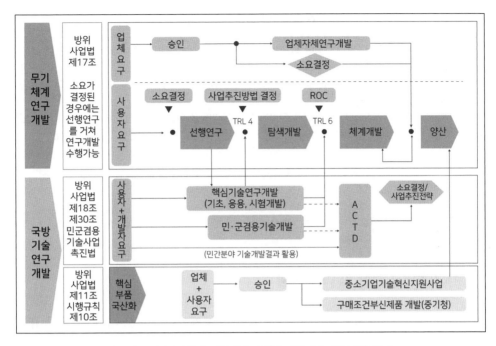

〈그림 4-2〉 무기체계 연구개발과 국방과학기술 연구개발 관계

3. 핵심기술 정의

합동군사전략목표기획서(JSOP)에 수록된 무기체계 또는 미래 무기체계의 국내개발 또는 생산에 필요한 고도 · 첨단기술로서 선진 외국에서 기개발되어 기술이전을 회피하거나 국가안보차원에서 반드시 확보가 요구되는 기술로 기초연구 · 응용연구 · 시험개발 단계로 구분하여 수행한다.

- 기초연구: 핵심기술 연구개발을 위하여 필요한 가설, 이론 또는 현상이나 관찰 가능한 사실에 관한 새로운 지식을 얻기 위하여 수행하는 이론적 또는 실험적 연구 활동
- 응용연구: 기초연구결과를 군사적문제의 해결책으로 전환하기 위하여 실험적 환경하에서 기술의 타당성과 실용성을 입증하는 연구단계
- 시험개발: 핵심기술 개발의 최종단계로서 무기체계의 주요기능을 담당하는 핵심기술을 실험하는 시제품을 제작하여 이를 기존 무기체계에 적용 가능성과 미래 무기체계에 응용 가능성을 입증하는 단계

4. 핵심기술 현황[2]

1) 기초연구 예산 및 과제 현황

기초연구는 국방 R&D 분야의 기초 원천 기술 개발을 목표로 과제 및 예산 규모에 따라 개별기초, 특화연구실, 특화연구센터로 구분 추진하며 최근 3년간 평균 약 474억 원의 예산 및 136개 과제를 유지하고 있다.

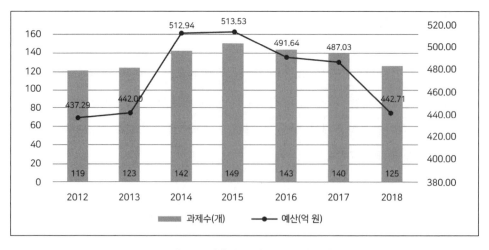

〈그림 4-3〉 기초연구 예산 및 과제 현황

---

2 방위사업청, 2019년도 방위사업 통계연보, 2019.

2) 핵심기술(응용연구/시험개발) 예산 및 과제 현황

핵심기술은 미래 첨단무기 독자능력 확보를 위한 핵심기술 개발을 목표로 하고 있으며, 예산은 2012년 2,521억 원 대비 2018년 2,705억 원으로 약 7% 증가하였다.

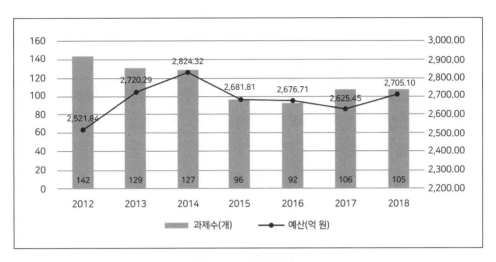

〈그림 4-4〉 핵심기술 예산 및 과제 현황

제2절 국방과학기술 진흥정책3

1. 배경 및 중점

국방부장관은 방위사업법 제30조에 따라 국방과학기술의 발전 정책 방향을 공표하기 위해 국방과학기술진흥정책서를 작성하도록 되어 있다. 이러한 국방과학기술진흥정책서는 향후 15년간 국방과학기술 발전에 필요한 추진전략 등 정책 방향을 설정하고 이를 달성하기 위한 추진과제를 제시하는데, 무기체계개발에 필요한 기술을

---

3 국방부, 2019~2033 국방과학기술진흥정책서, 2019.

사전에 확보하고, 개발완료까지 장기간 소요되는 국방연구개발의 특성을 고려하여 정책수립 대상기간을 15년으로 설정하고, 향후 기술발전 추세 등을 고려하여 5년 단위로 작성한다.

2019년에 작성한 2019~2033 국방과학기술진흥정책서는 2014년 작성한 「2014~2028 국방과학기술진흥정책」 이후 5년이 경과하여 정책 환경 변화와 기술발전 추세를 고려한 중·장기 정책을 수립하였다. 작성 중점은 국정과제, 국가안보전략지침, 국방기본정책서, 과학기술기본계획 등 주요 정책 및 안보환경 등 국내·외 정책여건 변화를 반영하여 국방과학기술의 현 수준 및 4차 산업혁명[4] 등 과학기술의 발전추세, 무기체계 발전 방향 등을 고려하여 국방과학기술의 비전과 목표를 설정하고 이와 연계한 추진전략을 제시하였다.

국방과학기술진흥정책서의 위치는 아래 그림에서 보는 바와 같으며, 이 문서를 기초로 방위사업청은 매년 국방과학기술진흥실행계획과 핵심기술기획서를 작성한다.

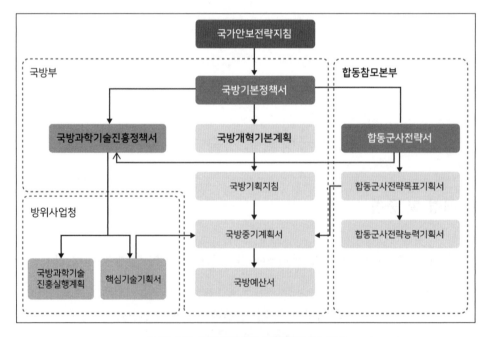

〈그림 4-5〉 국방과학기술진흥정책서의 위치

---

4   인공지능, 빅데이터 등 디지털 기술로 촉발되는 초연결 기반의 지능화 혁명(4차 산업혁명 대응을 위한 기본정책 방향, 4차산업혁명위원회(2017.10))

2. 우리나라 국방과학기술 수준

우리나라의 국방과학기술은 2018년 기준 세계 9위 수준으로 국방과학기술 선진 권에 해당한다. 그동안 기술수준·순위변화를 살펴보면 2012년 80%, 10위에서 2015년 81%, 9위, 2018년 80%로 9위를 유지하고 있으며, 기술수준은 최고선진국인 미국을 100%로 보고 평가한 결과다. 무기체계 8대 분야 중 기동, 함정, 화력 분야는 세계 7~8위 수준이고, 감시정찰, 항공·우주 분야는 세계 10~11위 수준이다.

〈표 4-2〉 무기체계 8대 분야별 기술수준[5]

	지휘통제·통신	감시정찰	기동	함정	항공·우주	화력	방호	기타
기술수준	82%	78%	83%	82%	77%	84%	80%	76%

우리나라는 2014~2018년 5년간 수출액 기준으로 세계 11위 방산수출국이나 세 계시장 점유율은 1.8%로서 미미한 수준이며,[6] 미국, 프랑스 등 9개국과 국방과학기술 협력 MOU를 체결하여 공동연구개발, 기술자 교환, 교육훈련 등 다양한 모델의 협력 을 추진하고 있다.

국제공동연구개발은 2011년부터 미국, 프랑스, 영국, 이스라엘 등과 핵심기술 국 제공동 과제를 수행하여 10건(239억 원)은 종료하였고, 7건(224억 원)은 진행 중이며, 6건(233억 원)은 착수하여 수행하고 있고, 체계개발 분야에서는 공군의 노후전투기를 대체할 한국 형 전투기를 개발하는 사업인 KF-X 사업을 한국과 인도네시아가 공동으로 연구개발 중이다.

---

5 국방기술품질원, 국가별 국방과학기술 수준조사서, 2019.

6 SIPR(Sockholm International Peace Research Institute) Yearbook 2018.

3. 주요국의 국방과학기술 정책 및 동향

1) 미국

2014년 「3차 상쇄전략」 발표 이후 경쟁국을 압도하고 신개념 미래전에 대비한 기술분야에 집중하고 있다. 3차 상쇄전략(The Third Offset Strategy)은 경쟁국(중국, 러시아 등)의 국방과학기술 수준 격상에 따라 미국의 군사기술의 우위가 흔들리고 있다는 상황 인식에 근거하여 미군을 기술, 작전, 조직 측면에서 혁신함으로써 경쟁국의 군사력 발전을 상쇄하고 미국의 군사적 우위를 장기간 유지하기 위한 전략이다.

〈표 4-3〉 상쇄전략 주요 내용[7]

구분	1차 상쇄전략	2차 상쇄전략	3차 상쇄전략
시기	'50년대 초반~'70년대 중반	'70년대 중반~2000년대	2014년~
핵심기술	전술핵무기, ICBM 등	정밀유도무기, 스텔스 전투기 등	무인무기체계, 인공지능 등
주요 작전개념	대량보복	공지전투(Air-Lang Battle)	JAM-GC[8]
경쟁국	소련	소련	중국, 러시아 등

경쟁국(중국, 러시아 등)의 군사기술의 발전을 상쇄하기 위한 기술(자율 딥러닝, 인간-기계 협업 등) 분야에 집중하면서 미래전 대비 첨단기술 확보를 위해 2018년 국방부 획득기술·군수차관실을 연구공학차관실과 획득운영유지차관실로 분리하였다. 2015년에는 민간 후문과의 긴밀한 협업을 위해 DIUX(Defense Innovation Unit Experimental)를 출범시켜 민간의 기술적 성과를 국방 부문에 상시 도입, 채택하는 체계를 구축하였다.

2) 중국

'강한 군대 건설'을 위해 군사 현대화 및 정보화를 추진하고 있으며, 군사력의 질

---

7 '미국의 3차 상쇄전략'(국가전략, 2017년 제23권 2호)

8 JAM-GC(국제공역에서의 접근과 기동을 위한 합동개념): Joint Concept for Access and Maneuver in the Global Commons

적 성장에 집중하고 있는데, 이를 위해 접근/지역거부(A2(Anti-Access)[9]/AD(Area-Denial)[10] 능력 강화를 위한 해양 능력 · 전력투사 능력 · 인공지능 플랫폼 개발, 민 · 군융합을 통한 방위산업을 육성하고 있으며, 4차 산업혁명을 군사적 능력의 진보를 이룰 수 있는 기회로 인식하고 인공지능, 무인기 등에 대한 투자를 통해 군사 능력을 제고시키고 있다.[11]

3) 일본

다양한 안보위협에 대처하기 위해 방위력 강화를 강조하고, 이를 구현하기 위해 첨단과학기술의 진흥 및 발전에 집중하고 있는데, 그 내용은 국방과학기술진흥과 관련하여 산 · 학 · 연 간의 밀접한 협력 필요성을 강조하고 우수한 상용화 기술 활용을 적극 권장하고 있다. 2015년에 방위장비청을 출범시키고 미국 등 주요 동맹국과 협력해 첨단무기의 국제 공동개발을 본격화하고 있다.

4. 국방과학기술 발전 방향

1) 요구능력 기반 국방전략기술 도출

(1) 국방전략기술의 필요성

급변하는 미래전 양상과 불확실한 안보환경 하에서 미래 위협에 효과적으로 대응하기 위한 우리 군의 요구능력을 확보하기 위해 전략적 연구개발 기술 분야 설정이 필요하며, 과학기술 발전과 미래전 양상은 상호보완적이며, 특히 4차 산업혁명 기술

---

9 중국이 본토로부터 원거리에 있는 오키나와 등 미국의 전진기지나 항모 강습단을 공격할 수 있는 능력을 확보하여 미군 전력이 서태평양 해역으로 접근하는 것을 지연시키거나 원하는 장소에서 작전하는 것을 방해하여 원거리로 이격해서 기동하도록 강요하는 전략

10 대만해협이나 동 남중국해 등 중국의 연안지역에서 분쟁 시 미군이나 동맹군의 효율적인 연합작전에 대한 '행동의 자유'를 차단함으로써 일정한 지역에 개입을 못하도록 거부하는 전략

11 중국의 해군력 증강과 미국 해군의 대응전략(Strategy 21 통권 42호, 2017.)

발전은 미래전 양상의 변화를 더욱 가속화시킬 것으로 예상된다.

국방전략기술은 국방목표 달성을 위해 전략적 연구개발이 필요한 기술 분야로서 국방에 적용 가능한 성숙한 민간 신기술도 포함하며, 국방전력기술의 기능은 국방과학기술의 중·장기 발전 방향을 제시하여 핵심기술기획에 지침을 제공하고, 산·학·연에 개발소요를 제시하여 핵심기술과제 및 민군 협력 분야 식별에 활용된다.

(2) 국방전략기술 도출 방법

국방연구개발 목표 및 국가·국방과학기술의 상호유기적 발전을 고려하여 군사적 요구능력과 국가과학기술의 국방 분야 중점 과학기술을 기초로 도출하였다.

〈그림 4-6〉 국방전략기술 도출 방법

이와 같은 과정을 거쳐 도출한 국방전략기술 8대 분야는 자율·인공지능 기반 감시정찰, 초연결 지능형 지휘통제, 초고속·고위력 정밀타격, 미래형 추진 및 스텔스 기반 플랫폼, 유무인 복합 전투수행, 첨단기술 기반 개인전투체계, 사이버 능동대응 및 미래형 방호, 미래형 첨단 신기술 등이다.

2) 군사적 요구능력

외부의 도발과 침략을 억제하고, 억제 실패 시 '최단시간 내 최소 피해'로 전쟁에서 조기 승리를 달성하기 위해 북한 위협에 대해서는 굳건한 한미동맹을 바탕으로 도발과 침략을 억제하고, 억제 실패 시 '최단 시간 내 최소 피해'로 전쟁을 조기에 종결하고, 잠재적 위협에 대해서는 평시 주변국과의 긴밀한 협력을 통해 유리한 전략환경을 조성하고 억제 능력을 강화함으로써 분쟁을 예방하며, 초국가적·비군사적 위협에 대해서는 군사적 대비와 유관기관과의 공동대응체계 예방하고, 위기사태 발생 시 조기에 안정을 회복한다.

이에 따른 군사력 건설방향은

첫째, 전방위 안보위협 대비 북한 및 잠재적 위협의 도발의지 억제 및 핵·WMD 위협에 대한 전략적 억제능력을 구비하기 위해 주도적인 징후감시·조기경보, 지휘결심지원체계 등 기반 능력과 한국형 미사일방어, 전략표적타격 등 대응 능력을 갖춘다.

둘째, 국지도발 시 신속한 대응을 통한 조기 격퇴, 전면전 발발 시 조기에 전쟁목표를 달성하기 위한 작전적 대응능력을 구비하기 위해 최단시간 내 최소피해로 작전목표 달성을 위한 합동작전 수행 능력과 해양우세 확보·유지, 해양권익 보호 등 해상작전 수행 능력 및 공중위협 탐지·타격, 적 방공망 무력화 등 공중작전 수행 능력을 구비한다.

셋째, 사이버·테러·재해재난 등 초국가적·비군사적 위협에 대응하고, 재외국민보호 등 국익수호를 위한 포괄적 대응능력을 구비한다.

5. 국방과학기술 비전 및 정책 목표

1) 비전 및 정책목표

국방과학기술 비전은 '첨단 과학기술에 기초한 스마트 강군 건설'로 급변하는 미래 전장 환경에 효과적으로 대응하고, 과학기술 선도와 경제활성화 기여 등 국가 및 경제·사회적 요구에 부합하기 위한 국방과학기술 비전을 설정하고, 비전을 구현하는 과정에서 달성해야 할 목표를 국방 관점에서의 목표와 국가적 관점에서의 목표로 구분하여 설정하였다.

국방 관점에서 정책목표는, '전방위 안보위협에 주도적 대응이 가능한 첨단전력

기반 구축'이다. 이를 위해 전방위 안보위협에 대한 철저한 대비와 함께 변화하는 안보환경에 효과적으로 대응하기 위해 국방과학기술 능력 강화 및 첨단기술 확보가 필수적이며, 핵·WMD[12] 대응능력 및 원거리 정밀타격능력 확대로 전략적 억제를 구현하며, 고도화되고 있는 사이버위협 조기탐지, 통합분석 및 전군 실시간 동시대응능력을 구축하고 테러, 재해·재난 등에 대한 신속대응능력을 확충한다.

국가적 관점에서 정책목표는 '국가 및 경제·사회적 요구에 부합하는 국방과학기술 발전'이다. 이를 위해 국방과학기술과 국가과학기술의 연계·협력을 통해 과학

〈표 4-4〉 국방과학기술 비전 및 정책 목표, 추진전략 및 과제(요약)

비전	첨단 과학기술에 기초한 스마트 강군 건설
정책목표	① 전방위 안보위협에 주도적 대응이 가능한 첨단전력 기반 구축 ② 국가 및 경제·사회적 요구에 부합하는 국방과학기술 발전
국방 전략 기술	[국방전략기술 8대 분야] ① 자율·인공지능 기반 감시정찰 분야 ② 초연결 지능형 지휘통제 분야 ③ 초고속·고위력 정밀타격 분야 ④ 미래형 추진 및 스텔스 기반 플랫폼 분야 ⑤ 유·무인 복합 전투수행 분야 ⑥ 첨단기술 기반 개인전투체계 분야 ⑦ 사이버 능동대응 및 미래형 방호 분야 ⑧ 미래형 첨단 신기술 분야
추진 전략 및 과제	[6대 추진전략, 13개 중점과제] ① 핵심기술, 부품 연구개발에 집중 • 첨단기술 확보를 위한 핵심기술 투자비중 확대 • 기술 독립성 확보를 위한 부품 국산화 개발 장려 ② 혁신적 국방연구개발 수행체계 구축 • 창의적이고 도전적인 국방연구개발 추진 • 개방적이고 유연한 국방연구개발 수행체계 구축 • 과학기술 기반 군 정예화를 위한 첨단기술 적용 확대 ③ 국제·민간과의 협력적 연구개발 강화 • 국제공동연구개발 수행기반 구축을 위한 협력생태계 조성 • 효율적 국방연구개발 수행을 위한 국가과학기술과의 협업 강화 ④ 국방과학기술 기획·성과평가 체계 강화 • 국방과학기술 기획·관리·평가 체계 개선 • 연구 인력에 대한 성과평가 체계 보강 ⑤ 국방과학기술 기반 방위산업 경쟁력 제고 • 지속 가능한 방위산업 미래성장 동력 확보 • 방산수출과 기술보호의 균형 발전 ⑥ 국방연구개발의 인적·물적 인프라 강화 • 국방연구개발 역량 제고를 위한 인력 양성 강화 • 국방연구개발 시설·장비 등 인프라 고도화

---

12 WMD(대량살상무기): Weapons of Mass Destruction

기술 분야의 시너지를 창출하여 경제활성화에 기여하고, 국내연구개발을 통한 핵심기술 확보 및 무기체계 전력화 확대로 국내 방위산업 육성에 기여하며, 국격에 부합하는 국제평화유지활동, 대규모 재난 발생 시 신속한 대응 및 구호 지원활동 능력을 증진한다.

2) 추진전략 및 중점과제

(1) 핵심기술, 부품 연구개발에 집중

첨단기술 확보를 위한 핵심기술 투자비중 확대이다. 이를 위해 핵심기술 개발에 투자비중을 높여 기술력을 확충하고, 이를 바탕으로 독자적 무기체계 개발, 운용, 개량, 수출 능력을 확보하고, 국방연구개발 예산의 양적 성장과 함께 첨단기술력 확보를 위한 핵심기술 개발사업의 규모를 단계적으로 확대하며, 특정 무기체계 소요에 기반하지 않는 창의·도전적 연구개발을 위한 미래도전기술 개발의 비중을 단계적으로 확대한다.

국방전략기술 8대 분야별 선택과 집중의 투자전략을 수립하고, 일부 분야에서는 세계 최고수준에 도달할 수 있도록 추진하기 위해 분야별 주요 목표와 중장기 발전방향을 고려하여 전략적 국방연구개발을 추진하고, 매년 8대 분야 추진실적 분석 및 중기 발전 방향을 수립한다.

기술 독립성 확보를 위한 부품 국산화 개발 장려를 위해 부품 제조 중소기업들이 선진국의 수출승인(EL) 품목으로 묶여 있는 핵심기술·부품 개발에 적극 참여할 수 있도록 부품 국산화 연구개발 지원을 확대하고 부품정보 공개를 확대하고, 무기체계의 국외구매 시 도입 무기체계 부품의 일정비율을 국산부품으로 조달토록 하는 등 국외도입사업을 방위산업 발전의 레버리지로 활용하고, 부품 국산화 연구개발 지원을 확대하고, 개발된 기술의 후속 사업화 지원을 통해 방산 중소·벤처기업의 성장을 촉진한다.

무기체계 획득단계뿐만 아니라 운영유지까지 고려한 총수명주기의 관점에서 부품국산화 정책을 수립하고, 전투준비태세 확립과 무기체계의 경제적 운용을 뒷받침하는 무기체계 부품관리 정책을 수립힌다.

(2) 혁신적 국방연구개발 수행체계 구축

첫째, 창의적이고 도전적인 국방연구개발 추진이다.

미래전을 선도할 수 있도록 높은 개발목표를 갖는 고위험·고성과 미래도전기술 개발을 장려하기 위해 창의·도전적 연구개발을 확대할 수 있도록 투자를 강화하며, 창의·도전적 연구개발 수행을 위한 전문 연구체계를 구축하고 전담기관을 지정해서 운영한다.

고위험·고난이도 기술에 대한 선도적인 투자가 가능하고 실패가 용인되는 국방 연구개발 생태계 구축을 위해 성실수행인정제도의 적용 범위와 대상을 단계적으로 확대하기 위해 현재는 산·학·연 주관 핵심기술 연구개발사업에 한해 성실수행인정 제도를 제한적으로 적용하고 있는데, 이를 무기체계 개발사업의 탐색개발 단계 등으로 확대하고, 민간의 우수 기술을 신속하게 군에 활용하기 위한 제도적 기반 마련 및 정비하기 위해 민간의 신기술을 활용하여 최단기간 내 개발·입증 후 전력화하기 위한 신개념기술시범사업(ACTD: Advanced Concept Technology Demonstration)[13] 수행절차를 대폭 간소화하는 제도 개선을 추진한다.

둘째, 개방적이고 유연한 국방연구개발 수행체계 구축이다.

산·학·연의 국방연구개발 참여 유인 강화를 위하여 제도를 정비하기 위해 다양한 사업 특성에 맞는 맞춤형 연구개발 수행을 위해 국방연구개발 사업에 기존의 계약 방식에 추가하여 〈표 4-5〉를 기초로 협약 방식을 도입해 유연한 사업관리가 가능한 연구 환경을 조성한다. 핵심기술 연구개발 외에 무기체계 연구개발 중 일부 단계까지 협약 방식을 확대한다.

또한, 보안에 문제가 없는 범위 내에서 국방중기계획, 합참소요관리문서 등 방위사업 관련정보 공개를 확대하여 예측 가능한 사업추진이 가능하도록 하고, 국방연구

---

13 민간 분이에서 이미 성숙된 기술을 활용하여 새로운 개념의 작전 운용 능력을 갖는 무기체계를 개발하고, 군사적 실용성평가를 통하여 3년 이내의 단기간에 성능을 입증하는 시범사업

구분	무기체계 R&D(계약)	국가 R&D(협약)
적용 법규	• 국가계약법, 방위사업법 등	• 과학기술기본법 등 R&D 관련 법률
특징	• 국가와 계약 당사자가 대등한 입장에서 권리·의무를 강하게 규정하는 사법상의 법률행위	• 국가가 우월적 지위에서 반대급부 없이 출연 또는 보조하기 위한 공법상의 법률행위
사업비 구성	• 방산원가계산규칙 적용 • 이윤 포함	• 비목별 산정기준 적용 • 이윤 없음
제재 방법	• 사업비 환수(정부투자금) • 계약이행보증금 몰수 • 지체상금 부과 • 부정당업자 제재 시 모든 정부조달 입찰 참가자격 제한	• 사업비 환수(정부투자금) • 계약이행보증금 미적용 • 지체상금 미부과 • 국가 R&D 사업 참여제한

개발 성과물의 활용도를 높이기 위해 지식재산권을 국가와 개발기관이 공동으로 소유할 수 있도록 관련 제도를 정비한다.

민간의 혁신적 아이디어를 국방 분야에 접목할 수 있는 DARPA(Defense Advanced Research Projects Agency)형 과제[14]를 추진 확대하기 위해 자유공모, 기술경진대회, 프로그램 관리자 기획 등 다양한 공모방식을 통해 개방적으로 아이디어를 발굴한다.

셋째, 과학기술 기반 군 정예화를 위한 첨단기술의 적용 확대다.

4차 산업혁명 기술을 활용하여 군의 미래전 수행능력 보강 및 국방운영 전반의 효율성을 제고하기 위해 전장 관리 지능화 및 무인화를 통해 병력감축 문제를 해결하고 의사결정 시 신속성 및 정확도를 향상시키고, 빅데이터와 머신러닝 기반 군 장비 정비 및 수리부속 예측 등 융합서비스 활성화로 예산 절감 및 유지관리 효율화를 추진하며, 지능형 가상·증강 혼합 교육훈련체계 정착으로 실전적인 교육훈련을 강화하고 사고예방 등 안전성을 향상시키고, 지능형 국방포털 통합서비스를 구현하고 사이버 역량을 강화한다.

---

14 현재 알려진 기술적 수요가 아닌 중장기적 미래에 필요로 하는 국방기술로 사업수행 기준은 ① 고위험·고성과, ② 혁신적 아이디어, ③ 가교기술 R&D 추진임.

15 김선영(2019), 방위산업 발전과 효율적인 방위력개선을 위한 무기체계 R&D 지체상금 제도 개선방안.

미래 국방혁신 목표를 달성하기 위한 전력지원체계 기술을 발전시키기 위해 국 방기술품질원 내 전력지원체계 연구센터가 정책연구·자료수집 등 조사·분석 활동 을 통해 전력지원체계 분야의 지속적 민군기술협력 소요창출을 활성화하고, 군수품 의 운용성 보장, 임무지속성 및 군수지원능력 강화를 위한 기술 개발에 집중하며, 민 군기술협력을 통해 민간 최신기술을 적용하여 워리어플랫폼을 개선한다. 예를 들면, 경량화 방탄복 등 개인 안전장구류 소요품목 연구개발 등이다.

(3) 국제·민간과의 협력적 연구개발 강화

첫째, 국제공동연구개발 수행기반 구축을 위한 협력생태계 조성이다.

국제적 협업을 통해 초기 투자비용 부담을 줄이고 시너지효과를 창출할 수 있는 국제 공동연구개발을 활성화하고, 국제공동연구개발은 핵심기술 개발 위주로 이루어 지고 있는데, 향후 다양한 무기체계 공동연구개발로 확대한다. 무기체계 국제공동연 구개발 활성화를 위해 사업추진전략 수립 이전 선행연구 단계부터 국제협력 가능성 을 검토하고, 국가 간 협의체를 활용하여 개발소요를 발굴하고, 무기체계 국제공동연 구개발에 관한 가이드라인을 제정하고, 협력 대상국의 기술수준, 국제협력·외교관 계, 경제적 능력 등을 고려하여 맞춤형 방식으로 추진한다.

둘째, 효율적 국방연구개발 수행을 위한 국가과학기술과의 협업 강화다.

국방 분야와 연계 가능한 국가연구개발 역량을 활용하여 국방연구개발의 효율성 을 제고하기 위해 국방 R&D와 국가 R&D 간 협력의 기본 틀을 설정하고 중·장기 전 략을 수립하여 추진하고, 과학기술정보통신부, 산업통상자원부 등 관련 부처와의 협 의체를 구성·운영하여 부처 간 소통을 확대한다. 국방부-한국연구재단 간 업무협약 을 통해 민간전문가 인력풀을 확보하고 국방 획득업무의 투명성·전문성을 강화한다.

또한 국방과학연구소·출연(연)·전문(연)·업체와의 협업체계를 구축하여 출연 (연) 등이 보유한 우수 민간 기술을 국방 분야에 활용한다. 이를 위해 방산업체가 적극 적으로 연구개발을 추진할 수 있는 환경을 조성하기 위해 기술력 중심의 제안서 평가 제도를 도입하여 기술능력평가에서 업체 변별력을 강화하고, 급변하는 기술트렌드 및 안보 환경에 신속 대응하기 위해 이미 개발된 민간기술을 국방연구개발에 충분히 활용할 수 있도록 유도한다.

그리고, 국방과학연구소 재구조화를 추진하여 국방과학연구소는 비닉·비익 무기와 신기술에 집중하고, 일반 무기는 업체가 전담하도록 역할분담 재정립하고, 국방과학연구소에 부설연구원(지상·해양·항공기술연구원)을 자율성 및 독립성을 점차적으로 확대하여 신설한다.

(4) 국방과학기술 기획·성과평가 체계 강화

첫째, 국방과학기술 기획관리·평가 체계 개선이다.

급속한 과학기술 변화 환경에서 국방연구개발의 올바른 방향을 정립하고, 연구개발과제의 내실 있는 추진과 예산의 효율적 활용 등을 위해 전문적이고 객관적인 기술기획·관리·평가 체계를 구축한다. R&D 관련 정부부처는 분야별 기획·평가기관을 보유하고 있으나 국방 분야에서는 국방기술품질원이 무기체계의 품질보증·관리 업무 외에 국방과학기술 기획·관리·평가를 지원하고 있다.

국방과학기술 기획·관리·평가 업무를 하는 전담기구를 설립하여 국방연구개발의 전문성·객관성·투명성을 제고할 필요가 있다.

둘째, 연구 인력에 대한 성과평가 체계 보강이다.

출연기관 연구 인력에 대해 객관적이고 공정한 성과평가 체계 구축을 통하여 우수인력 유치와 선의의 경쟁을 바탕으로 한 지속적인 역량을 제고시키기 위해 타 연구기관의 사례를 분석하고 국방연구개발 분야의 특성을 고려하여 합리적 성과평가 체계를 구축한다.

〈표 4-6〉 2019년 R&D 예산 3대 부처 지원기관 현황

(단위: 조 원)

부처	R&D 예산	지원기관
과기정통부	7.0	한국연구재단, 정보통신기술진흥센터, 과학기술기획평가원 등
산업통상부	3.21	산업기술평가관리원, 에너지기술평가원, 산업기술진흥원 등
방위사업청	3.23	국방기술품질원

(5) 국방과학기술 기반 방위산업 경쟁력 제고

첫째, 지속 가능한 방위산업 미래성장 동력의 확보다.

기술품질 중심의 방위산업 환경 조성 등 방위산업 진흥을 위한 정책인프라 구축을 통해 방위산업 육성체제를 발전시킨다. 이를 위해 방위사업법에서 방위산업 육성과 관련한 사항을 분리하여 추진하고, 가격중심경쟁에서 기술 우위의 수출경쟁력 확보로 패러다임을 전환하고 우리의 독자 기술 기반으로 수출대상국 요구에 맞는 유연하고 신속한 개량 개조 능력을 확보하며, 비닉 · 비익을 제외한 무기체계 연구개발은 업체 주관을 원칙으로 하고, 부족한 기술은 국방과학연구소에서 지원하는 등 전향적인 기술협력 · 이전 정책을 통한 경쟁력을 확보한다.

또한, 유망 중소 · 벤처기업 육성 및 맞춤형 지원을 통한 방위산업 진입장벽의 완화다. 우수 중소기업의 방산 분야 진입 활성화를 위해 국방벤처 지원사업을 확대하고, 전국적 국방벤처기업 지원체계를 구축하며, 고난이도 기술을 개발하는 중소 · 벤처 기업에 대한 예산 기술지원 등 인센티브 확대, 그리고 국방연구개발 진입 문턱을 낮추고, 연구개발 성과가 신속하게 매출로 연결되어 업체의 자생력이 높아질 수 있는 선순환 구조를 창출한다.

둘째, 방산수출과 기술보호의 균형 발전이다.

방위산업을 내수중심에서 수출형 산업구조로 전환 및 국제공동연구개발, 공동생산 · 수출확대에는 기술이전이 수반되므로 방산수출과 방위산업기술 보호와의 균형 발전 추진, 이전 가능한 기술과 방산경쟁력 유지, 국익 차원에서 보호해야 할 방위산업기술을 구분하여 국가안보와 방위산업 발전의 균형 유지, 그리고 상대국의 기술보호체계 구축 정도를 포함한 기술보호 수준 등을 고려하여 유연한 기술이전 전략을 추진한다. 우리의 방산경쟁력을 훼손하지 않는 수준에서 적극적 국제기술협력을 추진하고, 더 높은 수준의 기술개발에 과감한 투자를 통해 기술경쟁력을 지속적으로 유지 · 발전시킨다.

(6) 국방연구개발의 인적 · 물적 인프라 강화

첫째, 국방연구개발 역량 제고를 위한 인력 양성의 강화다.

국방과학연구소 연구 인력의 전문성 고도화를 위해 박사급 전문인력 충원을 확대하고 전문기술 교육, 국내외 인력교류 등을 통해 연구역량 제고를 지속 추진하며, 다 부처 협력 연구개발사업과 연계하여 국방과학연구소-출연(연) 간 우수인력 교류를 추진하고, 지속 가능한 인력교류를 위해 참여연구원에 대한 성과평가 가점, 인센티브 부여 등의 제도를 마련한다.

또한 방산업체에 근무하는 연구 인력의 역량 제고를 위해서 업체 주관 연구과제를 확대하고, 충실하게 과제를 수행하는 업체에 대해서는 인센티브 부여 등을 통한 지원을 강화한다. 첨단 국방과학기술 연구 수요에 대응하여 대학, 출연(연)의 국방연구개발 참여를 활성화하여 국방관련 연구 인력 저변을 확대하고, 국방연구개발 기획관리 역량 제고를 위한 전문 교육체계를 구축하여 새로운 기술 도입에 따른 재교육 기회를 부여하고, 국방과학연구소 내 국방과학기술아카데미 활용 또는 국방획득교육원(가칭) 설립 추진 등 다양한 교육프로그램 개설 및 운영, 그리고 과학기술전문사관제도[16] 등 시행 중인 제도의 실적을 평가하고 국방연구개발에 실질적인 기여를 할 수 있도록 제도를 개선한다.

둘째, 국방연구개발 시설 · 장비 등 인프라의 고도화다.

무기체계와 핵심기술의 발전 추세에 부응하여 노후 시설을 현대화하고, 신규 시험시설과 시험장을 확충하며, 민간과 국방 부문의 연구개발 인프라의 상호 공유와 활용을 촉진하기 위해 국방 및 민간에서 보유하고 있는 대형 연구장비 및 시험설비를 상호 개방 · 활용을 강화한다. 또한, 국내의 제한된 시험평가 여건 극복을 위해 국가 간 상호 시험장 활용, 시험평가절차 공유, 새로운 시험평가 기법의 공동 발전 등을 도모하기 위한 국제협력을 확대한다.

---

16 이공계 우수학생을 과학기술전문사관으로 선발하여 국방과학기술 분야 우수인력을 양성하기 위한 제도(우수인재들을 선발해 군에서 복무하는 동안 과학기술 분이를 연구할 수 있도록 하는 이스라엘의 엘리트 군인 육성 프로그램인 탈피오트(Talpiot) 제도를 벤치마킹하였음).

제3절 기초연구개발

국방기초연구는 국방과학기술분야에 필요한 기반기술 확보를 위해 수행되는 연구로서, 국방분야 전문인력 양성 및 핵심원천기술 확보를 통한 선진 국방과학기술 기반확보를 위해 수행되는 대학 및 정부출연 연구기관 중심의 연구사업이다.

기초연구는 비교적 규모가 작은 개별기초연구와 특화연구실, 특정 분야의 기초연구를 집중적으로 수행하는 특화연구센터로 나뉜다.[17]

1. 개별기초

일반기초연구는 국방과학기술분야의 원천기술 확보 및 신개념 무기체계 개발에 활용 가능한 미래 원천기술을 확보를 위해 개별적으로 대학 등에서 수행하는 연구활동이며, 순수기초연구는 국방과학기술분야의 원천기술 확보 및 신개념 무기체계 개발에 활용 가능한 미래 원천기술을 확보하기 위한 수학, 물리, 화학, 생물분야 등 자연과학 분야에 관한 연구활동이다. 그리고 국제공동기초연구는 국방과학기술 분야의 경제적인 핵심기술 확보 및 국제 경쟁력 제고를 위해 외국 정부 또는 외국 연구기관 등과의 기술협력을 통한 공동연구이다.

대상사업 선정기준으로 먼저 일반기초과제는 국방 분야에 필요한 기획과제에 대하여 국방과학기술 분야의 원천기술 확보 및 신개념 무기체계 개발에 활용 가능한 미래 원천기술 확보를 위해 개별적으로 대학 등에서 수행하는 연구다. 이러한 일반기초과제는 센서, 정보통신, 제어/전자, 탄약/에너지, 화생방, 소재, 플랫폼/구조 등으로 분야를 구분하며, 사업기간은 3~6년이고, 사업비는 4억 원 내외다.

순수기초 과제는 물리, 화학, 생물, 수학 등의 국방과학기술 분야에 대해 착수년도에 자유공모를 통해 과제를 선정하여 추진하며, 사업기간은 3년이고, 사업비는 1.5억

---

17 방위사업청, 국방과학기술연구개발 소개, 2014.

원 규모이다. 국제공동기초연구 과제는 일반 대학교 교수 및 특화연구센터 참여교수를 대상으로 해외 교수와 국제공동으로 착수년도에 공모를 통해 과제를 선정하여 추진하는 연구과제로 사업기간은 4년이며, 사업비는 4.0억 원 정도이다.

2. 특화연구실

특화연구실은 미래 핵심기술 분야에 필요한 기초연구분야 5개 내외의 과제로 구성한 국방특화연구센터의 연구실단위의 집단연구체계로 우수한 기술 잠재력을 핵심기술/부품개발에 접목시키고 우수인력의 국방과학기술개발 참여 유도, 연구개발 성과의 국방적용 및 민간이전(Spinon/off) 확대강화, 국방분야 원천기술 확보 및 실용화 구현 기술개발 다변화, 국방과학기술 기초연구의 활성화 및 연구 인력의 저변 확대, 국방과학기술분야 산·학·연(중소기업 포함) 공동/협력연구사업 모델화, 국방관련 특정기술 분야 중점 연구를 통한 국방 기술경쟁력 확보 및 국방 R&D 초석 마련, 국방핵심 기반기술의 기반구축을 위한 관련기관 연구소의 특성화 등을 위한 목적으로 운용한다.

특화연구실은 개별과제(일반기초 등)와 집단 연구(특화연구센터) 간 가교 역할을 수행하며 국방 기초연구 수요에 유연하게 대응할 수 있는 특화연구센터의 연구실 규모의 사업으로 사업기간은 3년이며, 사업비는 30~50억 원 정도이다.

3. 특화연구센터

특화연구센터는 핵심기술 확보를 위한 기반을 구축하고, 우수한 기술 잠재력을 핵심기술·부품개발에 접목시킴으로써 우수인력의 국방과학기술개발 참여를 유도하기 위하여 특정 기술 분야를 중점적으로 연구하도록 학계연구소 및 출연연 등에 위촉된 연구센터이다.

대상사업 선정 기준은 핵심기술기획서에 반영된 과제로, 중기계획 및 해당 연도 예산편성 시 확정되어 추진되는 연구 과제 및 특정 기술 분야를 중점적으로 연구하도록 지원하는 장기 연구투자 사업으로 사업기간은 6년이며, 사업비는 약 120억 원이다.

현재 연구가 진행 중인 특화연구센터는 연세대의 차세대 융복합 에너지 물질, 광주과기원의 전자전, 서울대의 국방 생체 모방응용, KAIST의 초고속 비행체, 한양대의 신호정보, 아주대의 미래전투체계 네트워크 기술, 고려대의 국방 암호기술, 연세대의 무인기용 고효율 터빈기술, KAIST의 국방 인공지능 등 총 9개이다.

시기	구분	내 용	수행기관
F-2 이전	소요제기 및 소요결정, 중기계획 반영	· 기초기술개발 추진계획 수립 및 소요제기 지침 * 군 관련기관: 방사청, 산·학·연: 기품원 * www.dtaq.re.kr 접속 → 핵심기술소요공모 · 핵심기술의 필요성, 활용성 및 중복성 검토 · 소요결정된 핵심기술로 기획서 작성, 국방중기계획 예산 반영(F-6~F-2)	방사청 (기품원)
F-2(전년) 11~12월	사업추진지침 수립	· 특화연구센터 사업추진지침 통보	방사청(국과연)
F(당년) 3월	제안요청서 공고(REP)	· 제안요청서(REP) 인터넷공고 * www.add.re.kr 접속 → 위탁·제안 * 과제 제안요청서 설명회	국과연
F(당년) 7~8월	제안서 평가 주관기관 선정	· 제안서 평가/주관기관 선정 * 제안서 평가: 기품원 제안서평가팀 * 연구계획서 제출: 국과연	방사청 국과연 기품원
F(당년) 10월	계획서 승인 사업 착수	· 최종 계획서 승인 * 연구 계획서(산·학·연) 및 관리계획서(국과연) 제출 * 계획서 승인(방사청 → 국과연)	방사청 국과연

〈그림 4-7〉 특화연구센터 선정 절차

<표 4-7> 현재 운영 중인 특화연구센터 현황

	특화센터명	설립기관	기간
1	차세대 융복합 에너지 물질	연세대	2012~2020
2	전자전	광주 과기원	2013~2021
3	국방 생체 모방응용	서울대	2013~2021
4	초고속 비행체	KAIST	2014~2019
5	신호정보	한양대	2015~2020
6	미래전투체계 네트워크 기술	아주대	2016~2022
7	국방 암호기술	고려대	2017~2023
8	무인기용 고효율 터빈기술	연세대	2018~2024
9	국방 인공지능	KAIST	2019~2025

제4절 핵심기술개발

1. 무기체계 연계형

　무기체계 연계형기술은 무기체계 전력화 시기에 부합하도록 체계개발에 요구되는 기술을 사전에 개발하기 위해 국방기획관리체계(PPBEES)에 따라 단위과제별로 추진하는 사업으로, 응용연구 또는 시험개발의 형태가 있다. 응용연구는 기초연구 결과를 군사적 문제의 해결책으로 전환하기 위하여 실험적 환경하에서 기술의 타당성과 실용성을 입증하는 연구단계이고, 시험개발은 핵심기술 개발의 최종단계로서 무기체계의 주요기능을 담당하는 핵심기술을 실현하는 시제품을 제작하여 기존 무기체계에 적용 가능성과 미래 무기체계에 응용 가능성을 입증하는 단계다.

　대상사업 선정 기준은 군 소요예상 무기체계에 활용할 수 있는 핵심기술 분야, 국방과학기술로드맵에 부합하는 핵심기술 분야, 국내기술수준이 낮은 해외 EL(Export

시기	구분	내 용	수행기관
F-6~F-2	중기계획서	· 핵심기술기획서에 반영된 과제를 기반으로 국방 중기계획 예산 반영	국방부 (방사청)
F-1	예산서	· 예산 반영	방사청
F(당년) 3월	제안요청서 공고(REP)	· 제안서 공모문에 대한 보안성 검토 후 연구소 홈페이지 (www.add.re.kr) 게재 *국가과학기술 종합정보 서비스(www/ntis.go.kr) 및 중소기업 종합서비스망(www.nizinfor.go.kr) 게시 * 과제 제안요청서(REP) 설명회 개최	국과연
F(당년) 7~8월	제안서 평가 주관기관 선정	· 제안서 평가/주관기관 선정 * 제안서 평가: 기품원 제안서평가팀 * 주관기관 협상 및 협상결과 제출: 국과연	방사청 국과연 기품원
F(당년) 10월	계획서 승인 사업 착수	· 사업계획서 작성 및 제출(국과연→방사청) * 국과연주관: 국과연이 연구계획서 작성 * 산 · 학 · 연주관: 주관기관이 연구계획서 작성 (국과연은 사업관리계획서 작성) * 최종 계획서 승인(방사청→국과연)	방사청 국과연

〈그림 4-8〉 무기체계 연계형 과제 선정 절차

License) 통제 기술 등이다.

핵심기술 연구개발사업(응용연구/시험개발) 수행 시 산 · 학 · 연을 주관 연구기관으로 우선 추진하며, 보안이 필요한 고도, 첨단 기술분야, 높은 실패 위험과 낮은 경제성 등의 사유로 산학연이 기피하는 기술 분야와 군전용 기술로서 민간의 기술수준이 낮은 분야는 국과연을 주관 연구기관으로 추진할 수 있다.

2. 선도형 기술개발

선도형 핵심기술개발 사업은 민간의 우수기술과 산업경쟁력을 활용하여 전략적으로 집중육성이 필요한 미래 무기체계 핵심기술을 산 · 학 · 연 위주로 신속하게 착수하여 개발한 후 무기체계 소요를 선도하고자 하는 기술개발 사업이다.

대상사업 선정 기준은 국방과학기술정책에 따라 집중 투자하여 육성해야 할 분야, 새로운 개념의 무기체계 개발을 위해 먼저 기술을 개발해야 할 분야, 선진국에서 개발 중이거나 실현 가능성이 있는 기술 중 개발 성공 시 무기체계의 성능을 진보시킬 수 있는 분야, 대북위협에 대응하기 위해 긴급 개발이 요구되는 분야, 방산수출 활성화에 기여할 수 있는 분야, 선도형 핵심기술과제로 전략적으로 추진해야 할 분야(정책적 시급성) 등이며, 사업기간 3~5년이며, 사업당 100억 원 내외이다.

참여 형태는 정출연/산업체는 과제주관 및 분할과제 연구기관으로 참여할 수 있고, 대학교는 분할과제 위탁기관으로 참여가 가능하다. 선도형 사업은 산·학·연 주관으로 수행되나, 산·학·연 주관 개발이 불가능한 분야(보안, 경제성 결여, 첨단 등)는 국과연 주관이 가능하다.

3. 선행 핵심기술

선행 핵심기술 개발사업은 미래 전장 운영개념을 혁신할 수 있는 창의·신개념의 국방과학 원천기술 확보를 위해 국과연 주관으로 개발하는 개별 과제다. 대상사업 선정 기준은 미래의 창의·도전적인 혁신기술 개념을 구체화하는 원천기술개발 분야, 기술의 급속한 진보 대응 기술 분야, 신개념 무기체계 사전연구 분야, 정책적 과제 등이다.

참여 형태는 국과연 자체 연구를 원칙으로 하되 필요시 미래 혁신적 아이디어(개념)를 산·학·연 과 협력하여 연구과제 발굴 가능하며, 제작구매, 일반용역으로 민간도 참여가 가능하다.

4. 핵심 소프트웨어 개발

핵심 소프트웨어 개발 사업은 국방과학기술정책 및 실행계획과 소프트웨어 국산화 정책을 통해 무기체계에 소요되는 핵심소프트웨어를 국산화 개발하거나 다수 무기체계에 공통적으로 소요되는 핵심기반 소프트웨어 기술을 대상으로 산·학·연 위주로 공모하여 차년도에 개발 착수하는 사업이다.

대상사업 선정 기준은 무기체계 소프트웨어 표준 플랫폼 및 국산화 파급효과가 큰 소프트웨어, 4대 중점투자 분야(감시정찰·센서, 정밀타격, 방호, 무인화 기술) 국산 개발에 필요한 소프트웨어, 무기체계에 공통으로 활용 가능한 핵심 기반 소프트웨어, 선진국이 기술이전을 기피하는 핵심 소프트웨어, 항공기용 응용소프트웨어 등 무기체계 활용에 필요한 국산 소프트웨어로, 사업기간은 3~5년이며, 사업당 30억 원 내외를 지원하고 있다.

핵심소프트웨어 연구개발사업의 과제 수행기관은 산·학·연(산업체 및 부속연구소, 정부출연연구소, 벤처기업 및 부속연구소, 학계연구소)을 원칙으로 하되 보안이 필요한 고도·첨단 기술 분야, 높은 실패위험과 낮은 경제성 등의 사유로 산연이 기피하는 기술 분야, 군전용 기술로서 민간의 기술수준이 낮은 분야 등의 경우에는 국과연을 주관연구기관으로 지정할 수 있다.

5. 국제공동 기술개발

핵심기술 국제공동 기술개발 사업은 세계의 우수기술을 활용하여 전략적으로 집중 육성이 필요한 미래 무기체계 핵심기술을 협력대상국과 공동기술개발을 통하여 개발한 후 무기체계 소요를 선도하고 신규시장을 창출하는 기술개발 사업으로 통상 응용연구와 시험개발 수준으로 추진된다.

대상사업 선정 기준은 무기체계의 첨단화, 고비용화에 대응하여 다수 국가가 동일 기술개발사업에 공동투자를 통한 예산 절감 및 국방획득 효율화 달성, 선진국과의 공동연구개발을 통해 활발한 기술도입 및 조속한 우수기술 확보로 기술경쟁력 강화, 공동연구개발 대상국과 무기체계의 시장공유로 안정적 수요창출 및 방산수출에 기여함으로써 방산시장 확대 도모, 우방국과의 상호 운용성 강화 및 협력체제 구축을 통한 운용 효율성 증대 등이다. 사업기간은 2~5년이며, 사업당 50억 원 내외가 지원된다.

시기	구분	내 용	수행기관
F-1 1~2월	추진 계획 수립	·국제공동 기술개발 추진계획 수립 * Top-Down & Bottom-Up 기획	방사청 기품원
F-1 3~5월	공모/ 소요조사	·청/합참/국과연/산·학·연 대상 수요조사 * 군 관련기관: 방사청, 산·학·연: 기품원 * www.dta1.re.kr 접속→핵심기술소요 공보	방사청 기품원
F-1 6~7월	핵심기술 국제공동연구 개발 소요검토	·국제공동 기술개발에 부합하는 후보과제 선정 * 방사청, 국방부, 합참, 국과연, 기품원 등	방사청 기품원 국과연
F-1 9~10월	과제선정	·실무검토위원회를 통한 국제공동 기술개발 후보 과제 선정 * 방사청, 기품원, 국과연 등	방사청
F(당년)	국제기술협력 위원회 의제토의	·국제기술협력위원회 개최 및 의제토의 *협력대상국과 과제진행을 위하여 사업협정 체결	방사청
F(당년)	협력대상기관 협상/협상결과 제출	·협력대상기관과 협상/협상결과 제출 * 주관기관 협상 및 협상결과 제출: 국과연	방사청 국과연
F(당년)	계획서 승인 사업 착수	·최종 계획서 승인 * 국제공동 기술개발 계획서 제출 * 계획서 승인(방사청→국과연)	방사청 국과연

〈그림 4-9〉 국제공동 기술개발 과제 선정 절차

제5절 신개념기술시범/민군겸용기술/핵심부품국산화개발

1. 신개념기술시범(ACTD)

신개념기술시범 사업은 이미 성숙된 기술을 활용하여 새로운 개념의 작전운용
능력을 갖는 무기체계를 개발하고, 군사적 실용성평가를 통하여 3년 이내의 단기간
에 입증하는 시범 사업이다. 대상사업 선정 기준은 신개념기술 적용으로 기술혁신도
가 높고 새로운 운영개념의 무기개발이 가능한 과제, 전력화 시 각 군 공통 적용 및

합동성 강화에 기여할 수 있는 과제, 적의 위협 및 현용 전력 제한사항 등 고려 시 개발의 긴급성이 높은 과제, 이미 반영된 장기전력 중에서 조기 확보가 가능한 과제 등이다.

과제 선정 기준은 기술성숙도 조사 시 기술수준 6[18] 이상으로 3년 이내 군사적 실용성 입증이 가능한 과제이며, 제외 대상과제는 핵심기술/체계연구개발/민 · 군겸용 기술사업으로 추진이 적합한 과제, 현재 획득을 추진 중인 무기체계와 운용개념 유사과제, 핵심기술 타 사업과 중복된 것으로 판단된 과제, 무기체계 분류상 전력지원체계로 분류된 과제 등이다. 사업기간은 3년 이내이고, 사업비는 사업 특성을 고려하여 수십억 원 내에서 정해진다. 참여 형태는 민간의 산 · 학 · 연 모두 연구개발주관기관으로 참여가 가능하다.

2. 민 · 군겸용 기술개발

민 · 군겸용 기술개발 사업은 민수 및 군수의 연구개발 자원을 총체적으로 활용하여 산업경쟁력 및 국방력을 동시에 강화하고 투자 효율성을 증대하기 위하여 민과 군에서 공통적으로 활용할 수 있는 소재, 부품, 공정 및 소프트웨어 등의 기술을 개발하는 사업으로 관련법령은 민 · 군기술협력사업 촉진법 제3조(민·군기술협력사업)이다.

대상사업 선정 기준은 민과 군에서의 공통으로 활용할 수 있는 분야, 무기체계 및 민수산업에의 파급효과(대외종속 탈피, 경제성장 기여)가 높은 분야, 산업경쟁력 및 국방경쟁력의 증대에 동시에 기여할 수 있는 분야, 미래전에서 전쟁의 양상을 바꿀 정도의 전력 우위성을 확보할 가능성이 높고 미래의 산업기반을 획기적으로 변화시킬 수 있는 효과성이 높은 분야, 국민 안전 관련 국가 안보와 당면과제를 해결해야 할 필요성이 높은 분야, 대규모 투자와 기술개발의 시급성 등으로 인해 민간이 독자적으로 수행하기 어려워 정부에서 반드시 지원해야 하는 분야와 방산수출 활성화에 기여할 수

---

18 유사 운용환경에서 체계 · 부체계 시제품의 성능 시현 단계

있는 분야 등이다.

사업기간 및 예산은 과제 내용에 따라 상이하며, 제안자가 기간 및 예산을 제시할 수 있다. 참여 형태는 국방 및 민간의 산·학·연 모두 주관연구기관, 참여기관, 위탁연구기관으로 참여가 가능하고, 비영리기관은 기업과 컨소시엄을 구성하여 참여할 수 있다.

3. 핵심부품 국산화 개발

핵심부품 국산화 개발은 군수품의 부품 중에서 외국으로부터 구매한 부품을 국내에서 개발 또는 생산하는 제반과정을 말하며, 관련 규정은 방위사업청의 무기체계 핵심부품 국산화 개발지원사업 운영규정이다. 핵심부품이란 무기체계의 원활한 성능 발휘에 필수적인 부품 중 국내에 개발 또는 생산에 필요한 기술력이 확보되어 있지 않은 부품, 지속적으로 소요가 제기되나 초기 투자비용이 높아 국내 생산이 이루어지지 않는 부품, 국산화 여부가 무기체계의 수출에 결정적인 영향을 미칠 수 있는 부품이다.

지원대상 핵심부품은 무기체계 부품 중 기술적·경제적 파급효과는 높지만 개발 난이도가 높고 개발비용이 많이 소요되어 기업의 자발적 투자를 기대하기 어려운 핵심부품으로 무기체계 핵심부품을 국산화 개발하기 위해 중소기업을 대상으로 개발자금을 지원하는 연구개발사업이다.

핵심부품의 국산화 개발 필요성은 부품·소재는 무기체계의 신뢰성과 운영유지의 안정성을 담보하는 핵심요소로 핵심부품을 해외에만 의존할 경우 적기조달 애로, 단가 인상, 수출장애 등의 문제점이 상존한다. 부품국산화는 일반 중소기업이 보유한 부품·소재 분야의 우수한 역량을 국가 방위력에 효율적으로 활용하기에 가장 적합한 분야다.

지원대상은 중소기업 원칙이며, 개발과제 발굴 단계부터 체계기업의 적극 참여를 유도하기 위해 시험평가 및 기술지원 비용 일부를 체계기업에 최대 50억 원을 지원한다. 매년 10여 개의 개발과제를 선정하고, 과제별로 개발기간 최대 5년으로 최대 50억 원 범위 내에서 지원하며, 중소기업은 총 개발비의 75%를, 중견기업은 60%를, 대기업은 50%를 지원한다. 개발성공 시에는 기술료로 개발지원금의 일부를 회수하게 되어 있는데, 중소기업은 10%, 중견기업은 30%, 대기업은 40%를 5년 분할하여 상환하도록 되어 있으며, 국방기술품질원이 주관하여 추진한다(국방과학기술진흥정책서(2019)·국방과학기술연구개발 소개(2014) 등 참조).

> > **생각해 볼 문제**

1. 우리의 국방과학기술 수준과 기술수준 향상을 위한 대책은?
2. 국방전략기술 8대 분야는 무엇이며 이에 대한 평가는?
3. 4차 산업혁명 시대의 핵심기술개발 전략은?
4. 국제공동연구개발의 필요성 및 활성화를 위한 방안은?

제5장

무기체계 소요기획

신뢰 쌓아 코로나 뚫은 'K9 자주포' 추가수출 고삐 당긴다!

외신 등에 따르면 노르웨이군이 K9 자주포 품질에 만족한 것으로 전해지면서 처음 계약당시 맺은 K9 자주포 24문 추가수출 옵션 이행 여부에 관심이 쏠린다. 옵션 계약까지 성사되면 한화디펜스는 노르웨이에 총 K9 자주포 46문을 수출하게 된다.

2017년 한화디펜스(당시 한화테크윈)는 인도 정부와 K9 자주포 100문에 대한 수출 계약을 맺었다. 당시 계약 규모는 기술이전 가치를 포함해 450억 루피(약 7,200억 원)다. 한화디펜스가 현지 업체와 5:5 비율로 합작한 사업이어서 약 3,700억 원 상당이 수주금액으로 잡힐 것으로 예상된다.

K9 자주포는 최대 사거리 40km로 15초 내에 세 발을 발사할 수 있어 미국 'M109 A6'(팔라딘), 영국 'AS90'(브레이브하트)에 비해 사거리 등에서 우수한 것으로 평가받는다. 세계 최강으로 꼽히는 독일 PzH2000 자주포와 비교했을 때도 성능이 크게 뒤처지지 않으면서 합리적인 가격으로 인기다.

실제 스톡홀름국제평화연구소(SIPRI)에 따르면 2000~2017년 세계 자주포 수출시장 점유율에서 K9 자주포는 48%(572문)를 차지했다. 이는 독일의 PzH 2000(189문)보다 높은 수출 실적이다. (이하 생략)

뉴스1, 2020.8.20.

제1절 일반사항

1. 소요기획의 중요성

국가 안보라는 최상위 목적을 달성하기 위한 무기체계 소요기획은 어떤 무기체계를 언제까지 어느 정도를 획득할 것인가를 결정하는 과정으로 방위사업의 출발점이며 전력증강은 물론 국내 방위산업 발전의 핵심역할을 수행하게 된다. 만일 소요가 잘못되면, 무기체계가 실제야전에서 성능(performance)을 제대로 발휘하지 못하거나 연구개발(R&D) 또는 획득예산(acquisition budget)이 너무 과도하게 소모되거나, 일정(schedule) 지연되는 것과 같은 문제들이 발생하게 된다. Wayne Turk(2008)는 사업관리를 위한 가이드라인 20가지를 제시하였는데, 그중에서 '좋은 소요'(good requirements)가 모든 프로그램에서 성공의 기초가 된다고 주장하였다.

좋은 소요는 원칙적으로 '필요하고'(necessary), '검증 가능하고'(verifiable), 그리고 '달성 가능한'(attainable) 무엇인가를 결정하는 것이다. 만약 그것이 필요하지 않다면, 좋지 않은 소요인 것은 두말할 필요가 없을 것이다. 또 소요는 조사, 분석, 시험, 혹은 시연에 의해서 충분히 검증할 수 있도록 기술해야 한다. 그리고 예산, 일정 그리고 다른 제약 내에 적합해야만 달성 가능하게 될 것이다. 특히 제대로 정의되지 못하거나 수시로 바뀌게 되는 소요는 획득 프로그램의 위험을 초래할 가능성이 대단히 높다. 이러한 위험은 1년마다 새로운 기술로 대체되는 소프트웨어 개발 분야에서 두드러지게 나타난다. 예를 들면, 체계의 경우 10~30년 정도에 걸쳐 기술개발 변화가 일어나지만, IT 하드웨어, IT 소프트웨어의 경우에는 기술개발 변화속도가 6개월에서 최대 2년 정도에 불과하기 때문이다.

무기체계 소요기획을 통해 결정되는 무기체계 성능과 전력화 시기는 획득방법 결정에 결정적인 영향을 미친다. 즉 국내 기술수준보다 높은 성능을 요구하면서 전력화 시기가 빠른 경우에는 국외에서 구매로 무기체계를 획득할 수밖에 없다. 결국, 소요결정은 방위산업 발전과 직접적으로 연계된다는 사실을 인식할 수 있다. 군에서는 가장 먼저 임무를 고려하여 그에 부합하는 성능을 요구해야 하지만 과도한 성능요구는 획득과 바로 연결되지 못하고 전력화 지연으로 국방의 공백이 생기며, 정부 및 업체에서 투자한 예산의 회수 제한으로 예산이 낭비될 수 있고, 방위산업은 위축되는 등 많은 부정적인 영향을 미친다. 따라서 사업추진 간 시행착오를 최소화할 수 있고 당시 처한 환경에서 합리적으로 처리될 수 있도록 융통성을 가질 수 있는 스마트한 소요기획이 필요하다.

2. 무기체계 획득관리의 원칙

무기체계 획득은 어떤 유형을 어떤 방법 및 과정을 거쳐서 얼마만큼 획득해야만 국가안보와 국가이익을 최대한 보장할 것인가에 대한 원칙을 적용해야 하는데, 그 내용을 알아보면 다음과 같다.[1]

1) 무기 국산화 비율의 향상

무기체계 획득관리 대안으로서 가장 바람직한 원칙은 자국의 자체생산이 된다. 그러나 개발도상국가의 입장에서는 주어진 제약조건이 많으므로, 이를 어떻게 극복하고 국산화 비율을 향상시키느냐에 무기체계 획득관리의 초점을 두게 된다. 따라서 군사적·경제적·기술적 원칙에서 단계적으로 국산화 비율을 향상시키는 방법은 단기적으로는 취약할지 모르지만 장기적으로는 유리한 접근이 된다.

2) 무기획득 비용절감 관리

무기체계 획득비용이 거액화됨에 따라 가용한 국방자원의 제한으로 경제성을 고

---

1   조영갑·김재엽, 현대무기체계론, 2019.

려하여 결정해야 한다. 무기획득 비용절감을 위해서는 무기체계의 전 수명에 걸쳐 통합관리 개념을 가지고, 군수지원체계를 망라해서 비용절감 방법을 강구하여 최적화하도록 노력하는 것이다.

3) 성장동력으로서 무기수출

무기를 자체 생산하여 다른 국가에 수출할 수 있는 능력은 자국이 필요한 다른 무기체계를 획득할 수 있는 중요한 전략이 되며, 또한 무기 수출은 과학기술과 경제 발전의 성장동력 역할을 할 수 있다.

오늘날 강대국가는 자본집약형의 첨단고급무기를 생산하고, 개발도상국은 노동 집약형의 단순재래무기를 생산하여 상호 교류할 수 있고, 다른 한편으로 무기 수출은 방위산업 발전과 경제적 이익을 얻을 수 있다.

즉, 제2차 세계대전 후에 세계의 무기수출 국가는 미국과 러시아를 비롯해 영국·프랑스·중국·독일·이스라엘 등이 되며, 한국도 무기 수출을 위해 방위산업을 발전시키고 있다.

4) 국가이익의 추구

무기체계 기술에는 국가이익을 상징하는 고도의 비밀성이 존재하기 때문에 협조에 분명한 한계가 내재하게 된다. 따라서 무기체계 획득관리는 비록 초기에 획득단가가 높더라도 단기적 관점에서 경제적 손해를 감수하더라도 장기적 안목에서는 국가적 이익에 부합할 수 있도록 해야 한다. 이는 국제사회에 하나의 보편타당성 있는 원칙이며 정당한 가치로 여겨지고 있다.

5) 무기체계 획득기구의 운용

현대 군대가 정규군 개념이라면 정규군을 무장시키는 무기체계에 관한 연구, 획득, 운용 등의 전담기구가 상설운용 되어야 한다. 무기체계를 어떻게 자국의 실정에 부합되게 발전시키고, 또한 기존 전력을 합리적으로 확장시킬 것인가를 해결하기 위해 과학적이고 체계적인 무기체계 획득기구를 운영해야 한다.

오늘날 어느 국가를 보더라도 원자력 연구소, 국방과학기술연구소를 비롯한 다양한 실험연구소 및 평가기구 등이 설치되어 운용되고 있다. 즉, 일반적으로 자원이 부족하고 기술 축적이 취약한 나라일수록 중앙집권적 통제로 단순기구를 설치 운용하여 단순 명료한 목표 아래 무기체계 획득을 발전시켜 나가고 있다.

6) 방위산업 발전의 기여

무기체계 획득관리의 생산성, 능률성, 경제성, 기술성, 자족성을 높여 방위산업을 국가의 핵심산업으로 발전시켜 나가는 데 기여할 수 있어야 한다.

3. 합동전투발전체계

합참은 합동전투발전체계를 정립하여 소요창출에 적용하고 있는데, 합동전투발전체계란 '합동성 차원에서 미래전을 준비하는 총체적인 노력으로서, 현존전력을 극대화하고 미래 전투발전소요를 창출하는 과정'이다. 즉, 미래전에서 전승을 보장하기 위해 '합동작전부대가 어떻게 작전할 것인가?'와 '합동작전부대의 요구되는 능력이 무엇인가?'를 제시하고, 이를 위해 전투발전 분야별[2]로 필요한 소요를 창출하는 과정이다.

한편, 합동전투발전체계는 아래 그림과 같이 국방기획체계의 기획단계에 포함된다. 합참은 「국방기본정책서」 및 「합동군사전략서」와 연계하여 합동개념을 발전시키고, 발전된 합동개념에 따라 군사력 건설 및 유지 소요를 창출하며, 소요결정 후에는 국방기획체계상의 각종 문서에 반영된다.

---

2 전투발전분야(DOTMPF): 교리(Doctrine), 구조ㆍ편성(Organization), 교육훈련(Training), 무기ㆍ장비(Material), 인적자원(Personnel), 시설(Facilities)

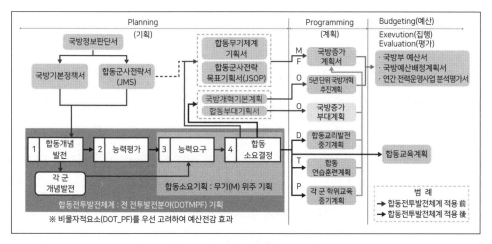

〈그림 5-1〉 국방기획체계와 합동전투발전체계 관계[3]

제2절 무기체계 분류

1. 무기체계의 개념

무기 · 장비 · 부품 · 시설 · 소프트웨어 · 그 밖의 물품 등은 다음과 같이 무기체계와 전력지원체계로 구분한다. "무기체계"란 유도무기 · 항공기 · 함정 등 전장에서 전투력을 발휘하기 위한 무기와 이를 운영하는 데 필요한 장비 · 부품 · 시설 · 소프트웨어 등 제반요소를 통합한 것을 말하며, "전력지원체계"란 무기체계 외의 장비 · 부품 · 시설 · 소프트웨어, 그 밖의 물품 등 제반요소를 말한다.[4]

---

3   합참, 합동전투발전체계 업무지침서, 2015.

4   방위사업법 제3조, 2019.

2. 무기체계 분류[5]

무기체계 분류기준은 대분류, 중분류 및 소분류로 구분하며 「방위사업법 시행령」 제2조에 따라 무기체계 대분류는 지휘통제·통신무기체계, 감시·정찰무기체계, 기동무기체계, 함정무기체계, 항공무기체계, 화력무기체계, 방호무기체계, 그 밖의 무기체계로 분류하며, 군사작전에 직접 운용되거나 전투력 발휘에 직접 영향을 미치는 장비·물자, 무기체계의 전투력 발휘에 영향을 미치는 장비·물자, 그리고 전투력 발휘에 영향을 미치는 주요 전술훈련장비 및 소프트웨어, 관련시설은 무기체계로 보며, 운용목적, 용도 및 필요성 등을 고려하여 분류한다. 전투력 운용과 능력배양에 직접 관련이 되는 모델, 전투력 운용과 전력증강 타당성 분석을 위한 모델, 무기체계 획득과 직접 연계되는 모델 등은 국방 M&S체계는 무기체계로 본다.

지휘통제·통신무기체계 분야 중 먼저 지휘통제체계는 연합지휘통제체계, 합동지휘통제체계, 지상지휘통제체계, 해상지휘통제체계, 공중지휘통제체계, 통신체계는 전술통신체계, 위성통신체계, 공중중계체계가 있고, 통신장비는 유선장비, 무선장비, 그 밖의 통신장비 등이 해당된다.

감시·정찰무기체계 분야 중 전자전장비는 전자지원장비, 전자공격장비, 전자보호장비, 레이더장비는 감시레이더, 항공관제레이더, 방공관제레이더, 전자광학장비는 전자광학장비, 광증폭야시장비, 열상감시장비, 레이저장비가 해당되고, 수중감시장비는 음탐기, 어뢰음향대항체계, 수중감시체계, 그 밖의 음파탐지기, 기상감시장비는 기상위성감시장비, 기상감시레이더, 기상관측장비, 그 밖의 감시·정찰장비는 경계시스템 등이 있다.

기동무기체계 분야 중 전차는 전투용, 전투지원용, 장갑차는 전투용, 지휘통제용, 전투지원용, 전투차량은 전투용, 지휘용, 전투지원용, 기동 및 대기동지원장비는 전투공병장비, 간격극복 및 도하장비, 지뢰지대 극복장비, 대기동장비, 기동항법장비, 지상무인체계는 전투용, 전투지원용, 개인전투체계 등이 있다.

---

5 국방부, 국방전력발전업무훈령, 2020.

함정무기체계 분야 중 수상함은 전투함, 기뢰전함, 상륙함, 지원함, 잠수함(정)은 잠수함, 잠수정, 전투근무지원정은 경비정, 수송정, 보급정, 지원정, 상륙지원정, 특수정, 해상전투지원장비는 함정전투체계, 함정사격통제장비, 함정피아식별장비, 함정 항법장비, 침투장비, 소해장비, 구난 및 구명장비, 그 밖의 지원장비, 함정무인체계는 무인수상정, 무인잠수정 등이 있다.

항공무기체계 분야 중 고정익 항공기에는 전투임무기, 공중기동기, 감시통제기, 훈련기, 해상초계기, 회전익 항공기에는 기동헬기, 공격헬기, 정찰헬기, 탐색구조헬기, 지휘헬기, 훈련헬기, 무인 항공기는 항공전투지원장비에는 항공기사격통제장비, 항공전술통제장비, 정밀폭격장비, 항공항법장비, 항공기피아식별장비, 그 밖의 지원장비 등이 있다.

화력무기체계 분야 중 소화기는 개인화기, 기관총, 대전차화기는 대전차로켓, 대전차유도무기, 무반동총, 화포는 박격포, 야포, 다련장·로켓, 함포, 화력지원장비는 표적탐지·화력통제레이더, 전차 및 화포용 사격통제장비, 그 밖의 화력지원장비, 탄약은 지상탄, 함정탄, 항공탄, 특수탄약, 유도탄능동유인체, 유도무기는 지상발사유도무기, 해상발사유도무기, 공중발사유도무기, 수중유도무기, 특수무기는 레이저무기 등이 있으며, 방호무기체계 분야 중 방공은 대공포, 대공유도무기, 방공레이더, 방공통제장비, 화생방은 화생방보호, 화생방정찰·제독, 연막, 화생방 예방·치료, EMP 방호 등이다. 그 밖의 무기체계로는 국방 M&S체계로 워게임 모델, 전술훈련모의장비 등이 있다.

3. 전력지원체계 분류

전력지원체계는 다음과 같이 분류한다.

먼저 전투지원장비(부품)는 일반차량, 특수차량, 전원·동력장치, 감시지원장비, 정비장비, 탄약·유도탄장비, 전투지원일반장비, 측정장비, 통신전자장비, 근무지원장비, 수리부속 등이며, 전투지원물자는 방탄류, 피복·장구류, 식량류, 화학물자류,

유류, 특수선유물자, 탄약·유도탄물자, 전기·전자물자, 근무지원물자, 인쇄물지류 등이다. 의무지원물품은 의무장비, 의무물자이고, 교육훈련물품은 교육훈련장비, 교육훈련물자, 교육훈련용탄약 등이다. 국방정보시스템은 자원관리정보체계, 국방 M&S체계(무기체계로 분류된 전력은 제외), 기반운영환경(무기체계로 분류된 통신체계 제외) 등이다. 합참(전력기획부장)은 관련기관·부서로부터 무기체계와 전력지원체계의 분류를 요청받은 경우 합동전략실무회의를 거쳐 결정한다.

제3절 소요제기 및 결정

1. 소요제기기관 및 대상

소요제기기관은 국방부, 합참(전력기획부 포함), 각 군 및 해병대, 방위사업청, 그리고 국직부대 및 합동부대로서 국방정보본부, 국군지휘통신사령부, 안보지원사, 국군화생방방호사령부, 국군수송사령부, 국군의무사령부, 국군사이버사령부, 국군심리전단 등이다.

소요제기 대상은 신규 무기체계, 무기체계 편제보충 소요, 수명연장을 포함한 무기체계 성능개량, 신개념기술시범(ACTD: Advanced Concept Technology Demonstration), 무기체계 연구개발 관련 핵심기술 소요, 부대창설로 무기체계 획득과 관련한 부대 창설 등이며, 소요제기 및 소요결정 문서는 다음과 같다.

<표 5-1> 소요제기 및 소요결정 문서

- 소요제기서: 소요제기기관이 연중 수시로 필요성, 운영개념, 작전운용에 필요한 능력 등을 포함하여 능력 위주의 소요를 소요결정기관에 제기하는 문서
- 전력소요서: 소요결정기관이 연중 수시로 소요를 결정하는 문서로서 통상 합동참모회의 결과이며, 다음과 같이 구분한다.
  - 장기전력소요서: 소요결정기관이 연중 수시로 장기전력소요(F+8~F+17)를 결정하는 문서로서, 선행연구 및 탐색개발의 근거를 제공
  - 중기전력소요서: 소요결정기관이 연중 수시로 중기전력소요(F+3~F+7)를 결정하는 문서로서, 장기에서 중기로 전환되는 전력소요(F+7), 중기대상기간 중에 신규소요로 반영하기 위한 중기전력 소요 및 중기 전력의 수정소요가 포함되며, 체계개발의 근거를 제공
  - 긴급전력소요서: 소요결정기관이 연중 수시로 긴급전력소요(F~F+2)를 결정하는 문서

---

2. 소요제기 및 소요결정 절차

무기체계 소요기획을 위한 법적 근거는 방위사업법 제15조에 따라 합동참모의 장이 무기체계 소요를 결정하도록 되어 있다. 소요제기기관은 국방정책과 군사전략 및 합동개념에 부합되는 신규 또는 성능개량 전력소요에 대해 필요성, 편성 및 운영 개념, 요구되는 능력 등이 포함된 소요제기서를 작성하여 합참에 수시로 제기한다. 합참은 합동개념을 구현할 수 있도록 전력소요서(안)를 작성하며, 특별한 사유가 없는 한 기술발전추세를 고려하여 진화적 획득전략(나선형, 점증형)을 우선적으로 고려한다. 장 기전력소요서(안)에는 작전운용능력을 개략적으로 기술하고, 중기전력소요서(안)에는 작전운용성능을 구체화하여 기술한다.

신규전력소요는 우선 장기전력소요로 결정하여 소요를 반영한 후 소정의 절차를 거쳐 중기전력소요로 반영함을 원칙으로 한다. 사변·해외파병·적의 침투·도발 또 는 테러 등과 관련하여 긴급하게 무기체계 등의 소요가 필요한 경우에는 중기신규 또 는 긴급전력소요로 결정할 수 있으며, 이때 긴급전력소요는 중·장기전력 소요결정 절차를 준용한다.[6]

---

6 이때 장기소요는 소요결정 당해 회계연도 이후 8년 내지 17년까지의 소요, 중기소요는 소요결정 당 해 회계연도 이후 3년 내지 7년까지의 소요, 긴급소요는 소요결정 당해 회계연도 이후 2년 이내의 전력소요이다.

합참은 소요제기기관에서 제출한 소요제기서를 근거로 단위전력의 합동성, 완전성, 통합성, 상호운용성, 소요의 우선순위 및 대체 무기체계의 도태·조정 개념 등을 검토하여 전력소요서(안)를 작성하여 합동전략실무회의에 상정한다. 그리고 합동전략회의, 합동참모회의 심의·의결 후 합참의장의 결재를 받아 소요를 결정한다. 결정된 소요는 국방부, 소요제기기관, 방위사업청 및 관련기관·부서에 보고·통보한다.

전력소요서(안) 작성 시에는 주장비와 기본부속장비, 구성장비, 소프트웨어, 정비·훈련 장비, 탄약(전투예비 15일분 + 기본휴대량 + 교탄) 및 사용탄약 운영시설, 종합군수지원 등을 일괄 포함하며, 중기전력소요서(안) 작성 시에는 과학적이고 합리적인 소요결정을 위해 작전효과분석 결과, 개략적인 비용추정 결과 및 비용절감방안, 합동실험, 전투실험 및 특정연구 결과, 통합아키텍처 산출물 등 소요결정과정의 분석평가결과를 첨부하고, 장기전력소요서(안)에는 필요시 첨부한다.

국방부, 합참, 각 군·기관 및 방위사업청은 소요의 창출, 운용개념의 기술적 구현 가능성 등 소요무기체계의 개념을 구체화하기 위하여 국과연(필요시 방산기술센터 포함) 등에 연구용역을 의뢰할 수 있다.

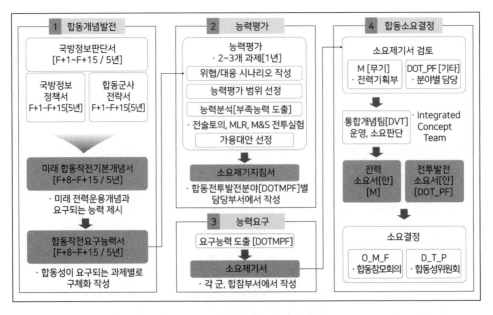

〈그림 5-2〉 합동전력 소요기획 개념[7]

3. 소요제기서 작성

소요제기기관은 미래 전장환경, 무기체계 발전추세 등을 고려하여 다음 사항을 포함하여 작성한 소요제기서를 합참(전략기획본부)에 수시로 제출할 수 있다.

〈표 5-2〉 소요제기서에 포함해야 할 사항

- 무기체계명
- 개요, 필요성, 편성 및 운영개념
- 작전운용에 요구되는 능력
- 전력화지원요소 지원을 위한 판단자료
- 유사무기체계 등 그 밖의 사항
- 소요제기 관련자: 부서담당자, 과장, 부서장 명시

〈표 5-3〉 통합개념팀의 역할

- 합동개념 구현을 위한 무기체계 식별
- 무기체계의 필요성, 편성 및 운영개념 정립
- 미래 작전환경, 국방과학기술 수준 등을 고려하여 도출된 요구능력 구현을 위한 무기체계 작전운용성능 (능력), 소요량 및 전력화시기 등을 판단 · 제시
- 신규 탄약(패키지 탄약 포함)의 소요 산정 및 합동성 차원의 중복성 검증. 하지만, 필요시 관련기관 및 부서의 지원을 받을 수 있음
- 신뢰성 확보방안(RAM 잠정목표값) 및 전력화지원요소 검토

합참은 합동개념 구현과 과학적 · 계량적 분석에 의한 소요창출을 위해 군사전략, 작전운용, 군 구조, 교리, 무기체계, 과학기술분야, 시험평가분야 등 관련 인원으로 통합개념팀(ICT: Integrated Concept Team)을 구성 · 운영하며, 통합개념팀의 역할은 〈표 5-3〉과 같다.

통합개념팀은 국방부 · 합참 · 소요군의 소요기획 및 시험평가 관련업무 담당자, 방위사업청 · 국과연 · 방산기술센터(필요시) · 기품원 · 소요군의 기술전문가 및 종합군수지원 담당자, 사업관리담당자, 사관학교 · 국방연 · 국방대학교, 민간연구기관의 국

---

7 합참, 합동전투발전체계 업무지침서, 2015.

방정책 및 방위산업 전문가 등으로 구성된다. 통합개념팀의 운영기간은 요구능력의 기술적 검토 소요시간, 편성 및 운영개념 검토 소요시간, 소요결정주기와 연계하여 운영하며, 모든 중·장기 신규전력 및 중기전환전력에 대한 전력소요서(안) 작성을 위해 통합개념팀을 운영한다.

합참은 전년도 10월 말까지 소요제기기관으로부터 다음 연도 소요제기 목록을 접수받아 통합개념팀 운영대상전력을 선정하고, 통합개념팀 운영계획을 수립하여 관련기관·부서에 통보하며, 통합개념팀 운영 간, 필요시 국과연(방산기술센터 포함)과 민간 전문기관 등에 연구용역을 의뢰할 수 있다. 또한 긴급소요에 대해서는 소요결정 전 반드시 통합개념팀을 운영하여 국방부(전력정책관실)의 긴급성 검토의견과 방위사업청의 신속획득 가능성(전력화 가능시기, 사업간 예상되는 문제점 등) 검토의견을 전력소요서(안)에 반영한다.

4. 소요결정

합참은 합동개념, 무기체계 발전추세 및 부대기획 등을 고려하여 장기전력소요서(안)를 작성하여 결정한다. 장기전력소요의 전력화시기는 10년으로 전기(F+8~F+12)와 후기(F+13~F+17)로 구분한다. 합참(전략기획본부)은 장기전력소요서(안) 작성 후 5일 이내에 관련기관·부서에 검토를 의뢰하고, 관련기관·부서는 검토결과를 1개월 이내에 합참(전략기획본부)에 제출하며, 국방기본정책서, 합동군사전략서 및 국방개혁기본계획, 소요제기서 및 관련기관·부서의 의견을 종합 검토하여 합동참모회의 심의·의결을 거쳐 합참의장의 결재를 받아 소요를 결정하며, 그 결과를 국방부, 소요군, 방위사업청 및 관련기관·부서에 보고·통보한다.

중기전력소요서(안)는 합참이 획득의 합리성을 고려하여 합동성 및 통합성을 기초로 운영개념에 부합되는 작전운용성능을 포함하며, 선행연구결과를 반영하여 작성한다. 중기전력소요 범위는 장기에서 중기로 전환되는 전력소요(F+7)와 중기대상기간(F+3~F+7)에 신규로 반영하기 위한 전력소요이다. 합참(전략기획본부)은 합동개념에 따른 소요결정의 타당성, 전력화시기 및 소요량의 적절성, 운영개념에 부합된 작전운용성능의 적합성, 인력운영의 가용성 및 대체 무기체계 조정계획, 과학적 분석평가 결과 등을 종합 검토 후 합동참모회의의 심의 · 의결을 거쳐 합참의장의 결재를 받아 소요를 결정하며, 그 결과를 국방부, 소요군, 방위사업청 및 관련기관 · 부서에 보고 · 통보한다.

장기에서 중기로 전환되는 전력소요를 중기전력소요로 반영하기 위하여 작전운용성능 구체화, 작전효과분석, 개략적인 비용추정 및 비용절감방안 등 과학적 분석 및 검증결과, 선행연구 또는 탐색개발의 결과 반영 등 필요한 선행조치를 완료하여야 한다. 합참(전략기획본부)은 당해 연도 소요가 결정된 중기전력소요와 대상기간의 기존 중기전력소요를 합동군사전략목표기획서에 반영한다.

5. 합동군사전략목표기획서 및 합동무기체계기획서 작성

합참(전략기획본부)은 국방정보판단서, 국방기본정책서, 국방개혁기본계획 및 합동군사전략서에 근거를 두고, 합동차원의 합동성, 완전성 및 통합성을 고려하여 중 · 장기 전력소요 및 전력화 우선순위를 수록한 합동군사전략목표기획서를 매년 발간한다. 합동군사전략목표기획서는 전략환경평가, 군사력 건설방향, 군사력 소요 및 전력화 우선순위, 장비도태계획 등을 포함하며, 국방중기계획서 및 국방과학기술진흥정책서 등의 작성 근거가 된다.

합참(전략기획본부)은 기결정된 중 · 장기 전력소요를 수록한 합동무기체계기획서를 합동군사전략목표기획서의 별책으로 매년 12월 말까지 발간한다. 이때 무기체계 발전방향, 장기 무기체계 소요, 중기 무기체계 소요, 중 · 장기무기체계 주파수 소요 등을 포함한다.

합참(전략기획본부)은 방산업체 투자 활성화를 위해 합참의장의 결재를 받아 별지 제25호 서식의 합동무기체계기획서 열람본을 매년 발간하고, 발간시기는 합동무기체계기획서 발간 후 3개월 이내로 한다. 합동무기체계기획서 열람본의 포함사항은 중 · 장기무기체계 소요의 필요성 및 운영개념, 중 · 장기무기체계의 전력화시기 및 소요량, 주요 작전운용성능, 기술적·부수적 성능, 종합군수지원이다. 하지만 미닉무기와 보안이 요구되는 작전운용성능, 편제, 전투력 수준 등에 관련된 내용은 열람본에서 제외한다.

제4절 소요수정 및 기술적·부수적 성능 결정

1. 소요수정

소요량 수정은 신규전력소요로 기결정된 사업의 전력소요 중 기획소요·증강목표를 수정하고자 할 경우, 소요제기기관은 기관의 장의 결재를 받아 전력소요 수정건의서를 합참(전략기획본부)에 제출하며, 합참은 합동참모회의 심의·의결을 거쳐 합참의장 결재 후 수정하고, 소요량 수정결과를 국방부, 소요군, 방위사업청 및 관련 기관·부서에 보고·통보하여야 한다.

작전운용성능은 합참에서, 기술적·부수적 성능은 방위사업청에서 결정한다. 이 경우 지휘통제·통신 및 국방 M&S체계 분야는 국방부 정보화기획관실 및 합참 지휘통신참모부와 사전에 협의하고, 암호장비 분야는 국방정보본부와 사전에 협의한다. 작전운용성능, 기술적·부수적 성능은 단위전력의 운영개념을 충족하고 작전 수행에 필요한 요구성능을 제시하는 것으로, 항목별로 범위형(Belt) 및 오차형(±), 이상형·이하형, 정량화형, 서술형 등으로 제시하며, 대상별 결정시기 및 절차는 다음과 같이 단계화하여 결정한다.

장기소요 결정 시에는 작전운용능력을 제시하며, 작전운용성능은 중기전환 시에 설정하고, 탐색개발 결과를 반영하여 결정한다. 탐색개발 생략 시에는 중기전환 시 작전운용성능을 결정한다. 작전운용성능은 운영개념 및 국방과학 발전추세 등을 고려하여 진화적 개발 개념을 도입할 수 있다.

　　합참이 결정한 주요 작전운용성능은 사업의 효율적인 추진을 위하여 필요한 경우 소요제기기관과 방위사업청의 수정 건의를 받아 합동전략회의에서 수정할 수 있으며, 이때 합참은 국방과학기술 발전추세를 고려하여, 소요제기기관과 방위사업청에서 수정 요구한 작전운용성능 항목 이외에도 필요한 항목을 합동전략회의를 통해 추가, 수정 또는 삭제할 수 있다.

2. 기술적 · 부수적 성능 결정 및 수정

　　방위사업청은 국방부, 합참, 소요군 등의 관련부서 의견수렴 및 부장이 주관이 되는 실무위원회 심의를 거쳐 기술적 · 부수적 성능을 결정한다. 이때 단위전력의 운영개념 · 계획을 변경시키지 않는 사항, 작전운용성능 및 운영에 간접적으로 영향을 미치는 사항, 환경 적응성, 인체공학적 적합성, 확장성 등 표준화 사항, 전력화지원요소 등을 고려하여 기술적 · 부수적 성능을 결정하고 그 결과를 합참 및 소요군에 통보한다.

　　소요군은 방위사업청에서 주관하는 기술적 · 부수적 성능 결정을 위한 실무위원회에 참여하고, 방위사업청은 회의결과를 합참에 통보하며, 합참은 장기전력소요에서 중기전력소요로 전환 시, 탐색개발 종료 시, 중기 신규전력소요서(안) 작성 시 전력소요서(안)에 작전운용성능 및 기술적 · 부수적 성능을 포함한다. 기술적 · 부수적 성능 수정은 결정과 동일한 절차를 거쳐 수정할 수 있다(국방전력발전업무훈령(2020) · 합동전투발전체계업무지침서(2015) 등 참조).

<표 5-4> 작전운용성능과 기술적 · 부수적 성능 비교

구분	작전운용성능	기술적 · 부수적 성능
주관기관	합참	방사청
기술형태	항목별로 범위형, 오차형, 이상형, 이하형, 서술형	
결정시기	중기소요 또는 중기전환 시 결정	
주요 항목	• 무기체계별 운영개념을 구체화시킨 기본운용 조건 사항 • 단위전력의 운영개념과 계획을 충족하고 작전 수행에 직접적으로 영향을 미치는 사항 • 주장비의 탑재장비 주요 성능사항과 세트단위로 결정되는 무기체계의 구성장비 성능사항 • 보안기능 관련 주요사항 • 타 체계와의 상호운용성	• 단위전력의 운영개념과 계획을 변경시키지 않는 사항 • 작전운용성능 및 운영에 간접적으로 영향을 미치는 사항 • 환경 적응성, 인체공학적 적합성, 확장성 등 표준화 사항 • 전력화 지원요소 등

>> 생각해 볼 문제

1. 현재의 무기체계 소요기획 체계의 문제점 및 발전방안은?

2. 진화적 획득은 무엇이며, 이를 정착시키기 위한 방안은?

3. 4차 산업혁명 시대에 부합하는 무기체계 발전방향은?

4. 소요기획과 방위산업은 어떤 관계가 있는가?

제6장

무기체계 연구개발

K2전차 변속기 국산화 재추진

육군 K2 전차 핵심부품인 파워팩(엔진과 변속기)의 완전 국산화가 다시 추진된다. 파워팩의 국산화 사업은 6년 만에 재시동이 걸리는 것이다. K2 전차의 엔진은 국산화에 성공했지만 변속기는 독일 수입산을 쓰고 있다.

방위사업청은 형상통제심의회를 통해 국산 변속기와 관련한 국방규격을 개정했다고 16일 밝혔다. 개정된 국방규격은 내구도 결함의 정의와 최초 생산품 검사의 재검사 방법을 구체화했다.

방사청은 개정된 국방규격을 적용, 최초 생산품 검사에서 문제가 없을 경우 K2 전차 3차 양산사업에 국산 변속기 탑재를 추진한다는 계획이다.

K2 전차는 처음 체계개발을 추진했을 당시엔 외국산 파워팩을 적용했지만, 당국은 '전차의 심장'으로 불리는 파워팩 국산화를 병행 추진해왔다. 그 결과 지난 2014년 독일, 미국에 이어 세계 세 번째로 국산 파워팩 개발에 성공했다.

하지만 국산 파워팩은 최초 생산품 검사에서 변속기가 국방규격을 충족시키지 못하면서 논란이 일었다. 이 때문에 K2 전차 2차 양산사업에서는 국산 엔진과 외국산 변속기를 접목한 혼합 파워팩으로 대체됐다. (이하 생략)

파이낸셜뉴스, 2020.7.16.

제1절 일반사항

1. 방위사업 수행 원칙 및 예산

방위사업법 제11조에 의하면 방위력개선사업 수행의 기본원칙은 다음과 같다.

① 국방과학기술 발전을 통한 자주국방의 달성을 위한 무기체계의 연구개발 및 국산화 추진, ② 각 군이 요구하는 최적의 성능을 가진 무기체계를 적기에 획득함으로써 전투력 발휘의 극대화 추진, ③ 무기체계의 효율적인 운영을 위한 안정적인 종합군수지원책의 강구, ④ 방위력개선사업을 추진하는 전 과정의 투명성 및 전문성 확보, ⑤ 국가과학기술과 국방과학기술의 상호 유기적인 보완·발전 추진, 그리고 ⑥ 연구개발의 효율성을 높이기 위한 국제적인 협조체제의 구축 등이다.

한편 방위력개선 분야 예산은 지속적으로 증가하고 있다. 2019년도 예산은 전년 대비 1조 8,530억 원이 늘어난 15조 3,733억 원으로 예산 증가율은 정부재정(일반회계) 증가율(10.1%)보다 높은 수준(13.7%)이며, 정부재정 대비 방위력개선비 점유율은 4.6% 수준이다. 국방비 중 방위력개선비 구성비는 2011년 30.9% 이후 감소추세에 있다가

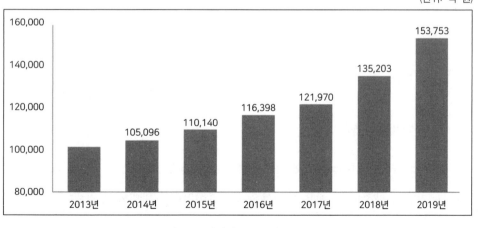

(단위: 억 원)

〈그림 6-1〉 방위력개선 분야 예산 현황

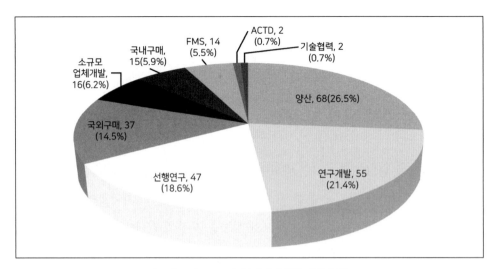

〈그림 6-2〉 2019년 무기체계 획득사업 현황

2016년 30.0% 수준을 회복하였고, 2019년은 32.9%이다.[1]

합참에서 무기체계 소요를 결정되면 방사청에서 선행연구를 통해 사업추진방안을 검토하고 사업추진기본전략을 수립하여 사업추진방안을 결정하고 사업을 추진한다. 정부에서는 가능한 연구개발로 추진하고자 노력하고 있는데, 2019년 무기체계 획득사업 총 256개 중 기술협력을 포함한 연구개발 75개 사업(29.0%), 양산 68개 사업(26.5%), FMS를 포함한 구매사업 66개(22.9%), 선행연구 47개 사업(18.6%)의 점유율을 보이고 있다.

2. 탐색개발

1) 탐색개발 개념

탐색개발이란 무기체계의 핵심부분에 대한 기술을 개발(기술 검증을 위한 시제품 제작을 포함)하고, 기술의 완성도 및 적용 가능성을 확인하여 체계개발단계로 진행할 수 있는지

---

1   방위사업청, 2019년도 방위사업 통계연보, 2019.

를 판단하는 단계이다.

탐색개발의 주요 수행내역은 대상무기체계에 대한 핵심기술 개발 및 기술입증(M&S, 시제품 제작 시험), 체계개발의 적기 수행을 위해 선행되어야 하는 장기발주 품목 또는 부체계 핵심기술 개발 품목에 대한 발주 또는 개발 착수, 체계요구조건검토(SRR: System Requirement Review), 기술성숙도평가(TRA: Technology Readiness Assessment),[2] 운용성확인, 작전 운용성능결정, 진화적 연구개발전략 수립, 체계개발일정과 소요비용 산출, 예비 시험평가기본계획서(Pre-TEMP) 작성, 그리고 기술성숙도평가(TRA), 제조성숙도평가(MRA: Manufacturing Readiness Assessment)[3] 결과 체계개발단계 진입 여부 결정 등이다.

2) 탐색개발 수행절차

탐색개발은 탐색개발기본계획서 작성에서부터 탐색개발 결과보고 작성 및 후속 조치까지 수행한다.

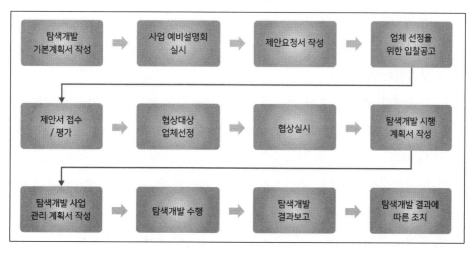

〈그림 6-3〉 탐색개발 수행절차

---

2 연구개발을 위한 국내 기술수준을 판단하고 기술적 위험을 사전 식별하여 대안 수립 등 위험을 관리하는 목적으로 무기체계에 적용되는 핵심기술요소(CTE: Critical Technology Elements)들이 어느 정도로 성숙되어 있는지를 정량적으로 평가하는 공식적인 프로세스를 말한다.

3 연구개발단계에서 미성숙된 제조성으로 인한 사업상의 일정지연, 비용상승, 품질저하를 방지하기 위하여 획득 단계 전환 시 제조성의 성숙도를 확인하는 평가를 의미한다.

(1) 사업팀은 탐색개발 기본계획시 작성 후 분과위 심의를 거쳐서 제안요청서를 작성한 후 제안요청서 공고, 업체제안서 접수 및 평가 실시

(2) 업체 선정(분과위 심의) 후 탐색개발실행계획서를 작성하고 예산을 배정받아 탐색개발을 수행

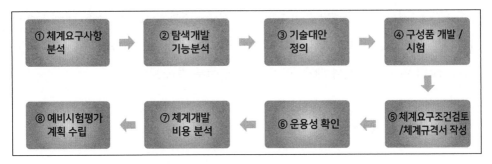

〈그림 6-4〉 탐색개발 수행 간 세부 절차

① 체계 요구사항 분석: 소요군이 요구한 요구성능이 제대로 반영되었는지 여부를 확인하고, 필요시 요구성능을 구체화

② 탐색개발기능 분석: 체계 요구사항을 하부수준의 기능 요구사항으로 분해 및 분석하는 과정

③ 기술대안 정의: 필요한 기술에 대한 기술수준을 평가한 후 기술적 위험이 높은 핵심기술을 식별하고, 이에 대한 기술확보 대안(구매, 기술도입, 제작 등)을 제시하는 과정

④ 구성품 개발 및 시험: 구성품을 구매 및 개발한 후 구성품 시험계획에 의거 시험을 실시하는 과정

⑤ 체계 요구조건 검토(SRR: System Requirement Review) 및 체계규격서 작성

　　㉠ 체계요구조건 검토(SRR): 설정된 체계 요구조건이 작전 운용성능 및 요구 사항 만족여부, 체계개발로 진입 가능한지 여부 판단

　　㉡ 체계규격서 작성: 체계요구조건 검토결과를 규격에 반영하여 작성

⑥ 운용성 확인

⑦ 체계개발 비용분석: 탐색개발 결과를 종합하여 체계개발 비용분석

⑧ 예비 시험평가기본계획(Pre-TEMP) 수립: 연구개발주관기관은 작성된 체계 규격서를 기초로 예비시험평가 기본계획 수립

(3) 탐색개발이 완료된 경우 연구개발주관기관은 탐색개발결과 보고서를 작성하여 사업팀으로 제출

(4) 사업팀은 탐색개발결과를 합참 및 소요군으로 통보하여 중기소요 전환 시 작전 운용성능의 결정을 요구하고 기술적·부수적 성능안을 결정

(5) 합참은 국방부가 통보한 운용성 확인 판정결과를 방위사업청 및 소요군에 통보

3. 체계개발

1) 체계개발 개념

체계개발은 무기체계를 설계하고 그에 따른 시제품을 생산하여 시험평가를 거쳐 양산에 필요한 국방규격을 완성하는 단계이다.

체계개발의 주요 수행내역은 중기소요로 결정된 무기체계의 ROC를 만족하는 무기체계를 설계, 시제품 제작·시험평가를 통해 개발하는 단계로, 제조성숙도 평가를 수행하며, 체계개발 결과를 양산단계로의 진입 여부 결정 시 반영하고, SRR(System Requirements Review), SFR(System Functional Review), PDR(Preliminary Design Review), CDR(Critical Design Review), TRR(Test Readiness Review), DT&E, OT&E, 물리적 형상을 확인한다. 이 과정에서 PDR, CDR 등 수행 시 소요군, 국과연, 기품원 및 민간연구소 등의 전문인력이 참여하며, 기품원은 품질 자료를 수집하고 양산 관점의 품질의견을 제시한다.

2) 체계개발 수행절차

선행연구 종료 이후 사업추진방법 결정 및 탐색개발단계 진입을 승인하며, 탐색개발결과 종료 이후에는 이를 확인 및 체계개발단계 진입을 승인한다. 그리고 시험평가가 완료되면 전투용 적합, 또는 부적합 판정이 되고 이후 국방 규격화 승인 후 양산 및 배치단계 진입을 승인한다.

사업진행 중 주요 이벤트 중 기본설계검토(PDR: Preliminary Design Review)는 상세설계 진입여부를 결정하고, 상세설계검토(CDR: Critical Design Review)는 시제품 제작여부를 결정한다. 필요한 경우에는 초도생산 승인을 위한 잠정 전투용 적합, 부적합 판정을 하며, 초도생산(LRIP: Low Rate Initial Production)의 선착수가 필요한 경우 체계개발단계와 중첩하여 수행 가능하다.

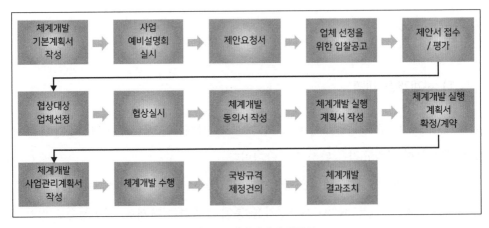

〈그림 6-5〉 체계개발 수행절차

제2절 탐색개발 및 체계개발 기본계획 수립

1. 탐색개발기본계획 수립

(1) **작성시기**: 사업추진기본전략 수립 이후

(2) **작성중심**: 소요결정문서, 선행연구결과 및 사업추진기본전략을 기초로 작성

(3) 작성 시 포함사항

- 사업추진 방법
  - 사업 투자형태(정부투자를 우선 고려), 연구개발주관기관
  - 연구개발 일정 및 소요예산

- 연구개발사업을 관리하는 통합사업관리팀의 구성 및 운영계획
  - 업체 선정기준 방법 및 계획(평가항목, 기준, 평가절차, 평가일정, 계약방법 등)
  - 탐색개발단계 M&S 활용계획(필요시)
  - 운용성 및 체계특성, 연동성 및 정보교환, 주파수, 정보보호, 표준 및 아키텍처 등을 포함한 상호 운용성 확보 계획
  - 성과기반군수지원 적용방안, 시제품 관리 계획(필요시)
  - 기술성숙도 및 제조성숙도 평가계획(평가일정, 평가절차, 핵심기술요소, 목표수준 등)

---

(4) 관련기관 검토요청

① 요청시기: 탐색개발기본계획(안)의 작성 초기부터 위원회 상정 전

② 검토부서: 기획조정관실, 국방기술보호국, 방위사업정책국, 방위산업진흥국, 기획조정관, 사업본부 등

(5) 위원회 상정 및 절차

① 안전상정(20일 전/공문 의거) → ② 선행보고 → ③ 상정안건 통보 → ④ 위원회 실시 전 각종 행정업무준비(1일 전) → ⑤ 위원회 실시(당일) → ⑥ 위원회 종료 후 후속조치(일주일 내)

탐색개발기본계획에 대한 위원회를 실시하기 전에 각 위원들에게 선행보고를 실시하는데, 선행보고를 통해 상정안건에 대한 문제점을 사전 식별 및 보완 등 가능

(6) 제안요청서 작성 ~ 탐색개발 수행

① 탐색개발 내용
  ㉠ 무기체계에 대한 체계운용개념과 기술수준 확정(M&S, 시제품 제작, 시험)
    - 체계운용개념: 주 구성장비의 개략적인 성능, 장비간의 연동, 타 체계와의 연동 확인(개략적인 체계구성, M&S 방법 이용)
  ㉡ 계량화된 방법을 사용하여 체계개발에 사용될 기술성숙도(TRA)와 제조 성숙도는 목표성숙도 수준(Level 6)을 달성해야 함
  ㉢ 무기체계의 운용개념, 체계구성, 기술성숙도를 확인하며, 이 경우 기술검토 결과가 타당하면 운용성 확인과 병행할 수 있음

② 탐색개발 결과보고
  ㉠ 연구개발주관기관이 탐색개발결과보고서를 작성 사업팀장에게 제출
    - 탐색개발 결과보고서 포함사항
      • 연구개발 개요
      • 연구개발 결과
      • 탐색개발 주요시범 결과
      • 작전운용성능에 대한 분석결과
      • 체계개발 개략 계획
      • 상호운용성 확보계획

- 전력화지원요소 확보계획
- 양산단가 추정, 비용 절감방안
- 그 외 예비 기본설계기준서, 예비 설계도면, 예비 체계운용서, 예비 시험시나리오 등

  ㉡ 결재: 사업부장 전결

  ㉢ 연구개발주관기관은 예비시험평가기본계획서를 작성하고 사업팀의 검토를 거쳐 합참에 제출

③ 탐색개발결과에 따른 조치

  ㉠ 중기소요 전환 시 작전운용성능의 결정요구와 기술적, 부수적 성능 결정

  ㉡ 사업추진불가 판단, 사업추진기본전략 주요변경사항 발생 시 방추위, 분과위 상정

  ㉢ 탐색개발의 주관기관 및 시제업체가 체계개발을 수행할 필요가 있다고 판단 시 방추위, 분과위 심의 후 체계개발 계속 수행

2. 체계개발기본계획 수립

(1) **작성시기:** 사업추진기본전략 수립 이후(탐색개발 실시 시 탐색개발 종료 후)

(2) **작성중점:** 소요결정문서, 선행연구 결과 및 사업추진기본전략을 바탕으로 작성

  * 체계개발기본계획서는 무기체계에 대한 설계 및 제작을 위해 탐색개발 결과와 사업추진기보전략을 근거로 하여 작성되는 체계개발의 기본문서로서, 체계개발동의서, 체계개발실행계획서의 기초가 되는 중요한 문서임.

(3) 작성 시 포함사항

- 사업추진방법
  - 사업추진방법 변경내용
  - 사업의 투자형태(업체투자, 공동투자, 정부투자의 순으로 검토)
  - 연구개발주관기관, 연구개발일정 및 소요예산, 체계구성, 체계분야별 개발계획
- IPT 구성 및 운영계획
- 시험평가에 대한 개략적인 계획
- 기술성숙도 및 제조성숙도 평가계획(탑재체계에 한함)
- 업체선정 기준, 방법 및 계획, 체계개발단계 M&S 활용계획(필요시)
- 무기체계 상호운용성 확보계획, 업체선정 기준, 방법 및 계획
- 체계개발단계 M&S 활용계획(필요시), 무기체계 상호운용성 확보계획
- 시제품 관리계획, 전력화지원요소의 개발 및 확보방안 등

(4) 관련기관 검토요청

① 요청시기: 체계개발기본계획(안)의 작성 초기부터 위원회 상정 전

② 검토부서: 기획조정관실, 국방기술보호국, 방위사업정책국, 국제협력관, 사업본부 등

(5) 위원회 상정 및 절차

① 안전상정(20일 전/공문의거) → ② 선행보고 → ③ 상정안건 통보 → ④ 위원회 실시 전 각종 행정업무 준비(1일 전) → ⑤ 위원회 실시(당일) → ⑥ 위원회 종료 후 후속조치(일주일 내)

제3절 제안요청서 작성 및 입찰공고

1. 제안요청서 작성

제안요청서 작성시기는 사업예비설명회 이후, 입찰공고 이전인데, 이때 최근 1년 이내 유사 사업 제안요청서 작성사업 자료를 확보하여 해당 사업과 획득 유형, 투자 방법이 동일 또는 유사한 사업 자료를 참고하여 국내·국외구매, 연구개발, 기술협력 생산으로 구분하여 작성한다. 연구개발 투자주체는 업체 투자, 공동 투자, 정부 투자 별로 연구개발(탐색·체계개발)별로 체계개발기본계획서에 따라 작성한다.

제안요청서에 업체선정 평가항목 기준 및 배점 등을 제시하고, 평가배점은 사업 본부장이 결정하며, 제안요청서에 포함하여야 하는 사항은 다음과 같다.

- 사업개요
  - 무기체계 개요, 사업추진 주요일정, 체계운용 환경 및 여건, 전력화지원요소 관련사항, 시험평가 관련 사항, M&S 활용계획, 상호운용성 확보계획, 국산화가 필요한 핵심부품 기술 등
- 업체선정 기준
  - 제안서 요약, 비용 및 일정 등에 관한 개발관리계획, 재무 및 경영상태 등에 관한 업체능력, 연구개발비 등에 관한 비용평가, 투자분담률, 제안서 오류 시 검증에 관한 사항, 전력화 시기 지연업체의 제재방안 등
- 업체 제안서에 포함할 내용
  - 제안서 요약, 개발계획, 비용 및 일정관리계획, 기술관리계획, 위험관리계획, 투자계획, 재무구조, 경영 상태, 연구인력, 장비 및 시설 보유현황, 비용으로 연구개발비, 양산비, 운영유지비, 전력화지원요소 개 발계획, 협력업체 관리방안 등

제안요청서는 해당 사업부장이 주관하는 제안요청서 검토위원회에서 심의하며, 제안요청서 검토위원회의 임무는 통합사업관리팀이 작성한 제안요청서(안)에 대하여 각종 규정 및 지침의 부합여부, 민원발생 가능성, 작성내용의 충실도 등을 검토하는 자문기능을 수행한다.

검토위원회 구성은 위원장(사업부장)을 포함한 13인 내외의 위원으로 구성되며, 세

부 운영절차 및 내용은 제13장 업체선정 평가에서 참고할 수 있다. 위원회 이후에 제안요청서 검토위원회결과를 사업본부장에게 보고하여 승인 절차를 거친다.

2. 입찰공고

입찰공고 내용은 입찰에 부치는 사항 및 입찰 또는 개찰의 장소와 일시, 협상에 의한 계약체결의 경우로서 제안요청서에 대한 설명을 실시하는 경우에는 그 장소, 일시 및 참가의무 여부에 관한 사항 및 입찰참가자의 자격에 관한 사항, 입찰참가 등록 및 입찰관련 서류에 관한 사항, 입찰보증금과 국고귀속에 관한 사항 및 낙찰자 결정 방법, 계약의 착수일 및 완료일, 계약하고자 하는 조건을 공시하는 장소, 입찰무효에 관한 사항 및 입찰에 관한 서류의 열람, 교부장소 및 교부 비용 추가 정보를 입수할 수 있는 기관의 주소 등이다.

공고방법은 국방전자조달시스템을 통하여 실시하며, 방위사업청 홈페이지에 병행하여 공고가 가능하다. 공고기간은 제안서 제출 마감일(입찰일)의 전일부터 기산하여 40일 전에 공고하여야 한다. 하지만 긴급을 요하는 경우, 추정가격이 고시 금액 미만인 경우, 재공고입찰의 경우에는 제안서 제출마감일의 전일부터 기산하여 10일 전까지 공고가 가능하며, 정상공고 이후 입찰참가자가 1개 업체 이하로 유찰될 경우 재공고 기간은 10일 이상 공고를 실시한다. 재공고 이후에도 1개 업체만 입찰 시 수의계약 추진이 가능하다.

제안요청서에 대한 사업설명회를 실시하는 경우에는 설명회 일시, 장소, 참석방법 등을 입찰공고에 명시하고, 사업설명회에 참가한 자에 한하여 입찰에 참가하게 할 수 있다.

제4절 제안서 평가 및 협상

1. 제안서 접수 및 평가

제안서평가는 기술능력평가 분야, 비용평가 분야를 구분하여 평가하고, 제안서 평가팀은 10명 내외로 구성되며, 위원은 2배수 이상이 추천되어 평가위원이 선정된다. 제안서를 접수 후 현장실사를 통상 하게 되는데, 이때 사업팀장은 현장실사반을 구성하고, 정량적 평가가 가능한 현장실사 목록을 작성하여 현장실사를 하고 그 결과를 제안서 평가팀에 제공한다. 만일 현장실사결과 제안서 내용과 불일치할 경우 낮은 수준으로 평가하고 성능, 사양, 기술력 등 사업에 미치는 영향에 따라 평가항목 배점에서 감점한다.

2. 협상실시

1) 협상팀 구성

사업팀장이 협상계획에 따라 협상팀을 구성하고, 계약부서를 포함한 협상 주관부서의 담당자를 초기부터 협상팀에 참여시켜 협상이 효율적으로 수행되도록 협의하여 계획을 수립한다. 협상팀장은 사업팀장으로부터 기술 및 조건협상에 관한 지침을 받아 협상을 수행하며, 기술 및 조건 협상이 완료되면 계약팀에 가격협상을 의뢰한다. 사업팀장은 방위사업청, 소요군, 국과연, 기품원 및 민간전문가 등을 포함한 협상팀을 구성하여 협상을 실시하며, 협상팀장은 통상 사업팀장이 수행한다.

2) 협상절차

(1) 협상 목록 작성

① 해당 사업팀장은 효율적 협상을 위하여 합참, 소요군, 방위사업청, 국과연 등의 전문가로부터 의견을 받아 협상목록을 작성하여 협상팀에 제공
② 협상목록을 작성할 때에는 기술협상, 조건협상 및 가격협상으로 구분
③ 가격협상 목록을 작성할 때에는 평가기준가 이하로서 업체가 제안한 가격을 근거로 작성하며, 업체 제안가가 평가기준가를 초과할 경우에는 평가기준가를 근거로 함

(2) 기술 및 조건협상

① 협상팀장은 최우선 협상대상업체와 협상을 실시하며, 최우선 협상 대상업체와의 협상이 결렬되었을 경우, 차순위의 협상대상업체와 협상을 실시하고, 협상결과를 사업팀장에게 통보
② 만약 업체 제안가격이 평가기준가를 초과할 경우에는 업체와의 계약가격이 평가기준가 이하가 되도록 가격협상을 실시하며, 업체가 제안한 내용을 가감하는 경우에는 그 가감되는 내용에 상당하는 금액을 평가 기준가 범위 내에서 조정할 수 있음

(3) 가격 협상: 가격협상은 계약팀에서 주관하여 실시하며 목표가 이내로 협상을 추진하되, 목표가 초과 시에는 수용 여부를 위원회를 개최하여 결정

제5절 체계개발동의서/체계개발실행계획서/계약

1. 체계개발동의서(LOA) 작성

체계개발동의서(LOA: Letter of Agreement)는 무기체계 체계개발 착수 시 연구개발을 관리하는 기관이 개발할 무기체계의 운영개념, 요구성능, 소요시기, 기술적 접근방법, 개발 일정계획, 전력화지원요소 등에 대하여 소요군의 동의를 받는 문서로, 작성목적은 무기체계의 구성, 구성품의 성능, 전력화지원요소의 개발, 개략적인 시험평가 계획 등을 명확히 하기 위한 것이다.

구성 및 주요 포함내용은 체계개발 개요로 필요성, 운영개념, ROC, 전력화시기, 소요량이며, 체계개발 개념으로 체계설계 개념, 전력화지원요소 개발계획 등, 시험평가 개념으로 ROC 검증방법, 주요 시험계획 등이다. 공동서명자는 방위사업청, 연구개발 주관기관(업체 또는 국과연), 소요군이다.

체계개발동의서는 사업팀장(사업담당자)이 작성하며, 연구개발주관기관 및 방산기술지원센터로부터 작성 지원을 받을 수 있고, 사업팀장은 개발 중인 무기체계에 대한 구성, 구성품의 성능, 전력화 지원요소 개발, 개략적인 시험평가 계획 등을 명확히 하기 위하여 체계개발동의서를 작성하고 체계개발동의서 확정 3주 전까지 소요군에 통보한다. 이때 소요군, 기품원, 국과연 방산기술지원센터 등 관련기관의 검토를 받아야 한다.

LOA 작성 간 고려사항은 작전요구성능 구현을 위한 달성조건, 시험방법, 종합군수지원, 전투발전지원요소 등 누락요소 확인 및 추가반영이 필요한 사항 식별 등이다.

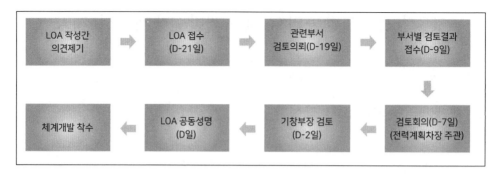

<그림 6-6> LOA 작성 업무추진 일정(안)

2. 체계개발실행계획서 작성

　　체계개발실행계획서란 방위사업관리규정에 따라 사업추진기본전략, 탐색개발
결과, 체계개발 기본계획서 및 체계개발 동의서 등을 근거로 미래 기술수준 예측과
신규 무기체계 장착운영을 위한 진화적 개발전략, 사업의 제약조건(기간, 비용 등), 부품의
단종 및 향후 성능개량계획 등을 고려하여 연구개발 주관기관이 작성하는 문서다. 작
성된 체계개발실행계획서를 사업본부장의 결재를 거쳐 확정하되 사안의 중요도에 따
라 필요한 경우 분과위원회의 심의를 거쳐 확정한다.

　　체계개발실행계획서 작성 근거문서는 탐색개발결과, 사업추진기본전략, 체계개
발계획서, 체계개발동의서 등이며, 포함내용은 ① 연구개발 개요 ② 연구개발 계획
③ 작전운용성능, 소요시기, 소요량 ④ 체계설계개념 ⑤ 업무분할구조 ⑥ 주요 하드
웨어 및 소프트웨어 개발계획 ⑦ 전력화지원요소 개발계획 ⑧ M&S 활용계획 ⑨ 상호
운용성 확보 계획 ⑩ 체계통합 및 시제품제작 계획 ⑪ 기술성숙도 및 제조성숙도 평
가계획 ⑫ 시험평가 계획 ⑬ 세부 구성품별 연구개발 관련부서, 업체 및 위탁연구기
관과의 임무 분담, 업무협조사항 및 절차의 구체화 ⑭ 부품단종을 고려한 국산화 추
진방안 및 연차별 추진 계획 ⑮ 개략적인 해외출장계획 ⑯ 위탁연구 계획 ⑰ 기술관
리계획 ⑱ 품질보증 계획 ⑲ 인력운영계획(전력화평가 결과 후속조치를 위한 연구인력유지계획 포함)
⑳ 성과관리체계 적용계획(대상사업에 한함) ㉑ 연차별, 항목별 세부내용이 명시된 총 소

요예산 ㉒ 계획 대 진도 분석표 ㉓ 개발기술의 민수기술 파급효과 ㉔ 규격화 계획 ㉕ 그 밖에 비용분석서이다.

연구개발주관기관이 작성한 체계개발실행계획서(안)에 대하여 사업팀 및 관련기관(부서)의 검토의견 수렴하며, 국과연 주관 연구개발사업의 경우에는 국과연으로 하여금 시제업체의 시제생산 계획을 첨부한 체계개발실행계획서를 작성하여 제출하도록 한다. 이때 관련기관(부서)은 소요군, 합참, 기품원, 국과연, 방산기술지원센터, 종합군수지원개발팀, 법률소송담당관 등이다.

3. 계약

사업팀장은 업체주관 연구개발사업에 대하여 계약팀에 조달을 요구하며, 이때 조달요구서 작성 시 제출 서류는 체계개발실행계획서, LOA, 납품목록, 계약특수조건, 협상결과 등이며, 계약팀장은 체계개발 관련서류 확인 및 조달판단 후 계약을 체결하며, 국과연 주관사업은 국과연에서 시제 업체와 계약을 체결한다.

제6절 사업착수 및 관리

1. 사업착수회의 및 관리회의

사업착수회의는 통상적으로 체계개발 계약체결 후 1개월 이내 실시하며, 참석대상은 사업팀, 합참, 소요군, 국과연, 기품원, 연구개발주관기관 등 관련기관(부서)이며, 주요 안건은 체계개발 추진계획, 사업관리계획, 계약목적문건 작성계획, 위탁연구계획, 의사소통계획, 사업수행 간 협조 및 지원사항 등이다. 사업착수회의 주관은 사업팀장이 실시하나, 사업의 특성을 고려 사업 부장이 주관할 수도 있다.

사업관리회의는 월 1회 정도 추진하며, 참석대상은 사업팀, 소요군, 기품원, 방산기술지원센터, 연구개발주관기관 등 관련기관(부서)이며, 주요안건은 사업진행현황 및 추진계획, 주요 현안, 설계방안, 협조 및 건의사항 등이다.

2. 체계요구조건 검토회의(SRR)

SRR은 무기체계에 대한 사용자 요구사항이 개발을 위한 기술적 요구사항으로서 잘 정의되었는지 여부를 확인하기 위해 수행하며, 구체적으로는 탐색개발 후 체계개발 단계로 진입할 수 있는지와 운용요구서의 사용자 및 체계수준 요구사항과 성능 요구사항이 정의되었는지와 비용, 일정, 위험 및 기타 제약조건과 일관성이 있는지를 확인하기 위해 수행한다. 특히 체계규격과 체계개발 단계의 기술적 위험을 이해하고, 이를 통제하기 위한 방안을 계획하는 데 목적이 있다.

수행시기는 체계 요구조건에 대한 이해가 완료되고 요구조건 분석과 설계 활동 지원을 하는 시점에 수행하는 것을 원칙으로 하며, 탐색개발을 통해 검증된 핵심기술 및 구성품 개발 결과를 무기체계 요구사항에 반영해야 하고, 탐색개발을 수행하지 않고 체계개발을 수행하는 사업의 경우에는 체계개발 초기에 수행한다.

검토 중점은 운용요구서 등의 사용자 요구문서에 포함된 요구사항이 기술적 요구사항으로 전환되었는지 여부와 요구사항별 추적성을 갖추고 있는지를 점검하고, 부체계에 적절히 할당되었는지와 기술적 요구사항이 성숙된 기술적 접근방법으로 달성 가능한 것인지를 확인한다. 탐색개발 단계에서 확인된 기술적 접근방법과의 일관성을 검토하며, 요구사항을 충족하기 위한 비용, 일정 등 투입자원이 적절하게 식별되었는지를 점검한다.

3. 체계기능 검토회의(SFR)

SFR은 사용자 요구사항 및 체계 요구사항이 무기체계의 기능으로 명확하게 정의되었는지를 확인하고, 작전운용성능, 운용요구서 등에 정의된 체계 및 성능 요구사항이 비용, 일정, 위험 및 기타 체계 제약조건에 부합하는지를 검토하고, 체계의 기본설계를 진행할 수 있는지를 보증하기 위해 수행한다.

수행시기는 기술적인 설계 업무를 시작하기 전에 체계의 신뢰성과 실현 가능성을 입증하기 위해 체계개발 단계 초기 기본설계 전에 수행하고, 체계의 기능을 정의하며, 정의된 기능에 대한 문서화가 완료된 이후 수행한다.

검토 중점은 정의된 무기체계 기능이 사용자 및 체계요구사항의 충족 여부를 점검하고, 요구사항 및 기능 간 일관된 추적성을 확보하였는지, 구성품 수준까지 기능이 충분히 분해되었는지, 기본설계가 가능한 수준으로 기능이 식별되고 정의되었는지, 요구사항 및 기능에 대한 검증 방법이 적절한지를 확인한다.

4. 기본설계 검토회의(PDR)

PDR은 해당 체계가 상세설계 단계로 진입할 수 있는지와 비용, 일정, 위험 및 체게 제약사항들 범위 내에서 *성능 요구사항*을 만족힐 수 있는지를 확인하기 위해 수행하며, 체계 내에서 형상항목을 위한 성능규격(할당기준선)들이 포함된 상태로 체계 기본설계를 분석하고, 기능적 요구사항(기능 기준선)으로 설정된 기능들이 하나 이상의 체계 형상 항목에 할당되었는지와 각 형상 항목의 성능 체계를 확정한다.

수행시기는 하드웨어와 소프트웨어의 기본설계가 완료된 후, 기본설계의 완전성 여부와 상세설계 및 시험절차 개발을 시작할 준비가 되었는지 결정할 필요가 있을 때 실시한다. 체계 복잡도가 높은 경우에는 체계에 대한 기본설계 검토 이전에 부체계에 대한 기본 설계검토를 먼저 수행할 수 있으며, 부체계 수준의 기본설계검토를 수행한 경우에는 설계 내용이 사용자 및 체계 요구사항을 충족하였는지 점검하는 데 중점을 두어야 한다.

검토 중점은 체계 및 하부체계의 요구사항이 해당 형상항목 또는 세부 계통에 할당되었는지, 요구사항, 기능, 각 형상항목의 규격, 시험평가 방법 간 추적성 및 일관성 여부, 형상항목의 성능 요구사항 및 기능이 구성품 수준의 설계를 수행할 수 있을 정도로 충분히 분해되었는지와 설계내용에 대한 검증방법이 적절한지를 확인한다.

5. 상세설계 검토회의(CDR)

CDR은 체계 및 구성품에 대한 시제제작 및 구현을 착수할 준비가 되어 있는지를 확인하기 위한 것으로 각 형상 항목에 대한 기준선을 분석하고, 설계내용을 검토하기 위해 수행한다. 또한 시제제작에 착수하기 전 상세설계 내용이 정확한지, 문서화가 제대로 되어 있는지를 검증하고, 하드웨어 및 소프트웨어 형사항목 평가를 위해 수행한다.

수행시기는 체계 및 구성품의 상세설계(요구사항, 기능 모델링, 형상 모델링 및 제작도면 등)가 완료되고 M&S를 통하여 성능 예측을 수행한 후 시제제작 전에 수행하며, 컴퓨터 소프트웨어 형상항목에 대해서는 최종 코딩 및 시험착수 전에 실시한다. 복합 무기체계를 개발하는 경우 체계에 대한 상세설계검토 전에 부체계에 대한 상세 설계검토를 먼저 수행하여 부체계 상세설계내용에 대한 검증을 수행할 수 있으며, 체계수준의 상세설계검토 시점에서는 설계내용이 사용자 및 체계 요구사항을 충족하는지, 부체계 간의 연동은 적절한지를 점검한다.

검토 중점은 제품 기준선을 평가하기 위해 체계 설계문서(품목별 개발 규격서, 소재 및 공정 규격서를 포함)가 시제제작을 시작하기에 충분한지를 확인하고, CDR은 체계의 상세설계 요구사항뿐만 아니라 형상항목 수준의 요구사항이 각 구성품에 할당되고 각 구성품이 제작 가능하도록 설계되었는지를 확인하며, 각 구성품의 기능적 물리적 인터페이스 설계에 초점을 맞추어 설계검토를 수행한다. 각 구성품이 설계대로 제작되었을 때 각 형상항목 및 체계 전체의 성능 및 기능을 충족하는지와 각 형상항목에 대한 검증방법이 요구사항을 충족할 수 있도록 계획되었는지 확인한다.

6. 시험준비상태 검토회의(TRR)

TRR은 체계 및 주요 부체계에 대한 공식적인 시험평가를 착수할 준비가 되어있는지 확인하기 위한 것으로 시험목적, 시험방법 및 절차, 시험항목 및 기준, 시험범위 및 안전성 등을 평가하기 위해 수행하며, 시행시기는 체계통합 및 기능적인 점검이 완료된 후 공식 시험평가(개발 및 운용시험평가)를 착수하기 15일 이전에 수행한다.

검토 중점은 시험평가 목적과 방법, 절차, 범위, 안정성 등을 검토하고, 시험평가에 소요되는 다양한 자원들의 식별과 지원 가능 여부와 시험계획안을 토대로 최초 사용자 요구사항의 추적성, 시험절차의 완전성, 시험계획의 적절성 등을 확인한다. 또한 검토 대상 체계의 개발 성숙도, 비용 대 일정의 효용성, 시험평가 단계로 진행할 만큼의 위험요소 감소여부 등에 대한 판단과 시험평가 항목이 사용자 및 체계 요구사항을 충족할 수 있는 내용으로 구성되어 있는지 여부와 체계 및 부체계에 대한 사전 시험결과와 M&S 결과를 기반으로 성능목표 달성이 가능한 것인지 등을 확인한다.

7. 종합군수지원 실무조정회의(ILS-MT[4])

종합군수지원요소의 효과적인 개발 및 획득, 관리를 위하여 방위사업청, 소요군, 국과연, 기품원, 업체 등 종합군수지원 업무수행기관은 협조체계를 유지하고 사업주관부서에서 이를 조정, 통제한다. 종합군수지원 실무조정회의(ILS-MT)는 종합군수지원 업무 수행기관이 무기체계 획득업무 수행 중에 종합군수지원업무의 체계적인 관리와 신속한 업무처리를 위해 운용한다.

구성은 사업팀, 종합군수지원개발팀, 방산기술지원센터, 목록, 규격부서, 각 군 본부, 군수사, 정비창 및 운용부대, 국방과학연구소, 국방기술품질원, 개발업체 등이다.

운용시기는 군수지원분석을 위한 야전운용제원 및 입력제원 작성, 국외도입 무기체계의 제안요구서 작성, 시험평가 계획 작성, 연구개발사업의 군수지원분석 결과, 군수제원 점검 및 확정 시 운용한다.

임무는 종합군수지원 요소 개발범위 및 개발 여부 결정 및 관리, 종합군수지원 요소 개발 및 사업추진 단계별 관련 분야 의견 수렴, 주장비 개발과 종합된 종합군수지원 요소 반영 및 협조, 체계개발동의서, ILS-P, 군수지원분석계획서 검토 및 확정, 군수지원분석 입력제원 작성 및 검토, 구매 무기체계, 장비의 종합군수지원 획득소요 식별, 검토 및 확정, 동시조달수리부속 소요 산정 결과 확정, 기타 종합군수지원 업무 협조, 조정, 통제 등이다.

8. 군수제원점검(LDC: Logistics Data Check) 회의

연구개발주관기관에 의해 작성된 체계 분석자료 및 군수지원분석 자료에 대해서 유관기관(방위사업청, 소요군, 국방기술품질원, 개발기관 등)이 참석하여 실시하는 제원점검 회의로 군수지원분석 자료 및 지원성 관련사항이 포함되며, 군수제원을 환류하여 개발에 반영한다.

---

4 Integrated Logistics Support-Management Team

구성은 사업팀, 종합군수지원개발팀, 방산기술지원센터, 각 군 본부, 작전사, 군수사, 정비창 및 운용부대, 국방과학연구소, 국방기술품질원, 개발업체 등이다.

운용시기는 군수지원분석 및 체계설계 완료 시이며, 회의 최소 4주 전까지 관련기관에 회의 자료를 사전에 배포하여 유관기관의 검토시간을 보장한다.

검토사항은 공정간 검토 자료 및 군수제원자료 검토, 램(RAM) 및 군수지원분석 결과 검토 및 일치성 확인 및 입증, 근원정비복구성부호, 정비업무부호 부여의 적절성, 계획정비 비계획정비에 대한 정비인시 산정의 적절성, 저(低)신뢰도 구성품의 고장유형 영향 및 치명도 분석 결과의 적절성, 특수공구 및 시험장비의 적용성 및 적합성, 표준화 및 호환성의 설계반영 확인, 고장유형영향 및 치명도 분석, 기타 종합군수지원 요소 개발 관련 추가 소요 반영 및 의견 개진 등이다.

후속조치는 개발기관(국과연, 업체)은 LDC 회의 후 결과를 반영, 수정보완을 실시하고 시험평가 시 확인한다(방위사업청·국방부 훈령(2020)·사업관리지식창고(2016) 등 참조).

〉〉 생각해 볼 문제

1. 연구개발 성공 및 실패 사례를 분석하고 시사점을 도출하시오.
2. 성실실패 제도는 무엇이며 연구개발 발전에 도움이 될 것인가?
3. 국방연구개발 시스템 분석 및 활성화 방안은?
4. 국과연 주관 및 업체주관 연구개발의 장단점 및 발전방안은?

제7장

무기체계 구매

오는 17일 F-35A 전력화 행사 실시한다!

우리 공군의 최신예 스텔스 전투기 F-35A 전력화 행사가 공군참모총장 주관으로 오는 17일 개최된다.

공군 관계자는 10일 국방부 정례브리핑에서 "전력화 행사는 이달 중 실시할 예정"이라며 "홍보 계획을 포함해 세부 계획을 수립 중"이라고 말했다. F-35A는 지난 3월 미국으로부터 2대를 인도받은 것을 시작으로 올해 모두 13대가 들어온다.

이후 내년에는 13대, 내후년에는 14대를 추가로 들여와 2021년까지 총 40대를 보유할 예정이다. 여기에는 모두 7조 4,000억 원의 예산이 투입된다.

F-35A는 최대 속력 마하 1.8, 전투행동반경 1,093km로, 공대공미사일과 합동직격탄(JDAM), 소구경 정밀유도폭탄(SDB) 등으로 무장한다.

F-35A는 은밀히 침투해 적 주요시설 지도부를 타격할 수 있는 전력이며, 북한은 그간 우리 군의 F-35A 도입을 노골적으로 비난하며 민감하게 반응해왔다. 이에 북한의 강한 반발이 예상된다.

다만 이달 중 미국으로부터 도입 예정인 고고도 무인정찰기(HUAS) 글로벌 호크는 도입 이후에도 일반에 공개되지 않는다.

공군 관계자는 이날 "글로벌 호크는 전략적인 중요성을 가진 정찰 자산"이라며 "따로 공개할 계획은 갖고 있지 않다"고 밝혔다. 공군은 내년 5월까지 글로벌 호크 4대를 들여올 계획이다.

파이낸셜뉴스, 2019.12.10

제1절 일반사항

1. 개요

구매사업은 구매형태에 따라 국내구매, 국외구매, 임차로 구분하며, 국외구매는 도입 시기를 기준으로 외국에서 개발·생산된 무기체계를 완제품 형태로 구매하는 것으로 계약당사자에 따라 상업구매 또는 대정부간구매(FMS: Foreign Military Sale)[1]로 구분한다.

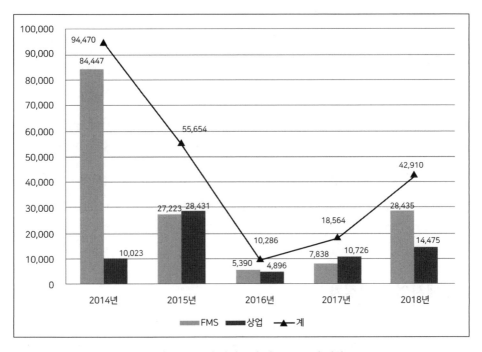

〈그림 7-1〉 국외 상업구매 및 FMS 구매 현황

---

1 '대외군사판매'를 뜻하는 말로 미국의 동맹국들이 무기를 구입하고자 할 때 미국 정부가 대신 구입하여 넘겨주면 동맹국은 추후에 해당 비용을 지급하는 판매방식이다. 미국 정부가 보증하는 대신 주요 제품은 지식재산권 보호차원에서 기술정보가 제공되지 않으며 장비의 분해도 금지돼 있다. FMS는 미국과의 관계에 따라 국가별로 등급을 정해 놓고, 각 그룹별로 기술 이전·무기도입절차 및 기간·품질보증비·행정처리비용 등을 차별화해 놓았으며, 판매 시에 철저하게 미국 의회의 통제를 받는다.

최근 5년간 국외구매(FMS 및 상업구매) 규모는 총 22조 1,884억 원(연평균 4조 4,377억 원)으로, 이 중 FMS 구매가 15조 3,333억 원으로 69.11%를 차지하였다. 특히, 2014년도에는 F-X, KF-16 성능개량 등 대형사업의 추진으로 구매(계약) 금액이 급증하였다.[2]

한편, 최근 5년간 국외 상업구매는 총 6조 8,548억 원(연평균 1조 3,710억 원)으로, 미국과의 계약금액(총 3조 3,153억 원)이 전체의 48.36%를 차지하였다. 국가별 주요 상업구매 계약으로 2014년 패트리어트 요격미사일 성능개량사업(미국), 2015년 공중급유기 사업(스페인) 등이 있다.

2. 구매사업 추진 원칙

국내에서 생산된 군수품을 우선적으로 구매가 원칙으로 국내에서 생산된 군수품을 구매할 때에는 국내에서 개발 중이거나 개발된 무기체계를 일부 개조하여 구매할 수 있다. 요구조건을 충족하는 국내 생산품이 없는 경우 등 국내구매가 곤란한 경우에는 국외에서 생산된 군수품을 구매할 수 있으며, 국외에서 생산된 군수품을 구매할 때에는 외국에서 운용 중이거나 개발 중인 무기체계를 일부 개조하여 구매할 수 있다. 국내구매 또는 국외구매에 소요되는 비용보다 경제적이거나 전력화 시기의 충족을 위하여 임차도 가능하며, 이때 절차는 구매사업 절차를 준용한다.

3. 구매사업 추진절차

구매사업 추진절차는 일반적으로 협상에 의한 계약절차를 따르며, 이미 전력화가 완료되어 편제장비 보강사업으로 추진되는 경우에는 2단계 경쟁계약으로 사업을 추진한다. 협상에 의한 계약은 다수의 공급자가 제출한 제안서를 평가한 후 국가에 가장 유리하다고 인정된 자와 계약하는 제도이며, 2단계 경쟁계약은 규격 또는 기술입찰을

---

2 방위사업청, 2019년도 방위사업 통계연보, 2019.

우선 실시하고 적격자로 확정된 자에 한하여 가격입찰에 참가토록 하는 제도이다.

협상에 의한 계약의 경우에 사업팀은 입찰공고 업무를 주관하고, 제안요청서 및 제안서 평가기준을 작성하며, 사업설명회 주관, 제안요청서 교부 및 제안서 접수, 제안서 평가주관, 제안서평가결과 업체 통보, 대상장비 선정, 계약팀과 협의하여 원가부서에 원가산정 또는 가격자료 확보 의뢰, 계약특수조건 추가사항을 포함한 계약체결 의뢰, 계약이행관리에 필요한 기술적 사항 관리 및 계약이행완료 최종확인, 기종결정을 위한 위원회 상정 등 실질적인 대부분의 업무를 수행한다. 계약부서는 입찰공고 검토 및 관리, 입찰등록 관리, 사업설명회 지원, 제안서 평가 참여, 필요한 경우 사업팀의 요청에 의한 원가계산업무, 계약체결, 계약이행관리 업무를 수행한다.

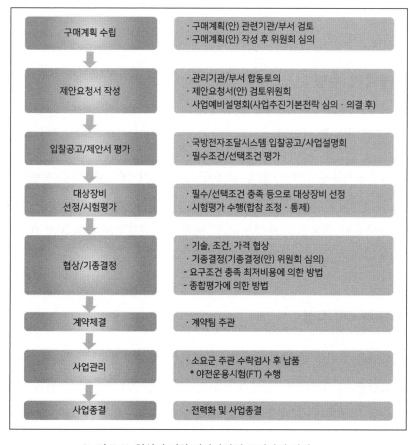

〈그림 7-2〉 협상에 의한 계약방식의 구매사업 절차

2단계 경쟁입찰 방식에 의한 계약의 경우에 사업팀은 사업설명회 주관, 제안서 기술 및 규격입찰 주관, 절충교역 협상지원, 계약특수조건 추가사항을 포함한 계약체결 의뢰, 계약이행관리에 필요한 기술적 사항 관리, 계약이행완료 최종확인 업무를 수행한다. 계약부서는 원가산정 및 예정가격기초자료 산출, 입찰공고, 사업설명회 지원, 예정가격 또는 목표가 결정, 목표가격 심사, 입찰등록업무, 기술 및 규격평가자료 접수, 가격입찰실시, 입찰결과 업체통보, 계약체결, 계약이행관리 업무를 수행한다.

제2절 구매계획 및 제안요청서 작성

1. 구매계획 수립

1) 구매계획 작성절차

사업추진기본전략서 및 합참, 소요군 등 관련기관의 검토의견을 반영하여 구매계획(안)을 작성하고, 방위사업추진위원회 운영규정이 정하는 기준에 따라 위원회 또는 분과위원회의 심의를 거쳐 확정한다. 국지도발 긴급전력 등은 청장 또는 사업본부장의 결재를 받아 확정 가능하다.

2) 구매계획 작성

사업팀은 기획조정관실, 재정정보화기획관실, 국방기술보호국, 방위사업정책국, 방위산업진흥국, 사업본부, 방산기술센터, 합참 및 소요 의 검토의견을 반영하여 구매계획(안)을 작성한다. 구매계획(안)은 심의를 거쳐 결정되는데, 총사업비 3,000억 원 이상 구매사업은 방위사업추진위원회의 심의를, 총사업비 3,000억 원 미만 구매사업은 분과위의 심의를 거친다.

구매계획(안) 작성 시 포함해야 하는 사항은 다음과 같다.[3]

- 획득배경 및 목표
  - 운용개념
  - 공급 가능업체 파악 및 공급을 제한하는 요소에 대한 분석 등 획득여건
  - 대상장비 선정 및 평가를 위한 필수조건 및 선택조건 구분
  - 비용절감요소 식별, 획득일정 등
  - 산업육성정책, 획득 비용분석, 전력화 일정
  - 성능과 비용의 상호조화 가능성
  - 대상장비 설명, 위험 요소
- 제안요청서에 포함할 주요사항, 시험평가팀 구성 등 시험평가에 관한 사항
- 협상팀 구성 여부 등 개략적인 협상계획에 관한 사항
- 구매하고자 하는 무기체계의 선정 · 기종결정 원칙
- 경쟁촉진/공정성 확보방안, 기종결정 절차, 계약업체 선정방법, 재원확보, 장비별 인도 우선순위/인도방법
- 절충교역 추진전략에 관한 사항, 상호운용성 확보계획
- 민간전문가의 협상참여 여부, 분석평가 결과의 활용 등

---

2. 제안요청서 작성

1) 작성원칙 및 역할

제안요청서에 구매계획서의 내용을 누락 없이 정확하게 반영하고, 제안요청 항목은 상호 유기적이고 일관성 유지하여 평가 간 해석상이나 내용적으로 오해가 없도록 해야 한다. 업체제안서 평가결과에 대한 투명성이 확보될 수 있도록 대상장비 선정 및 기종결정 평가방법(기준, 요소, 배점 등) 등을 구체적으로 제시해야 한다.

제안요청서는 추진 예정인 사업을 대외에 알리는 최초의 행정행위이며, 불특정 다수인의 기술혁신을 촉진할 수 있다. 즉 발주기관은 최신기법과 기술을 활용한 최적의 무기체계를 적정가격에 공급할 수 있는 제안자를 선택할 수 있다. 제안요청서 작성 및 평가의 기준은 발주기관이 필요로 하는 사항을 제안자가 명확하게 제안하도록

---

3 방위사업청, 방위사업관리규정, 2019, p. 150.

직성하여 오해가 발생하지 않도록 해야 하며, 제인요청시에는 무기체계에 대한 정보를 충분히 제시하는 것이 타당하므로 비밀사항인 작전운용성능 수치 등을 제외하고는 해당 체계에 대한 요구성능을 최대한 구체적으로 명시할 필요가 있다.

2) 제안요청서 작성 절차

(1) 제안요청서(안) 작성

사업추진기본전략, 구매계획서를 근거로 소요 무기체계와 업체에 제공할 내용 및 포함할 사항 등을 반영하고, 무기체계별 사업의 특성에 따라 제안요청서의 구성이 다양하겠으나 일반적으로 다음과 같이 사업추진정책, 제안서 작성지침, 체계 요구사항, 제안 요구사항 등으로 구성한다.

순서
CONTENTS

제1부 사업추진 정책
Section I Policy of the Program

제2부 제안서 작성지침
Section II Guidance for Proposal Preparation

제3부 요구체계
Section III Requirement of the Required System

제4부 제안 요구사항(업체제안서에 포함될 내용)
Section IV Request Issues for Proposal (Contents of Company's Proposal)

제5부 부록(참고사항, 업체제안서에 포함될 양식)
Section V Appendix (Reference Data, Proposal Format)

제안서 평가항목은 필수조건 및 선택조건으로 구분하여 반영한다. 여기서 필수조건은 작전운용성능을 포함한 필수적으로 만족되어야 할 조건으로 대상장비 평가를 위해서는 모든 항목이 반드시 충족이 필요한 항목이고, 선택조건은 필수조건 이외의 조

건으로 선택항목의 총 항목 수에 대한 충족항목수의 비율을 제안요청서에 제시한다.

(2) 제안요청서(안) 주요내용 및 방법

① 사업추진정책에는 사업범위 및 목표, 획득방침 등 획득 무기체계, 사업의 전반적인 내용 및 일정 등이 포함

② 사업범위는 획득하기 위한 무기체계를 설명하는 것으로 주장비, 보조장비 등 무기체계 운용을 위한 주요장비 소요와 무기체계 획득과 연계하여 지원하는 교육훈련, 전투발전지원요소, 무기체계의 개발·획득·배치 및 운용에 수반되는 지원장비, 보급지원, 기술교범 등 종합군수지원요소

③ 획득방침은 현 체계와 상호운용성 및 호환성을 보장하고 제안서 평가 이후 시험평가 및 협상을 통해 기종 결정을 명시

④ 평가항목은 평가의 범위와 중요도 및 일관성 등을 고려하여 대분류, 중분류 및 세부분류 항목으로 구분하며, 제안요청서에 제시된 모든 요구조건은 세부분류 항목별로 필수조건과 선택조건으로 구분

⑤ 필수조건은 작전운용성능을 포함하여 기술적·부수적 성능, 요구규격, 종합군수지원요소 등 대상장비로 선정되기 위한 모든 항목을 반드시 충족할 수 있도록 누락 없이 반영

⑥ 선택조건은 운용성 증대 및 경제적 운영을 위한 조건으로 충족 항목수의 비율은 제안요청서에 제시한 기준(통상 70%) 이상이어야 함

⑦ 시험평가방법은 업체가 제시한 자료와 수집된 각종 자료 및 정보 등을 이용하여 평가하는 자료에 의한 시험평가와 국내 또는 국외에서 실시하는 실물에 의한 시험평가로 구분되며, 작전운용성능 및 군 운용 적합성 등이 충족될 수 있도록 시험평가 기간 및 범위를 명시

⑧ 절충교역은 1,000만 불 이상이거나 필요시 절충교역을 추진하는데, 핵심기술이전 및 창정비 능력 확보에 중점을 두며, 절충교역을 효과적으로 수행하기 위해 개념 및 기본방침, 계약조건, 평가, 협상 등의 절충교역 지침을 명시

협상은 계약, 기술, 가격 및 절충교역으로 구분되어 시험평가와 병행 실시할 수 있도록 명시

⑨ 기종결정을 위한 평가방법은 '요구조건 충족 시 최저비용에 의한 방법'과 '종합평가에 의한 방법'[4]으로 구분되며 이를 명확하게 명시

⑩ 제한사항으로 총사업비는 정부예산 범위 내에서 사업을 수행하며, 1개의 장비만 제안 가능하고, 가격 협상결과 정부의 목표가 미달 시 사업취소가 가능하도록 명시하고, 제안서 접수·평가 및 대상장비 선정, 시험평가, 협상 및 기종결정 등 사업추진 일정을 명시

⑪ 보안사고 유무를 필수조건 평가항목으로 반영하며, 신용평가등급 충족기준[5]을 필수조건으로 명시

(3) 제안요청서(안) 확정

제안요청서(안)를 작성 완료 후에 관련기관(부서)에 검토를 반영하여 제안요청서 검토위원회를 통해 제안요청서가 확정된다.

---

4 종합평가에 의한 방법은 대상 무기체계의 성능차이가 큰 경우 또는 최신 기술을 요구하는 무기체계 등 필요성이 인정되는 경우에 채택되며, 제안서 평가항목과 시험평가 및 협상결과를 종합적으로 평가하여 결정

5 국내구매사업의 경우 CCC 등급 이상, 국외구매사업의 경우 40점 이상

제3절 입찰공고 및 제안서 평가

1. 입찰공고 절차

① 사업팀은 확정된 제안요청서를 근거로 입찰공고문 작성
   - 입찰공고문에 사업설명회 관련 내용 포함
② 사업부 분임보안담당관에게 보안성 검토요청
③ 무기체계 획득계획 공고 시 '국가를 당사자로 하는 계약에 관한 법률시행령'의 규정에 의한 입찰공고 실시
④ 공고 및 제안요청서 내용을 계약팀에 통보
⑤ 통합사업관리정보체계를 통해 국방전자조달시스템에 등록된 입찰공고를 대변인실에 통보하여 인터넷 및 인트라넷에 공고되도록 조치

2. 사업설명회 및 제안요청

① 관련부서 · 기관과 협조하여 사업설명회를 개최
② 사업설명회 참가업체에게 향후 대상장비 선정, 기종결정을 위한 평가기준, 평가요소, 우선순위 등을 제시하고 제안요청서 배부
③ 제안요청서 내용 중 변동사항 발생 시 그 내용을 업체에 통보

3. 업체 제안설명회

① 목적: 제안내용에 대한 제안서평가위원의 이해도 향상, 제안 설명 및 질의응답을 통해 구체적인 내용 파악
② 참석대상
    ㉠ 제안서평가팀장(제안설명회 주관) 및 제안서평가위원
    ㉡ 사업팀장 및 간사

4. 제안서평가 및 인수인계

① 제안서평가팀장 주관으로 평가를 실시하며, 각 분과장은 평가항목별 평가위원의 평가결과가 상이한 경우 분과별 협의를 통해 분과의 단일 평가결과를 작성
② 충족항목은 제안내용과 동일하게 협상계획 및 계약서에 반영토록 추진
③ 인수인계 목록은 업체와의 접촉사실 확인서, 서약서, 개인별 평가표, 분과별 평가결과 종합지, 평가협의회 의결서, 평가일지, 제안서평가 소감문, 협상에 반영할 사항(필요시), 제안요청서, 업체 제안서 등

5. 디브리핑

① 제안서 평가결과를 본부장에게 보고하고 이후 업체에 통보
② 업체가 디브리핑을 요청할 경우에는 각 평가항목 평가 결과 등을 설명

제4절 대상장비 선정 및 시험평가

1. 대상장비 선정

① 제안서평가 결과를 근거로 사업팀은 대상장비 선정(안)을 작성하여 사업본부
장의 승인을 받아 확정
　㉠ 필수조건 항목이 미충족일 경우에는 대상장비 선정에서 제외
　㉡ 선택조건 항목이 미충족일 항목이 있는 경우에는 충족비율 기준에 미달하
　　는지를 확인 후 미달할 경우에 대상장비 선정에서 제외
② 사안의 중요도에 따라 필요한 경우 위원회 또는 사업관리 실무위원회 등 심의
를 거쳐 확정 가능

2. 대상장비 선정결과 통보

① 사업팀은 관련부서, 합참, 소요군 및 제안업체에 대상장비 선정결과를 통보
② 사업의 특성을 고려하여 대상장비를 일정 수(통상 3개) 이하로 제한 가능

3. 구매시험평가계획 작성

① 구매시험평가계획(안)은 시험평가 대상장비에 대하여 작전운용성능 등의 충족
여부를 확인하기 위하여 시험평가 주관기관(소요군)에서 작성한 시험 평가계획
(안)임
② 사업팀은 시험평가 주관기관의 구매시험평가계획(안)에 대해 검토하고, 검토

〈표 7-1〉 구매 시험평가 절차

구분	내용	작성기관
구매시험평가 계획 작성지침	• 소요군의 구매시험평가계획(안) 작성의 지침이 되는 문서 • 제공시기: 구매시험평가계획(안) 작성 이전	합참
구매시험평가 계획(안)	• 구매시험평가계획 작성지침을 근거로 구매시험평가를 위해 소요군에서 작성 • 시험평가 대상장비, 기간, 장소, 항목, 방법, 시험평가팀, 소요예산 등 포함 • 제출시기: 구매시험평가 착수 60일 전	소요군
구매시험평가 계획서	• 소요군의 구매시험평가계획(안)에 대하여 관련 기관 검토 등의 절차를 거쳐 국방부에서 확정한 문서 • 확정시기: 구매시험평가 착수 30일 전	국방부
구매시험평가 결과보고서	• 소요군에서 구매시험평가 수행 후 결과를 작성하여 합참으로 제출한 문서 • 제출시기: 구매시험평가 종료 후 30일 이내	소요군

결과를 통보하여 계획(안) 수립을 지원

③ 합참(시험평가과)은 시험평가 주관기관에서 제출한 구매시험평가계획(안)에 대해 통합시험평가팀을 구성하여 검토한 후 국방부(전력정책관실)로 제출

④ 국방부는 합참이 제출한 구매시험평가계획(안)을 확정하여 합참에 통보하며, 합참은 이를 관련기관에 통보

4. 구매시험평가 방법

① 자료에 의한 시험평가, 실물에 의한 시험평가, 자료/실물에 의한 시험평가 병행
② 시험평가는 실물에 의한 시험평가 수행을 원칙으로 하되, 다음의 경우에는 자료에 의한 시험평가 수행 가능
   ㉠ 개발 중에 있어 시제품이 없는 무기체계를 구매하는 경우
   ㉡ 국내에서 현재 운용 중인 무기체계를 일부 개조하여 구매하는 경우
   ㉢ 운용 중인 무기체계를 함정, 항공기 등 복합무기체계와 통합하기 위하여 구매하는 경우

5. 구매시험평가 판정

① 시험평가 주관기관(소요군)은 구매시험평가 종료 후 1개월 이내 시험평가 결과를 합참으로 제출
② 합참(시험평가과)은 통합시험평가팀을 구성하여 시험평가 결과를 검토 후 시험평가 위원회(실무위원회)의 검토를 거쳐 국방부(전력정책관실)로 제출
③ 국방부는 시험평가 결과에 따라 전투용 적합 또는 부적합으로 판정
④ 합참은 국방부(전력정책관실)에서 통보한 시험평가 판정결과를 사업팀 및 소요군으로 통보

제5절 협상 및 기종결정

1. 협상계획 수립

① 사업팀(또는 협상팀)은 계약팀 및 각 군 등 관련부서/기관으로부터 협상요구사항을 받아 협상계획(안) 수립 후 사업본부장에게 보고
② 협상계획(안) 수립 시 분야별 전문가를 포함한 협상팀 구성방안을 포함

2. 협상

협상은 통상 기술협상, 조건협상, 가격협상으로 구분하여 실시한다.

① 기술협상은 장비의 성능 등 기술과 관련한 협상

② 조건협상은 계약특수조건 및 계약일반조건 등에 대한 협상

   ㉠ 표준계약조건(일반물자, 방산물자, 특정조달. 용역, 연구개발 등) 활용

   ㉡ 표준계약특수조건 내용 중 품목 특성에 따라 불필요 조항은 삭제 또는 추가하여 사용 가능

③ 가격 협상(계약팀 주관)

   ㉠ 업체 제안가격이 평가기준가 이내일 때: 기술협상결과 제안한 내용을 가감하는 경우에는 가감되는 내용에 상당하는 금액을 평가기준가 이내에서 조정

   ㉡ 업체 제안가격이 평가기준가 이상일 때: 평가기준가 이하가 될 때까지 가격협상 실시

3. 기종결정 평가시기 및 평가요소

1) 평가시기

기종결정 평가는 선정된 대상장비에 대한 시험평가 및 협상완료, 가계약 체결6 이후에 실시

2) 평가요소

(1) 기종결정 요소(또는 평가요소)는 비용요소와 비비용요소로 구분

(2) 비용요소: 획득비, 운영유지비, 지불일정, 비반복비용 환급, 보증조건 및 지불이행조건 등 비용으로 환산될 수 있는 모든 요소

(3) 비비용요소: 무기체계 성능 등 비용으로 환산할 수 없는 요소

---

6   최종 입찰 및 협상결과 일부 또는 전체 업체가 목표가격을 초과한 사업의 경우 가계약을 체결하기 전에 국제계약심의회에 상정하여 추진과정의 적절성 검토 필요

4. 기종결정 평가방법

기종결정 평가방법은 요구조건 충족 시 최저비용에 의한 방법과 종합평가에 의한 방법으로 구분하여 구매계획서 및 제안요청서에 반영하여 추진

1) 요구조건 충족 시 최저비용에 의한 방법의 적용

(1) 제안요청서에서 제시된 모든 요구조건을 필수 또는 선택조건으로 구분

① 필수조건은 작전운용성능, 기술적 · 부수적 성능, 종합군수지원, 기술 및 계약 항목 등 필수적으로 만족되어야 할 조건으로 최종 기종평가를 위해서는 모든 항목이 반드시 충족

② 선택조건은 필수조건 이외의 조건으로 선택조건의 총 항목 수에 대한 충족 항목수의 비율이 제안요청서에서 제시한 기준 이상

(2) 기종결정 평가방법은 요구조건 충족 시 최저비용에 의한 방법이 원칙

2) 종합평가에 의한 방법

(1) 종합평가에 의한 방법 채택이 가능한 경우

① 대상 무기체계의 성능 차이가 큰 경우

② 대상 무기체계가 기개발된 품목이어서 한국의 요구조건에 맞추어 성능을 조정할 수 없는 경우

③ 최신 기술을 요구하는 무기체계 등 필요성이 인정되는 경우

④ 주요 국책사업 및 대규모 방위력개선사업의 경우

⑤ 안보 및 군사외교, 국가경제적 파급효과 등의 고려가 필요한 경우 등

(2) 기종결정은 아래 평가요소를 고려하여 투자비용 대 효과를 분석하고 그 밖에

정책직 고려사항을 종합적으로 평가하여 결정

① 투자비 및 운영유지비의 경제성

② 도입가격, 인도시기 및 인도조건, 대금지급조건, 지체상금 및 하자에 관한 조건, 기타 구매요구조건의 충족성 등

③ 시험평가 결과, 전력화 지원요소

④ 절충교역 조건 또는 협상 평가결과(국외구매)

⑤ 방산·군수협력 협정체결 및 해외협력사업 추진여부(국외구매)

⑥ 계약상대국에 대한 우리 군수품의 판매실적과 해당 구매무기의 주요국가 운용실적(국외구매)

⑦ 협상결과, 국가전략 및 안보, 군사외교 등 국가이익 등

5. 기종결정(안) 수립

1) 기종결정(안)에 포함할 사항

(1) 사업팀은 시험평가결과, 협상결과 및 가계약 체결결과 등을 종합하여 아래의 내용을 포함한 기종결정(안)을 작성

① 사업개요 및 사업경위

② 대상장비의 조건충족 상태: 필수조건 및 선택조건 충족여부

③ 다음 각 목의 수명주기비용: 획득비용, 운영유지비용, 폐기비용 등

④ 가계약 내용 요약(가계약 체결 시)

⑤ 계획대비 가용예산 및 소요예산에 대한 판단

⑥ 대상장비 중 기종결정 건의안

⑦ 부록: 가계약서(가계약 체결 시), 외자·내자 조달구매품목, 시설·통신공사 계획, 교육과정비, 수송비, 관서운용비 등 제비용 요소 등

2) 요구조건 충족 시 비용에 의한 방법을 적용할 경우

(1) 제안요청서에 세부분류 평가항목으로 제시된 모든 요구조건을 필수조건과 선택조건으로 구분

(2) 기종결정을 위한 최저비용은 업체가 제시한 최종가격과 운영유지비 등을 포함할 수 있으며, 이 경우 운영유지비 산정은 평가시점을 기준으로 작성

3) 종합평가에 의한 방법 기종결정요소 평가

(1) 시험평가결과와 협상 결과를 근거로 기종결정 요소를 비교 평가

(2) 종합평가에 의한 방법은 아래의 평가요소를 고려하여 투자비용 대 효과를 분석하고 그 밖에 정책적 고려사항을 종합적으로 평가하여 결정

(3) 평가항목은 표준평가항목(대분류·중분류)과 세부분류 평가항목으로 구분

(4) 표준평가항목에는 아래의 사항을 포함

① 비용: 초기획득비, 운영유지비
② 성능: 작전운용성능, 기술적·부수적 성능
③ 운용적합성: 종합군수지원, 운용여건
④ 계약 및 기타조건: 계약조건, 절충교역, 신용도, 계약이행 성실도, 기타조건 등

(5) 사업팀은 필요시 평가항목 및 항목별 가중치 부여 방안 등 세부 평가방안에 대해 전문기관에 연구를 의뢰하여 연구결과 활용 가능

(6) 사업팀은 전문가 의견수렴 방법(AHP 및 델파이 기법 등)을 적용하여 제안서 접수 전까지 평가항목에 대한 가중치를 결정하며 필요시 가중치 결정을 위해 사업운영평가팀장에게 분야별 전문가 선정을 의뢰

6. 기종결징

1) 기종결정(안)을 작성하여 분과위원회 또는 위원회에 상정

(1) 기종결정(안)에는 사업개요, 참여업체, 기종현황, 기종별 평가결과, 기종 결정을 위한 비교평가, 전력화지원요소, 항목별·연도별 예산집행계획 등의 참고자료를 포함

(2) 사업팀은 기종결정(안)을 사업본부장의 승인 후 위원회 또는 분과위 등에 상정하여 기종을 결정

(3) 총사업비 5,000억 원 이상 사업, 국가정책 및 외교에 중요한 영향을 미치는 사업, 사단·전단·비행단급 이상의 주요 부대 창설 및 증·개편 사업 등 대통령 보고 대상사업으로 결정된 사업의 기종결정에 대하여는 대통령에게 보고

2) 기종결정 결과를 관련기관 및 대상장비로 선정된 업체에 통보

3) 기종결정 시 평가결과 공개

(1) 평가관련 정보는 사업의 투명성 확보 및 국민적 이해와 공감하에 효율적으로 사업을 추진하기 위하여 총괄적이고 개략적인 내용 공개 가능

(2) 정보공개는 위원회 또는 분과위에서 대상장비 선정 및 기종이 결정된 이후 브리핑, 보도자료, 인터넷 등을 통해 공개 가능

7. 계약체결

1) 기종결정 결과에 따라 계약팀은 기종결정 업체와 계약

2) 계약업무 수행절차

(1) **계약 의뢰**: 입찰 및 협상결과를 근거로 계약담당관에게 계약을 의뢰하는 업무

(2) **계약서 작성**: 당해계약에 관련된 세부적인 사항(보증금 납부방법, 지체상금율, 물가변동율 조정, 계약방법, 계약종류 등)을 입력

(3) **계약서류 검토/첨부**: 계약관련 서류(조달판단서, 입찰결과, 견적서, 예정가격조서, 청렴이행서 약서 등) 검토 및 첨부

(4) **업체 제출서류 접수/검토**: 업체에서 제출된 산출내역서, 납품제조공정표의 적정성 여부 검토 계약보증금 및 인지세 확인

(5) **계약체결 및 결재**: 계약서에 업체 서명 후 결재권자 승인으로 계약체결

(6) **계약서 발송**: 관련기관에 계약서 발송(사업팀, 회계팀, 지출심사팀, 수요군 등)

제6절 사업착수 및 관리

1. 수행업무

① 생산현장에 파견할 사업관리관(PMO: Project Management Officer) 인원선발, 파견 및 통제 업무

② 계약서에 명시된 사업관리회의 주관

③ 총사업비 관리 및 중기계획 조정 등

④ 예산편성, 예산 증감 재배정 및 결산 업무

⑤ 물품 납품일정 확인 등 적기납품 및 전력화를 위한 조치

⑥ 납품, 인수를 위한 수락검사 업무 관리

⑦ 납품완료 후 전력화를 위한 후속조치 업무

⑧ 기타사항

  ㉠ 계약서에 포함되지 않았거나 보완이 필요한 사항에 대해 계약업체와 협의 및 후속조치 업무수행

  ㉡ 계약서 수정이 필요한 사항 발생 시는 계약부서와 사전 협조 후 수정계약 요청

2. 수락검사

(1) 공장수락검사(FAT: Factory Acceptance Test)

① 주관: 제작업체

② 시기: 제작업체가 장비를 생산 완료 후 소요군에게 인도하기 전

③ 방법: 제작업체 자체 성능검사

(2) 국내수락검사(SAT: Site Acceptance Test)

① 주관: 소요군

② 시기: 제품이 계약서상의 인도조건에 따라 인도 장소에 도착한 후 실시

③ 수락검사 방법

　　㉠ 육안으로 장비 또는 물품의 이상 유무를 점검

　　㉡ 보조ㆍ지원장비 및 일반물품에 대하여 기능상의 이상 유무를 점검

　　㉢ 차량 및 전차 등 별도의 성능확인이 필요한 완성장비 형태의 주장비에 대해 장비를 실제로 작동(유도무기의 경우 사격시험 포함)하여 성능을 확인하는 방법

④ 판정: 계약서상의 내용에 대한 검사결과 수락 또는 수락불가로 판정

　　㉠ 계약조건 이외의 보완이 요구되는 부분에 대한 내용은 수락여부와는 별도로 계약자와 상호 협의하여 보완조치

　　㉡ 사업팀은 계약서 및 관련 규정절차에 따라 수락검사가 원활히 진행되도록 계약업체 및 소요군과 협조

⑤ 계약 목적물의 최종 이전

　　계약 목적물의 최종 이전은 계약서에 별도로 명시되어 있지 않는 한 소요군의 검수관이 물품수령 확인서에 서명함으로서 업체로부터 구매자에게 이전됨을 원칙으로 한다(방위사업청ㆍ국방부 훈령(2020)ㆍ사업관리지식창고(2016) 등 참조).

〉〉 생각해 볼 문제

1. 국외 구매 사업 사례를 분석하고 시사점을 도출하시오.

2. 구매 프로세스의 문제점 및 개선해야 할 사항은?

3. 매년 국외로부터 구매하는 금액과 이에 대한 의견은?

4. 기종결정 방법의 종류와 장단점, 발전방안은?

제8장

계약관리

획득 환경 변화에 맞춘 국방규격 관리체계 개선

　　방위사업청은 「국방규격 체계 개선」을 통해 60년 이상 이어온 국방규격 정책에 대한 전반적인 개선을 추진한다고 27일 밝혔다.

　　방사청은 "현재의 경직된 국방규격 체계에서는 한 번 제정되면 민간의 기술 발달을 신속히 반영하기가 쉽지 않은 구조를 가지고 있다"며 "경직되고 폐쇄적인 국방규격 체계는 민간에서는 이미 사용하지 않는 오래된 군수품의 사용을 요구하거나, 한정된 제품만을 사용하게 하는 경우도 있어 방산 참여를 희망하는 일부 업체에게는 진입장벽으로, 군과 장병에게는 싸고 질 좋은 군수품 사용을 제한하는 걸림돌이 된다는 비판도 있는 것이 사실"이라고 밝혔다.

　　이러한 문제 해결을 위해 방위사업청은 획득 환경의 변화에 맞춰 국방 규격 체계를 규격 제정부터 운영, 폐지에 이르기까지 총 수명주기적 관점에서 개선을 추진하고 있다.

　　방사청은 "현재 운영 중인 국방규격 7,920종에 대한 전수조사를 진행 중"이라며, "이를 통해 제조·가공방법 등이 지나치게 세부적이거나 기술적으로 진부한 부품을 사용하고 있는 사례를 발굴, 개선을 추진 중에 있다"고 설명했다.

　　이와 더불어 업체 입장에서 규격 개선을 제안할 수 있는 창구가 일원화 되어 있지 않음으로 인해 발생하는 번거로움을 해소하기 위해 방산참여 업체 등 누구나 기술적으로 진부한 규격 내용과 불합리한 사항에 대한 개선을 상시 제안할 수 있도록 이달 24일부터 청 누리집(홈페이지, www.dapa.go.kr)에 「국방규격 개선 제안」 창구를 운영한다. (이하 생략)

코나스넷, 2020.7.27.

제1절 일반사항

1. 계약의 의의

계약은 청약(Offer)과 승낙(Acceptance)의 합치에 따라 성립하는 것이 일반적인 형태이다. 즉 일방이 청약을 하고, 이에 대해 상대방이 승낙함으로써 계약이 성립한다. 청약은 계약의 성립을 위한 확정적인 의사표시로 구속력이 따르기 때문에 이를 회피하면서 타인으로 하여금 청약을 하도록 유인하는 행위를 청약 유인(Invitation of Offer)이라고 한다. 정부는 개인 간의 거래와는 달리 거의 대부분의 계약에서 의무적으로 유인행위를 실시하도록 규정하고 있다. 일반적인 청약 유인 수단으로는 입찰공고, 사업설명, 제안요청서 등이 있다.[1]

국계법 제5조에서는 "계약은 상호 대등한 입장에서 당사자의 합의에 따라 체결되어야 하며, 당사자는 계약의 내용을 신의성실의 원칙에 따라 이를 이행하여야 한다"라고 규정하고 있으며, 당사자는 계약의 내용에 아래의 4대 원칙을 잘 이해하고 적용해야 할 것이다.[2]

    ① 제약자유의 원칙
    ② 신의성실의 원칙
    ③ 사정변경의 원칙
    ④ 권리남용 금지의 원칙

계약자유의 원칙은 사적 자치의 원칙이라고도 하며, 자유로운 개인관계에서 어떤 조건으로든 계약할 수 있다는 것이다. 제약체결의 자유, 상대편 선택의 자유, 내용결정의 자유, 방식의 자유 등을 그 내용으로 한다. 계약자유의 원칙은 두 가지 의미를

---

1   장기덕, 군수관리의 이론과 실제, 2012, p. 233.
2   장준근, 통합군수원론, 2019, pp. 447~448.

내포한나고 본나. 하나는 민법은 일정한 범위에서는 개인 간의 법률관계에 개입하지 않는 것이며, 다른 하나는 계약 당사가 맺은 계약의 내용이 그 당사자 간에 한해서는 법적 구속력이 있는 것으로 인정한다는 점이다.

민법 제2조 제1항은 "권리의 행사와 의무의 이행은 신의에 좇아 성실히 하여야 한다"고 하며 민법의 최고 원리로서 '신의성실의 원칙'을 규정하는데 이는 개인도 사회의 일원이고 개인의 권리도 다른 사람의 그것과 조화되어야 하고 이러한 요청이 사회적 형평의 원칙이라고 표현하는 것이다. 이를 간단히 신의칙(信義則)이라고 부르기도 한다.[3]

신의칙에서 파생된 원칙으로 모순행위 금지의 원칙, 실효의 원칙, 그리고 사정 변경의 원칙을 들고 있다. 그중에서 사정변경의 원칙이란 법률행위 성립의 기초가 된 사정이 당사자가 예전하지 못했던 사유로 인해 현저히 변경되어 당초의 내용대로 그 효과를 강제하는 것이 당사가 일방에게 가혹하게 된 경우, 그 내용을 변경된 사정에 맞게 수정하거나 또는 그 법률행위를 해소시킬 수 있다는 법리이다.

민법 제2조 제2항의 "권리는 남용하지 못한다"고 하는 권리남용 금지의 원칙은 외형상으로는 권리의 행사처럼 보이지만 실질적으로는 권리 행사가 사회 질서에 위반한 경우에는 정당한 권리 행사라고 인정하지 않으며, 이런 권리 행사는 권리의 남용이라고 하여 금하고 있다.[4]

2. 계약 체계

계약은 일반적으로 계약자의 선정방법에 따라 경쟁계약과 수의계약으로 분류하고, 계약체결 시 계약금액의 확정가능 여부에 따라 확정계약과 개산계약으로 분류하고 있다. 특히 국방획득계약에 있어서는 일반적인 정부 계약제도에서 채택하고 있는 국계법상의 계약제도와 방산물자 조달 시에만 적용하는 「방위사업법」 상의 계약제도

---

3   김준호, 민법강의 이론과 실제, 2001, pp. 25~27.

4   상게서, pp. 50~52.

<표 8-1> 방위사업에서 운용하고 있는 계약제도

적용 법규	계약방식	계약방법	계약종류
국계법 (일반물자)	경쟁계약	확정계약	• 일반경쟁계약 • 제한경쟁계약 • 지명경쟁계약
	수의계약	확정계약	• 일반수의계약 • 분할수의계약
		개산계약	• 일반개산계약
방위사업법 (방산물자)	수의계약	확정계약	• 한도액계약 • 일반확정계약 • 물가조정단가계약 • 원가절감보상계약 • 유인부확정계약
		개산계약	• 중도확정계약 • 유인부원가정산계약 • 특정비목불확정계약 • 일반개산계약

를 함께 채택하고 있는 것이 특징이다.

3. 계약형태별의 분류

1) 경쟁계약과 수의계약

계약체결에 있어서 계약상대자의 선정방법에 따라 경쟁계약과 수의계약으로 분류한다. 경쟁계약은 불특정다수를 대상으로 공개경쟁에 의하여 조달하는 계약방식으로 특정한 경우를 제외하고는 경쟁계약을 원칙으로 하고 있다.

경쟁계약의 특징은 자유로운 경쟁에 의하여 적정한 가격으로 조달할 수 있으며, 다수의 자격을 갖춘 자에게 동등한 경쟁의 기회를 부여한다는 것이다.

수의계약은 특정인을 대상으로 협의에 의하여 조달하는 계약방식으로 가장 잘 준비된 계약상대자와 가장 만족스러운 조건으로 당초 계획된 조달소요를 충족시킬 수 있다.

2) 확정계약과 개산계약

계약체결에 있어 계약금액의 확정가능 여부에 따라 확정계약과 개산계약으로 분류한다. 확정계약은 계약체결 시에 계약금액을 확정하고 계약서상의 수정사항에 상당하는 변동요인이 발생하지 않는 한 계약금액이 변동하지 않는 계약방식이다. 이 계약제도는 계약상대자로 하여금 원가절감과 통제노력에 큰 관심을 갖게 되어 자발적인 원가절감 노력을 유인할 수 있다는 장점이 있는 반면에 계약체결 시에 확정한 계약금액이 잘못 결정되는 경우에는 국가예산을 낭비하게 된다는 단점이 있다.

개산계약은 계약체결 시에 계약금액을 확정하기 곤란하여 개산원가에 의하여 개산가격을 결정하고, 계약의 이행기간 중 또는 이행이 완료된 후에 정산원가를 산정하여 최종적으로 계약금액을 확정하는 계약방식이다. 이 계약제도는 계약상대자가 계약목적물을 생산하는 데 발생한 모든 비용을 정부가 부담한다는 단점이 있으나 사후적으로 계약상대자가 제출하는 실발생 원가자료에 준거하여 비교적 적정하고 객관적인 원가를 쉽게 계산할 수 있다는 점에서 선호하고 있다.

〈표 8-2〉 확정계약과 개산계약의 장 · 단점 비교[5]

구분	장점	단점
확정계약	• 추후 정산이 불필요하므로 예산집행이 용이 • 업체로 하여금 원가절감 노력 유도 가능	• 원가변동 요인 반영 제한 • 원가계산 과도하게 산정되는 경우 정부 예산낭비 우려 • 업체입장에서는 원가가 충분히 반영되지 않을 경우 손해 우려
개산계약	• 원가변동요인 반영 용이 　- 환율, 입금상승, 재료비, 원자재 등 • 실발생원가에 의해 비교적 정확한 원가 계산 가능 • 사업초기 원가산정 부담 감소	• 계약목적물 생산에 발생된 모든 비용을 정부가 부담 • 업체의 원가절감 노력 유도 미흡 • 원가정산에 따른 행정 소요 과다 • 원가 부풀리기 문제 발생 가능

5　김선영, 방위사업 이론과 실제, 2017.

3) 단기계약과 장기계약

계약체결에 있어 계약이행기간에 따라 단기계약과 장기계약으로 분류한다. 단기계약은 당해 연도 세출예산에 계상되는 예산을 재원으로 하는 즉, 회계연도 독립의 원칙하에서 당해 회계연도 내에 이행이 완료되는 통상적인 계약방식이다. 장기계약은 계약의 성질상 수년간 계속할 필요가 있거나 그 이행에 수년을 요하는 경우에 체결하는 계약방식이며, 이 계약은 각각 회계연도 예산의 범위 내에서 당해 계약을 이행한다.

「방위사업법」상 별도로 규정하고 있는 장기계약은 개산계약으로도 체결할 수 있다는 점에서, 회계연도별로 독립된 계약을 계속 체결하고, 그 이행도 각각 당해 회계연도를 이월할 수 없는 장기계속계약과 다르며, 또한 계약금액과 연부액 예산이 미리 확정되어 있는 계속비계약과도 다르다.

〈표 8-3〉 단기계약과 장기계약의 비교

구분	사업내용 확정	총예산의 확보	계약체결
일반(단년도) 계약	확정 (당해연도 내 종료사업)	확보	당해연도 예산범위 내 입찰·계약
계속비 계약	확정	확보	총 공사금액으로 입찰·계약 (연부액 부기)
장기계속 계약	확정	미확보 (당해연도분 확보)	총 공사금액으로 입찰하고 각 회계연도 예산범위 내에서 계약체결하고 이행함(총 공사금액 부기)
장기 계약	확정	확보 또는 미확보	총 계약금액으로 계약하고 각 회계연도 예산범위 내에서 착·중도금 지급

4) 일괄계약과 분리계약

어떤 무기체계 획득과 관련하여 계약을 체결하는 경우 한 번에 주 계약업체와 전체를 체결하는 일괄계약 방법과 주요 구성품 단위로 각각 별도의 업체와 분리하여 체결하는 분리계약 방법이 있다. 일괄계약은 정부가 완제품 단위로 주 계약업체와 계약하고 주 계약업체기 디시 구성품 단위로 협력업체와 계약을 체결하는 계약형태이며, 분리(관급)계약은 완제품 구매 시 해당 구성품을 분리하여 해당 제조업체와 각각 계약을 체결하여 납품받은 후 완제품 생산업체에 구성품을 제공하는 계약형태이다.

이러한 계약형태는 각각 장·단점이 있다. 먼저 일괄계약은 책임관계가 명확하고 성능보장과 사후관리가 용이하다는 장점은 있으나, 비용이 추가될 수 있고 주 계약업체에 협력업체가 종속될 수 있으며 비용을 절감하기 위해 저가의 부품을 사용할 우려도 있다. 한편 분리계약은 이윤을 덜 지급하게 되므로 예산 절감이 가능하고 협력업체를 보호·육성할 수 있으나, 성능 등 문제 발생 시에 책임관계가 불분명하고 정부가 협력업체를 관리하여야 하므로 인력이 추가되고 별도로 협력업체와 계약을 체결하여야 하므로 행정소요가 증가하는 단점이 있다.

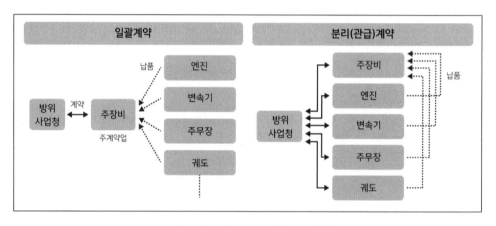

〈그림 8-1〉 일괄 및 분리(관급)계약(예)

〈표 8-4〉 일괄계약과 분리계약 장단점 비교

구분	일괄계약	분리계약
장점	• 체계성능보장, 사후관리 및 야전배치 이후 관리 유리 • 계약행정 간소화 • 해외수출 유리	• 사업비용 절감 • 전문업체 보호육성 유리 • 중소기업 대기업 종속방지
단점	• 사업비용 추가 소요 • 주 계약업체의 횡포 우려	• 체계업체 책임하 체계적인 생산 및·총체적 원가관리 제한 • 구성품 분산관리로 사업관리 제한 • 정부의존 심화로 업체 간 협조 미흡

제2절 국가계약 계약제도

1. 계약방법의 선정기준

각 중앙관서의 장 또는 계약담당공무원은 계약을 체결하고자 하는 경우에는 일반경쟁에 부쳐야 한다. 하지만, 계약의 목적, 성질, 규모 등에 비추어 필요하다고 인정될 때에는 참가자의 자격을 제한하거나 참가자를 지명하여 경쟁에 부치거나 수의계약에 의할 수 있다.

2. 경쟁계약

1) 일반경쟁계약

국계법 제7조에서 정부계약은 일반경쟁입찰이나 그에 준하는 경매에 부치는 것을 원칙으로 하고 있다. 일반경쟁계약은 계약의 목적 및 조건을 지정정보처리장치, 신문, 관보, 게시 등의 방법에 의하여 공고하여 자격을 갖춘 불특정 다수인으로 하여금 경쟁하여 입찰하게 하고 그 중 가장 유리한 조건을 제시한 자를 낙찰자로 결정하는 계약이다.

2) 제한경쟁계약

제한경쟁계약은 계약의 목적 성질 등에 비추어 경쟁참가자의 자격을 일정한 기준에 의하여 제한함으로써 불성실하고 능력이 없는 자를 입찰에 참가하지 못하도록 하여 공개성, 공정성 및 경제성을 유지시키려는 계약방법이다.

3) 지명경쟁계약

지명경쟁계약은 계약을 체결함에 있어 적당하다고 인정되는 특정의 다수인을 지명하여 지명된 자들로 하여금 경쟁을 시켜 계약상대자를 결정하는 계약방법이다. 지명경쟁에 부칠 수 있는 경우는 국계령에 규정하고 있으며 5인 이상의 입찰대상자를 지명하여 2인 이상의 입찰참가 신청이 있어야 한다. 하지만, 지명대상자가 5인 미만인 때에는 대상자를 모두 지명하여야 한다(국계령 제24조).

3. 수의계약

수의계약은 계약상대방이 될 자를 경쟁방법에 의하여 선정하지 않고 특정한 자를 선정하여 계약을 체결하는 것이다.

1) 일반 수의계약(국계령 제26조)

(1) 천재 · 지변, 작전상의 병력이동, 긴급한 행사, 긴급복구가 필요한 수해 등 비상재해, 원자재의 가격급등 기타 이에 준하는 경우로서 경쟁에 부칠 여유가 없을 경우

(2) 국가안전보장, 국가의 방위계획 및 정보활동, 외교관계 그 밖에 이에 준하는 경우로서 국가기관의 행위를 비밀리에 할 필요가 있을 경우

(3) 방위사업법에 따른 방산물자를 방산업체로부터 제조, 구매하는 경우

(4) 다른 국가기관, 지방자치단체와 계약을 할 경우

(5) 특정인의 기술 · 용역 또는 특정한 위치 · 구조 · 품질 · 성능 · 효율 등으로 인하여 경쟁을 할 수 없는 경우

(6) 「건설산업기본법」에 의한 건설공사(전문공사를 제외한다)로서 추정가격이 2억 원

이하인 공사, 「건설산업기본법」에 의한 전문공사로서 추정가격이 1억 원 이하인 공사, 그 밖의 공사 관련 법령에 의한 공사로서 추정가격이 8천만 원 이하인 공사 또는 추정가격(임차 또는 임대의 경우에는 연액 또는 총액기준)이 5천만 원 이하인 물품의 제조 · 구매, 용역 그 밖의 계약의 경우

(7) 다른 법률의 규정에 의하여 특정 사업자로 하여금 특수한 물품 · 재산 등을 매입 또는 제조하도록 하는 경우

(8) 특정 연고자, 지역주민, 특정물품 생산자 등과 계약이 필요하거나 기타 이에 준하는 사유가 있는 경우

(9) 기타 계약의 목적 · 성질 등에 비추어 불가피한 사유가 있는 경우 등

2) 분할 수의계약(국계령 제29조)

분할수의계약은 「방위사업법」에 의한 방산물자를 방산업체로부터 제조 · 구매

〈표 8-5〉 계약체결방법별 장 · 단점 비교[6]

구분	장점	단점
일반 경쟁	• 단순하고 공정한 절차 • 가격경쟁에 따른 예산절감 가능 • 모든 업체에 입찰참가 기회 부여	• 부적격업체의 응찰로 경쟁과열 및 공사의 부실화 우려 • 입찰기간의 장기화
제한 경쟁	• 입찰참가자격을 사전에 제한함으로써 부적격 업체 사전 배제 가능 • 일반경쟁 및 지명경쟁의 단점을 보완	• 객관적인 제한기준 설정의 어려움 • 자격제한에 대한 업체들의 반발 우려
지명 경쟁	• 부적격업체의 응찰을 사전에 배제 가능 • 일반경쟁에 비하여 절차 간소	• 특정인만이 입찰에 참가함으로써 담합의 소지 • 지명에 있어서 객관성 및 공정성 확보의 어려움
수의 계약	• 자본과 신용이 있고 경험이 풍부한 상대방을 선택할 수 있음 • 입찰공고를 생략하는 등 행정편의를 기할 수 있음	• 경쟁을 지나치게 제한 • 기술개발을 저해할 우려 • 정책목적 달성을 위한 수단으로 악용 가능(자의적 운용 가능)

---

6 방위사업청, 국방획득 원가 및 계약실무, 2015.

하는 경우(국계령 제26조제1항제6호다목), 재공고 입찰 등과 수의계약(제27조), 낙찰자가 계약을 체결하지 아니할 때의 수의계약(제28조)으로서 예정가격 또는 낙찰금액을 분할하여 계산할 수 있는 경우에 한하여 그 가격 또는 금액보다 불리하지 아니한 금액의 범위 안에서 분할하여 계약할 수 있다.

4. 개산계약

개산계약은 개발시제품의 제조계약, 시험, 조사, 연구, 용역계약, 정부투자기관 또는 정부출연기관과의 법령의 규정에 의하여 위탁 또는 대형계약 등에 있어서 미리 가격을 정할 수 없을 때에 체결하는 계약이다.

개산계약을 체결하고자 할 때에는 미리 개산가격을 결정하여야 하며 입찰 전에 계약목적물의 특성, 계약수량 및 이행기간 등을 고려하여 원가검토에 필요한 기준 및 절차 등을 정하여 이를 입찰에 참가하고자 하는 자가 열람할 수 있도록 하여야 한다. 계약이 완료된 후에는 미리 정한 기준에 따라 정산한다.

제3절 방위사업 계약제도

1. 방산계약제도 도입 배경

방산물자의 특성상 일반경쟁의 확정계약을 위주로 제정된 국계법상 계약과 관련된 규정을 적용하자 소기의 목적을 달성할 수 없는 등 많은 문제점이 대두되었다.

방산물자의 조달 특징을 살펴보면 다음과 같다.

① 수요와 공급이 1:1인 쌍방독점으로 수의계약 체결이 불가피하고

② 주요 대형사업은 1회계연도에 사업이 종료되지 않고 수년에 걸쳐 장기 계속
   계약의 형태가 많으며

③ 특수규격사업으로 대부분 주문생산 형태이며 계약이행과정에서만 발생 비용
   의 추적이 가능한 개산계약을 체결하여야 하는 경우가 빈번히 발생한다.

이러한 방산물자의 조달 특성을 수용할 수 있는 계약제도의 도입 필요성이 대두
되어 방산특조법에 계약의 특례사항을 규정하여 별도의 방산물자 계약제도를 도입하
였고, 1983년도에 방산계약규칙을 별도의 법규로 제정되어 수차의 개정을 거쳐 오늘
에 이르렀다. 2006년 국방획득의 원활한 수행을 위하여 방위사업청이 개청되었고,
「방위사업법」이 제정되어 방산특조법은 폐지되고 계약의 특례사항도 「방위사업법」
에 규정하고 있다.

2. 계약방법 결정

계약방법은 계약이행 중에 발생되는 비용에 대한 계약상대자의 책임부담의 정
도, 계약금액 확정시기, 계약상대자에게 제공되는 유인이익의 성격 등을 고려하여 계
약상대자에 적절한 위험부담과 효율적인 계약이행의 유인을 제공할 수 있는 계약방
법을 결정하도록 하고 있다.

3. 일반확정계약

1) 의의 및 계약 체결기준

일반확정계약은 계약을 체결하는 때에 계약금액을 확정하고 합의된 계약조건을
이행하면 계약상대자에게 확정된 계약금액을 지급하는 계약이다.

일반확정계약은 계약을 체결하는 시점에 규격, 성능 등 기술적 요구조건이 확정되어 있고 가격분석자료 또는 원가분석자료를 이용하여 계약금액을 확정할 수 있는 때에는 일반확정계약을 체결할 수 있다.

2) 계약금액의 결정

계약금액은 계약을 체결하는 때에 원가계산에 의하여 작성된 예정가격을 기준으로 결정한다.

4. 물가조정단가계약

1) 의의 및 계약체결 기준

물가조정단가계약은 계약을 체결한 실적이 있는 품목으로서 새로이 원가계산을 하지 않고 최근 실적단가에 물가등락률만큼 조정하여 계약금액을 확정하는 계약이다.

최근 2년 이내에 원가계산방법에 의하여 예정가격을 작성하여 계약을 체결한 실적이 있는 품목으로서 추정가격이 5억 원 이하인 품목은 물가조정단가계약을 체결할 수 있다.

2) 계약금액의 결정

계약금액은 최근에 계약이 체결한 날이 속하는 달부터 당해계약을 체결하는 날이 속하는 달의 전달까지의 기간 중 한국은행이 조사하여 공표하는 당해 품목의 생산자물가 기본분류(중분류)별 지수등락률만큼 계약실적단가를 조정하여 산출한 금액으로 한다.

5. 원가절감보상계약

1) 의의 및 계약체결 기준

원가절감보상계약은 계약을 체결한 후 계약이행기간 중에 새로운 기술 또는 공법의 개발이나 경영합리화 등으로 원가절감이 있는 경우에 원가절감액의 범위 안에서 그에 대한 보상을 함으로써 원가절감을 유도하는 계약이다.

원가절감보상계약은 원가계산방법에 의한 예정가격의 작성이 가능하고, 계약이행 중에 원가절감이 예견되거나 발생한 경우와 원가절감보상계약 외의 계약을 체결한 경우로서 다음의 경우에는 원가절감보상계약을 체결할 수 있다.

① 일반확정계약을 체결한 후 원가절감이 예견되거나 발생한 경우
② 중도확정계약을 체결하고 그 계약금액이 확정된 후 원가절감이 예견되거나 발생한 경우
③ 특정비목불확정계약을 체결한 후 계약금액이 확정된 비목의 원가절감이 예견되거나 발생한 경우

2) 계약체결 절차

(1) 원가절감방안의 제안

원가절감방안을 제안할 수 있는 경우는 다음과 같다.

① 새로운 기술 및 공법의 개발
② 국산화 개발
③ 열 관리
④ 규격 및 공정의 개선
⑤ 품질 및 성능의 개선
⑥ 기타 원가를 절감할 수 있는 방안

(2) 원가질감서 제안서 제출

원가절감방안을 제안하고자 하는 때에는 다음의 사항을 명시한 원가절감제안서를 계약담당공무원에게 제출하며, 제안서 내용은 다음을 포함한다.
　① 원가절감활동의 구체적인 내용과 제품성능이 미치는 영향
　② 세부원가 또는 추정원가명세서 및 원가절감액 또는 원가절감예상액
　③ 원가절감보상계약 체결에 참고될 사항

(3) 계약서 작성

계약담당공무원은 원가절감보상계약을 체결하고자 하는 때에는 원가절감제안의 내용, 원가절감의 평가방법, 기타 원가절감과 관련하여 필요한 사항을 명시하고, 국방기술품질원에 그 내용을 통보한다.

(4) 원가절감 실태 파악

계약담당공무원은 기술적 판단을 요하는 원가절감방안에 대하여 국방기술품질원으로 하여금 그 적정성을 파악하게 할 수 있고, 국방기술품질원은 필요한 자료 제출을 계약상대자에게 요구할 수 있다.

(5) 원가절감성과에 대한 평가

계약담당공무원은 계약상대자로 하여금 계약이행기간 중의 원가절감 성과에 대하여 국방기술품질원의 최종 평가의견을 받도록 하고, 계약 이행 완료일부터 30일 이내에 최종 평가의견서와 최종 원가자료를 제출하게 하여야 한다.

3) 원가절감보상액의 결정

(1) 원가절감보상액 결정

원가절감액은 원가절감이 제안된 원가요소의 당초 제조원가에서 실제 발생한 제

조원가를 차감한 금액으로 하되, 실제발생 제조원가를 산정할 때에는 계약체결 시 적용된 간접노무비율 및 간접경비율을 적용하며 원가절감액 산정과정에서 계약이행 중 발생된 물가나 환율의 변동 또는 계약수량의 변동 등 원가절감활동 이외의 요인에 의한 원가변동효과는 배제시키고 원가절감보상액은 원가절감액 전액으로 한다.

(2) 보상액 지급방법

최초 계약 시에는 원가절감보상계약을 체결할 당시의 계약금액에서 원가절감액을 차감하고 원가절감 보상액을 가산한 금액을 지급하며, 재계약 시에는 원가절감보상계약을 체결한 실적이 있는 품목에 대하여 그 계약 체결일로부터 5년 이내 다시 계약을 체결하고자 하는 때에는 원가계산 방법에 의하여 결정된 예정가격에 원가절감보상액을 가산한 금액을 지급한다. 이때 원가절감이 제안된 원가요소의 제조원가는 최근 원가절감실적이 있는 제조원가에 당해 품목의 생산자물가 기본분류별 지수등락률을 곱한 금액의 범위 안에서 정한다.

6. 유인부확정계약

1) 의의 및 계약체결 기준

유인부확정계약은 계약을 체결할 때에 예정가격을 결정할 수는 있으나 계약의 성질상 유인이익에 의하여 원가절감을 기대할 수 있는 때에는 지급 가능한 최고한도의 계약금액과 목표원가 및 목표이익을 정하여 계약을 체결하고, 계약이행 후에 실제발생원가와 목표이익 및 유인이익을 합하여 계약대금을 지급하는 계약이다.

유인부확정계약은 계약을 체결할 때에 예정가격 산정이 가능하고, 사업의 특성상 원가절감을 유도하기 위하여 유인이익을 제공할 필요성이 있는 경우에는 유인부확정계약을 체결할 수 있다.

2) 계약금액 결정

계약금액은 계약을 체결할 당시에 원가계산에 의하여 작성된 예정가격을 기준으로 지급 가능한 최고한도의 금액으로 한다.

3) 계약요소

계약담당공무원은 유인부확정계약을 체결하는 때에는 계약금액, 유인부적용대상비목, 목표원가, 목표이익, 분담비율(통상 100분의 90으로 함) 등의 사항을 계약서에 명시하여야 한다.

4) 계약대금의 지급

계약이행의 결과 목표원가와 실제발생원가 사이에 차액이 발생한 경우에는 실제발생원가에 목표이익 및 유인이익을 합한 금액을 계약대금으로 계약상대자에게 지급한다.

계약대금 = 실제발생원가 + 목표이익 + [(목표원가 − 실제발생원가) × 분담비율]

- 목표원가: 계약상대자에게 원가통제의 기준을 제공하기 위하여 계약상대자와 합의하여 정하는 총원가
- 목표이익: 목표원가에 일정한 이윤율을 곱하여 산출한 금액
- 유인이익: 목표원가에서 실제 발생한 원가를 차감한 금액에 분담비율을 곱하여 산출한 금액

7. 한도액계약

1) 의의

한도액계약은 계약체결 시 한도액을 설정하여 계약을 체결한 후 소요가 발생할 때마다 계약총액의 범위 안에서 구매하는 방법으로 계약이행기간 중 납품품목이 한도액에 도달한 경우에는 실제 납품된 품목과 수량을 기준으로 한도액내에서 정산 확정하여 수정계약을 체결한다.

2) 적용범위 및 대상

한도액계약은 무기체계를 운영하는 데 필수적인 주요장비의 수리부속 및 정비를 효율적으로 확보하기 위하여 한도액을 설정하여 체결하는 계약으로, 적용범위는 국계령 제26조제1항제4호, 제6호 다목 및 제7호 아목을 근거로 국내 연구개발된 무기체계의 수리부속 및 정비지원(외주정비 포함)을 국내중앙 조달하는 경우와 국외 조달을 통한 장비의 수리부속 및 정비지원(기술용역 포함)에 대하여 한도액 계약방식을 통하여 조달하는 경우에 적용한다.

적용대상은 국내 중앙조달의 경우에는 국내 연구개발된 무기체계의 운영과 관련하여 사전에 소요를 확정하기 어려운 정비 또는 수리부속을 주장비 생산업체로부터 획득하고자 할 때 조달기간, 가격, 부품생산업체의 영업권 등을 고려하여 다음과 같은 경우에 적용할 수 있다.

① 소요량이 적으며 수요발생이 불규칙적이어서 소요예측이 어려운 품목
② 전력화된 이후 양산 중인 무기체계로서 한도액계약 방법이 운용상 효율적인 것으로 판단되는 경우
③ 기타 불가피한 사유로 한도액계약이 필요하다고 판단되는 경우

3) 조달방안결정 및 원가산정

한도액 계약은 대상품목의 해당 장비 및 구성품의 개발업체와 계약을 체결하는 것이 원칙이나, 특별한 경우가 있는 경우에는 체계생산업체와 직접 계약할 수 있다. 각 군 및 기관의 장은 무기체계 또는 적용장비별로 묶음 계약이 가능하도록 한도액계약 대상품목의 조달계획서를 작성하여야 하고, 계약부장은 조달원별, 장비별 묶음으로 조달 판단하여야 하며, 품목별 단가산정 시에는 계약부장은 예정가격 작성을 위하여 원가산정을 원가관련부서에 의뢰할 수도 있다.

4) 계약체결

계약담당공무원은 계약체결 시 계약서에 예산 구분별로 한도액과 최종 납품 시기 등을 명시한 한도액계약 명세서를 작성하며, 구매계약은 품목별 단가표와 예정수량을 명시하여야 하고, 정비계약은 계획된 품목을 명시하며, 최종 납품 후 물품구매 계약일반조건(회계예규) 제9조의 규정에도 불구하고 각 군 및 기관에서 실제 발주된 품목 및 수량을 기준으로 수정계약이 가능하다는 내용을 계약특수조건에 반영한다. 또한 계약담당공무원은 매년 반복되는 무기체계 또는 적용장비별 한도액계약에 대해서는 전년도 또는 전번 계약조건에 준하여 계약을 체결할 수 있다.

8. 중도확정계약

1) 의의 및 계약체결 기준

중도확정계약은 계약의 성질상 계약체결 시 계약금액 확정이 곤란하여 계약이행 기간 중에 계약금액을 확정하는 계약이다.

중도확정계약 연구개발 및 시제생산 후의 품목으로 계약체결 시 원가자료의 획득이 곤란하거나 계약이행 중 상당한 비용변동이 예상되는 때로서, 계약이행의 중도 또는 일정량의 생산 후 필요한 원가자료를 획득할 수 있는 경우에는 중도확정계약을 체결할 수 있다.

2) 계약대금의 결정

계약은 개산가격에 의하여 체결하고, 계약금액은 아래와 같이 중도확정시기에 그때까지 획득된 원가자료를 분석하여 정한다.

중도확정 시기는 계약이행 중 계약물량의 100분의 50의 범위 안에서 일정량을 생산하거나 계약기간의 100분의 50의 범위 안에서 일정기간이 경과되어 원가계산이 가능한 시기로 계약당사자가 합의하여 계약서에 명시한다.

9. 유인부원가정산계약

1) 의의 및 계약체결 기준

유인부원가정산계약은 계약이행에 소요되는 원가는 실제 발생원가대로 지급하고, 이윤은 목표이익과 원가절감효과에 따라서 조정하는 유인이익을 합하여 지급하는 계약이다.

유인부원가정산계약은 계약금액을 확정할 수는 없으나, 사업의 특성상 국산화대체, 원가절감 활동을 유도하기 위하여 유인이익을 제공할 필요성이 있는 경우에 체결할 수 있다.

2) 계약대금의 결정

(1) 계약체결 시 계약금액 결정

개산가격을 기준으로 계약금액을 결정한다.

(2) 계약대금의 확정

① 계약금액: 실제발생원가 + 목표이익 + 유인이익
② 목표이익: 목표원가에 계약 시 적용된 이윤율을 곱한 금액
③ 유인이익: (목표원가 - 실제발생원가) × 100분의 50

10. 특정비목불확정계약

1) 의의 및 계약체결 기준

특정비목불확정계약은 계약체결 시 일부 비목의 원가를 확정하기 곤란하여, 원가확정이 가능한 비목만 확정하고 원가확정이 곤란한 나머지 비목은 계약이행 후 정산하여 확정하는 계약이다.

특정비목불확정계약은 금액을 구성하는 원가비목 중 일부비목의 원가확정이 곤란한 경우에 체결할 수 있다.

2) 계약금액의 결정

(1) 계약체결 시 계약금액 결정

원가계산이 가능한 비목은 예정가격을 기준으로 정하고, 원가계산이 곤란한 비목은 개산가격을 기준으로 정하여 이를 합한 금액으로 한다.

(2) 계약대금의 확정

계약금액 중 개산가격을 기준으로 정한 금액은 계약이행기간 중 실제 발생한 원가자료를 기초로 하여 다시 확정한다.

11. 일반개산계약

1) 의의 및 계약체결 기준

일반개산계약은 계약체결 시 계약금액을 확정할 수 있는 원가자료가 없어 계약이행 후에 정산하여 확정하는 계약이다.

일반개산계약은 연구, 시제생산을 의한 계약체결 시 원가자료의 획득이 곤란하고 다른 계약방법을 적용할 수 없는 경우에는 일반개산계약을 체결할 수 있다.

2) 계약대금의 결정

(1) 계약체결 시 계약금액 결정

개산가격을 기준으로 계약금액을 결정한다.

(2) 계약대금의 확정

계약을 이행한 후에 실제발생 원가를 기초로 확정한다.

제4절 무기체계 계약

1. 개요

무기체계 획득방법은 사업추진기본전략을 통해 결정되며, 사업추진방안에는 일반적으로 연구개발, 국외 구매 및 FMS가 있다. 각 사업추진방안마다 별도의 사업 추진절차와 계약절차가 있다. 결정된 사업추진방안으로 무기체계를 획득하기 위한 계약방법으로는 일반적으로 협상에 의한 계약과 2단계 경쟁계약이 많이 사용된다.

협상의 의한 계약은 다수의 공급자들로부터 제안서를 제출받아 평가한 후 협상절차를 통해 국가에 가장 유리하다고 인정되는 자와 계약을 체결하는 방식이다. 2단계 경쟁계약은 미리 적절한 규격 등의 작성이 곤란한 경우에는 먼저 규격 또는 기술입찰을 개찰한 결과 적격자로 확정된 자에 한하여 가격입찰에 참가할 수 있는 자격을 부여하여 계약을 체결하는 방식이다. 무기체계 연구개발 및 구매에 일반적으로 가장 많이 적용되는 계약방법은 협상의 의한 계약이다.

2. 협상에 의한 계약

1) 연구개발

선행연구 이후 사업추진기본전략 심의를 통해 무기체계를 연구개발로 획득하는 것으로 결정되면 연구개발 업체를 선정하기 위한 제안요청서를 작성하여 입찰공고를 40일 이상 하며, 이후 사업에 관심이 있거나 참여하기를 희망하는 업체를 대상으로 사업설명회를 실시한다. 입찰마감일에 업체가 제안서를 제출하면 제안서평가팀을 구성하여 제안서를 평가한다. 제안서 평가결과를 기초로 우선 협상 대상업체가 선정된다. 협상은 우선 협상 대상업체를 대상을 협상하며 선순위 업체와 협상이 결렬이 되면 다음 업체를 대상으로 협상을 하며 협상이 완료되면 계약을 체결하게 된다.

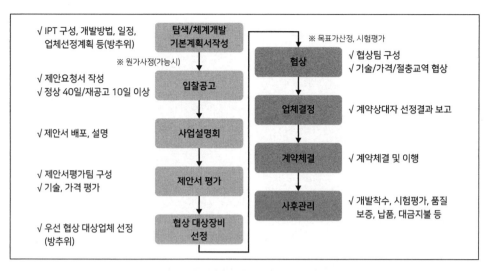

〈그림 8-2〉 협상에 의한 계약 절차(연구개발)

계약이 체결되면 업체는 연구개발을 시작하며, 개발이 완료되면 시험평가를 거쳐 전력화되는 과정을 거친다. 연구개발 시에는 계약금액을 확정하기 어렵기 때문에 주로 개산계약 방식으로 계약을 체결하고 있다.

2) 국외 구매(상업구매)

선행연구 이후 사업추진기본전략의 심의를 통해 무기체계를 국외 구매로 획득하는 것으로 결정되면 연구개발 업체를 선정하기 위한 제안요청서를 작성하여 입찰공고를 40일 이상 하며, 이후 사업에 관심이 있거나 참여하기를 희망하는 업체를 대상으로 사업설명회를 실시한다. 입찰마감일에 업체가 제안서를 제출하면 제안서평가팀을 구성하여 제안서를 평가하며, 제안서 평가결과를 기초로 대상장비가 선정된다.

시험평가 및 협상을 실시하여 협상이 완료되면 가계약을 체결한다. 가격 협상을 위해서는 사전에 목표가를 산정하여 협상 시 활용한다. 시험평가 및 협상 결과를 반영하여 기종이 결정되면 가계약은 정식계약으로 전환되어 효력이 발생하며 사후관리가 진행된다. 무기체계 구매 시에는 계약 시 계약금액을 확정하는 확정계약을 주로 체결한다.

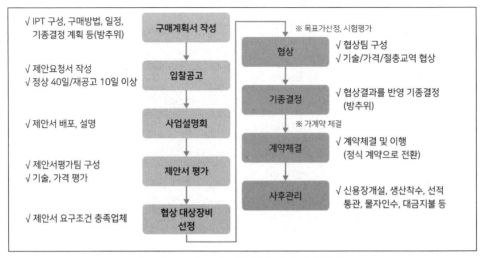

<〈그림 8-3〉 협상에 의한 계약 절차(국외 구매)>

3) 목표가

목표가는 국외 상업구매의 경우에 적정한 가격으로 구매목적을 달성하기 위해 각종 가용 가격정보를 비교, 분석하여 가격 입찰이나 협상 시 활용할 수 있도록 설정한 가격이다. 이러한 목표가는 가격 입찰 시 상한가격으로 협상 시 활용된다.

협상결과 목표가 초과 시는 계약협의회에서 수용 여부를 처리한다. 특별한 경우가 아니면 목표가는 재산정하지 않으나, 만일 중대한 오류, 가격에 영향이 큰 공급범위, 가격에 영향이 큰 추가 가격정보 획득 등 사유가 있을 경우에는 목표가를 재산정할 수 있다.

목표가격 산정방법에는 작업분할구조(WBS)[7]에 의한 가격분석(Price Analysis) 방법, 유사무기체계 비교 방법, 그리고 공학적 추정 방법 등 계량화 가능한 방법을 활용한다. 산정 시 주요 기본요소는 실적가, 업체 견적가, 가격정보가 등이며, 부가요소는 물가변동률, 부대비 등이다.

목표가격의 특성은 목표가격의 객관성으로 거래사례, 실적자료 등 획득 가능한 정보 중 합리적 기준을 제공하며, 주관적 비용요소를 공론화하며 목표가격 초과부분

---

7   WBS: Work Breakdown Structure.

에 대한 인정여부는 계약협의회에서 공론화하여 결정함으로써 국외구매 시 계약가격 형성의 투명성 및 타당성을 확보할 수 있도록 하고 있다.

목표가 산정방법에는 품목별 단위가격으로 산정하는 단가제(Item by Item Basis), 계약 총액에 대하여 산정하는 총액제(All or None Basis)가 있으며, 목표가격 유형에는 품질, 성능, 효율 및 가격 등의 차이가 현저하지 않은 때는 장비의 종류, 업체의 수 등에 관계없이 1개의 목표가격을 산정하는 단일목표가 유형이 있으며, 품질, 성능, 효율 및 가격 등의 차이가 현저한 때에는 장비별, 업체별 목표가격을 별도로 산정하는 복수목표가 유형이 있다.

3. FMS

1) FMS 개념

FMS(Foreign Military Sales)는 미국정부가 우방국에 대한 안보지원계획의 일환으로 정부 간 계약에 의거 각종 물자 등을 판매하는 제도이다. 대상은 미군 표준품목, 미정부 통제품목, 보안성 물자 및 용역 등이다.

FMS는 미국과의 관계에 따라 국가별로 등급을 정해 놓고, 각 그룹별로 기술 이전 · 무기도입절차 및 기간 · 품질보증비 · 행정처리비용 등을 차별화하고 있으며, 판매 시에 철저하게 미국 의회의 통제를 받는다. FMS 지위에는 3가지가 있다. 1그룹은 북대서양조약기구(NATO) 회원국, 2그룹은 NATO와 일본 · 호주 · 뉴질랜드 · 한국 · 이스라엘, 3그룹은 비 NATO 주요 동맹국(이집트 · 요르단 · 필리핀 · 태국 등)이다. 우리나라의 경우 군의 해외무기 도입에서 60% 이상을 FMS 방식에 의해 구매하고 있다.

2) 판매형태 및 절차

FMS 판매형태는 지정판매, 총괄판매, 보급지원협정 등이 있다. 지정판매는 주로 무기체계나 완성장비, 탄약 및 물자 등이 대상이 되고 품목, 수량, 금액, 인도시기를

구분	지정판매	총괄판매	보급지원협정
대상	무기체계, 완성장비 탄약 및 물자	비표준장비 수리부속	표준장비 수리부속 • 한미 협정 장비
계약	품목, 수량, 금액, 인도시기 명시	장비별 총금액 • 품목, 수량 미지정	장비별 1년간 총금액 • 품목, 수량 미지정
인도	오퍼에 명시된 일자	개설된 오퍼금액 내에서 소요품목 발생 시 청구 및 인도	

명시하여 계약을 체결한다. 총괄판매는 비표준장비로 수리부속 등이며 계약은 장비별 총금액으로 체결하며, 품목 및 수량은 지정하지 않는다. 인도는 개설된 오퍼금액 내에서 소요품목 발생 시 청구 및 인도된다.

보급지원협정의 대상은 표준장비 수리부속으로 한미 협정 장비이며, 계약은 장비별 1년간 총금액으로 하며 품목 및 수량을 지정하지 않고 인도는 개설된 오퍼금액 내에서 소요품목 발생 시 청구 및 인도가 된다.

선행연구 이후 사업추진기본전략의 심의를 통해 FMS로 획득하는 것으로 결정되면 오퍼획득을 요청하여 오퍼를 접수하면 수락여부를 검토한다. 만일 오퍼를 수락하면 오퍼에 서명한다. 수락오퍼에 의한 초입금과 미국 측 요청에 의거 대금을 지불한다.

이후 미국 측이 해당 보급창에 청구하고 물자를 인도하여 수송하게 된다. 물자나 장비의 하자 여부를 확인하고 인수한다. 미국 측에 오퍼종결을 요청하고 협의되면 사업을 종결한다.

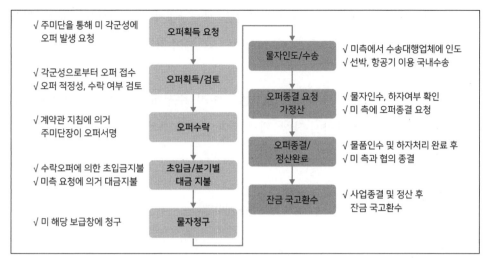

〈그림 8-4〉 FMS 계약 절차

제5절 수정계약

1. 수정계약의 원칙 및 절차

수정계약이란 기존 계약과의 기본적 동일성을 유지하는 범위 내에서 계약내용을 구성하는 납품장소, 납품기한, 납품수량, 계약금액 등의 계약내용 또는 계약조건의 일부를 변경하는 계약으로서 원칙은 다음과 같다.

① 계약상대자의 법적 동일성을 유지하는 범위 내에서의 계약상대자의 상호·대표자(법인의 경우)·주소 등을 변경하는 수정계약 체결

② 수요군 및 사업관리기관(부서)으로부터 납기·납지·수량·목적물·계약금액·계약조건 등에 대한 계약변경 요구가 있을 경우 수정계약의 적법성과 적정성을 검토하여 수정계약 체결

③ 계약상내사로부터의 세약변경 요청은 계약상대자의 귀책사유·계약변경의 필요성·수용 가능 여부 등을 종합적으로 고려하여 검토

수정계약은 수정계약 요청접수, 원가변동 의뢰, 수정계약 승인건의, 계약내용 수정, 예산대조 의뢰, 수정계약서 작성, 체결 등의 절차를 거치며 세부 내용은 〈표 8-7〉과 같다.

〈표 8-7〉 수정계약 절차

	구분	내용
1	수정계약 요청접수	• 계약변경 내용에 대한 계약변경의 필요성·수용 가능 여부 확인
2	원가변동 의뢰	• 계약변경업무처리지침에 따라 법무검토 및 원가변동의뢰 판단
3	수정계약 승인건의	• 계약변경업무처리지침에 의거 법무검토 및 원가변동의뢰 여부 판단 후 수정계약 건의서/사유서를 첨부하여 분임계약관 보고
4	계약내용 수정	• 통합사업관리정보체계 → 국내조달 → 판단 → 수정계약품목관리(수정)
5	예산대조 의뢰	• 사업비 부족 여부 의뢰
6	수정계약서 작성, 체결	• 수정계약입력에서 수정계약내용 작성 후 수정계약체결 • EDI 전자문서 발송

2. 계약 목적물 및 수량 변경

수정계약을 통해 변경 또는 새롭게 추가(새롭게 추가하는 경우는 절충교역에 한하여 인정함)하고자 하는 계약목적물은 기존 계약목적물과 기능상 유사성 및 대체 가능성이 인정되어야 한다.

수요군 및 사업관리기관(부서)으로부터 계약물량 감소요청이 있는 경우에는 수량 제한 없이 수량감소 수정계약을 추진하며, 수요군 및 사업관리기관(부서)으로부터 계약 물량 증가요청이 있는 경우에는 해당 업체로부터의 조달 불가피성·적기조달의 긴급

성 및 새로운 계약체결의 어려움 등을 종합적으로 고려하여 수정계약 추진여부를 결정한다. 물가변동, 설계변경, 기타 계약내용의 변경에 의한 계약금액을 증감조정하기 위한 수정계약을 체결할 수 있다.

3. 납품기한 변경

납품기한을 단축하고자 하는 경우에는 계약상대자의 생산 및 납품기한 준수 가능성을 고려하여 수정계약을 추진하는데, 납품기한 도래 전 계약상대자의 납품기한 연장요청은 계약상대자의 책임에 속하지 않는 사유로 인해 납품기한 내 계약이행 완료가 불가능한 경우에 한하여 허용한다. 다만, 연장사유가 납품기한 내에 발생하여 납품기한 경과 후 종료된 경우에는 같은 사유가 종료된 후에 납품기한의 연장신청을 할 수 있다.

계약상대자의 의무불이행으로 납기를 도과하여 발생한 지체상금이 계약보증금 상당액에 달한 경우에는 계약일반조건이 정한 바에 따라 계약기간을 연장할 수 있는 국가정책사업 대상이거나 노사분규 등 불가피한 사유로 인하여 지연된 때에는 납기를 연장할 수 있으며, 이때 납기 연장은 지체상금이 계약보증금상당액에 달한 때에 하여야 하며, 연장된 계약기간에 대하여는 지체상금을 부과하지 않는다.

4. 장기(계속)계약에서 수정계약

하나의 목적물이나 용역을 완성하는 데 수년이 걸리는 장기(계속)계약 중 매년의 계약을 하나의 독립된 계약으로 볼 수 없는 경우에는 매년 계약금액을 증액하는 수정계약을 체결하며, 매년의 계약을 하나의 독립된 계약으로 볼 수 있는지 여부는 계약의 목적, 기성처리의 분리 가능성 등을 종합적으로 고려하여 결정한다.

수정계약을 추진함에 있어서 원가변동 여부에 대한 검토와 법무검토를 거쳐야 한디. 히지만 수송기리 변동에 따른 운송비 증감 어부, 장소 변경에 따른 서렴한 수송수단 이용의 가능성 판단, 단순오기에 의한 단위수정, 개산계약, 사후원가검토조건부 계약 등 정산가격을 반영하여 계약금액을 확정하는 경우는 법무검토를 생략할 수 있다.

국방과학연구소, 국방기술품질원, 각 군 등의 소관업무와 관련되어 있는 계약 조건을 변경하고자 하는 때에는 그 내용을 해당기관과 협의하여 동의를 얻은 후 수정계약을 체결하며, 계약서상의 오·탈자 등 경미한 변경사항은 계약상대자가 서면으로 동의한 때에는 별도의 수정계약을 체결하지 않는다.

5. 수정계약의 범위 및 부당이득금 환수

수정계약은 당초 계약의 예산액 범위 내에서 이루어져야 하며, 수량증가 또는 물가변동 등의 사유로 예산액을 초과할 경우에는 부족예산의 배정을 받은 후 수정계약을 체결하여야 한다. 계약이행을 완료하여 그 대금을 지급하고 종료된 계약이라도 계약상대자로부터 당해 계약에 대한 부당이득금 등을 환수하여야 할 경우 최종대가를 지급한 회계연도가 경과하지 아니한 때에는 계약금액을 감액하는 수정계약을 체결하고 환수금액을 예산에 환원하여 반납하여야 한다.

제6절 부정당업자 제재

1. 부정당업자 제재 일반

　　부정당업자 제재는 국가기관 및 공공기관과 계약을 체결한 업체가 계약을 이행하거나 계약 이전에 불법이나 기타 문제 등으로 인하여 일정기간 국가기관 및 공공기관이 실시하는 입찰에 참여하지 못하도록 하는 제도이다. 최근 부정당업자 제재를 받는 업체가 증가되고 있으며, 부정당업자 제재의 주요 요인은 계약 불이행, 허위서류 제출, 입찰담합 및 계약 미체결 등이다. 만일 업체가 부정당업자로 제재를 받으면 제재기간 동안에는 입찰을 할 수 없게 되고, 기존의 계약도 해제 및 해지될 수 있어 경영에 심각한 타격을 받게 된다. 그리고 군 입장에서는 부정당업자로 제재를 받는 업체가 많아지면 조달원이 감소되어 군수품을 안정적이고 경제적으로 조달하지 못하게 된다.

2. 부정당업자 제재 절차

　　부정당업자에 대해서는 국가계약법 제27조와 국가계약법 시행령 제76조에 의해 1개월 이상 2년 이하의 범위에서 입찰참가자격을 제한하도록 되어 있다. 이때 제재 대상자는 계약을 이행함에 있어서 부실·조잡 또는 부당·부정한 행위를 한 자, 하도급의 제한 규정에 위반하여 하도급한 자, 고의 또는 중대한 과실로 원가계산금액을 적정하게 산정하지 아니한 자, 정당한 이유 없이 계약을 이행하지 아니한 자, 입찰 또는 계약에 관한 서류를 위조·변조하거나 부정하게 행사한 자, 그리고 뇌물수수, 입찰 불참자 등이다.

　　부정당업자 제재사유 중 계약 불이행은 계약해지 통지 후에 하자보수를 이행하지 않을 경우에 해당하며 제재기간은 6개월이다. 허위서류 제출이나 입찰담합 및 뇌

〈표 8-8〉 **부정당업자 제재기간 및 과징금 부과율**

제재사유	제재 의뢰 시기	제재기간	과징금 부과율
계약불이행	• 계약해지(해제/일부 해제 포함) 통지 후 • 하자보수 미이행 시	6개월	9%
허위서류 제출	• 사실관계 및 법적으로 제재사유가 명확할 때(검찰기소 등 관련사실 보고 후) • 원가관련 사항 중 특별원가검증 등을 통해 부당이득금 및 가산금 확정 후	6~12개월	9~15%
입찰담합 및 뇌물제공	• 검찰 불기소처분의 경우 불기소사유에 따라 제재 가능하다고 판단될 경우	3~24개월	4.5-30%
계약미체결	• 업체계약 포기 문서 접수 시	6개월	9%
부정·부당행위	• 사실관계 및 법적으로 제재사유가 명확할 때	6~12개월	9~15%
하도급 위반	• 사실관계 및 법적으로 제재사유가 명확할 때	8~12개월	12~15%

물제공 등에서 원가관련 사항은 특별원가 검증을 통해 부당이득금 및 가산금 확정 후 검찰기소 등 사실관계 및 법적으로 제재사유가 명확할 때, 그리고 검찰 불기소처분의 경우 불기소사유에 따라 제재가 가능하다고 판단될 경우이며 3개월에서 24개월의 제재를 받게 되어 있다. 계약 미체결은 업체의 계약 포기 시 6개월, 부당·부정행위는 사실관계 및 법적으로 제재사유가 명확할 때 제재를 의뢰하고 정도에 따라 6~12개월의 제재를 받게 되어 있다.[8]

한편 사소한 경우에도 일정기간 동안 입찰에 참여하지 못하게 하는 것에 대해 과도한 제재라는 문제가 제기되어 2013년 7월부터는 국가계약법 시행규칙이 개정되어 과징금 부과제도가 병행하여 시행되고 있다. 그러나 허위서류 제출 및 입찰 담합 뇌물에 대해서는 과징금 제도를 적용하지 않고 있다.

부정당업자 제재 절차는 계약불이행 및 허위서류제출 등 부정행위가 발생하면 관련 부서에서는 주관부서에 제재를 의뢰하고, 주관부서는 부정당업자제재를 위한 안건을 작성하는데, 이때 업체로부터 의견서를 제출받아 안건을 보완한다. 최종적으로 방위사업청 계약심의회를 통해 부정당업자 제재 처분을 결정한다. 계약심의회 시

---

8   김선영, 방위산업에서 부정당업자 제재 개선요인 우선순위 연구, 2019. 12.

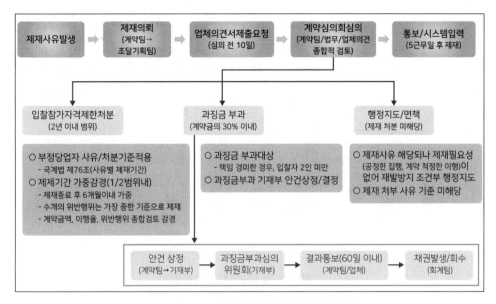

〈그림 8-5〉 방위사업청 부정당업자 제재 절차

에 업체는 법률대리인 등을 통해 의견을 진술할 수 있으며 최종 결과는 해당 업체에 통보하고 지정정보처리장치(G2B, D2B)에 게재하여 모든 국가 및 공공기관에서 계약업무에 적용하도록 하고 있다.

3. 부정당업자 제재 현황 및 원인

방위사업청 통계연보에 따르면 최근 10년간 부정당업자 제재 업체 현황은 총 990건이었다. 2008년 66건에서 2014년 142건으로 대폭증가 하였고 2017년에는 126건으로 약 10년간 100%가 증가되었다. 그리고 가장 많이 발생한 2014년의 경우 총 156건 중에서 국내조달이 132건(85%)으로 대부분을 차지하였고, 국외조달이 24건으로 15%를 차지하고 있다.

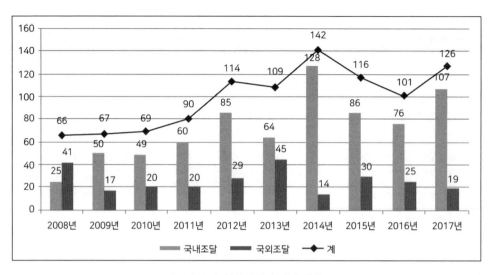

〈그림 8-6〉 부정당업자 제재 현황

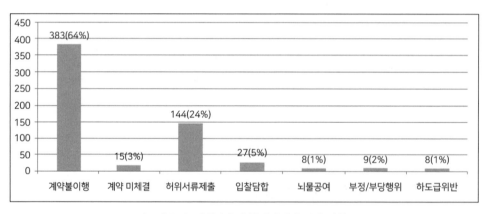

〈그림 8-7〉 제재사유별 부정당업자 발생 현황

　　최근 5년간 발생한 부정당업자 발생 원인을 살펴보면 총 594건 중 계약불이행이 383건(64%), 허위서류제출이 144건(24%), 뇌물 및 입찰담합이 27건(5%), 계약미체결 15건 (3%), 부당·부정행위가 9건(2%) 및 하도급 위반이 8건(1%)이다. 계약불이행의 주요 사례는 신규업체도 대상품목의 규격열람이 가능하나 입찰참여 전 계약품목 및 규격 확인 미흡, 또는 국방규격/도면정보 비공개(공개율 약 30%)로 조달 가능 판단에 어려움이 있었다. 또한, 해외 공급업체와 국내 특정 업체 간 독점계약으로 구매제한 현상이 상존하고, 국방규격 최신화 및 정확성 미흡으로 규격과 현품의 불일치 사례가 발생하였으며, 수입부품에 대한 하자보수 이행능력 부족 및 하자판정 지연에 따른 업체의 불인정 등이다.

허위자료 제출 사례는 거래명세서를 위·변조하거나, 재료비 부풀리기로 부당이득 편취하거나, 국내생산품을 국외생산품으로 위조하여 부당이득 편취, 또는 업체 생산능력 확인 시 허위서류 제출 등이다. 계약미체결은 신규업체 생산기간 부족으로 초도품 및 양산품 검사기간이 계약기간을 초과하거나 금형설계 비용이 계약금액보다 과다 소요되어 계약체결 포기한 사례가 있다. 입찰담합·뇌물공여로는 군 급식업체들이 입찰자 간에 낙찰받을 지역을 배분하고 투찰 전·후 투찰가격을 알려주는 방식으로 담합하여 가격상승을 유도하고 원가담당에게 단가 상승목적의 뇌물을 공여하는 등이다.

부정·부당행위 사례는 함량미달 원자재 사용 및 규격형상이 불일치하였고, 하도급위반으로는 신규업체의 생산능력 초과로 발주기관 승인 없이 불법 하도급을 한 사례가 있었다.

만일 업체가 부정당업자로 제재를 받으면 일정 기간 동안 모든 공공조달 입찰에 참여할 수 없기 때문에 심각한 타격을 받을 수 있다. 따라서 방위산업의 특성이 반영된 제도로 발전되어야 한다. 무엇보다도 부정당업자가 발생하지 않도록 예방하기 위해 업체능력에 대한 확인체계를 강화하고, 규격 및 구매요구서 정확성 유지, 충분한 개발 및 생산 기간 보장 등이 필요하고, 만일 제재 상황이 발생하면 과징금부과 제도를 적극 활용하고 행정지도를 활성화하며 고의가 경우나 협력업체의 문제로 인한 경우, 또는 계약이행 정도 등을 반영한 제재 완화 및 감면 등을 적극 검토하는 전향적인 접근이 필요하다.

4. 지체상금

지체상금은 채무자가 계약상의 의무를 이행해야 함에도 불구하고 자신의 책임으

<표 8-9> 분야별 지체상금율

구분	지체상금율
공사	0.5/1000
물품 제조구매(소프트웨어사업 시 일괄입찰) * 설계에 발주기관장의 승인이 필요한 경우	0.75/1000 * 0.5/1000
물품의 수리, 가공, 대여, 용역 및 기타	1.25/1000
군용 음식료품 제조·구매	1.5/1000
운송, 보관 및 양곡가공	2.5/1000

로 인하여 이행하지 못하고 지체한 경우에 지급해야 하는 지연배상금을 의미한다. 이때 지체상금을 부과하게 되는데 국가계약법 시행규칙 제75조에서 업종별로 규정하고 있으며 세부 내용을 살펴보면 다음과 같다. 공사의 경우는 1천분의 0.5, 물품의 제조·구매는 1천분의 0.75. 다만, 계약 이후 설계와 제조가 일괄하여 이루어지고, 그 설계에 대하여 발주한 중앙관서의 장의 승인이 필요한 물품의 제조·구매의 경우에는 1천분의 0.5로 한다. 물품의 수리·가공·대여, 용역은 1천분의 1.25, 그리고 군용음·식료품 제조·구매는 1천분의 1.5, 운송·보관 및 양곡가공은 1천분의 2.5이다.

지체상금은 계약기간을 경과하는 경우 계약금액에 지연일자와 일정비율을 곱하여 산출하여 부과한다. 2019년 방위사업청 자료에 따르면 지체 중인 32개 사업의 총 계약금액이 5조 7,164억 원인데 지체상금은 총 6,818억 원으로 약 12%에 이른다. 특히 A 사업의 경우 계약금액이 695억 원인데 지체상금은 999억 원으로 계약금액 대비 지체상금액이 143%에 이른다. 30%가 넘는 사업도 많다. 이렇게 지체상금이 많으면 업체는 경영에 큰 타격을 받게 된다. 특히 귀책사유가 불분명하거나 업체의 귀책이 아님에도 불구하고 계약기간이 경과되면 거의 자동으로 지체상금이 산출된다. 지체상금을 부과한 이후에 업체에서 소송 등을 통해 지체상금을 면제받는 경우가 많다. 이러한 지체상금 문제도 방산업체의 경영여건이 악화되는 요인으로 작용하고 있는 것으로 보인다.

〈표 8-10〉 지체상금 주요 현황

구분	계약금액(억 원)	지체상금(억 원)	지체상금 비율
A 사업	695	999	143%
B 사업	1,966	1,196	61%
C 사업	1,191	475	40%
D 사업	1,377	479	35%
E 사업	2,216	678	33%

업체가 부과된 지체상금에 대하여 수용하지 못할 경우에는 지체상금 감면이나 면제를 신청하게 된다. 지체상금 감면이나 면제사유가 명확한 경우에는 지체상금 감면 또는 면제신청서를 접수한 날부터 20일 이내에 계약관의 면제 승인을 받은 후 그 결과를 지출심사팀 및 계약상대자에게 통보하여 계약금액이 지급될 수 있도록 한다. 하지만 지체상금 면제사유 판단이 불명확한 경우에는 감면이나 면제신청서를 접수한 날부터 90일 이내에 관련 분과위원회 심의 후 계약관의 승인을 받아 지체상금 감면이나 면제를 해줄 수 있다. 지체상금과 관련하여 소송으로 가는 경우가 많은데 소송으로 가기 전에 이를 객관적인 입장에서 전문가들이 참여하여 조정하는 지체상금 심의위원회 제도가 2019년에 도입되었다. 이는 과도한 지체상금 부과로 인해 어려움을 겪고 있는 방산업체의 권리구제를 위해 설치한 심의기구로 이를 적극 활용한다면 보다 합리적으로 지체상금이 조정되는 데 크게 도움이 될 것이다(방위사업청 · 국방부 훈령(2020) · 국방획득 원가 및 계약실무(2015) 등 참조).

>> 생각해 볼 문제

1. 국방조달 계약의 특징은?

2. 확정계약과 개산계약의 장단점 및 적용기준은?

3. 일괄계약과 분리계약의 장단점 및 개선방안은?

4. 부정당업자 제재 및 지체상금 제도 분석과 발전방안은?

제9장

원가관리

45년 만에 '방산원가 구조' 손질… 원가 절감액 보상 확대!

방위사업청은 원가 산정을 방산업체에 맡기고, 업체가 원가를 절감한 만큼 이익으로 돌려주는 등 방산원가 구조의 대대적 개선에 나섰다.

방사청은 15일 서울 중구 세종문화회관에서 방산원가구조 개선 발표회를 열고 정책연구용역 기관인 삼일회계법인이 제시한 '성실성 추정 원칙' 제도 도입, 표준원가 개념 적용 등을 골자로 한 개선안을 발표했다.

기존에는 방산업체가 원가자료를 제출하면 원가팀에서 현상 실사 등을 통해 원가를 계산하고, 이를 다시 제도심사팀에서 심사한 후 결과를 기초로 계약관이 최종적으로 예정 가격을 결정했다.

방사청은 "성실성 추정 원칙 제도가 도입되면 원가자료 검토 과정에서 업체와 방위사업청 원가업무 담당자와의 사이에서 빈번하게 일어났던 원가 관련 갈등이 해소되고 원활한 계약추진이 가능해 행정 효율성이 높아질 것으로 기대된다"고 밝혔다.

방사청은 또 방산업체에서 실제 발생한 비용을 그대로 인정하는 대신, 방산노임단가와 기준공수를 원가계산에 적용하는 개념인 '표준원가 개념'을 적용하겠다고 밝혔다.

방산 노임단가는 방산업체의 매출 규모와 업종 등을 고려해 그룹화한 후 그룹별 노임단가를 적용하는 방식이고, 기준공수는 제품을 만들 때 각 제품별 기준 작업시간이 반영된 '작업절차서'를 공식 문서화하여 적용하는 방식이다.

방사청은 "표준원가 개념 도입으로 업체 스스로 원가절감 노력을 하면 업체에 더 많은 이익을 보장해 주는 등 수출 가격경쟁력을 확보하게 된다"고 설명했다. (이하 생략)

뉴스1, 2019.7.15

제1절 일반사항

1. 원가관리의 개념 및 중요성

1) 원가관리의 개념

일반적으로 회계이론상의 원가관리란 설계 및 생산기술을 개선함으로써 현재 원가수준 자체를 끌어내리고(원가절감) 또한 절감된 원가수준을 실제 생산 활동의 달성목표로 하는 일체의 관리활동(원가통제)을 말한다. 이러한 개념은 원가계산의 일반적 목적인 재무제표의 작성, 가격결정 및 경영관리 목적으로 사용되는 기업 내부적 개념인 것이다.

국방획득의 원가관리는 합리적이고 공정한 계약금액을 결정하기 위하여 계약제도와 원가계산 기준을 법규화하고 이를 토대로 업체로부터 진실한 원가정보를 획득하여 이 자료를 바탕으로 적정한 가격의 결정뿐만으로 아니라 연구개발 및 국산화 촉진을 적극 지원하고 업체로부터 자발적인 원가절감 노력을 하도록 동기를 부여함으로써 국방예산의 절감과 방위산업의 육성 발전을 도모할 수 있도록 체계적으로 운영하는 것을 말한다.

따라서 국방획득의 원가관리는 계약상대자로 하여금 원가통제나 원가절감을 유도해야 함은 물론 확실성 있는 자료를 근거로 합리적이고 공정한 가격을 결정하기 위한 원가계산기준의 법규화, 제출된 자료의 진실성 입증, 원가산정과 그 결과에 대한 적정성 제고를 위한 내부통제 및 분석, 원가계산제도의 보완개선 등 일체의 활동을 말한다.

2) 원가관리의 중요성

연간 약 30조 원이 넘는 막대한 국방예산이 조달과정을 통하여 집행되고 있으며,

구분	정부 원가관리	방산업체 원가관리
목표상충	예산의 효율적 집행 - 낮은 가격으로 구매	이윤 창출 - 높은 가격으로 판매
원가정보 비대칭	수요주체: 업체 → 원가정보 - 원가정보 획득 애로	생산주체: 생산 원가정보 생성 - 원가정보 독점
원가 관련 기준(규정)	정부 원가회계기준 정립 - 형평성/통일성 유지	기업 원가회계 기준 수립 업체 자체 적합한 기준
원가자료 신뢰도	낮은 가격 자료 적용 경향 - 대부분 높은 가격 적용 - 사후 민원/감사 시 문제	높은 가격 예측자료 적용 경향 - 낮은 가격 적용 시 협상 기피 - 허위/고가자료 제출 우려
원가인식 차이 발생	정상적인 비용만 인정 경향 - 정보부족, 적정성 판단 애로	발생비용 모두인정 요구 - 업체 유리한 정보 제출
원가관리 여건/능력	한정된 인력/예산 운영 - 업체보다 상대적 열세	전담 부서/인력, 회계시스템 운영 - 정부보다 상대적 우세

이 중 상당부분은 국내 민간기업과의 계약행위를 통해 군수물자 조달에 지출되고 있다.

방위산업에 있어 업체의 목표는 이윤을 극대화하는 것이며, 정부의 목표는 예산의 효율적 배분이라는 이념하에서 예산의 낭비적 요소를 제거하여 예산절감의 효과를 달성하는 것이다. 이와 같이 생산주체와 수요주체의 목표가 동일하지 않은 조달시스템에서는 쌍방 간의 상충된 목표가 조화될 수 있는 제도적 장치, 즉 정부는 업체 스스로 생산성 향상이나 원가절감 노력을 할 수 있도록 유도하고, 업체로부터 진실한 원가정보를 획득하여 이것을 기초로 합리적이고 공정한 가격을 결정할 수 있도록 하여야 한다.

따라서 공급자로서의 기업과 수요자로서의 정부 사이에 이러한 조달환경의 특성을 인식하고 상호 신뢰할 수 있는 공정한 수준의 계약금액 결정 시스템이 형성되도록 합리적인 계약제도, 원가계산 및 원가관리의 재정립이 절실하다고 할 수 있다.

방위산업에 있어 계약 및 원가관리 기능을 강화하여야 할 필요성을 살펴보면 다음과 같다.

첫째, 방위산업 규모가 증대되고 있다. 이러한 사실은 정부예산의 규모와 군수물

---

9   최종환 외, 2019 최신개정판 제조원가계산실무, 2019.

자 조달추세로 보아 앞으로 더욱 증대될 것이 예상된다.

둘째, 조달품목의 성격이 물자류에서 장비류로 전환되어 가고 있다. 일반적으로 물자류는 경쟁계약으로 시장기능을 통하여 거래실례가격이 형성되어 있으나 장비류는 방위산업물자의 특수성으로 인하여 대부분 주문생산 형태로 수의계약에 의하여 조달되고 있으므로 가격결정 시 원가계산이 필요하게 된다.

셋째, 계약 및 원가관리업무가 복잡화되고 전문화가 요구되고 있다. 완제품 제조형태의 조달에서 가공, 조립, 재생 등 특수한 형태의 조달이 증가하고 수입품의 단순한 조립생산에서 부품의 국산화 제조 확대로 다양화하고 있다. 특히 방산물자는 항공기, 함정, 전자장비, 미사일 등과 같이 고도정밀, 고가화되고 있으며 생산기간도 장기간 소요되고 있다. 따라서 계약형태의 결정문제와 더불어 가격결정 문제가 더욱 크게 대두되고 있다.

넷째, 제조업 전반의 산업환경도 공장자동화와 사무자동화의 급속한 진전에 따라 계속적인 설비투자와 신규 사업에 대한 개발비용이 증가 추세에 있으며, 원가구조도 직접비 중심에서 간접비 중심으로 그 비중이 점차 옮겨가고 있다.

2. 방위산업 시장의 특성

방위산업시장은 수요자인 정부와 공급자인 민간기업으로 구성되며, 정부와 민간기업과의 관계는 정상적인 자유경쟁시장에서의 소비자와 공급자의 관계가 아니라 유일한 독점적 수요자인 정부와 소수 또는 독점적 공급자인 민간기업이 상호 밀접한 관계를 맺고 있는 것이 보통이다.

따라서 경쟁계약보다는 수의계약에 의한 조달방법이 많이 행해지고 있으며, 조달계약금액의 결정에 있어서도 대부분의 조달물자 및 장비가 특정 규격의 주문생산에 의존하고 있기 때문에 시장기능을 통한 자율적인 경쟁거래에 의하여 형성된 가격으로 결정되기보다는 정부의 한정된 예산의 효율적인 배분이라는 측면과 민간기업의 발생비용 보상과 투하자본의 회수라는 측면에서 쌍방 간 협상에 의하여 가격이 결정되고 있는 것이 대부분이다.

특히 군용으로 제공되는 물자로서 「방위사업법」에 의하여 지정된 물자인 방산물자 조달의 경우에는 정부와 방산물자를 생산하는 업체로서 「방위사업법」에 의하여 지정된 업체인 방산업체 간의 쌍방 독점적인 관계가 형성되고 있다. 방산물자는 상용물자와는 달리 수요의 제약, 고도의 정밀기술 필요, 막대한 투하자본과 그 투하자본의 회수기간 장기소요 등 여러 가지 특징이 있다.

따라서 정부에서는 산업시설의 일부를 제공하거나 별도의 착·중도금 지급 및 원가계산 기준 마련, 조세감면 등 선별적인 지원육성책을 마련하고 있는 실정이다. 위와 같이 방위산업시장은 경쟁계약에 의하여 획득하는 유류, 급식, 피복, 일반차량 및 장비 등 상용 물자를 제외하고는 다음의 몇 가지 특성이 있다.

첫째, 방위산업시장의 가격은 수요와 공급에 의하여 결정되지 않고 국방예산과 공급자의 비용발생 실적에 의존하여 그 가격이 결정된다. 정부입장에서는 국방예산의 한정된 범위 내에서 소요물량의 확보라는 책임과 다양한 원가자료를 획득할 수 없는 자료원의 제한성을 갖게 되며, 기업의 입장에서는 발생비용 보상과 함께 이윤 추구의 목적도 함께 달성하려고 하게 된다.

둘째, 방위산업시장은 정부가 유일한 수요자이기 때문에 생산물량이 한정되어 있다. 따라서 소요물량의 변동에 따라 생산능력을 초과하거나 유휴설비가 발생하여 고정비 부담이 가중될 수 있다.

셋째, 방위산업은 민수산업에 비해 연구개발에 막대한 예산 및 기간이 소요되고 성공 여부도 불확실성이 뒤따르는 위험이 높은 산업이다. 따라서 연구개발비의 비중이 높은 편이다.

넷째, 방산물자의 특성으로 공급자가 제한되어 정부와 공급자 간의 관계는 쌍방독점의 성격을 지닌다.

다섯째, 방위산업물자는 품질과 성능 등 제품의 신뢰성 자체에 많은 중점을 두고 있어 필요한 경우에는 경제적인 측면보다 국가안보를 위한 신뢰성이 더 강조되기도 한다. 즉 선(先) 품질 후(後) 가격의 전략이 그것이다.

3. 원가관리의 환경 변화

1) 기업원가회계의 환경 변화

1970~1980년대는 품질관리가 중요한 과제였으나 1990년대 이후로는 원가관리가 기업의 사활을 좌우하는 중심과제로 부상하고 있으며, 계속적인 설비투자, 신제품과 신규 사업에 대한 개발비용 등의 증대, 산업구조 · 생산현장 실태의 변화에 대응하기 위한 기간원가 증대 등에 따라 원가구성의 내용 · 중점사항의 변화가 지속적으로 이루어지고 있다.

또한, 종전의 관리회계에서는 단기적 차원에서 제조원가와 품질수준과의 관계를 상반되는 관계로 인식하여 왔으나 새로운 관리회계에서는 장기적 차원에서 제조원가와 품질수준을 상호보완적인 관계로 인식하는 경향이 커가고 있으며, 자산보전의 안전화, 회계기록의 정확화 및 신뢰도, 경영활동의 효율성, 경영관리 기준의 준수 등을 유지 · 증대하기 위하여 기업의 활동 전반에 대하여 조직적 절차(내부통제시스템)를 강화하여 원가절감 및 원가관리의 효율성을 극대화시키려는 노력이 증대되고 있다.

2) 방위산업의 환경 변화

방위산업은 평시에 군수물자를 개발 · 제조 · 지원하고 비상시에는 충분한 군사소요를 충족시킬 수 있는 설비 및 능력을 안정적이고 지속적으로 확보해야 하는 국가기간산업으로서의 특성을 가지고 있다. 그런데 최근에는 국방수요 규모가 축소되고 이에 따라 생산설비 및 인력의 가동률이 50% 수준으로 저하되어, 고정비 부담이 증가하고 수익성이 낮아지는 어려움을 맞고 있다.

아울러 무기체계도 탄약 및 기본병기와 같은 재래식 무기 위주에서 전자전 장비, 광학무기와 같이 첨단화 · 정밀화된 무기체계로 바뀜으로써 방위산업에 있어서도 연구 활동 및 기술개발의 비중이 증가하고 있다. 또한 투명한 군수물자조달에 대한 국민적인 관심이 고조되어 정부도 국방예산의 공개 및 공정성 확보를 요구받는 등 예산의 효율적 집행이 어느 때보다 중요시되고 있다.

현재 방위산업은 생산설비의 낮은 가동률이 문제가 되고 있다. 이는 기본적으로 방산물자의 수요자가 정부뿐이며, 정부가 방산물자 구입에 소요되는 예산을 무한정으로 지출할 수 없다는 데 그 원인이 있다. 방산물자는 국내 관점에서만 보면 쌍방독점이지만, 국제적인 관점에서는 다수의 수요자와 공급자가 존재하게 된다. 물론, 방산물자는 각국의 이해관계가 첨예하게 대립하고 있어 일반 민수물자와 같이 완전 자유시장으로 볼 수는 없지만, 정부는 수출시장을 확보하고 방산수출을 늘리기 위하여 국방 R&D에 대한 꾸준한 투자를 바탕으로 방산수출 틈새시장을 지속적으로 개척해 나가고 있다.

방위사업청 개청 직후인 2006년부터 적극적인 방산수출을 추진한 결과, 2007년 8억 5천 불, 2013년에는 34억 불을 달성하기에 이르렀으나 그 후로는 정체하고 있으며, 점점 방산수출에서 국제 경쟁이 심화되고 있다.

제2절 표준원가[10]

1. 표준원가에 의한 원가관리 개념

표준원가(standard cost)는 작업의 실시 또는 제품 생산 전에 일정요건을 설정하고 그 조건에 따라 과학적으로 산정한 목표원가(target cost)로 목표달성이 가능한 작업조건에서 반드시 얻어져야 하는 원가를 말하며, 이 개념을 구분하여 설명하면 다음과 같다.

① 표준원가는 사전에 결정된 원가이다. 즉 표준원가는 역사적 원가 또는 실제원가인 사후에 산정되는 과거원가와 대조되는 개념이다.

② 표준원가는 과학적으로 산정된 원가이다. 즉 표준원가는 표준 설정자의 주관

---

10 최종환 외(2019), 전게서.

을 배제하고 객관적인 기준에 따라 과학적으로 산정된 원가를 말한다.

③ 표준원가는 실제 발생원가의 성과를 측정하는 기준이다. 이는 표준원가가 실제 발생한 원가의 과다 또는 과소여부를 비교·판단하는 기준이 되는 원가임을 의미하는 것이다.

④ 표준원가는 일정한 조건하에 산정되기 때문에 기준이 되는 조건이 변하지 않는 한 고정적이다. 그러나 표준원가라도 기초 조건이 변하면 개정하는 것이 바람직하며, 종류에 따라 단기간에 개정해야 하는 표준원가도 있으므로 표준원가의 고정성이 절대적인 것은 아니다.

표준원가는 가격표준과 수량표준으로 구분된다. 가격표준(price standard)은 재화나 서비스를 한 단위 생산하기 위하여 필요한 생산요소의 표준가격을 의미하며, 수량표준(quantity standard)은 투입생산요소의 표준수량을 의미한다. 가격표준과 수량표준에 의하여 결정되는 표준원가는 단위개념으로 파악된다.

표준원가에 의한 원가관리란 공식적인 회계시스템 내에 표준원가를 도입하여 원가관리를 하는 방법을 말한다. 즉 표준원가에 의한 원가관리란 제품원가를 구성하는 직접재료비, 직접노무비, 제조간접비의 각 생산요소에 대하여 ① 과학적으로 표준원가를 설정하여 제품원가를 계산하고, ② 제품완성 후에는 실제 발생한 생산요소에 대한 실제원가를 계산하여, ③ 표준원가와 실제원가 간의 비교를 통하여 차이를 산정하고, ④ 발생한 차이에 대한 원인을 정확하게 파악하여, ⑤ 원가 차이를 각층의 경영책임자에게 보고하고, ⑥ 필요한 개선책을 강구하고, 이에 대한 회계처리를 하는 절차를 말한다.

따라서 표준원가에 의한 원가관리는 ① 표준원가의 설정, ② 표준원가에 의한 원가 계산, ③ 실제원가에 의한 원가 계산, ④ 원가 차이의 계산, ⑤ 원가 차이의 원인파악, ⑥ 원가 차이의 보고, ⑦ 원가 차이에 대한 회계처리 절차에 따라 행해진다.

2. 표준원가 활용 목적

1) 원가회계 측면의 목적

표준원가계산은 원가회계 측면에서 재고자산의 평가와 매출원가의 계산을 위한 원가자료수집의 단순화 및 기장의 신속화와 간략화를 이룰 수 있다. 예를 들어, 자주 변하지 않는 표준원가로 재고자산과 매출원가를 기록하기 때문에 모든 재고자산의 단위원가가 동일하게 기록되어 선입선출법이나 후입선출법 등의 원가흐름에 대한 가정이 필요 없으며, 또한 완성된 제품은 물론 재공품에 대해서도 완성품 환산금액을 합리적으로 계산할 수 있다.

2) 관리회계 측면의 목적

표준원가는 원가관리, 성과평가, 원가인식, 목표에 의한 관리, 예산편성, 경영의 사결정 등의 관리회계 측면의 목적을 위해서도 활용할 수 있는데, 이를 구분하여 설명하면 다음과 같다.

① 원가관리: 표준원가는 부문별, 작업별 등의 원가관리(cost control)에 유용한 원가자료를 제공한다. 즉 표준원가는 단위개념으로 표현되기 때문에 실제원가와 비교가 용이하다. 따라서 실제원가와의 차이에 대한 보고를 적시에 행하여 경영자에게 발생한 차이에 대한 문제를 명확히 인식하게 하고, 달성하고자 하는 실적을 유지하게 하는 합리적인 행동을 취하게 하므로 많은 손실이 발생하기 전에 원가관리 문제를 인식하게 한다.

② 성과평가: 표준원가는 성과평가(performance evaluation)를 위한 기준이 될 수 있다. 즉 표준원가는 실제원가와 표준원가 사이에 차이가 발생하는지를 상호 비교하여 파악함으로써 경영활동이 계획대로 이루어지고 있는지 또는 정확한 예측이 이루어지고 있는지에 대한 효율적인 관리와 성과평가를 가능하게 한다.

③ 원가인식: 경영가들은 생산증가와 종업원의 사기증진, 생산율 증가 등이 원가에 미치는 원가인식(recognition of cost)을 하고 있지만 대다수의 종업원들은 자신

의 행동결과가 원가로 나타난다는 것을 제대로 인식하지 못하고 있다. 그런데 표준원가는 종업원들에게 어떤 지침이 되는 기준을 제공하므로 종업원 자신의 행동이 원가에 영향을 미지는 것을 인식시켜 원가관리에 더 좋은 노력을 하게 한다.

④ 목표에 의한 관리(Management By Objectives: MBO)는 모든 활동표를 정해 놓고 경영활동을 관리하는 것을 말하며, 성과가 기대수준과 상당한 차이가 있을 이 경영자에게 적절한 수정행동을 취하게 한다. 따라서 많은 조직에서 세부적인 표준원가를 사용하여 달성하고자 하는 어떤 목표를 정해놓고 경영활동을 수행하는 목표에 의한 관리는, 적정한 수준을 인식하고 차이를 기록하는 데 신속하고 좋은 참고자료를 제공한다.

⑤ 예산편성: 예산은 일정기간의 기업 각 분야의 구체적인 계획을 화폐액으로 표시하여 이를 종합적으로 나타낸 것인데, 단위개념으로 설정된 표준원가는 일정기간의 예산편성(budget planning)을 위한 기초자료를 제공한다. 표준원가와 예산은 유사한 개념으로 본질적으로 차이가 없지만, 단지 차이점이라면 표준원가는 제품이나 서비스 단위금액으로 파악되고 예산은 총액으로 파악되며, 표준원가는 제품단위별로 파악되고 예산은 기간별로 파악된다는 것이다.

⑥ 경영의사결정: 표준원가계산은 가격결정, 제품배합, 자가 또는 외부구입의 결정 등 계획을 중심으로 한 단기적이고 업무적인 의사결정 그리고 신제품 개발계획과 같은 기적이고 전략적인 의사결정에 유용한 정보를 제공한다.

즉 표준원가는 직접비에 비능률이나 비효율적인 요인이 배제되어 있고, 또한 간접비는 기준조업도를 기준으로 설정되기 때문에 계절적 변동이나 일시적인 조업도의 변동이 영향을 받지 않으므로 가격결정 등의 경영의사결정에 유용한 원가정보를 제공한다.

3. 표준원가 활용의 장단점

표준원가를 활용하면 다음과 같은 장점이 있다.

① 표준원가계산은 제품생산에 필요한 표준수량에 단위당 표준원가를 곱하여 재고자산을 평가하기 때문에 선입선출법이나 후입선출법 등과 같은 원가흐름에 대한 가정이 필요 없다.

② 표준원가계산은 개별 제품별로 일일이 단위원가를 계산하기 어려운 대량생산체제에서 제품가격결정을 위한 제품단위원가를 쉽게 알 수 있다.

③ 원가계산을 통하여 이를 사후에 발생한 실제원가와 비교함으로써 부문이나 종업원 등의 성과평가에 유용하다.

④ 표준원가를 수시로 실제원가와 비교함으로써 계속적인 원가관리가 가능할 뿐만 아니라 표준을 현재 상태에 맞추어 계속해서 수정해 나가기 용이하다.

그러나 표준원가의 활용은 다음과 같은 단점이 있다.

① 현재 일반적으로 인정된 회계원칙은 외부보고에 실제원가를 적용하도록 요구하고 있으므로, 외부보고 시에 표준원가를 실제원가로 수정해야 하는 번거로움이 있다.

② 표준원가계산을 사용하는 경우에는 실제원가와 표준원가 사이에 차이가 발생하는데, 어느 정도의 차이가 특히 관리를 요하는 중요한 차이인지를 결정하기 어렵다.

③ 일정한 수준 이상의 차이, 즉 규모가 큰 차이에만 초점을 맞추면 허용범위이내에서 발생하는 실제원가의 증가추세와 같은 중요한 변동을 초기분석 단계에서 파악하지 못하게 된다.

4. 표준원가의 유형

1) 표준원가의 유형

표준원가는 표준개정의 빈도에 따라 당좌표준원가와 기준표준원가로 구분하며, 또한 표준달성의 엄격도에 따라 이상적 표준원가, 정상적 표준원가, 현실적 표준원가로 구분할 수 있다.

(1) 표준개정의 빈도에 따른 표준원가의 유형

① 당좌표준원가: 당좌표준원가(current standard cost)는 단기의 예정조업도와 예정가격을 전제로 결정되는데, 실제 경영활동에서 일반적인 노력으로 달성할 수 있으며 전제된 조건의 변화에 따라 자주 개정되는 표준원가를 말한다.

② 기준표준원가: 기준표준원가(basic standard cost)는 장기간의 조업도, 고정적 가격, 일정의 작업능률을 전제로 장기간 고정되는 표준원가로, 제품종류, 생산방법 등 경영구조의 변화가 없는 한 변경되지 않는다. 이 표준원가는 장기간 동일한 표준을 계속 적용하므로 업적추이에 초점을 맞추기 용이하나, 자본비용이 빠른 속도로 변화하거나 생산기술이 변화하면 적용하기 어렵기 때문에 실무적으로 많이 사용되지 않는다.

(2) 표준달성의 엄격도에 따른 표준원가의 유형

① 이상적 표준원가: 이상적 표준원가(ideal standard cost)는 최상의 작업환경인 어떤 결함도 발생하지 않는 이상적 상황에서 달성될 수 있는 표준원가를 말한다. 즉 이상적 표준원가는 기계 작업의 공손, 원재료 부족, 종업원의 결근·휴식·실수 등이 없는 최고의 작업효율을 나타내는 상황에서 달성 가능한 가장 낮은 원가를 나타낸다. 따라서 이 원가는 실제적으로 사용하기 어려우며, 달성 가능성이 희박하여 항상 불리한 차이가 발생하므로 종업원의 동기부여에

역효과를 가져올 수 있다. 이를 이론적 또는 달성 불가능한 표준원가리고도 한다.

② 정상적 표준원가: 정상적 표준원가(normal standard cost)는 이상상태를 배제하고 경영활동에 관한 과거의 장기실적을 통계적으로 평균하고, 여기에 장래의 추세를 고려한 정상능률, 정상조업도 및 정상가격에 의하여 결정되는 표준원가를 말한다. 정상적 표준원가는 경제환경이 안정적인 경우에는 재무제표 작성과 원가관리 등의 목적에 사용될 수 있으나, 물가상승과 기술혁신 등이 이루어지고 있는 경우에는 사용하기 어렵다.

③ 현실적 표준원가: 현실적 표준원가는 현실적으로 달성 가능한 표준원가(currently attainable standard cost)라고도 하며, 정상적인 공손, 기계고장으로 인한 휴식시간, 정상적인 종업원 결근ㆍ실수 및 그 밖의 정상적인 작업효율 하에서 피할 수 없는 사건들을 감안하여 설정된 표준원가를 말한다. 이 표준원가는 불가피한 감손, 공손, 유휴시간 등의 여유율을 고려한 원가이므로 달성 가능하고 원가관리에 가장 효과적인 표준이 된다.

5. 표준원가의 설정 및 차이 분석

1) 표준원가의 설정

먼저 생산요소인 직접재료비, 직접노무비, 제조간접비에 대하여 설정하고, 그 다음에 부문별 그리고 마지막으로 제품별로 설정하여야 한다. 표준원가의 설정을 위해서는 과거경험을 바탕으로 다양한 조업도 수준의 원가행태에 대한 자료뿐만 아니라 경영자의 통찰력, 경제환경의 변화, 신기술의 영향, 수요공급에 대한 전망, 산업공학자, 시장조사팀 등의 자료를 충분히 반영하여야 한다.

2) 표준원가 차이 분석

표준원가계산제도에서는 제품원가를 계산하기 위하여 모든 원가요소, 즉 직접 재료비, 직접노무비, 제조간접비에 표준원가를 적용하므로 대부분의 경우에 실제 발생한 원가요소 금액과 차이가 발생하게 된다. 이러한 차이를 표준원가 차이(standard cost variance)라고 하며, 차이를 계산하고 차이의 원인을 파악하는 것을 표준원가 차이 분석이라고 한다.

표준원가 차이 분석(standard cost Variance analysis)은 원가차이를 직제상의 책임과 관련시켜 분석함으로써 현장관리자의 책임을 명백히 하고, 성과평가에 활용하여 승진, 임금 및 급료인상, 부가적인 책임 등과 같은 경영상의 보상과 적절한 시정조치를 취하게 하고, 표준원가 차이의 원인 및 책임분석을 행하여 원가관리를 유용하게 할 목적에서 이루어진다. 또한 차이의 원인을 분석하여 설정된 표준원가를 계속 사용할 것인지 또는 환경변화에 따라 표준원가를 변경할 것인지 여부를 결정할 수 있게 한다.

제3절 원가관련 법규

1. 원가관련 법규체계

일반적으로 정부의 계약집행에 관하여는 국계법, 국계령 및 국계법 시행규칙에 의거하여 처리하고, 특히 계약업무 중 정부 또는 정부투자기관에서 조달하는 물자의 원가계산은 기획재정부의 회계예규인 「예정가격 작성기준」을 적용하도록 하고 있다. 국방획득물자의 계약행위에 관하여는 정부기관 등과 마찬가지로 국계법 및 관계법령에 근거하여 처리하고 있으며, 군수물자 중에서 방산물자를 조달하는 경우에 한하여 국계법 및 관계법령의 규정에도 불구하고 「방위사업법」에서 별도로 규정하고 있는 계약상의 특례를 적용하도록 하고 있다.

2. 방산물자 원가관련 법규

1) 제정배경 및 특례내용

(1) 제정배경

정부가 일반시중에서 유통되고 있는 물자를 조달하기 위하여 제정한 「예산회계법(국계법)」특히 「원가계산에 의한 예정가격 작성준칙」을 고도정밀 무기인 방산물자 조달에 그대로 적용하기에는 적절하지 못하다는 인식하에 1978년도에 「방산물자 원가계산기준규정」을 제정하게 되었다. 이 규정을 제정한 근본목적은 국가안보정책의 효율적 수행이라는 국가목표와 방산업체의 생산비용, 시설투하자본 및 적정이윤보상

〈표 9-2〉 계약 및 원가관련 법규[11]

일반물자	방산물자
• 국가를 당사자로 하는 계약에 관한 법률 • 국고금관리법	• 방위사업법
• 국가를 당사자로 하는 계약에 관한 법률 시행령 • 국고금관리법 시행령	• 방위사업법 시행령
• 국가를 당사자로 하는 계약에 관한 법률 시행규칙 • 국고금관리법 시행규칙	• 방위사업법 시행규칙 • 방위산업에 관한 계약사무 처리규칙 • 방위산업에 관한 착수금 및 중도금 지급규칙 • 방산물자의 원가계산에 관한 규칙
• 예정가격 작성기준 • 정부 입찰·계약 집행기준 • 적격심사기준	• 방산원가대상물자의 원가계산에 관한 규칙(국방부령)
• 방위사업관리규정	• 방위산업에 관한 계약사무 처리 시행세칙 • 방산물자의 원가계산에 관한 시행세칙 • 회계처리 및 구분회계 기준 • 방위산업에 관한 착수금 및 중도금 지급세칙

---

11 최종환 외(2019), 전게서.

을 동시에 달성하는 데 있다.

방산물자의 조달특성을 살펴보면, 수요와 공급이 하나인 쌍방독점으로 수의계약의 대상이 되고, 주요 대형사업은 1회계연도에 사업이 종료되지 않고 2~3회계연도에 걸쳐 장기계약을 체결하는 경우가 많으며, 신규개발 또는 특수규격 사업으로 대부분 주문생산 형태이며 계약이행 과정에서 발생비용의 추적이 가능한 개산계약의 체결이 불가피한 경우가 빈번하게 발생한다.

이러한 방산물자의 조달특수성을 수용할 수 있는 계약제도의 도입이 필요하게 되었으며, 이에 부응하여 1983년도에 「방산계약사무처리규칙」을 국방부령으로 제정하여 오늘에 이르게 되었다.

(2) 특례내용

「방위사업법(舊 방산특조법)」에서 다음과 같은 계약상의 특례를 별도로 규정하고 있다.

① 방산물자와 무기체계를 운용에 필수적인 수리부속품을 조달하거나 연구 또는 시제품 생산(이와 관련된 연구용역을 포함한다)을 위촉하는 경우에는 단기계약과 장기계약, 확정계약과 개산계약을 체결할 수 있으며, 이 경우 국계법 및 관계법령의 규정에 불구하고 계약의 종류, 내용, 방법 및 그 밖에 필요한 사항은 대통령령으로 정한다.

② 「방위사업법」상의 계약을 체결하는 경우에는 원가계산기준 및 방법과 착수금 및 중도금의 지급기준, 지급방법 및 지급절차는 국방부령으로 정한다.

2) 법규의 개정 추이

방산물자 원가계산은 방산물자에 관한 원가계산기준이 별도로 마련되기 이전에는 일반물자와 마찬가지로 「예산회계법」 및 관계법령을 적용하여 예정가격 결정을 위한 원가계산을 실시하였다. 그러나 방위사업의 현대화 및 국산화 정책 추진을 위하여 정부 주도하에 방위산업을 육성 지원하게 됨에 따라서 그 육성정책의 일환으로 방산물자를 조달하기 위한 별도의 원가계산 기준을 마련할 필요성이 대두되었고, 1974년

6월 30일자로 「방산물자 원가계산기준」에 관한 지침이 마련되었다. 이 당시에는 정부조달 일반물자 원가계산방식을 기초로 하여, 노무비 계산에 있어서 임률은 정부노임단가를 업체 실지급 노임단가로 적용토록 하며, 제잡비율은 업종별 최고율인 22%를 인정하고, 제역무비에 있어 시험연구비를 추가로 인정하는 정도에 불과하였다.

1978년 방산물자 원가계산기준규정의 제정은 본격적인 방위산업의 양산화 기반을 구축하는 데 있어서 원가계산기준을 현실화한 조치였다. 주요내용을 보면 노임단가 산정 시 잔업수당을 제외한 제수당과 상여금의 400% 상한 인정, 특허료와 기술료의 추가계산, 수입완성품에 대해서는 별도의 제잡비율을 적용하는 내용이 포함되어 있다.

1989년의 5차 개정에서는 노임단가 산정에 있어 상여금의 인정범위를 650%로 상향조정하고, 이윤은 총원가에서 재료비, 기술료, 외주가공비를 차감한 부가가치액에 이윤율을 곱하여 계산하도록 새로운 이윤계산방식을 채택하고 있다.

1997년에는 「방산물자의 원가계산에 관한 규칙의 세칙」 제정권자를 변경하여 각 기관의 장에서 국방부장관이 제정토록 하였으며, 연장근로시간 주 12시간 초과분 상한선을 폐지하여 업체의 실발생비용을 보상하고, 제 비율 산정기준을 변경하여 간접가공비를 간접노무비와 간접경비로 구분 산정토록 하였고 방산업체가 제품별로 원가를 적정하게 계상하기 위하여 회계처리기준, 방법, 절차 등을 정부에 신고하는 공시보고 제도를 도입 · 시행하고 있다.

2006년에는 방위산업의 육성 · 지원과 방산물자 수출경쟁력 강화 및 국방예산의 효율적 집행을 위해 방산원가 및 계약관련 제도를 종합적으로 개선하였으며, 그 개선내용은, 국 · 내외 방위산업관련 에어쇼 및 전시회 등 광고선전비 일정비용 및 방산수출물량에 대한 고정비용 원가보전, 중소방산업체 일반관리비율 상한 2% 상향조정, 퇴직급여 한도개선, 방산원가 전산 활용 및 증빙절차 간소화, 경영노력이윤보상제도 신설, 원가절감보상계약 체결 대상범위를 확대하였다.

2008년에는 방위산업 수출을 촉진하기 위하여 외국 현지 시험평가 비용 등을 일반관리비에 포함하여 산정하도록 하고, 외국에서 수입하던 방산물자 부품을 국산화한 경우 수입가격 등을 고려하여 원가를 산정하도록 하였으며, 종전에는 방산물자 생

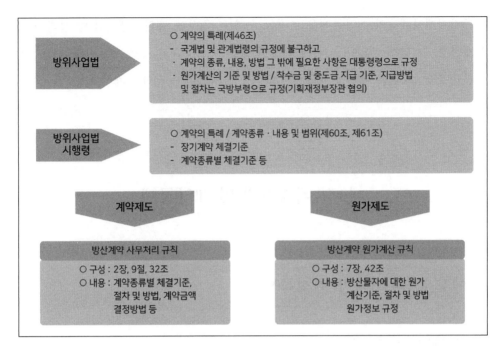

〈그림 9-1〉 방산물자 원가관련 규정 내용

산 및 조달을 위하여 투하된 자본에 대한 기회비용을 이윤에 포함하여 산정하였으나 이윤과 구분하여 비용으로 보상하도록 개선하였다.

3) 부당이득금의 환수 및 개산계약금액 조정

방위사업에서는 방산업체 · 일반업체 · 전문연구기관 또는 일반연구기관이 허위 그 밖에 부정한 내용의 원가계산자료를 제출하여 부당이득을 얻은 때에는 부당이득금과 부당이득금에 상당하는 가산금을 환수할 수 있도록 규정하고 있으며, 계약상대자에게 부당이득을 얻은 때에는 국고에 환수조치 한다는 내용을 주지시키도록 하고 있다.

「방위사업법」상의 개산계약 형태인 중도확정계약, 특정비목불확정계약, 유인부 원가정산계약, 일반개산계약으로 장기계약을 체결하고 조정당시의 실제 발생 원가자료를 기초로 하여 산정한 원가가 당초의 개산계약금액에 비하여 100분의 5 이상 증감된 경우에 한하여 개산계약금액을 조정할 수 있다.

장기개산계약의 계약금액을 조성할 수 있는 경우는 계약이행기간 중 물가변동, 설계변경, 그 밖에 계약내용의 변경 등에 따른 예산소요의 증감으로 인하여 당초의 개산계약금액으로는 원활한 계약의 이행이 곤란하다고 인정되는 때이다.

제4절 예정가격 및 계약금액

1. 예정가격의 의의 및 작성목적

1) 예정가격의 의의

계약담당공무원은 경쟁입찰 또는 수의계약 등에 부칠 사항에 대하여 예정가격을 결정하고 이를 밀봉하여 미리 개찰장소 또는 가격협상 장소에 두고, 예정가격이 누설되지 않도록 하며, 예정가격을 결정하고자 할 때에는 서면으로 예정가격조서를 작성한다. 그러나 계약의 투명성 확보 등을 위하여 필요하다고 인정되는 경우에는 가격개찰과 동시에 예정가격을 공개할 수 있으며, 기초예비가격은 입찰공고 시 공고내용에 공개일정, 공개 시 복수예비가격 산정범위를 포함하여 입찰등록 마감일 전일에 국방전자조달시스템에 공개하도록 되어 있다.

참고로 '추정가격'이란 국계령 제2조 제1호에 의하면 물품, 공사, 용역 등의 조달계약을 체결함에 있어서 국계법 제4조의 규정에 의한 국제입찰 대상 여부를 판단하는 기준 등으로 삼기 위하여 예정가격이 결정되기 전에 제7조의 규정에 의하여 산정된 가격을 말한다. 국계령 제7조에 의하면 각 중앙관서의 장 또는 계약담당공무원은 예산에 계상된 금액 등을 기준으로 하여 추정가격을 산정하되, 다음의 기준에 따른 금액으로 산정하게 되어 있다.

① 공사계약의 경우에는 관급자재로 공급될 부분의 가격을 제외한 금액

② 단가계약의 경우에는 당해 물품의 추정단가에 조달 예정수량을 곱한 금액

③ 개별적인 조달요구가 복수로 이루어지거나 분할되어 이루어지는 계약의 경우에는 다음에서 선택한 금액

　㉠ 당해 계약의 직전 회계연도 또는 직전 12월 동안 체결된 유사한 계약의 총액을 대상으로 직후 12월 동안의 수량 및 금액의 예상변동분을 감안하여 조정한 금액

　㉡ 동일 회계연도 또는 직후 12월 동안에 계약할 금액의 총액

④ 물품 또는 용역의 리스, 임차, 할부구매계약 및 총계약금액이 확정되지 아니한 계약의 경우에는 다음에 의한 금액

　㉠ 계약기간이 정하여진 계약의 경우에는 총계약기간에 대하여 추정한 금액

　㉡ 계약기간이 정하여지지 아니하거나 불분명한 계약의 경우에는 1월분의 추정지급액에 48을 곱한 금액

⑤ 조달하고자 하는 대상에 선택사항이 있는 경우에는 이를 포함하여 최대한 조달 가능한 금액

한편 추정금액은 국계법 시행규칙 제2조제2호에 의하면 공사에 있어서 국계령 제2조제1호에 따른 추정가격에 「부가가치세법」에 따른 부가가치세와 관급재료로 공급될 부분의 가격을 더한 금액을 말한다.

2) 예정가격의 작성목적

예정가격은 계약담당공무원이 조달하고자 하는 계약목적물에 대하여 대가를 지급하기로 의사결정한 상한가격으로서, 계약목적물을 조달하는 데 소요되는 비용을 미리 추산함으로써 한정된 예산의 효율적인 집행과 입찰자 또는 계약상대자들의 담합 등에 의한 부당한 가격형성을 방지하는 데 목적을 두고 있다.

예정가격 작성은 예산절감이라는 국가이익과 이윤의 확보라는 계약상대자의 이익이 상호 조화되는 적정가격이어야 하며, 적정한 예정가격의 작성은 신속한 계약사

무의 집행을 도모할 수 있다는 섬에서 그 중요성이 매우 크다고 하겠다.

2. 예정가격의 결정기준 및 방법

1) 예정가격의 결정기준

예정가격은 다음의 기초가격을 기준으로 하여 결정한다.

① 적정한 거래가 형성된 경우에는 그 거래실례가격(법령의 규정에 의하여 가격이 결정된 경우에는 그 결정가격의 범위 안에서의 거래실례가격)

② 신규개발품이거나 특수규격품 등의 특수한 물품, 공사, 용역 등 계약의 특수성으로 인하여 적정한 거래실례가격이 없는 경우에는 원가계산에 의한 가격

③ 거래실례가격 또는 원가계산에 의한 가격에 의할 수 없는 경우에는 감정가격, 유사한 물품의 거래실례가격 또는 견적가격 예정가격을 결정할 때에는 예정가격의 기초자료로서 가격조사서 또는 원가계산서를 작성하여야 하며, 원가계산서 작성 시 부당감액하거나 과잉 계산되지 않도록 하여야 한다. 불가피하게 원가계산에 의하여 산정된 금액과 다르게 예정가격을 결정할 때에는 그 조정사유를 예정가격조서에 명시하도록 하고 있다.

2) 예정가격의 결정방법

(1) 총액제

우리나라의 입찰제도는 원칙적으로 총액주의를 채택함으로 예정가격 결정 시 경쟁입찰에 부칠 사항의 가격총액에 대하여 정하도록 되어 있다. 또한, 물품의 제조 등의 계약에 있어서 그 이행이 수년이 걸리며 설계서 또는 규격서 등에 의해서 계약목적물의 내용이 확정된 물품의 제조 등의 경우에는 총제조 등에 대하여 예산상의 총제조금액 등의 범위 내에서 예정가격을 결정하도록 규정하고 있다.

예를 들면, 자동차의 각종 부속품을 50종 구매하는 경우에, 그 50종에 해당하는 물량의 총액에 대하여 예정가격을 결정하는 방법이다.

(2) 단가제

예정가격 결정 시 원칙적으로 총액주의를 채택하고는 있으나, 예외적으로 일정한 기간 계속되는 제조, 수리, 가공, 매매, 공급, 임차 등의 계약인 경우에는 단가에 대하여 예정가격을 정할 수 있도록 되어 있다.

예를 들면, 전투화를 구매함에 있어 연간 구매할 예정물량에 대한 1족 단가의 예정가격을 결정한 후 납품통지서를 기준으로 대가를 지급하고 있다.

3. 예정가격의 결정

1) 예정가격 결정 시 고려사항

예정가격은 계약금액을 확정하는 기준이 되는 가격으로서 가격조사 또는 원가계산 등 기초금액조사를 먼저 실시하고, 그 조사된 가격의 범위 내에서 계약의 수량, 이행의 전망, 수급상황, 계약조건 및 기타 여건을 고려하여 결정하고 있다.

계약수량의 다과, 계약이행 난이도 및 긴급성, 수급상황, 계약조건 및 기타 여건이 예정가격(원가)에 미치는 영향은 〈표 9-3〉과 같다.

하지만, 예정가격 결정 시에는 ① 고려되는 주요 변수가 원가에 미치는 영향을 정확하게 측정하기 곤란하며, ② 주요 고려 요인이 독립적이 아니라 상호 연계성 및 복합적으로 작용하고, ③ 판단기준 설정 시 과다한 시간과 노력이 소요되며, ④ 설정된 기준의 이론적 한계성으로 인한 대외 신뢰성 저하가 우려되고, ⑤ 위의 제 요인 때문에 상황 변화에 탄력적으로 대응하기 곤란하다는 등의 난점이 있다. 현실적으로 예정 가격 결정 시에는 전문지식과 경험을 토대로 적시에 적정한 가격정보를 획득 등을 통한 객관성을 확보하여 판단할 수밖에 없는 한계가 있다.

〈표 9-3〉 예정가격(원가)에 미치는 영향[12]

고려사항	예정가격(원가)에 미치는 영향
계약수량의 다과	• 생산방법 및 비용 변동 생산규모별 생산방법 변경, 고정비 부담 증감, 작업준비시간 증감, 재료 구입가격의 증감(최소발주량 등 고려)
계약이행 난이도 및 긴급성	• 이행의 위험 부담 정도 및 복잡 곤란성 정도 • 생산비용 변동 - 재료 급구매에 의한 고가 구입 → 재료비 증가 - 고용인원 증가, 장/단에 따른 수당지급 → 노무비 증가

수급상황	• 기업의 조업도 변동으로 고정비 부담정도 차이 발생
	 - 호황: 시설부족 현상으로 이익 많은 수요처로 전환
	  * 조달참여 기피, 가격저항
	 - 불황: 여유시설 발생, 고정비 부담 가중
	  * 조달 적극참여, 저가투찰(손익분기 수준까지 하향)

계약조건 및 기타여건	• 예산관리상 예산액 범위 내 결정 원칙 • 예산부족의 경우 예산추가 확보/물량조정 필요 • 예산(본조, 국채, 선급금 지급 유무)
	• 원시 적용자료의 신뢰성: 오퍼/수입면장, 견적서/세금계산서 등 • 업체 제시자료의 수준 업체의 원가회계시스템, 내부통제/외부감사제도, 과거실적자료 등
	• 계약형태: 확정계약, 개산계약(개산원가/정산원가) • 기타: 국산화 유도, 긴급조달요구, 기타 정책적 고려사항 등

2) 계약형태별 예정가격 결정기준

(1) 분할 수의계약의 예정가격 결정

분할 수의계약은 방산물자의 제조 · 구매(국계령 제26조제1항제6호), 유찰수의계약(국계령 제27조) 또는 낙찰자가 계약을 체결하지 아니할 때의 수의계약(국계령 제28조)의 경우에 있어서는, 예정가격 또는 낙찰금액을 분할하여 계산할 수 있는 경우에 한하여 그 가격 또는 금액보다 불리하지 아니한 금액의 범위 안에서 수인에게 분할하여 계약을 체결할 수 있다. 이때에 방산물자 구매의 예정가격 기초금액은 업체별로 산정하고, 그 중 낮은 기초금액을 기준으로 예정가격을 결정한다.

---

12 방위사업청, 국방획득 원가 및 계약실무, 2015.

(2) 유사물품 복수경쟁계약의 예정가격 결정

유사물품의 복수경쟁계약은 품질, 성능 또는 효율 등에 차이가 있는 유사한 종류의 물품 중에서 품질, 성능 또는 효율 등이 일정수준 이상인 물품을 지정하여 구매하고자 하는 경우에 체결할 수 있는 계약이다.

이 경우 유사한 종류의 물품별로 예정가격의 기초금액을 각각 산정하고, 그 기초금액을 기준으로 예정가격을 각각 결정하되 대상물품별로 동일한 기준에 의하도록 하고 있다. 또한 낙찰자는 물품별로 결정되고 예정가격에 대한 입찰금액의 비율이 가장 낮은 입찰자를 낙찰자로 한다.

3) 예정가격 결정 절차

(1) 예정가격 결정 기본절차

국방획득 원가산정업무는 수요군의 조달요구 내역이 승인 및 확정되어 조달판단서가 접수(원가산정 의뢰)된 때로부터 개시되며, 기초금액의 산정과 원가심사 절차를 거쳐 최종적으로 예정가격이 결정되면, 그 예정가격을 기준으로 하여 경쟁계약의 경우에는 입찰방식에 의하여 계약금액을 확정하고, 수의계약의 경우에는 협상에 의하여 계약금액을 확정하는 것으로 종결된다. 〈그림 9-2〉에서 예정가격 결정 절차를 보여주고 있다.

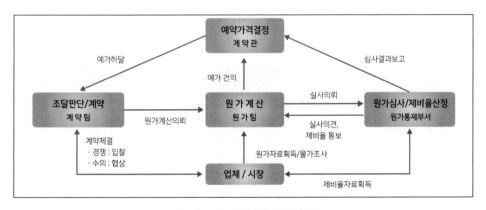

〈그림 9-2〉 예정가격 결정절차

(2) 기초예비가격에 의한 예정가격 결정절차

국방획득에서는 입찰 집행과정상 조달참여 업체의 불신 해소, 중소기업의 조달 참여 폭을 확대, 민원감소와 예정가격 누설을 사전에 예방하기 위하여 경쟁계약의 경우 기초예비가격과 복수예비가격 산정범위(±3% 이내)를 입찰등록 마감 전일에 국방전자조달시스템(D2B)을 통해 G2B에 공개하고 전자입찰 이외의 경우에는 각 군 및 기관의 인터넷 또는 상담실을 통하여 공개함을 원칙으로 하고 있다.

전자입찰의 경우에는 전자입찰유의서에 따라 공개된 기초예비가격을 기준으로 설정된 복수예비가격 산정범위(±3% 이내)의 15개의 복수예비가격 중 입찰에 참여한 업체가 2개씩의 복수예비가격을 선택하여 입력하면 다수가 채택된 입력한 번호순으로 4개를 산술평균하여 예정가격을 결정한다.

경쟁품목을 대상으로 예정가격 사후공개를 하는데, 최저가 낙찰품목은 낙찰자가 결정된 이후에, 적격심사 품목은 적격심사가 완료되어 계약상대자가 확정된 이후에 국방전자조달시스템을 통해 자동으로 처리되어 공개된다.

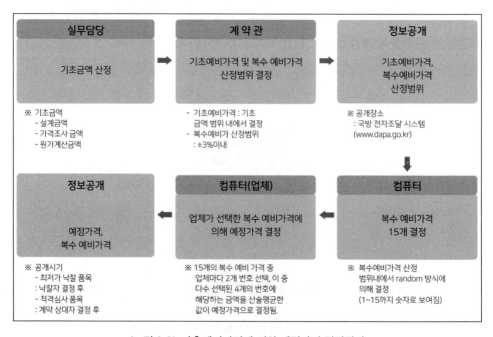

〈그림 9-3〉 기초예비가격에 의한 예정가격 결정절차

(3) 예정가격의 변경

당초에 결정된 예정가격은 변경하지 않는 것이 원칙이다. 그러나 재공고 입찰에 있어서도 입찰자 또는 낙찰자가 없는 경우로서 당초의 예정가격으로는 유찰수의계약을 체결할 수 없는 때에는 당초의 예정가격을 변경하여 새로운 절차에 의한 경쟁입찰에 부칠 수 있다.

이 경우에 당초 예정가격의 변경은 예정가격 그 자체만의 변경을 의미하는 것은 아니며 예정가격 결정을 위한 기초자료의 변경까지도 가능하다.

4. 계약금액 확정

계약금액의 확정 방법은 계약방식에 따라 경쟁계약의 입찰에 의한 계약금액의 확정과 수의계약의 협상에 의한 계약금액의 확정이라는 두 가지 유형이 있다.

1) 경쟁계약의 계약금액 확정

경쟁계약은 일정한 자격을 가진 불특정다수의 희망자를 경쟁입찰에 참가시켜 예정가격 이하로서 최저가격으로 입찰한 자의 순서로 계약이행능력을 심사하여 낙찰자를 결정한다. 그러나 추정가격이 고시금액 미만인 경우에는 예정가격 이하로서 최저가격으로 입찰한 자를 낙찰자로 결정하고 그 낙찰자의 투찰가격을 계약금액으로 확정한다.

국방획득에서 시행하고 있는 경쟁계약의 계약금액 확정절차는 〈그림 9-4〉와 같다.

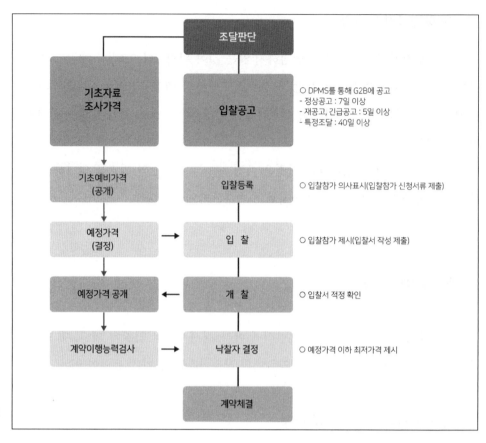

〈그림 9-4〉경쟁계약의 계약금액 확정절차

2) 수의계약의 계약금액 확정

　수의계약은 특정인을 계약상대자로 선정하고 정부와 계약상대자와의 협상에 의하여 계약금액을 확정한다. 이때 정부는 미리 결정된 예정가격을 기준으로 하고, 계약상대자는 자체 원가관리부서에서 검토된 제시가격을 가지고 협상에 임하게 된다. 특히 정부의 입장에서는 가장 확실한 가격정보를 가지고 있는 계약상대자로부터 객관적이고 신뢰성 있는 가격정보를 획득하여 기초금액을 작성하고 예정가격을 결정한다.

　수의계약에 의한 계약금액 확정절차는 조달하고자 하는 품목, 수량, 예산, 구매요구조건 등에 관한 조달내용을 확정하고, 조달판단서가 계약상대자와 원가담당자에게 통보되면 계약상대자는 가격에 관한 자료를 작성하여 제출하고, 원가담당자는 현장실사를 통하여 제출자료의 적정성, 객관성, 적법성을 확인하여, 기초자료 조사가격과 예정가격을 결정하는 한편 계약상대자는 제반여건을 고려하여 제시가격을 결정한다. 이때 계약상대자가 예정가격의 범위 내에서 동의하면 그 동의한 가격을 계약금액으로 확정한다.

제5절 국방조달 원가계산

1. 국방획득 원가계산 개요

국방획득 원가계산은 신규개발품, 특수규격품 등 계약의 특수성으로 인하여 적정한 거래실례가격이 없는 경우에 실시하고 있으며, 국방획득 물자의 특성상 대부분 예정가격 기초금액은 원가계산에 의하는 경우가 많다.

방위사업청에서 조달하는 물자에 대한 원가계산은 방산물자 원가계산과 일반물자 원가계산으로 구분된다. 방산물자는 「방위사업법」 제34조에 의하여 지정된 물자로서 예정가격 결정 시는 방산원가규칙을 적용하여 원가계산을 실시하게 되며, 일반물자는 방산물자를 제외한 조달물자로서 「예정가격 작성기준」을 적용하여 원가계산

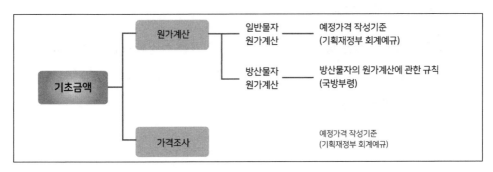

〈그림 9-5〉 국방획득 원가계산 관련 규정

을 실시하게 된다.

1) 원가계산 목적

일반적으로 원가회계 이론상 원가계산의 목적은 재무제표의 작성, 가격결정, 원가관리 및 내부경영관리 등에 있으나 국방획득 원가산정에 있어서는 공정하고 합리적인 가격을 결정하는 데 있다. 이러한 목적하에 작성된 원가는 예정가격 결정의 기준으로 활용되므로 효율적인 국가예산의 집행이라는 국가의 목적과 이윤의 확보라는 계약상대자인 기업의 목적이 상호 조화되는 적정가격이어야 하며, 적정하게 산정된 원가는 신속하고 적정한 계약의 집행을 지원할 수 있다는 점에서 그 중요성이 매우 크다고 하겠다.

원가회계의 근본원리는 상이한 목적에 따라 상이한 원가가 산정되는 것으로서, 정부 또는 방산원가회계의 목적은 외부인의 회계정보 이용 가능성 제고(재무회계), 국고주의(세무회계) 또는 기업경영 편의 등에 있는 것이 아니라 계약목적물의 적정한 구매가격 결정에 있음에 유념하여야 한다.

(1) 정부원가회계 목적

정부원가회계 목적은 예정가격결정 기초자료 제공, 정부예산편성 및 집행의 효율성 도모, 공공성, 공익성 및 행정능률성 추구이다.

(2) 방산원가계산 목적

방산원가계산 목적은 방산물자별로 적정한 원가를 산정함으로써 양질의 방산물자를 적기에 획득하고, 효율적인 계약집행을 도모하며, 방산물자의 기술개발 촉진 및 원가절감을 유인하는 데 있다.

2) 원가계산의 일반원칙

(1) 원가는 계약목적물의 생산량과 관련시켜 집계 · 계산하여야 한다.

① 조업도(생산량)와 관련한 원가분류

　㉠ 변동비: 조업도의 증감에 따라 원가총액이 비례하여 증감하나 단위당 원가
　　는 일정하다. (직접노무비, 직접재료비 등)

　㉡ 고정비: 조업도의 증감과 관계없이 원가총액은 일정하나 단위당 원가는 증
　　감한다. (감가상각비, 지급임차료, 연구개발비 등)

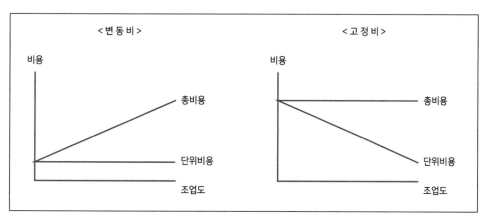

〈그림 9-6〉 변동비와 고정비 비교

(2) 신뢰할 수 있는 객관적인 자료와 증거에 의하여 계산하여야 한다.

① 원가계산제도 확립 / 객관적인 증빙자료

　㉠ 원가는 수집, 측정, 배분, 보고하는 절차로서 원가계산제도가 확립되어야 하며

　㉡ 객관적인 증빙자료에 의하여 검증되어야 한다. (세금계산서, 수입면장, 임금대장, 자산대장 등)

(3) 계약목적물의 생산과 관련하여 발생한 원가에 의하여 계산한다.

① 제조원가의 범위

　㉠ 제조원가는 당해제품 생산과 관련하여 소비된 경제적 자원의 가치만을 포함

ⓛ 비정성적으로 발생한 경제적 자원의 소비는 포함하지 않음(비원가항목)

(4) 원가는 그 발생의 경제적 효과·이익 또는 인과관계에 비례하여 관련제품 또는 원가부문에 직접부과하고, 직접부과가 곤란한 경우에는 합리적인 배부기준을 설정하여 배부하여야 한다.

① 제품 관련성에 따른 원가분류 계산
　　㉠ 직접원가: 당해 제품에 직접 부과할 수 있는 원가
　　ⓛ 간접원가: 2종 이상의 제품에 공통적으로 발생하여 배부하여야 하는 원가로서, 상대적인 기여도 및 인과관계를 고려하여 합리적인 배부기준을 선택하여 계산하는 원가

2. 원가계산 분류

원가계산은 그 목적이나 관점에 따라 여러 가지로 분류할 수 있다. 원가계산 시점에 따라 사전원가계산과 사후원가계산으로 나누며, 원가계산단위에 따라 개별원가계산과 종합원가계산으로, 계산범위에 따라서는 전부원가계산과 부분원가계산으로 나눌 수 있으며, 최근에는 품질원가계산(Quality Costing), 수명주기원가계산(Life-Cycle Costing), 목표원가계산(Target-Costing), 활동기준원가계산(Activity-Based- Costing) 등의 이론이 연구·활용되고 있다. 국방획득원가는 대부분이 사전원가계산, 개별원가계산, 전부원가계산에 해당된다.

1) 사전원가계산

생산활동이 실시되기 이전에 원가를 미리 예정하여 계산하는 것으로서 예정원가계산 또는 추정원가계산이라고도 한다.

> "사후원가계산"은 생산활동에 실제로 발생한 원가를 계산하는 것으로서 실제원가계산이라고도 한다.

2) 개별원가계산

특정 제품에 대하여 개별적으로 그 원가를 직접 계산하는 것으로서 자동차제조업, 조선업, 기계제작업과 같이 종류, 규격이 다른 개별 생산경영에 채용하는 계산방법이다.

> '종합원가계산'은 일정기간에 생산된 동종제품의 전체에 대하여 원가를 계산하는 것으로서 기간원가계산이라고도 한다.

3) 전부원가계산

제품의 완성을 위하여 발생한 일체의 원가요소를 포함하여 계산하는 것으로서 총원가계산이라고도 한다.

> '부분원가계산'은 어떠한 목적에서 일부의 원가요소만을 계산 대상으로 하는 원가계산이다.

3. 원가의 구성 및 체계

1) 일반물자

(1) 원가구성

일반물자의 원가는 다음 표에서 보는 바와 같이 직접·간접재료비, 직접·간접노무비 및 경비의 합계인 제조원가와 일반관리비, 이윤으로 구성되며 일반관리비와 이윤은 규정되어 있는 일반관리비율과 이윤율을 각각 적용하여 계산하도록 하고 있다.

		*이 윤	
	*일반관리비		계산가격
직·간접재료비	제조원가	총 원 가	
직·*간접재료비			
직·간접 경비			

〈그림 9-7〉 일반물자 원가 구성도

(2) 원가산정체계

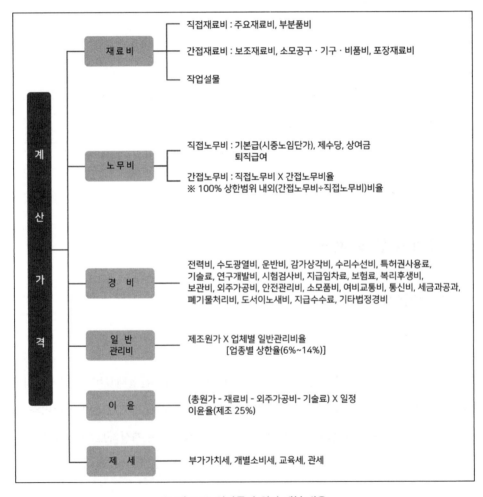

〈그림 9-8〉 일반물자 원가 세부 내용

2) 방산물자

(1) 원가구성

방산물자의 원가는 직접재료비, 직접노무비, 직접경비의 합계인 직접원가와 간접재료비, 간접노무비, 간접경비, 일반관리비, 이윤 및 기타로 구성되며, 간접노무비, 간접경비, 일반관리비, 이윤, 투하자본보상비 및 수출보전액은 각각 '율'을 적용하여 계산한다.

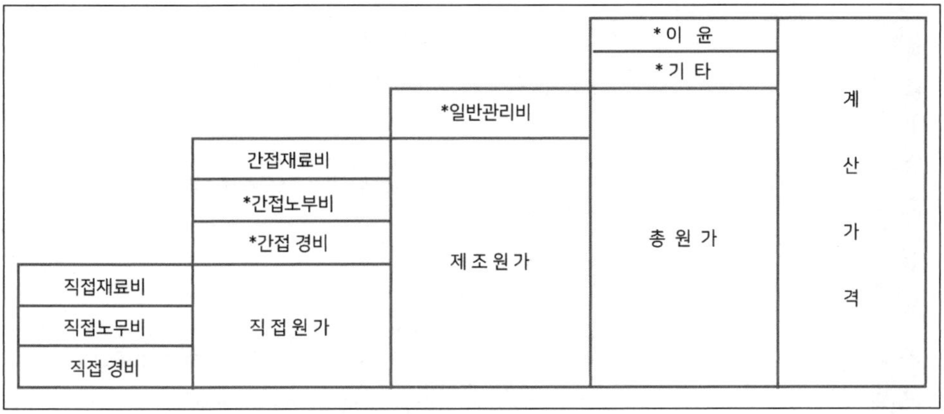

				* 이 윤	계
				* 기 타	산
			*일반관리비		
	간접재료비				가
	*간접노부비			총 원 가	
	*간접 경비	제 조 원 가			격
직접재료비					
직접노무비	직 접 원 가				
직접 경비					

〈그림 9-9〉 방산물자 원가 구성도

방위사업청에서 매년 내용의 업체별·공장별 제 비율을 산정하여 적용하고 있다.

(2) 원가산정체계

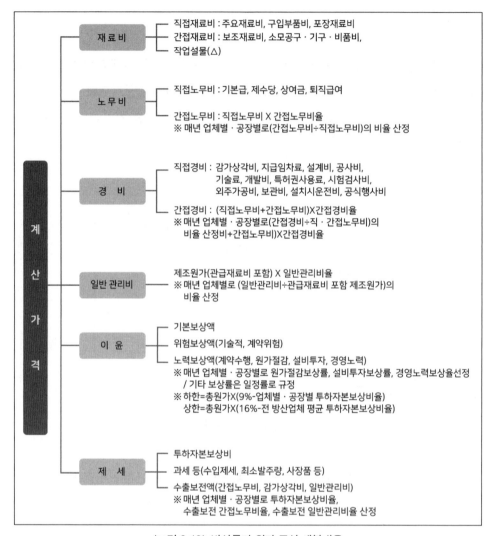

〈그림 9-10〉 방산물자 원가 구성 세부내용

4. 원가계산절차

국방획득 원가산정 업무는 사업팀 또는 수요군의 조달요구 내역이 승인·확정되어 조달판단서의 접수(원가산정 의뢰)로부터 개시되며 최종적으로 예정가격을 결정하고,

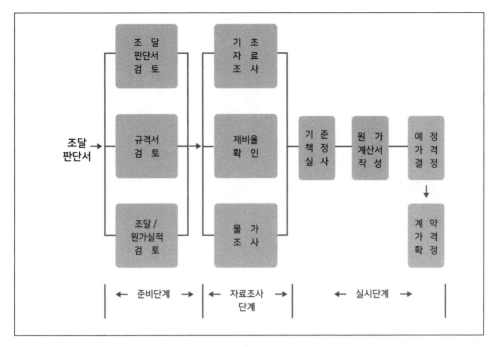

〈그림 9-11〉 원가산정 절차

그 예정가격을 기준으로 하여 경쟁계약의 경우에는 입찰방식에 의하여 계약금액을 확정하고, 수의계약의 경우에는 협상에 의하여 계약금액을 확정하는 것으로 종결된다.

〈그림 9-11〉의 원가산정 절차에서 주요업무 수행과정을 나타내고 있다.

1) 준비단계

(1) 조달판단서 검토

계약하고자 하는 품목, 수량, 단가, 금액, 대상업체, 계약방법, 납기, 납지, 특수조건 등 원가계산에 필요한 구비조건 충족 여부와 예산편성의 적정성 여부를 검토한다.

(2) 규격서 검토

규격의 유무 및 수정 여부, 조달판단 요구조건과 규격과의 부합 여부를 검토한다.

(3) 조달 및 원가실적 검도

최근 실적자료로서 원가, 예정가격, 계약업체, 계약방법 등을 확인하고 타 관청의 구매실적 자료를 수집 검토한다.

2) 자료조사 단계

(1) 기초자료 조사

관련업체로부터 비목별 원가계산 기초자료를 획득하고, 기준책정에 필요한 자료를 수집 검토하여 활용성 여부를 판단한다.

(2) 제 비율 확인

일반물자의 경우에는 규정되어 있는 간접노무비율 및 일반관리비율을 확인한 후 기업의 제조원가보고서 및 손익계산서를 근거로 간접노무비율 및 일반관리비율을 산정한다.

방산물자의 경우에는 매년 업체별(공장별)로 산정, 전파하는 간접노무비율, 간접경비율, 일반관리비율, 투하자본보상비율, 원가절감보상률, 설비투자보상률, 경영노력보상률, 수출보전 간접노무비율, 수출보전 일반관리비율과 전 방산업체 평균 투하자본보상비율, 제조업 매출액 영업이익률을 확인한다.

(3) 물가조사

재료의 단위당 가격을 결정하기 위하여 서면 또는 직접방문을 통하여 거래실례가격, 실적업체의 구입가격, 정부의 고시가격, 생산업체의 공표가격, 간행물의 게재가격을 조사·확인한다.

이때 자료의 객관성을 입증하기 위하여 세금계산서, 거래명세서, 수입면장, 견적서, L/C 등의 증빙자료를 획득한다.

3) 실시단계

(1) 기준책정 및 실사

산정 준비단계와 자료 조사단계에서 조사·획득된 자료의 미비점을 보완하고 확인·검증이 곤란한 부문에 대하여 현장실사를 통하여 현장중심의 원가자료를 획득·확인·평가한다.

(2) 원가계산서 작성

조사·확인·검토된 자료를 토대로 재료비, 노무비, 경비, 일반관리비, 이윤, 투하자본보상비를 계산하고 원가계산서를 작성한다.

(3) 예정가격 결정

계약관은 원가계산에 의하여 산정된 가격을 기초로 하여 계약수량의 다과, 수급상황, 계약조건, 기타조건을 고려하여 예정가격을 결정한다(방위사업청·국방부 훈령(2020)·국방획득 원가 및 계약실무(2015) 등 참조).

〉〉 생각해 볼 문제

1. 최첨단 기술이 필요한 무기체계 연구개발에서 원가개산은 어떻게 해야 하는가?

2. 표준원가는 무엇이며, 원가부정 사례와 방지 대책은?

3. 무기체계 연구개발에서 적정 원가를 반영하기 위한 방안은?

제10장

군수관리

국방부, 6개로 운영됐던 군수정보체계 통합

국방부가 6개 분야로 분산·운영됐던 군수정보체계를 통합한 국방군수통합정보체계를 구축했다고 27일 밝혔다.

국방군수지휘와 국방탄약, 국방물자, 육·해·공군 장비정비 등의 분야가 통합되어 업무 절차가 표준화됐다.

특히 이번 군수통합정보체계 구축에 따라 각 군의 군수품 품목과 제원 등록 번호 등이 달랐던 기존 군수체계를 표준화해 3군 공통군수지원이 통해졌고, 군수품을 통합 관리할 수 있게 됐다.

국방부는 국방군수통합정보체계 구축 성과를 바탕으로 4차 산업혁명 기술을 적용한 군수 빅데이터 수집·분석체계, 스마트팩토리 관리체계, 군수기술정보관리체계 연구사업을 본격적으로 추진할 방침이다.

국방부 관계자는 "국방군수통합정보체계를 통해 미래 군수수요 예측 업무의 신뢰성을 높일 것"이라며 "군수품 관리에 대한 정책 의사결정 수단으로 활용해 데이터 중심의 전·평시 군수업무의 효율성을 높일 계획"이라고 말했다.

서울경제, 2020.7.27.

제1절 일반사항

1. 군수의 어원적 유래

군수의 어원적 유래는 두 가지로 알려지고 있다. 첫째는 "그리스어의 계산에 능숙한"이라는 의미를 가진 「Logistikos」에서 파생되었다는 것으로, 현재 그리스어의 「Logistikos」는 로그함수 그래프에서 호를 나타낸다. 이와 같이 순수한 수학적 의미를 지닌 용어를 군사적으로 사용하게 된 것은 군수 분야가 그만큼 수(數)와 깊은 관계가 있으며, 계산에 의해 명확히 풀 수 있다고 보았기 때문이다.

둘째는 로마나 비잔틴 시대의 군 편제 중 「Logista」라는 직제로부터 유래되었다는 것으로, 당시 군의 「Logista」는 주로 행정업무를 담당하였는데, 이러한 군 편제상의 특징은 당시 여러 국가에서도 비슷하게 나타나고 있다.

「Logistikos」라는 어원에서도 알 수 있듯이, 군수는 오랫동안 '통계' 또는 '계산의 과학(科學)'으로서 단지 군사작전을 위한 종속적인 수단으로만 인식되어 왔는데, 오늘날과 같은 군사용어로 군수를 정의하고 그것을 전쟁의 다른 요소와 관련시키려는 노력은 조미니에 의해 이루어졌다.

조미니는 당시의 군사이론을 논한 그의 저서 『전쟁술 개론』에서 전쟁술은 전략, 전술, 군수로 구성된다고 하는 이른바 '3위일체론'을 주장하면서 군수의 중요성을 강조하였다. 여기에서 군수를 "군대를 이동시키는 실질적인 술(術)"로 정의하고, 이것은 단순한 수송뿐만 아니라 군사력을 이동시키고 유지하는 데 관련된 기능들 즉, 계획수립, 행정, 보급, 숙영, 도로건설 및 정보까지도 망라되는 포괄적인 개념을 포함하고 있음을 주장함으로써 군수를 '계산의 과학'의 영역으로부터 '술'의 영역으로 범위를 확대시키는 계기가 되었다.

군수의 역사는 전쟁의 역사와 함께 시작되어, 전쟁양상의 변화와 함께 변화하고 발전되어왔으며, 오랫동안 단순한 '계산의 과학'의 영역에 머물러 있었으나, 오늘날에는 '술' 또는 '학문'의 영역으로 인정되고 있을 뿐만 아니라 군사 분야에 있어서 중요한 위치를 차지하고 있다.

2. 군수의 개념

군수에 대해 미 육군 군수교범에는 "군수란 전투력의 이동과 유지를 계획하고 운용하기 위한 과학"으로 정의하고 있으며, 미 해병중령(G. C. Thorpe)의 저서 『순수군수』에서는 "전략과 전술은 군사작전 수행을 위한 계획을 제공하지만, 군수는 군사작전 수행을 위한 수단을 제공"한다고 기술하였다. 한국 육군 "군수관리" 교범에서는 "군수란 군사목표를 달성하기 위하여 소요, 연구개발, 생산 및 조달, 보급, 경비, 수송, 시설, 근무분야에 걸쳐 인원, 장비, 물자, 자금, 시설 및 용역 등 모든 가용자원을 효과적, 경제적, 능률적으로 관리하여 군사작전을 지원하는 활동"으로 정의하였다.

현재의 군수개념은 '군사과학'과 '수단'의 개념을 내포하고 있으며, 군사과학의 개념은 국방목표 달성을 위하여 군수정책 및 방침을 수립하고 장비, 물자, 제도 및 관리기법을 연구 개발하여 모든 가용자원을 효과적, 경제적, 능률적으로 관리하기 위한 제반 절차로 표현이 가능하다. 또한 '수단'의 개념은 전투에서 결정적 역할을 담당하고 있는 무기체계를 갖추고, 움직이게 하며, 정비 유지하는 기능으로 협의 군수 또는 군수지원의 개념으로 표현이 가능하다.

제2절 종합군수지원

1. 종합군수지원 개념

1) 정의

종합군수지원은 무기체계의 효율적, 경제적인 군수지원을 보장하기 위해 소요제기 시부터 설계, 개발, 획득, 운용 및 폐기까지 전 과정에 걸쳐 제반 군수지원요소를 종합적으로 관리하는 활동으로 군수지원 업무가 주장비 획득업무와 동시에 진행될 수 있도록 관리하여, 군수지원의 적시성을 보장하고, 요소별 업무를 기능적으로 종합함을 의미한다.

① 주장비 성능과 군수지원 용이성의 보완적 관계
② 군수지원요소 간 유기적 결합
③ 군수지원요소 획득 및 배치 업무의 동시적 수행
④ 군수지원요소 획득과 운용의 순환체계 유지

2) 원칙

종합군수지원요소의 원칙은 다음과 같다.
① 종합군수지원요소의 확보는 무기체계의 설계·개발 및 확보과정과 함께 추진되어 무기체계 수명주기 간 종합군수지원의 적시성과 지속성이 보장되어야 한다.
② 주장비에 요구되는 군수지원 소요를 정립하고 군수지원요소[필요시 성과기반 군수지원(PBL: Performance Based Logistics)의 범위, 성과지표, 평가방법 등 적용계획 포함]를 개발·획득하여야 한다.

③ 주정비 및 지원장비는 표준화와 호환싱을 유지하고, 가급적 현 시원체제와 호환성 및 상호운용성을 유지할 수 있도록 개발하여 운영유지비의 최소화로 경제적인 군수지원이 보장되어야 한다.

④ 야전배치 시 제공된 개발제원은 장비운용기간 중 경험제원을 수집·분석하여 최신 제원으로 정립하고, 차기 무기체계개발에 활용하여야 한다.

⑤ 국산화 추진원칙에 따라 종합군수지원요소를 확보하고자 하는 경우에는 국산화를 우선적으로 검토하여야 한다.

⑥ 종합군수지원요소의 확보는 주 계약업체로부터 일괄구매를 우선으로 고려하되, 별도의 구매가 국가에 유리하거나 일괄구매가 금지된 품목과 국가 계약법령 등 관련 법령을 근거로 별도 구매를 하여야 할 경우에는 그러하지 아니한다.

2. 종합군수지원 11대 요소

1) 정의

ILS 11대 요소는 무기체계 수명주기 간에 주장비를 효율적, 경제적으로 운용 유지할 수 있도록 군수지원을 보장해 주는 제반사항으로 현재 우리 군은 11대 요소로 구분하여 무기체계 수명주기 단계에 맞추어 업무를 수행하고 있다. 또한, 무기체계의 성능, 안전, 경제성, 가용성 등이 복합적으로 고려되어 분석을 수행하며, 분석결과를 기초로 ILS 요소가 종합적으로 개발되므로 획일적인 요소의 적용을 지양하고 사업의 종류에 따라 건전한 개발방안 획득을 위해 절충과 최적화를 위한 노력이 필요하다. 11대 요소를 개발함에 있어 시대적 요구와 관련기관의 이해가 어느 한 요소에 집중되어 개발되는 경우가 발생할 수 있으므로, 개발기관과 사용부서 그리고 관리부서의 적절한 의사소통을 통해 균형 잡힌 개발이 되도록 노력해야 한다.

2) 11대 요소

(1) 연구 및 설계반영

연구 및 설계반영은 무기체계의 소요기획·시험평가·전력화에 이르기까지 수명주기 전 과정에 걸쳐 군수지원요소 및 요구사항을 도출하여 설계에 반영하는 활동이다. 설계반영 시에는 고장진단 및 정비 접근성이 용이하고, 인간공학적 요소가 반영되도록 설계하며, 가능한 표준부품을 적용할 수 있도록 하며, 키트 단위 보급 등 보급지원이 용이하도록 한다.

(2) 표준화 및 호환성

무기체계 개발 및 획득 시 소요되는 구성품·소모품·물자 등과 같은 재료와 설계, 시험평가, 운용 및 정비 등과 같은 방법에 대하여 최대한 공통성을 유지시켜 장비 간의 군수지원이 용이하도록 군수지원 소요를 단순화하는 활동이다.

(3) 정비계획

정비지원의 용이성을 위하여 필요한 지원요소를 개발하여 분석하고, 획득과정을 통하여 계속 개선되도록 하며, 정비개념 설정과 정비업무량 추정 및 분석, 창정비요소 개발, 정비지원 시설 소요 및 정비할당표, 정비기술요원 소요 및 수준, 정비대체장비 소요 및 지원책임, 하자보증 및 사후관리지원의 수행방법 등을 포함한다.

(4) 지원장비

주장비를 운용하고 유지하는 데 필요한 필수적·부수적인 장비인 공구·계측기·교정장비·성능측정장비·검사장비·취급장비·정비장비 등을 범용성 및 호환성을 고려하여 개발하는 활동이다.

(5) 보급지원

주장비와 동시에 획득 보급되어야 할 초도보급 소요와 운영유지를 위한 물자 및 제원 등을 개발하는 활동이다.

(6) 군수인력 운용

무기체계의 운영유지에 소요되는 정비인력·보급인력·교육소요인력을 요구되는 기술수준에 적합하도록 확보하는 활동이다.

(7) 군수지원교육

무기체계 및 장비의 효율적 운영을 위해 필요한 기술수준 교육으로 훈련계획, 인원소요, 훈련장비 및 물자, 교육보조자료 등을 개발하는 활동이다.

(8) 기술교범

주요장비의 설치·운용·점검·정비 등에 관한 지식과 이에 필요한 수리부속품, 특수공구 목록 및 각종 전문적·기술적 기본원리에 대한 운용지침과 절차를 수록한 자료를 개발하는 활동이다.

(9) 포장, 취급, 저장 및 수송

무기체계 및 체계에 부속되는 구성품·부품·물자 등에 적용하는 포장·취급·저장 및 수송에 필요한 특성, 요구사항, 제한사항을 개발하는 활동이다.

(10) 정비 및 보급시설

무기체계의 군수지원임무(저장·정비·보급 등)를 수행하는 데 필요한 부동산 및 관련 설비를 개발하는 활동이다.

(11) 기술자료 관리

무기체계의 운영유지와 관련된 기술자료는 기술자료 묶음, 운용제원(수요제원, 보급제원, 정비관리제원, 기술특기현황, 교육훈련 제원 및 수준 등)으로 구분하며, 필요 시 영상, 음향자료 및 전산자료를 포함한다.

3. RAM 분석

1) 정의

RAM은 신뢰도(Reliability), 정비도(Maintainability), 가용도(Availability)의 총칭으로 요소별 예측 및 분석활동을 통하여 설계지원 및 평가, 설계, 대안도출, 군수지원분석 등을 지원하는 업무로서 무기체계의 고장빈도(신뢰도: MTBF(Mean Time Between Failure: 평균 고장간 시간), MRBF(Mean Roung Between Failures: 고장간 평균횟수), MKBF(Mean Kilometers Between Failure: 평균 고장간 거리) 등), 정비업무량(정비도: MTTR(Mean Time To Repair: 평균수리시간), MR(Maintenance Ratio: 정비율)), 전투준비태세(가용도: Ai, Aa, Ao)를 나타내는 척도로 사용되고 있다. 이러한 RAM 업무의 역할은 개발 초기부터 체계 고장률 및 정비도 등을 관리함으로써 체계 신뢰성을 증대하고, 수명주기비용을 절감하는 것이다.

2) 수행절차

RAM 분석은 체계 및 구조정보 형성, RAM 할당 및 예측, 고장유형영향 및 치명도 분석(FMECA: Failure Mode Effects and Criticality Analysis), 고장계통분석(FTA: Fault Tree Analysis), RAM 시험평가 순으로 진행된다.

〈그림 10-1〉의 RAM 업무수행절차에서 RAM 목표값은 OMS/MP(Operational Mode Summary/Mission Profile: 작전운용형태/임무유형)를 충족할 수 있도록 설정하고, 체계 및 구조정보 형성 후에 장치별로 할당하여 RAM 분석 프로그램을 활용하여 신뢰도(MTBF, MKBF, MRBF), 정비도(MTTR), 가용도(%) 형태로 산출한다.

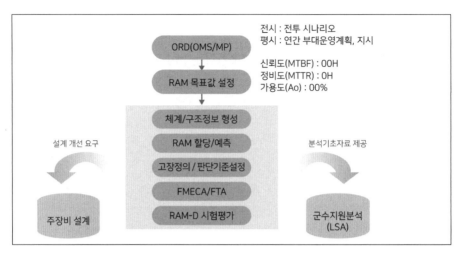

〈그림 10-1〉 RAM 업무 수행절차

생성된 RAM 분석자료는 주장비 설계공정으로 환류되어 설계개선 업무가 수행되어야 하고, 최적화된 최종 RAM 분석결과는 군수지원분석의 기초 입력자료가 되어, ILS 요소 정량화 개발의 근거자료로 활용된다. RAM 분석 기준 및 가시화 단계는 개발 초기 협의를 통해 최적의 분석방향을 결정하여야 한다.

3) 신뢰도 분석

(1) 신뢰도의 개념

신뢰도는 특정 체계 · 장비가 '일정 시간 동안 주어진 운용조건하에서 요구된 기능을 만족하게 수행할 수 있는 정도(확률)'를 말한다.

- 신뢰도 표현: 확률($0 \leq R \leq 1$)
- 기능 수행기간 명시(10^6시간)

(2) 신뢰도 목표값 설정

신뢰도 목표값은 개발 체계에 부여된 운용조건 내에서 달성해야 할 고장 발생빈도의 상한값이다. 신뢰도 목표값을 설정하기 위해서는 달성해야 할 구체적인 임무가 필요하며, 달성해야 할 임무는 정량화되어야 하며, 운용형태 요약 및 임무유형(OMS/MP)

상의 임무유형에 반영되어 있는 작전시간, 주행거리, 사격발수 등이 활용된다.

목표값 설정의 예를 들면 다음과 같다.

- 1단계: 개발 목표 등 기초 요구사항 분석

분석 예시
• 체계 개발 중인 신형 자주포의 요구수명은 8년이며, 총 500대의 전력화가 요구된다. • 자주포 차체는 이미 개발된 차체(MKBF = 400km)를 활용한다.

- 2단계: OMS / MP 분석

분석 예시
• 신형 자주포는 120시간 작전 기준, 300발을 사격하고 60km를 자체동력으로 이동하며, 18문 단위로 운용된다. • 120시간 작전임무 수행 간, 18문의 신형 자주포 중 최소 15문 이상은 고장 없이 운용되어야 한다. • 120시간 작전임무 수행 간 고장이 발생한 체계는 수리 또는 교체되지 않는다.

- 3단계: 신뢰도 목표값 산출

산출 결과 예시
• 체계 신뢰도 목표값 산출 신형 자주포의 체계 신뢰도 목표값은 앞의 OMS/MP 분석결과, 120시간 동안 18문 중 15문에 고장이 발생하지 않아야 하므로 $$R_{체계} = 15문 / 18문 = 0.8333$$ 이상이어야 한다. 신뢰도 $R(t) = \exp[-운용시간 / MTBF] = \exp[-120 / MTBF] = 0.8333$ 이므로 신뢰도 목표값을 MTBF로 변환하면 $$MTBF_{체계} = 658시간$$ • 차체 신뢰도 목표값 산출 기개발품인 차체는 MKBF가 400km이고 120시간 작전간 총 60km를 가동하므로 차체 자체의 신뢰도 값은 다음과 같이 산출된다. $$R_{차체} = \exp[-운용거리 / MKBF] = \exp[-60 / 400] = 0.8607$$ • 포탑 신뢰도 목표값 산출 체계 신뢰도 목표값인 $R_{체계} = 0.8333$은 차체와 포탑 신뢰도의 곱인 $R_{포탑} \times R_{차체}$로 산출되므로 포탑의 신뢰도 목표값 $R_{포탑}$은 $$R_{포탑} = 0.8333 / 0.8607 = 0.9682$$ 로 계산된다. $$R_{포탑} = \exp[-사격발수 / MRBF] = \exp[-300 / MRBF] = 0.9682$$ 이므로 신뢰도 목표값을 MRBF로 변환하면 $$MRBF_{포탑} = 9,284발$$ 로 산출된다.

(3) 신뢰도 할당

업무수행을 위해 신뢰도를 할당 및 예측하는데 할당은 신뢰도 목표값 달성을 위해 상위 레벨에서 하위 레벨로 목표값을 설정하고, 예측은 설계 자료를 기초로 부품으로부터 상위 레벨까지 신뢰도를 계산하는 과정이다.

신뢰도 할당은 무기체계의 신뢰도를 하위 레벨까지 배분하는 것으로, 하위 레벨의 신뢰도 값은 달성 가능성을 결정하는 척도로 해당 품목의 설계목표로 활용된다.

이러한 할당을 통해 신뢰도 목표값 설정과 목표지향적 설계가 가능해진다. 할당은 개발초기에 수행하며, 지연 시 비용낭비와 일정 지연을 초래한다. 목표값 설정 시 신뢰도 예측을 고려하여 목표값을 결정해야 한다. 신뢰도 예측 시 적용 가능한 각종 분석기준과 분석범위, 환경조건을 고려하여 목표값을 결정하고 그 기준에 따라 신뢰도 예측을 실시하여 목표값 달성 여부를 확인하여야 한다. 따라서 신뢰도 목표값을 결정한다는 의미는 이를 예측하기 위한 각종 분석방법을 결정하는 것과 같은 의미이며, 신뢰도 예측 과정 중 분석 방법(기준 및 범위, 환경조건)이 변경이 되면, 신뢰도 목표값도 당연히 변경되어야 하므로, 신뢰도 예측 간 분석방법의 변경은 충분한 검토를 거쳐 신중하게 이루어져야 한다.

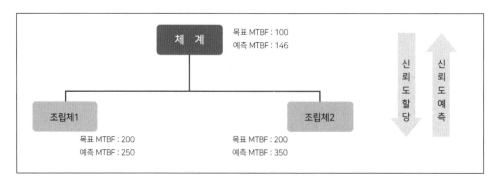

〈그림 10-2〉 신뢰도 할당 및 예측

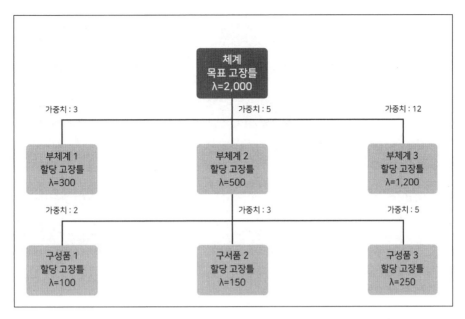

<그림 10-3> RAM 목표값 할당 절차

(4) 신뢰도 예측절차

소요군 요구사항에 대비하여 체계나 장비의 신뢰도 값을 분석하는 과정으로 개발시기별로 대상을 세분화하여 수행하는 것이 바람직하다.

신뢰도 예측절차는 다음과 같고, 예측값은 할당값을 충족해야 한다. 할당값을 충족하지 못할 경우 설계개선을 통한 보완이 필요하다.

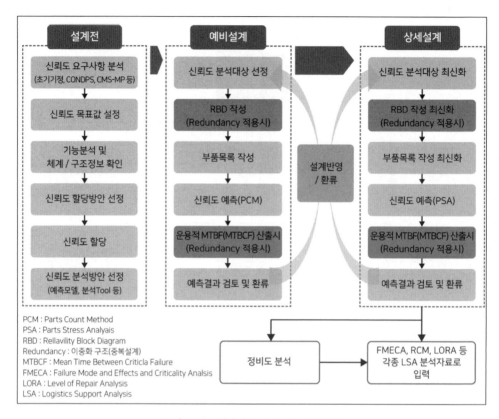

〈그림 10-4〉 개발단계별 신뢰도 분석범위

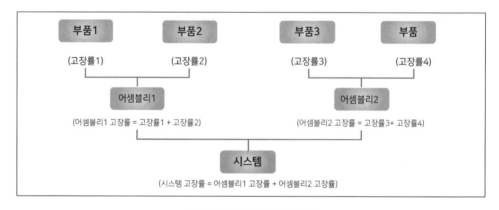

〈그림 10-5〉 신뢰도 예측절차

4) 정비도 분석

(1) 정비도의 개념

정비도란 「어떤 체계가 고장 발생 시 규정된 정비요원이 가용한 절차 및 자원을 이용하여 주어진 조건하에서 주어진 시간 내에 체계를 정비하여 그 성능을 규정된 상태로 원상복구 할 수 있는 확률」로 정의할 수 있으며, 할당은 정비목표를 배분하는 것으로 정비인력 판단과 연계하여 활용한다.

고장과 정비와의 관계는 다음과 같다.

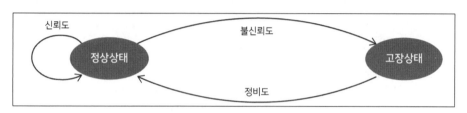

〈그림 10-6〉 고장과 정비와의 관계

(2) 정비도 예측

① 예측의 필요성

할당된 정비도 목표값의 충족여부를 확인하는 절차를 정비도 예측이라고 하는데 정비도 예측절차 적용의 이점은 두 가지로 첫째, 설계개선 또는 수정을 요하는 분야(정비도가 낮은 분야)를 식별할 수 있도록 해주고, 둘째, 운용자로 하여금 예측된 불가동시간, 인력의 질적·양적 수준, 도구 및 시험장비의 타당성을 조기에 평가할 수 있도록 해준다.

② 획득방법별 정비도 예측 수행시점은 다음과 같다.

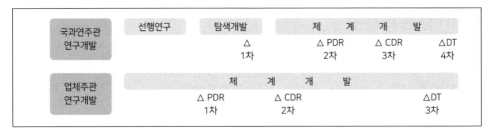

〈그림 10-7〉 정비도 예측 수행시점

(3) 예측 절차

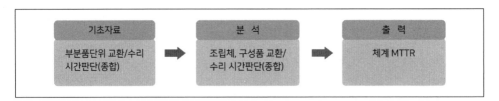

〈그림 10-8〉 정비도 예측 절차

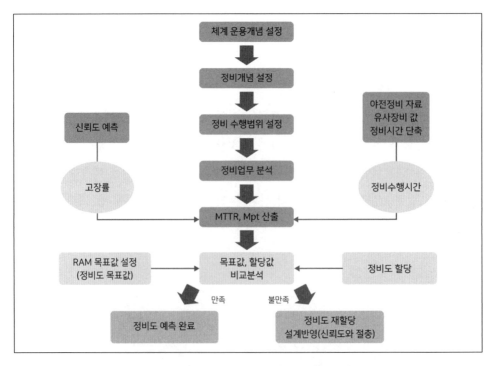

〈그림 10-9〉 무기체계 정비업무분석 수행절차

정비도의 예측은 MIL-HDBK-472를 준용하여 부분품단위 교환 및 수리시간 판단 결과를 종합하여, 구성품 및 장치에 대한 정비시간을 판단하고 이를 종합하여 체계의 정비도를 산출한다.

(4) 정비도 산출식

정비도는 평균수리시간(MTTR), 평균예방정비시간(Mpt), 평균실정비시간(M), 정비율(MR), 정비활동간평균시간(MTBMA)으로 산출한다.

① 평균수리시간(MTTR: Mean Time To Repair): 고장발생 시 수리 및 복구하기 위한 시간들을 평균한 것으로, 수식은 다음과 같다.

$$MTTR = \frac{\sum_{i=1}^{N} TF_i \times ET_i}{\sum_{i=1}^{N} TF_i} = \frac{총고장정비시간}{총고장정비횟수}$$

- i: 장비 고장정비 행위 수
- N: 장비 고장정비의 총 수
- TF_i: 고장 정비업무의 빈도수
- ET_i: i번째 고장의 정비시간

* 고장품을 신품으로 교체하는 경우 교체 시간만을 포함. 고장품을 탈거 후 수리하는 경우 탈거, 수리, 장착에 소요된 시간을 모두 포함한다.

② 평균예방정비시간(Mpt: Mean Preventive Maintenance Time): 체계 및 장비에 대한 예방정비의 평균소요시간이며, 수식은 다음과 같다.

$$M_{pt} = \frac{\Sigma(f_{pti})(M_{pti})}{\Sigma f_{pti}} \frac{총 예방정비시간}{예방정비활동 빈도수}$$

- $\Sigma fpti$: 예방정비활동 빈도수
- $Mpti$: i번째 정비의 소요시간

③ 평균실정비시간(M): 평균실정비시간은 예방 및 고장 정비를 하는 데 소요되는 평균시간이며, 수식은 다음과 같다.

$$\overline{M} = \frac{(\lambda)(\overline{M_{ct}}) + (fpt)(\overline{M_{ct}})}{\lambda + fpt} = \frac{총정비시간}{총정비횟수}$$

$$\overline{M_{ct}} = MTTR$$

- λ : 고장률
- fpt : 예방정비율 = 예방정비 횟수/총 운용횟수

④ 정비율(MR: Maintenance Ratio): 단위 시간당 소요되는 정비인시로서 수식은 다음과 같다.

$$MR = \frac{누적정비(예방 + 고장)인시}{누적 운용시간}$$

⑤ 정비활동 간 평균시간(MTBMA: Mean Time Between Maintenance Actions): 체계 및 장비를 규정된 조건으로 복구하는 데 혹은 유지하기 위해 요구되는 활동들 간의 시간 간격에 대한 분포 평균치로 수식은 다음과 같다.

$$MTBMA = \left[\frac{1}{MTBF} + \frac{1}{유발\,MTBF} + \frac{1}{무결함\,MTBF} + \frac{1}{MTBPM} \right]^{-1}$$

- 유발 $MTBF$: 외부요인(다른 장비, 요원 등)으로 인해 체계 및 장비의 기능장애가 발생함에 따라 소요되는 정비활동 간 평균시간
- 무결함 $MTBF$: 잘못된 표시로 인한 장비의 탈거, 교체, 재설치에 소요되는 정비활동 간 평균시간
- $MTBPM$(Mean Time Between Preventive Maintenance): 예방정비활동 간 간격(시간, 발수 등) 분포의 평균

⑥ 정비인시

정비업무의 정량화를 고려할 때 평균고장정비시간 및 불가동시간을 도출하고, 정비인원 1명이 1시간 동안 할 수 있는 작업량(정비인시)을 표시해야 하며, 인시는 작업량에 대한 측정단위가 된다. 그러나 정비인원의 능력은 개인차가 있기 때문에 일반적으로 숙련 정비 인원을 기준하여 정비인시를 측정하며, 준숙련인원은 숙련인원의 75%의 기술능력을 인정하고 미숙련인원은 숙련인원과 팀 작업 시 숙련 인원의 50% 기술능력을 인정하고 있다. 무기체계 개발 시 숙련인원에 기초를 두고 정비인시를 산출하며 이를 기초로 주특기별 정비소요 인원을 산출한다.

5) 가용도 분석

(1) 가용도의 개념

가용도는 「신뢰도」와 「정비에 의하여 고장이 정상상태로 회복되는 부분」으로 이루어지며 특정 시간에서 해당 무기체계나 장비가 정상상태에 있을 확률이다. 즉, 「정비 가능한 시스템이 어떤 사용조건에서 규정시간에 정상적인 기능을 유지(정상상태)하고 있는 확률」을 말하고, 고유가용도, 성취가용도, 운용가용도 등으로 분류할 수 있다.

(2) 운용관련 시간 분류

체계 및 장비 운용관련 시간은 아래 표에서 보는 바와 같이 총시간, 총 가동시간, 총 불가동시간 등으로 분류된다.

〈표 10-1〉 체계 및 장비 운용시간 분류

총시간(TT)				
총 가동시간(TUT)		총 불가동시간(TDT)		
운용시간 (OT)	대기시간 (ST)	총 수리 정비시간 (TCM)	총 예방 정비시간 (TPM)	총행정/ 군수지연시간 (TALDT)

- 총시간(Total Time): 전력화 후부터 폐기 시까지의 총시간
- 총 가동시간(Total Up Time): 가동할 수 있는 상태로 있는 시간
- 총 불가동시간(Total Down Time): 고장이나 예방정비로 인하여 가동 불가능한 상태에 있는 시간
- 운용시간(Operating Time): 장비나 체계가 실제 운용되는 시간
- 대기시간(Standby Time): 장비 가동을 위하여 대기상태에 있는 시간
- 총 수리정비시간(Total Corrective Maintenance Time): 고장정비 소요시간
- 총 예방정비시간(Total Preventive Maintenance Time): 예방정비 소요시간
- 총행정/군수지연시간(Total Administrative & Logistics Delay Time): 고장 및 예방정비 수행 과정에서 발생하는 행정·군수지연시간의 총합

(3) 가용도 해석

전투장비는 항시 작전 임무 수행을 위해 정비가 요구되는 경우를 제외하고 일정한 수 이상의 전투장비는 항상 가동상태에 있어야 한다. 부대에서 전투장비 100대를 보유하고 있고, 그중에서 임무완수를 위해 90대 이상의 전투장비를 항상 가동시켜야 한다면 보유 전투장비 중에서 일부가 고장이 발생할 수도 있고, 차후 임무를 수행하기 위해서 정비를 실시하는 경우도 있을 것이다. 이러한 경우에 전투장비의 임무수행 기간 중 가용도를 다음과 같이 도식해 볼 수 있다.

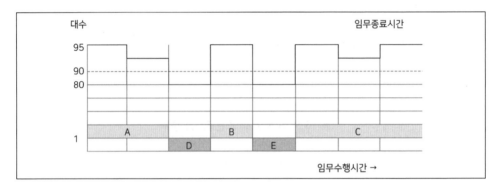

〈그림 10-10〉 임무를 고려한 전투장비 가동률

위의 그림에서 보는 바와 같이 '특정한 시간 동안 임무가 부여되었을 때, 임무수행이 가능한 전투장비가 몇 대가 되는가?' 하는 측면에서 가용도 90%의 경우기간 중 보유 전투장비 100대 중에서 90대 이상이 가용한 상태가 되어야 하는데 일부 기간 동안 88대 혹은 87대만 가용한 상태가 된다.

따라서 임무수행을 위한 가용한 대수를 항상 확보하고 있지 못한다고 할 수 있다. 구간 A, B, C에서는 90대 이상이 가용한 상태라 할 수 있지만 구간 D, E에서는 가용한 장비수가 90대 미만이다. 장비가동률이 90% 이하로서 전투준비태세를 충족하지 못하는 경우가 된다. 또한, 장비 1대의 운용주기라고 가정한다면 구간 A, B, C의 총합은 장비의 총 가동시간이고, 구간 D, E의 시간 총합은 장비의 총 불가동시간이라 할 수 있다.

대부분의 무기체계는 여러 하부 시스템의 결합체로 이루어져 있다. 이와 같은 경우, 무기체계를 구성하고 있는 모든 하부 시스템이 정상적으로 작동할 때만「무기체계가 가용하다」고 말할 수 있으며, 일반적 개념의 가용도는 다음과 같은 식으로 표현될 수 있다.

$$A = \frac{\text{총가동시간}}{\text{총시간}} = \frac{\text{총가동시간}}{\text{총가동시간} + \text{총불가동시간}}$$

무기체계 운용에 관련된 시간요소를 바탕으로 가용도를 크게 세 가지 형태로 분류할 수 있는데 고유가용도와 성취가용도, 운용가용도가 그것이다.

(4) 가용도의 형태

① 고유가용도(Ai: Inherent Availability)

「무기체계나 장비가 이상적 환경에서 예방정비 없이 규정된 조건하에서 가동될 확률」즉, 예방정비를 고려하지 않고 이상적인 지원상태하(규정된 공구, 수리부속품, 숙련된 정비요원, 정비교범, 지원장비 및 기타 지원준비가 상태)에서 사용될 체계가 어떤 시점에 만족스럽게 작동할 확률로 정비시간에는 예방정비시간, 군수지연시간, 행정지연시간은 포함되지 않는다.

$$Ai = \frac{\text{운용시간}}{\text{운용시간} + \text{총수리경비시간}} = \frac{OT}{OT + TCM} \text{ 또는 } \frac{MTBF}{MTBF + M_{ct}}$$

• $M_{ct} = MTTR$: 평균수리시간

고유가용도 Ai는 무기체계나 장비 이외의 다른 요인으로 인한 가동 정지시간을 제외하고 계산한 결과로서 해당 무기체계나 장비의 고유한 특성만을 반영하는 가용도 값이며, 체계 및 장비의 설계 개념설정 시 주로 이용한다.

② 성취가용도(Aa: Achieved Availability)

성취가용도란 고유가용도에 예방 정비시간을 추가한 것으로 체계 자체의 직접적 요인으로 인한 가동 정지시간을 포함한 개념이다. 무기체계나 장비를 운용할 경우, 고장발생이나 예방 및 비계획정비, 수리부속품 조달, 행정업무 처리 등으로 인한 가동 중단이 발생할 수 있다. 성취가용도에는 MTTR에 예방정비로 인한 가동정지시간이 포함된다. 이를 식으로 나타내면 다음과 같다.

$$Aa = \frac{총가동시간}{총가동시간 + 총수리정비시간 + 총예방정비시간}$$

$$= \frac{TUT}{TUT + TCM + TPM} \text{ 또는 } \frac{MTBMA}{MTBMA + \overline{M}}$$

- *MTBMA*(Mean Time Between Maintance Action): 정비활동 간 평균시간
- $\overline{M}$: 평균실정비시간(예방정비시간 고려)

Aa는 예방정비와 수리정비의 직접시간을 고려하고 장비에 의한 직접적인 요인이 아닌 행정업무처리로 인한 가동정지시간, 부품조달시간 등을 제외하여 실제 성취 가능한 가용도란 의미이다. 즉, 「무기체계나 장비가 이상적인 지원환경(공구, 시설, 준비상태)과 규정된 조건하에 운용될 때 체계나 장비가 임의의 시점에 만족스럽게 작동할 확률」을 말한다.

③ 운용가용도(Ao: Operational Availability)

운용가용도란 「무기체계나 장비가 실제의 운용환경과 규정된 조건에서 사용될 때 임의의 시점에서 만족스럽게 작동될 확률」을 말한다. 행정업무처리 및 부품조달 시간은 '0'이 될 수 없으며 체계 자체의 직접적인 원인이 아닌, 간접적인 원인에 의한 지연도 불가피하다. 이 모두를 고려한 가용도가 Ao로서 현실적인 군수지원상태에서 규정된 조건으로 무기체계가 가동될 확률이며, 다음과 같은 식으로 표현된다.

$$A_0 = \frac{\text{총 가동시간}}{\text{총 시간}} = \frac{\text{총 가동시간}}{\text{총 가동시간} + \text{총 불가동시간}}$$

$$= \frac{OT + ST + AT}{OS + ST + TCM + TPM + TALDT} \text{ 또는 } \frac{MUT}{MUT + MDT}$$

- MUT: 평균가동시간

MDT(Mean Down Time: 평균 불가동 시간)는 행정/군수지연시간 및 수리시간을 포함해서 정비하는 데 소요되는 평균시간이다. 즉, 평균불가동시간 PM 중 장비를 불가동하게 하는 정비는 대상에 포함하되 일일 점검 등 장비가 가동한 상태의 정비는 제외하여 산출 전투준비태세 수준에서 운용가용도를 결정하는 개념은 「체계가 1년 또는 주어진 시간 중 얼마 동안 작전 가능한 상태에 있어야 하느냐」는 요구조건을 설정하는 것으로 무기의 종류 및 전투준비태세 요구조건에 따라 달라지며, 운용가용도를 전시수행 임무에 대한 시간분석을 산출하면 다음과 같은 결과를 얻을 수 있다.

전투준비태세 범주(C-i)	가동장비 대수 비율
C-1: (전투준비: 결함이 없음)	0.90~1.00
C-2: (전투준비: 사소한 결함)	0.70~0.89
C-3: (전투준비: 중대 결함)	0.60~0.69
C-4: (전투준비 미비)	0.00~0.59

다음은 전투준비태세규정과 연계해서 분석한 사례이다. 1개 포대의 자주포(6문)로 임무소요를 만족시키기 위해서는 「6문 중 4문 이상이 항시 가용하여야 한다」고 가정하자. 이때 C-3 수준의 전투준비태세를 유지하려면 자주포 1문의 운용가용도는 얼마가 되어야 하는가?

6문 중 4문 이상이 상시 가용할 확률이 C-3 전투준비태세를 90% 이상 만족할 조건은 아래의 이항분포식으로 계산되며, 이 조건을 만족하는 1문에 대한 운용가용도는 0.7991(≒0.80) 이상이 되어야 한다.

$$P \leq \sum_{x=S}^{N} \binom{N}{x} Ao^{x} (1-Ao)^{N-x}$$

- P: 전투준비태세 유지 확률
- x: 가용한 장비 대수
- N: 총장비 대수
- S: 총장비에 대한 가용 확률(P)을 달성하기 위해서 필요한 최소 장비 대수
- A_o: 장비 1대의 운용 가용도

(5) 가용도 산출

무기체계를 실제 운용환경에서 평가하려고 한다면 운용가용도가 목적에 가장 부합하는 지표라 할 수 있다. 즉, 체계를 운용하는 경우에는 체계 자체의 직접적인 원인에 의한 비가동 시간이 아닌, 간접적인 원인(운용자 실수, 사고)에 의한 비가동시간을 무시할 수 없으며, 운용가용도는 현실적으로 발생할 수 있는 모든 비가동시간을 고려한 값으로 체계운용 시 적용된다. 특정 체계의 연간 운용결과가 다음과 같다면 체계의 운용가용도는 아래와 같은 식으로 구한다.

운용시간 (OT)	대기시간 (ST)	총 예방정비시간 (TPM)	총 고장정비시간 (TCM)	행정/군수지연시간 (TALDT)
913	6,286	673	600	288

$$A_0 = \frac{OT + ST}{OT + ST + TPM + TCM + TALDT}$$

$$= \frac{913 + 6,286}{913 + 6,286 + 673 + 600 + 288} = 0.82$$

각 무기체계는 그 설계된 목적에 따라 운용하는 형태가 상이하다. 지금까지 소개한 운용가용도 산식은 일반적인 경우이며, 항공기 등과 같이 대기시간이 비교적 긴 간헐적 사용체계나 미사일 등과 같이 일회성 체계는 이와는 별도의 산식을 적용하여 운용가용도 산출이 가능하다.

제3절 국방 표준화

1. 국방 표준과 표준화의 정의

표준(Standard)의 정의를 알아보면 '합의에 의해 작성되고 인정된 기관에 의해 승인되었으며, 주어진 범위 내에서 최적 수준의 성취를 목적으로 공통적이고 반복적인 사용을 위해 제공되는 규칙, 지침 또는 특성을 제공하는 문서'(방위사업청 표준화업무지침), 또는 '동일한 공학적 표준이나 기술적인 기준, 방법, 과정, 실행 등을 수립하기 위한 문서'(U.S. DoD 4120.24-M), 그리고 '일반적인 동의에 의해 수립된 기준을 기술한 문서로 참고자료, 참고모델, 수량 또는 품질을 측정하는 방법으로 활용하기 위한 정확한 값과 물리적 속성 또는 특정 주제에 관한 이론적인 개념에 대한 실행방법 또는 과정 또는 평가 결과를 나타낸 문서'(NATO Pamphlet) 등 표준이라는 용어를 사용하고자 하는 목적에 따라 각각 정의를 내리고 있다.

한편 표준화(Standardization)의 정의를 알아보면, '군수품의 조달·관리 및 유지를 경제적·효율적으로 수행하기 위하여 표준을 설정하여, 이를 활용하는 조직적 행위와 기술적 요구사항을 결정하는 품목지정, 규격제정, 형상관리 등의 지정에 관한 제반 활동'(방위사업청 표준화업무지침), 또는 '군용 물자의 호환성, 상호운용성, 상호교환 가능성, 공통성을 달성하기 위한 방법, 활동, 프로세스, 제품을 위해 일관된 공학 기준을 개발하고 합의하는 프로세스'(U.S. DoD 4120.24-M), 그리고 '작전, 장비 및 행정 분야에서 상호운용성의 요구 수준을 달성하고, 자원의 사용을 최적화하는 데 필요한 호환성, 교환 가능성, 공통성을 달성하고 유지하기 위한 개념, 교리, 절차 및 계획을 개발하는 프로세스'(NATO, 영국) 등 역시 각 국가 또는 기관에서 표준화의 정의를 내리고 있다.

이와 같이 미국, NATO 등 선진국은 표준화를 군용물자의 호환성, 상호운용성 달성 등 확장된 개념으로 인식하고 있는 반면, 우리나라는 품목지정, 규격제정, 형상관리 등 규격화 중심의 좁은 개념으로 인식하고 있으며, 이에 따라, 공통부품 지정 등 부품 표준화, 설계방법이나 RAM값 설정 등 개발방법의 표준화, 국방표준 제정, 제품

요구조건 설정 등 표준회 관련 업무가 발굴되거나 추진되지 않거나 발전하지 못한 상태에 머무르고 있다.

2. 표준의 분류

1) 표준의 분류 방법

표준을 분류하는 방법에는, 먼저 성립주체에 따른 표준 분류로 이것은 표준 제정 주체가 공공기관인지 여부로 분류하는 방법이며, 표준 적용의 강제력 여부로 분류하는 구속성에 따른 분류 등이 있다.

〈표 10-2〉 표준 분류

구분	공적 표준	사실상의 표준
정의	표준화 기관에 의해 제정된 표준	표준을 둘러싼 경쟁이 시장에서 이루어지고 그 결과가 표준으로 굳어진 것
특징	제정과정이 투명하고 내용이 명확하여 개방적이며, 원칙적으로 단일표준을 제정	제정과정이 신속하고 표준의 보급과 동시에 시장이 형성됨 표준의 단일화는 시장 경쟁에서 결정되며 표준을 선점할 경우 시장을 독점할 수 있음
제정동기	표준화하지 않으면 제품기능을 발휘하기가 곤란하거나 시장 형성이 안 됨	표준화하지 않으면 불편
사례	KS 표준	HD DVD 표준(BLUE RAY)

〈표 10-3〉 구속성에 따른 표준 분류

구분	강제표준(기술 기준)	임의표준
제정목적	공중위생, 환경보호, 소비자 보호, 국방 등 공공 이익 추구	표준화에 따른 생산, 유통의 효율성 제고
제정방법	정부 주도로 제정·시행	표준화기관, 생산자협회 등 이해관계자의 합의를 통해 제정되거나 시장에 의해 자발적으로 생성
준수의무	강제적	대부분 자발적
행정조항	광범위하게 포함	거의 포함치 않음
사례	환경기준, 국방규격, 전기·가스 안전검사 기준 등	KS(산업표준), KICS(방송통신표준), ISO(국제표준화기구 표준) 등
비고	무역 진입장벽으로도 활용	적용 시 효율성 증대

2) 표준 사례

측정표준 사례는 킬로그램 원기(原器)[13]는 1875년 미터 조약에 의하여 그 질량을 1kg이라고 정의하였고, 미터는 미터협약에 의하여 1m의 길이를 나타내도록 만들어진 자로 정의하였다.

측정표준의 중요성 사례는 레이더 송신출력 1DB 오차에 레이더 탐지거리는 40km가 감소되고 항공기 연료계의 눈금 오차 발생 시 작전반경의 제한 및 기술 확보가 긴요하고, 잠수함 압력의 1bar 오차 발생 시 수심은 10m 차이가 나 운항 중 암초에 충돌될 수 있다.

〈킬로그램 원기〉　　　　　　　　　　〈미터 원기〉

 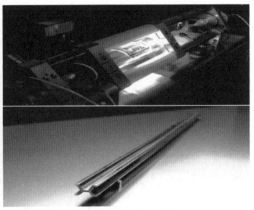

백금과 이리듐 합금으로 직경과 높이가 39mm 인 원기둥

백금과 이리듐 합금 자로 1960년대까지 사용하였으나 현재는 빛이 진공에서 299,792,458분의 1초 동안 진행한 거리를 적용

〈그림 10-11〉 표준사례: 킬로그램, 미터

---

13 원기(原器): 측정의 기준으로서 도량형의 표준이 되는 기구로 킬로그램 원기와 미터 원기가 있는데, 프랑스의 만국 미터법 동맹 도량형국에 보관되어 있고 부원기가 각 나라마다 있음.

3) 표준화가 안 될 경우 영향

표준화가 안 될 경우 미치는 영향은 다음과 같다.

첫째, 체계적인 전력운용의 제한이다.

화력의 효과적인 배치와 신속·정확한 화력 구사가 곤란하며, 무기별 성능 차이로 체계적인 전투가 곤란하다. 장비 성능 및 특성이 동일해야 전력운용계획 수립 및 통제 용이하다. 또한 환경조건과 맞지 않을 경우 기동 등 전력 전개에 제한되기 때문에 군 간, 군-민 간 수송·통신체계의 표준화가 중요하며, 국제 군사협력이 중요한 현대전에서는 외국 군과의 상호운용성 확보가 중요하다.

둘째, 효율적 군수지원의 제한이다.

호환이 안 되는 다양한 무기체계 운용으로 군수지원요소가 증가하고 이로 인해 적기 군수지원 제한되며, 보급, 정비, 보관 등 군수관리 병력 및 군수지원 비용의 증가하고, 병사 훈련을 위한 교관도 증가하고 교육시간 및 관련 비용 등 교육훈련에도 문제가 된다.

셋째, 획득비용을 포함한 총수명비용의 증가다.

획득대상 또는 획득 시 고려할 사항이 증가하게 되고, 다품종 소량 획득으로 가격이 상승하고 개발 리스크가 증가하게 된다.

국방에서 '표준화'는 군수품의 상호운용성·호환성·공통성을 증진함으로써 국방자원의 효율적 운용과 방위력 증강에 핵심 역할을 한다.

3. 미국의 표준화

1) 표준화 추진 배경 및 경과

미국은 외국에서 원정 형태로 2차 세계대전과 6·25전쟁을 대규모 전력과 다양한 무기체계를 동원하여 수행하였다. 이를 위해 후방 지원 병력과 물류창고 및 수송수단을 동원하였고, 결과적으로 장비와 예비부품의 제고가 누적·중복되고 총체적으로 불필요한 전비 낭비 인식을 하게 되어 군수지원 효율성 개선방안 모색 중 표준화를 통해 장비와 물자의 다양성을 제한할 필요성을 인식하게 되었다.

1952년, 미 연방법 Chapter 145 - Defense Cataloging and Standardization에 목록화 및 표준화 조항이 추가되었고, 1954년, 국방부 훈령(DoD D 4120.3) Defense Standardization Program 발령으로 MIL-STD, MIL-SPEC 제정 등 광범위한 표준화 업무를 수행하였다.

1986년, 골드워터-니콜스법, 일명 국방개혁법이 제정되었는데, 이때 국방예산 절감, 각 군 합동성과 상호운용성 강조, 민간기술·경영기법 도입, 표준화 분야에서는 MIL-SPEC Reform, 민간표준 및 규격을 우선 적용하도록 하였다. 탈냉전 후 대(對)테러전에서는 외국 군과의 연합과 새로운 무기체계 수요로 표준화에 더욱 주목하였다.

2) 표준화 업무 추진체계 및 구분

획득군수차관 예하 국방표준화사무국(DSPO)과 합동표준화위원회(JSB)에서 주관하여 업무를 수행하고, DSPO에서는 국방표준화심의회(DSC) 운영 및 각 군 표준화사무국(DepSO)을 지도하고, JSB에서 공중급유, 발전기, 전자회로, 전지, 통합수송 등 9개 위원회를 운영하고 있다. 각 군 실무조직 이외 국방부 소속으로 목록화 인력만 1,000여 명이 수행하고 있다.

군사표준(Military Standard)과 군사규격(Military Specification) 및 도면, S/W기술자료 등 기술자료묶음(Technical Data Package: TDP)으로 구분하고, 국방부 표준화사무국에서 MIL- STD, MIL-SPEC 및 지침서, 설명서 성격의 가이드/핸드북(Guide/hand book)을 관리하고 배포하며, 사업별 기술자료묶음은 각 군 관련부서에서 관리하고 있다.

3) 주요 표준화 활동

(1) 부품관리 프로그램(Part Management Program)

부품관리 프로그램을 운영하는 목적은 비용감소, 단종 대비, 부품 신뢰성 확보,

상호운용성 증대고 최종적으로 군수지원 비용과 총 수명주기 비용의 감소이다. 이러한 프로그램을 운영하게 된 배경은 1개 관리품목 증가 시 27,500달러의 총비용이 증가되는 것으로 분석되었기 때문이다. 핵심내용은 제안요청서 외에 의무적으로 부품관리계획서를 작성하고 동 계획서에 국방부와 산업체 전반에 걸쳐 무기체계 부품의 사용, 선정, 설계, 획득, 비축, 보충, 이동, 관리 및 사용계획이 포함된다.

(2) 부품감소 프로그램(Item Reduction Program)

부품감소 프로그램의 운영목적은 한 장비 내 소요부품 수 최소화로 전체 군수품 종수를 감소시키기 위한 것으로 부품관리프로그램과 유사하며 최종적으로 군수지원 비용을 감소시키는 것이다. 본 프로그램을 도입하게 된 배경은 걸프전 수행 시 약 5천 종의 군용전지 보급지원에 애로가 있었기 때문이다.

주요 추진실적은 군용전지 공용화이다. 하나의 전지로 최대 270종 장비에 사용 가능토록 개선, 육상, 해상, 항공별로 상이한 컨테이너와 팔레트 표준을 통일하였고, 시울프(Sea Wolf) 잠수함은 45,000여 개 조달품목을 후속함인 Virginia 잠수함에서는 17,963개 조달품목으로 대폭 줄여 약 8억 불 비용을 절감하였다.

4. NATO의 표준화

1) 표준화 발전 과정

1949년 NATO 창설 후, 1591년 회원국 간 협약형태로 STANAG(STANdardization AGreement)을 제정하여 표준화체계를 구축하였으며, STANAG 종류에는 STANAG(최상위 문서), AECTP(환경조건 및 시험절차), AJP(합동지원교리), AACP(회원국 간 연합획득절차), AQAP(품질보증) 등 8종이 있다.

이러한 체계를 구축하여 연합작전 상호통신, 지휘통제 간 호환성 강화, 탄약 공용화, 주요 물자에 대한 공용화, 항공기 연료 주입구 표준화 등의 성과를 거두었고,

회원국 간 군수지원의 효율성을 높이기 위하여 NATO 목록체계를 구축하여 세계 유일의 통일된 군수목록시스템으로 위상을 정립하였다. NATO 목록체계 구축의 목적은 군 보급품에 고유 제고번호(Stock Number)와 단일 품명을 부여하여 회원국 간 공통 언어로 의사소통이 가능하게 하는 것이다.

2) 표준화 추진 체계

① NATO 표준화국(NSA: NATO Standardization Agency)에서 표준화 주관
② NSA 상부에 NATO 표준화기구(NSO: NATO Standardization Organization)를 설치하여 회원국들의 표준화 활동을 조정, 지원
③ 주요 조직: 표준화위원회(NCS), NATO 표준화참모그룹(NSSG) 등

3) 표준화 관리요소

① 공용성(commonality): 동일한 교리, 절차 및 장비의 사용 가능
② 상호교환성(interchangeability): 대체하여 요구조건을 충족
③ 호환성(compatibility): 공동 사용 시 특수 조건에서 적정 요구조건을 장비 간 승인 불가능한 요소 없이 충족할 수 있는 제품, 절차의 적합성
※ 공용성(최상위 단계) → 상호교환성(중간단계) → 호환성(하위단계)

제4절 군수품 규격화

1. 국방규격의 정의

국방규격은 무기체계를 포함한 군수품의 물리적 · 기능적 특성을 식별하고 군수품 조달에 필요한 제품 및 용역에 대한 기술적인 요구사항과 요구필요조건의 일치성 여부를 판단하기 위한 절차와 방법을 서술한 기술문서로서, 직접적으로 활용되는 양산단계 외에도 개발 및 운용단계 등 획득 수명주기 전체에서 중요한 위치를 차지하고 있다. 그러므로 획득업무의 기본이 되는 방위사업법, 방위사업관리규정과 기타 표준화 업무지침, 국방규격작성 표준지침 등을 통해 규격화 및 제정된 규격의 변경관리 등을 위한 제반 행정절차를 확립하고 있다.

국방규격의 정의는 군수품의 구매 및 제조과정에 적용되는 기술적 · 공학적 특성 및 일치성 여부를 판단할 절차 및 방법을 서술한 문서로서 제품의 성능, 재료, 형상, 치수, 용적, 색채, 제조, 포장 및 검사방법 등을 포함한다.

국방규격은 규격서, 설계도면, 품질보증요구서(QAR: Quality Assurance Requirement) 자료목록, 소프트웨어, 기술자료 등을 포함하며, 국방규격은 구매요구, 조달판단, 원가계산, 계약, 업체생산, 품질검사, 형상관리 및 품질개선 자료로 활용되고 있다.

2. 국방규격의 적용

국방규격은 정식규격(정식규격 미제정 시 약식규격으로 적용 가능)과 한국산업규격 및 정부규격 또는 외국 국가나 협회규격의 적용 가능 시 별도로 국방규격을 제정하지 않고 직접 적용하거나 최소한의 필요사항만 추가한 구매요구서를 제정하여 적용이 가능하고, 규격이 없거나 규격 적용이 곤란한 중앙조달품목으로 견본조달을 해야 할 경우, 규격작성관리기관은 계약업체로부터 기술자료 제출현황을 관리한다. 하지만, 정식규격 또는 약식규격이 비경제적이고 불합리하다고 판단되는 품목은 견본으로 재조달 가능하다. 국방규격의 작성은 규격서는 제품의 특성, 군수지원의 효율성 등을 고려하여 성능형규격과 상세형규격 중에서 효과적인 방법을 선택하여 작성한다.

3. 국방규격의 형태

국방규격에도 내용의 완성도나 용도와 형태를 기준으로 여러 종류가 있으며 크게 볼 때 정식규격과 약식규격으로 구분하고 있다. 약식규격은 다시 임시규격, 포장규격 등으로 분류한다. 정식규격은 일정한 형식과 내용을 구비하여 계속적으로 통용하고 반복사용하기 위하여 제정하며, 해당 물품의 개발이 완료된 시점에 제정한다. 정식규격을 표시할 때는 Korean Defense Specification을 의미하는 KDS를 사용한다.

약식규격은 사용용도나 조건 및 내용이 제한적인 경우 사용하는 규격으로 임시규격, 포장규격, 도면규격으로 구분한다. 임시규격은 개발이 미완료된 경우 등 기술자료가 미비할 때 제정하는 규격서로서 정식규격화하지 않고 원칙적으로 동일품목 구매에 재사용하지 못하는 규격이다. 임시규격은 체계개발 중 양산을 착수하거나, 개발완성도가 떨어지지만 우선 구매가 필요한 경우에 사용한다.

포장규격은 완성장비 부품 등 포장사항이 규제되지 않는 품목의 수송, 저장, 취급의 편의성을 위하여 포장조건을 정한 규격을 의미하며, 포장규격과 각 품목별 포장제원표로 구성된다. 도면규격은 군용물자 부품 등 단순 기능품을 구매하는 데 적용하기 위한 규격으로 단순 품목인 특성상 규격서의 내용은 기본적인 제품 특성과 품질확인 사항이 간략하게 제시되고 대부분의 요구사항은 도면에 표현하는 특성이 있다.

국방규격은 군수품 조달을 위하여 필요한 제품 및 용역에 대한 성능, 품질보증 재료, 형상, 치수 등 기술적인 요구사항과 요구 필요조건의 일치성 여부를 판단하기 위한 절차와 방법을 서술한 사항으로 규격서, 도면, QAR, 소프트웨어 기술문서, 부품/BOM(Bill of Material: 세부부품목록) 등이 포함되며, 품질보증, 원가계산, 품질정보 제공, 계약관리 기능 등의 역할을 한다.

구분	내용
규격서	• 제품 등에 대한 성능, 기능, 형상 등의 기술적 요구사항과 일치성 여부의 판단 기준과 해당 제품의 상세 설계기준이 되는 요구사항 제시 • 서술식, 구방규격의 대표문서
(설계)도면	• 완성품, 조립품, 부품 등의 제조와 품질보증 등을 위해 필요한 형태, 치수 내부 구조 등을 기하학적 표현방법으로 제시 • KS 제도법 적용
품질보증요구서(QAR)	• 품질보증 시 확인할 항목, 위치, 합격 품질 수준을 명시한 기술문서 • 도면에 포함하기 어려운 구체적인 품질보증 요구사항 표현 • 서술식
소프트웨어 기술자료	• 장비에 내장되는 소프트웨어의 요구사항, 인터페이스, 설계, DB, 시험, 산출물에 대한 명세서, 시험보고서, 설치지침 등에 대한 내용 제공 • 서술식
자료목록	• 장비를 구성하는 전체 부품에 대하여 이와 연관된 도면번호와 부품 명칭, 부품 번호, 구성수량, 부품수준과 해당 도면의 수정차수 등의 정보 제공 • 표 형태

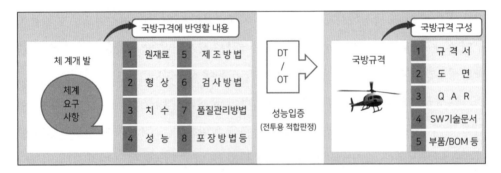

〈그림 10-12〉 국방규격에 반영 내용 및 국방규격 구성

4. 성능형 규격과 상세형 규격의 차이

성능형 규격이란 '요구되는 결과를 얻기 위한 구체적인 방법을 기술하지 않고 요구성능, 환경조건, 연동성 · 호환성 등을 명시한 규격'[14]이다. 다시 말하면, 기술발전

추세가 빨라짐에 따라 민간의 앞선 기술과 민수부품을 적용하여 새로운 기술의 변화에 효과적으로 대응하고, 획득비용을 절감하기 위하여 과거의 세부적인 제조방법 대신 기능, 성능, 환경, 인터페이스 및 상호 호환성 등을 정의한 규격을 말한다.

이에 반하여 상세형 규격은 구매에 적용될 품목과 용역에 관한 기술적인 요구사항과 요구 성능의 달성방법을 구체적으로 기술한 규격을 말한다.[15] 성능형 규격은 보통 아래의 네 가지 사항을 규정한다. 첫째, 제품에 대한 기능적 요구조건(functional requirement), 둘째, 제품이 운용되어야 하는 환경(operational environment), 셋째, 상호연동 요구조건(interface requirement), 그리고 넷째, 상호 호환성 요구조건(interchangeability requirement)이다.

상세형 규격과 성능형 규격의 차이는 개별 부품, 절차, 방법까지 모두 표준화하느냐, 아니면 최소한의 요구조건만을 표준화하느냐에 있다. 다음의 경우에는 모두 표준화하는 것을 지양해야 한다. 진보된 기술을 활용하기 위하여 설계방법을 고정시키지 않는 것이 바람직할 경우, 고객의 기호가 자주 바뀌어 일정 수준 이상의 표준화가 바람직하지 않을 경우, 설계의 유연성과 혁신을 방해할 경우 등이다. 즉, 상세형 규격과 성능형 규격은 표준화 범위의 차이로 구분할 수 있다.

국내·외 규격을 살펴보면 대부분이 상세형과 성능형 규격의 혼합 형태를 가지고 있다. 즉, 규격서에 서술된 내용이 대부분 상세형으로 되어 있지만 내용의 일부는 성능형과 유사한 경우가 많이 있기 때문이다. 또한 성능형 규격에 기준을 두고 작성을 시작하였지만 규격내용의 대부분이 성능형이고 일부만 상세형 내용으로 작성된 경우라도 상세형 규격으로 부르는 경우가 많기 때문이다.

성능형 규격의 필요조건은 최대한 요구조건을 만족할 수 있는 상용 품목 및 공정을 선택하여 작성하도록 되어 있다. 성능형 규격과 상세형 규격의 차이를 〈표 10-5〉에서 규격의 내용상 성능, 제조방법, 시험절차 부분으로 나누어 상호 비교하였다.

---

14 방위사업청, 표준화 업무지침, 2020.

15 방위사업청, 방위사업관리규정, 2020.

〈표 10-5〉 상세형 규격과 성능형 규격의 비교

분류	상세형 규격	성능형 규격
성능	• 해당 성능을 어떻게 달성할 것인가를 구체적으로 명시	• 성능/기능, 환경조건, 인터페이스 등 요구되는 성능만을 기술
제조방법	• 적용되어야 할 원자재, 부품, 공정, 조립방법을 세부적으로 명시	• 특별한 경우를 제외하고는 일반적으로 계약자에게 선택권을 부여
시험절차	• 특정 시험장비를 포함한 구체적인 시험절차 명시 • 완성품 외에 원자재, 부품, 공정에 대한 품질확인 절차 포함	• 시험절차 및 방법은 계약자에게 선택권을 부여 • 주로 완성품에 대한 품질확인 절차 위주로 기술 ※ 성능/환경과 관련된 시험요소는 상세형과 동일하나 최초 생산품검사, 확인검사 등이 강화될 경우가 있음

제5절 군수품 목록화

1. 국방목록 개요

1) 개념

국방목록업무는 효율적인 군수관리 업무 수행을 위하여 국제적으로 표준화된 체계와 제도화된 절차에 따라 군수품을 분류·식별하고 품명 및 재고번호를 부여하여, 기술적 특성 및 관리자료 작성을 통해 체계적으로 관리하는 일련의 과정이다. 또한 군수품 중 보급지원을 수행하는 기관 또는 부서를 통하여 반복적인 조달, 저장, 분배 등이 이루어지는 물품과 소프트웨어를 포함한 무형의 재화를 대상으로 함을 원칙으로 하고 있다.

목록화는 보급품의 획득, 저장, 분배, 정비 및 처리과정에서 필요로 하는 각종 정보(단위, 단가, 포장단위, 중량 및 크기, 취급주의, 저장기간, 폐기방법, 생산자 및 주소, 업체참조번호, 적용장비, 호환 및 대체품

<표 10-6> 목록화 구성

구분	구성
호칭	재고번호: 13자리 숫재(군급부호 4 + 국가부호 2 + 일련번호 7)
분류	군급, 품명(지정품명, 비지정품명)
정보	생산자, 참조번호, 특성자료, 관리자료 등 77가지 항목 정보 관리

등)를 제공한다.

2) 목록화 대상품목

목록화 대상품목은 군수품 중 반복하여 조달, 저장, 분배 및 사용되는 품목, 목록 부서와 협의된 비군수품, 그리고 목록화함으로써 군수품의 소요판단, 획득, 저장, 분배, 정비 등 총 수명주기관리 측면에서 필요로 하는 각종 정보를 수요군에 제공한다.

3) 관련 기관의 역할

방위사업청 목록부서는 사업본부, 국방과학연구소와 국방기술품질원 등 출연기 관, 각 군 및 국방부 직할기관, 생산업체와 연계하여 목록화 관련 제반업무를 수행하 고 있다.

(1) 방위사업청 및 출연기관

① 업체 자체개발을 포함하여 개발품에 대하여 목록화 작성부서에서 접수한 목 록화 요청자료에 대해 대상, 생산자, 참조번호, 제조구분 등 제반사항 검토
② 상기 개발품에 대한 목록화요청서를 목록부서로 제출
③ 국외구매 군수품은 전력화 이전에 원생산국 재고번호 부여 후 도입을 원칙으 로 하며, 비NATO 1단계 후원국에서 구매 시는 계약조건에 기술자료 제공(기부 여 재고번호는 제공)을 포함하고, 전력화 이전 비목록화 품목 중 미국, 영국, 독일 품 목의 목록화에 소요되는 비용은 사업부서에서 예산 반영

④ 변성된 기술자료는 승인된 사료와 함께 목록부시에 제출

(2) 각 군 및 직할기관

① 운용단계 조달품목 중 목록화 대상에 대한 목록자료 수집 후 목록화를 요청
② 목록자료에 대한 수정요청 및 변경자료, 군수품의 취소 및 재사용 품목에 대한 자료를 제출
③ 각 군은 품목기본철에 대한 자료를 수정 및 보완
④ 부대조달품목 및 재고품목에 대한 자료의 변동사항 발생 시 보완자료를 제출
⑤ 목록자료를 활용 및 관리하고, 운용단계 목록화 대상품목 정비와 종합품목기록철과 각 군의 품목기본철 간 자료를 일치화

(3) 생산업체

① 목록제도 및 절차에 따른 목록화요청서를 작성하여 사업의 성격과 주기, 업무진도를 고려하여 사업본부, 출연기관, 각 군 군수사에 제출
② 목록화를 위한 계약조건에 따른 기술자료, 참조자료 및 식별자료 등을 군수정보 관련부서에 제출하고, 추가자료 요구 시 관련 소명자료를 제출
  - 특히 창정비와 관련된 목록화 요청은 양산단계와 운영유지 단계를 구분하여 긴밀히 협조되어야 함
③ 생산자부호를 부여받은 생산업체는 군수목록정보에 등록된 생산자정보(주소, 전화번호, 업체상태 등)의 변동사항이 발생될 경우 즉시 군수정보 관련부서에 통보
④ 군수목록정보에 생산자로 등록된 생산업체는 당해 품목의 생산정보가 변경되었을 경우에는 즉시 목록부서에 통보

2. 군수품 분류 및 목록 업무 절차

1) 군수품의 분류

군수품은 장비, 물자, 탄약의 기본분류와, 종별분류, 기능별분류, 전시품 및 통상품, 무기체계 및 전력지원체계로 분류하고 있다.

2) 목록 업무 절차

목록화 업무절차로 목록화 요청시기는 규격 제·개정 심의가 완료된 후에 하며, 사전 이행사항은 규격제정 대상품목은 규격제정 이전에 품명과 군급 분류번호 지정, 개발품목은 체계개발 중에 품명, 군급 분류번호 및 시제모델번호를 지정, 그리고 탄약류는 규격제정심의 이전에 탄약식별부호를 부여한다.

〈표 10-7〉 군수품 분류체계

구분		분류
기본분류	장비	전차, 함정, 항공기 등과 같이 동력원에 의해 작동되고 비소모품이며, 주요기능을 독립적으로 수행할 수 있고, 정해진 수명기간 동안 동일성을 유지할 수 있는 완제품으로서 구조적으로 부분품, 결합체 및 구성품으로 구성된 물품은 장비로 분류
	물자	물건을 만드는 재료 또는 재료를 활용하여 생성된 산출물 등은 물자로 분류하며, 식량류, 피복 및 비품류, 유류, 건설자재류 등이 포함
	탄약	특별히 제작된 용기 내의 폭약, 추진제, 불꽃, 소이제, 세균 및 방사능 등을 충전한 것으로 항공기나 총포 등으로부터 발사되거나 매설, 투척, 투하, 유도 등 그 밖의 방법에 의하여 사용되는 물질은 탄약으로 분류
종별 분류	10종	1종(식량류), 2종(일반물자류), 3종(유류), 4종(건설자재류), 5종(탄약류), 6종(복지매장판매품), 7종(장비류), 8종(의무장비 및 물자류), 9종(수리부속 및 공구류), 10종(기타 물자류)으로 분류
기능별 분류	12종	화력, 특수무기, 기동, 항공, 함정, 통신전자, 일반장비, 정밀측정, 공구, 탄약, 의무, 물자로 분류
전비품 및 통상품	2종	「군수품관리법 시행령」 제1조의2(군수품의 구분)에 따라 전투용 장비 및 수리부속, 탄약 등의 전비품과 통상품으로 분류
무기체계 및 전력지원체계	2종	「방위사업법 시행규칙」 제2조(무기체계 및 전력지원체계의 구분) 및 「국방전력발전업무훈령」 제2장 제1절(무기체계·전력지원체계의 분류)에 따라 무기체계와 전력지원체계로 분류

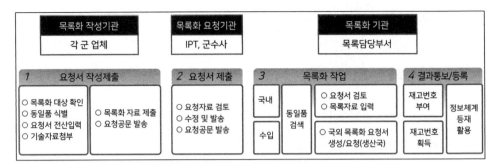

〈그림 10-13〉 목록업무 흐름도

목록화 단계별 업무내용은 각 군, 업체 및 군수사, 사업팀에서 목록화 요청서를 작성하여 제출하면, 군수정보관련부서에 국내품목과 국외품목으로 분류하여 목록화 작업을 수행하고 결과통보 및 목록정보체계에 등록하는 프로세스로 이루어져 있다.

3. NATO 목록체계

1) NATO 목록 개요

NATO는 Sponsorship Policy(1993)에서 동맹국 및 우호지원국에 대하여 공동의 안보적 이익을 추구하기 위하여 NATO 목록체계에 대한 참여 기회를 부여하는 것을 기본 정책으로 추진하고 있고, NATO 목록정책의 목적은 군수업무 전반의 공통언어를 수립하고 상호운용성과 재고목록(Inventory)상의 데이터 중복성을 최소화하기 위한 것으로 비용절감과 데이터의 활용성을 높이는 데 그 취지가 있다.

군수품의 명칭, 분류, 특성식별, 재고번호 체계를 통일된 방식으로 관리함으로써 NATO 회원국 및 후원국 간에 용이한 군수지원이 가능하며, 이를 통해 NATO 목록체계는 군수활동부문의 비용절감과 효율성을 추구한다.

NATO 목록 부서장단그룹에서 연 2회 최신화하여 발간되는 전략맵(Strategy Map)을 분석하여 NATO 목록체계의 최근 동향을 파악하고 이를 관련부서에 공지하고, 최신

NATO 목록체계와 물품식별을 위한 국제적 참조표준으로서 NATO 및 다국적 상호운용성 그리고 조화를 이루는 군수시스템을 지원하는 주요 가능인자로서 전 세계의 군과 국방산업에 의한 NATO 목록체계의 방법론을 전파하고 있다.

2) NATO 목록체계

NATO 목록제도는 국내 및 국제적인 군수지원에 있어 최대의 효과를 달성할 수 있도록 군수물자 분야의 자료관리를 용이하게 하고 품목에 대한 상이한 특성과 동일한 특성에 대해 품목식별이 가능하도록 설정되어 있는 목록체계라고 할 수 있다.

〈그림 10-14〉 NATO 메일박스시스템

NATO 목록체계는 NATO 국가들에게 보급품에 대한 공통의 식별, 분류, 재고번호 부여체계를 제공하는데, 이는 미국 국방부 군수국(DLA: Defense Logistics Agency) 산하 국방군수정보처에서 운영하고 있는 연방목록체계를 근간으로 하며, 회원국가 간의 군수품을 식별하기 위해 13자리로 구성된 NATO 재고번호(NATO Stock Number: NSN)를 사용한다.

• NATO 재고번호: ○○○○ - ○○ - ○○○○○○○
　　　　　　　　　군급분류(4)　국가부호(2)　　일련번호(7)
* 대한민국은 국가번호 '37', 생산자부호 '0000F', 국가부호 'ZH' 할당

NATO 목록체계를 준용하는 회원국들은 〈표 10-8〉 회원국 범위에서 보는 것처럼 NATO 목록정책에 대한 결정범위에 따라 미국과 NATO 회원국, 비NATO 회원국으로 나뉘고, 비NATO 회원국 중에서도 NATO 목록정보 교류능력에 따라 NATO 후원 1단계국(Tier1)과 NATO 후원 2단계국(Tier2)으로 나누어진다.

〈표 10-8〉 회원국 범위

구분	주요 내용
NATO 회원국	NATO 목록제도 정회원 NATO 목록정책 의결권 보유 프랑스 등 28개 국가
후원 2단계 (Tier 2)	NATO 목록제도를 완전히 채택, NATO국에 준하는 교류 가능 회원국 간 목록자료 쌍방교환(송수신) 한국, 호주, 싱가포르 등 9개국
후원 1단계 (Tier 1)	NATO 목록제도를 부분적 채택, 목록자료를 열람만 가능 회원국 간 목록자료 일방(수신만 가능) 일본 이스라엘 등 29개국

미국과 NATO 회원국들은 NATO 목록체계 운영과 관리에 관한 안건의결 권한행사와 NATO 후원국들에 대한 목록체계 평가 및 후원자로서의 역할을 하며, 비NATO 국가들 중 NATO 후원 2단계 국가는 NATO 목록정보를 미국 및 NATO국과 쌍방으로 교류할 수 있고 NATO 목록정책에 관한 의견제시를 할 수 있으나 의결권한은 없으며, NATO 후원 1단계국은 NATO 목록정보를 이용만 하는 단계의 국가로 NATO 목록정책에 대한 의견제시 등의 권한은 없다.

3) NATO 목록제도의 목표

NATO 목록제도가 추구하고 있는 목표는 다음과 같이 몇 가지로 요약해 볼 수 있다.

① 군수체계의 효과성 증대로서 연합군이나 동맹군 간의 용이한 군수지원이 가능하게 함으로써 군수의 효율성 증대

② 데이터의 처리를 용이하게 하는 것으로서, 공통의 언어와 공통의 체계를 사용함으로써 각국 간의 품목에 대한 자료를 용이하게 전달할 수 있으며 자료를 가공하지 않고 재사용 가능

③ 체계 사용 국가의 군수비용을 최소화할 수 있다. 즉 목록화에 따르는 비용을 절약할 수 있으며 동일한 체계의 사용으로 체계운영 및 관리, 다른 체계 운영에 따르는 비용 절감 가능

④ 군수운영의 효율성을 증대할 수 있음, 즉 동맹군이나 연합군 작전 시 군수 측면에서 동일한 언어와 동일한 품목 데이터를 사용함으로서 품목의 중복저장, 편중된 재고고갈 등을 방지하고 각 군 간의 원활한 보급지원이 가능하게 함으로써 군수운영의 효율성 달성 가능

방위사업청·국방부 훈령(2020)·종합군수지원개발실무지침서(2015) 등 참조

> 〉〉 **생각해 볼 문제**
>
> 1. 종합군수지원의 중요성을 사례를 기초로 생각해 보시오.
>
> 2. 무기체계 운영유지에서 표준화의 중요성 및 효과는?
>
> 3. 상세형규격과 성능형규격의 장단점과 적용방안은?
>
> 4. 4차 산업혁명 시대에 군수관리는 무엇을 준비해야 하는가?

제11장

시험평가

한화시스템, 적의 유도탄 교란하는
항공기 방어시스템 시험평가 착수

한화시스템은 국방과학연구소(ADD)와 항공기 첨단방어시스템인 '지향성 적외선 방해장비 초도운용 시험평가 지원용역' 계약을 맺고 본격적 사업에 착수했다고 9일 밝혔다.

지향성 적외선 방해장비는 아군 항공기를 적의 적외선 유도탄 공격으로부터 보호하는 장비다.

항공기에 장착해 적의 미사일 공격이 탐지되면 고출력 적외선 방해 레이저를 발사해 미사일을 교란하고 아군의 생존성을 높인다.

한화시스템은 2014년부터 국방과학연구소가 주관하는 시험개발에 시제품 제작업체로 참여해 2018년 지향성 적외선 방해장비의 핵심기술을 개발하고 항공기 탑재가 용이하도록 경량화에 성공했다.

이번 사업은 지향성 적외선 방해장비 시제품을 실제 무기체계에 적용하기 위한 시험평가사업이다. 군에서 필요로 하는 작전운용 성능과 운용적합성 검증을 받기 위한 과정으로 시험평가를 통과하면 국내는 물론 해외까지 장비를 공급할 수 있는 근거가 될 수 있다.

한화시스템은 지향성 적외선 방해장비를 미국, 영국, 이스라엘 등에 이어 세계 6번째로 개발에 성공했다.

한화시스템 관계자는 "지향성 적외선 방해장비가 다양한 군용항공기에 전력화하면 헬기부터 대형항공기까지 생존성 보장에 큰 기여를 할 것"이라며 "국내 운용시험평가 성능 입증을 바탕으로 글로벌시장 진출도 추진하겠다"고 말했다. (이하 생략)

비즈니스포스트, 2020.7.9.

제1절 일반사항

시험평가(T&E) 과정(Process)은 체계개발 및 획득을 위한 시스템 엔지니어링과정 (System Engineering Process)의 한 부분으로서 체계개발 시 조기에 성능 수준을 확인하여 개발자가 결함을 수정할 수 있게 도움을 주는 역할을 한다. 또한 의사결정과정에서 절충분석(Trade-Off Analysis), 위험요소 최소화 및 요구사항 재검토 등에 필요한 자료를 제공하는 매우 중요한 역할을 담당한다.

1. 시험평가 개념 및 구분

1) 시험평가의 개념

시험평가는 무기체계 개발 및 획득과정의 한 분야로서 관리도구(Tool)이며 시험 (Test)과 평가(Evaluation)의 합성어이다. 시험(Test)이란 개발 및 운용 측면에서 무기체계의 객관적인 성능을 검증하고 평가하는 기초 자료를 획득하는 과정이며, 평가(Evaluation)란 시험을 통하여 수집된 자료와 기타 수단으로 획득된 자료를 근거로 사전에 설정된 시험기준과 비교분석함으로써 대상 무기체계가 사용자 요구에 일치하는지를 검증하고 운용목적에 부합하는지의 적합성을 판단하는 과정을 말한다. 즉, 시험평가는 무기체계 획득을 위한 구매 또는 연구개발이나 설계제작이 요구사항에 일치하는가를 판단하는 의사결정 지원단계이며, 무기체계뿐만 아니라 일반 물자획득에도 적용된다.

2) 시험평가의 구분

시험평가는 개발시험(DT: Development Test)과 운용시험(OT: Operational Test)으로 구분할 수 있다. 개발시험(DT은 전문적인 시험환경하에서 시제품에 대한 정량적 작전운용성능(ROC))을 포함한 기술상의 성능(신뢰도, 가용도, 정비 유지성, 적합성, 호환성, 내환경성, 안전성, 지원성)과 기능을 전문 엔지니어가

시험을 진행하고, 계측 장비를 이용 · 측정하여 검증하고, 설계 · 제작상의 중요한 문제점이 해결되었는지를 확인한다.

운용시험(OT)은 소요군에 의해 작전운용성능(ROC) 충족여부 확인과 군 운용환경 하에서 실제 사용할 운용자가 적용해야 할 각종 작전환경 및 이와 동일하거나 유사한 조건하에서 교리, 편성, 종합군수지원요소 등을 포함하여 적합성, 효율성, 생존성, 치명성, 안전성 등을 시험한다.

2. 시험평가 목적 · 역할

1) 시험평가의 목적

시험평가는 무기체계 획득을 위한 의사결정에 필요한 정보를 제공하는 시험결과 이외의 간접적 자료의 영역까지도 포함되며, 궁극적으로 획득과정의 의사결정을 위한 종합적인 판단자료를 제공하는 것이 목적이다. 따라서 시험평가에 임하는 관련자는 대상물자 및 무기체계의 사용 여부를 판단하기 위한 정확한 정보를 적시에 획득하여 제공하여야 한다.

특히 설계단계부터 운용적 · 기술적인 위험요소를 최대한 조기에 식별하여 수정

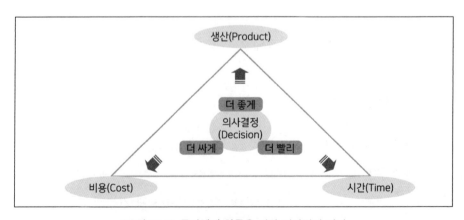

〈그림 11-1〉 무기체계 획득을 위한 의사결정 개념

보완토록 함으로써 획득 및 운용단계에서 비용을 줄일 수 있도록 노력하여야 한다. 이러한 시험활동과 평가활동은 철저한 시험자료 획득 및 결과 분석을 통해서만이 개발자 및 운용자에게 의사결정에 필요한 정보를 제공할 수 있다. 이러한 시험평가 활동은 궁극적으로 더 좋은 무기체계를 생산하고, 비용은 절약하며, 시간은 줄이고자 하는 것이다.

2) 시험평가의 역할

현대 무기체계는 최첨단 컴퓨터 및 통신전자 · 정보기술과 접목되어 그 발전 속도가 날로 증가함에 따라 개발 및 획득에 대한 위험도 동시에 증가하는 추세에 있다. 이러한 사업적 위험을 줄이기 위해서는 의사결정자에게 무기체계의 사용여부에 대한 정확하고 적절한 정보를 적시에 제공해야 한다. 따라서 시험평가는 개발 및 획득 단계의 각 의사결정점에서 다음 단계로의 전환 여부를 결정하는 데 필요한 정보를 의사결정자에게 제공함으로써 의사결정을 지원하는 역할과 획득 및 개발과정에서 위험관리 수단으로서 역할을 한다.

또한 시험평가는 개발 및 획득된 무기체계의 수명주기 비용을 결정하는 역할을 한다. 과거 무기체계의 획득 과정에서 연구개발, 생산, 운용 및 유지단계의 비용 중에서 시험평가 비용이 차지하는 비율은 낮았으나 최근에는 고도의 복합체계로 개발됨에 따라 매우 급격히 증가하는 추세를 보이고 있다. 대략 연구개발 무기체계의 전체 수명주기비용 중 연구개발과 시험평가 비용이 전체 비용의 10%, 생산단계 비용이

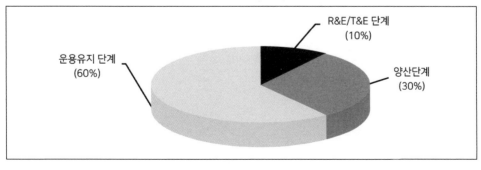

〈그림 11-2〉 수명주기비용

30%, 운용유지단계 비용이 60%를 차지한다.

　연구개발과 시험평가 비용이 전체 비용의 10%에 불과하지만, 생산 및 운용유지단계의 성공 여부에 대한 결정적 요소가 되는 활동이며, 적정비용과 일정통제의 의사결정에 결정적인 자료를 제공한다. 미 국방부 경험 자료에 의하면 무기체계의 결함을 수정하는 데 소요되는 비용은 개발비의 10~30%로 추정되고 있으며, 재설계 및 수정비용은 개발 및 획득과정 초기의 시험평가를 통해서 관련된 결함을 식별하고 수정하여 감소시킬 수 있다. 또한 수명주기비용(LCC)의 대부분을 차지하는 운용유지비(LCC 비용의 60%) 또한 개발 초기 단계에서 결정되며 시스템의 결함을 찾고 보완하는 시험평가 과정이 수명주기 비용에 결정적인 역할을 하고 있음을 보여주고 있다.

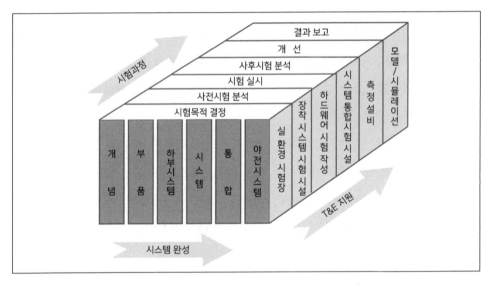

〈그림 11-3〉 체계성숙도, 시험 진행과정, 시험자원 간의 상관관계

3. 시험평가 대상범위, 검증의 개념, 품질보증과 비교

1) 시험평가 대상범위

시험평가 대상범위는 작전운용성능 및 기술적·부수적 성능 구현과 군 운용 적합성, 전력화 지원요소 실용성, 무기체계 운용 효과성이 반영된 운용요구서(ORD)에 대한 운용시험평가와 ORD 구현에 소요되는 각종 설계규격과 설계목표가 포함된 체계요구서(SRD)에 대한 개발시험평가로 구분할 수 있으며, 아래의 그림과 같다.

개발시험평가와 운용시험평가의 대상범위가 중복될 경우 시험평가의 목적과 효과를 달성할 수 있는 범위에서 시험 자산의 효율적 활용과 일정 및 비용 투입이 최소화될 수 있도록 개발시험과 운용시험을 통합하여 수행할 수 있다.

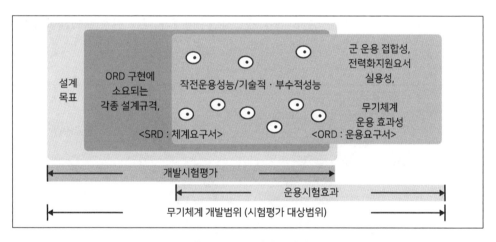

〈그림 11-4〉 시험평가 대상범위[1]

---

1 합참, 무기체계 시험평가 실무 가이드북, 2015.

2) 검증개념

검증(Verification)은 설계검토 과정에서 도출된 물리적 아키텍처가 ROC, 체계운용요구, 설계요구 등의 요구도를 충족시키고 있는지 여부를 확인하는 활동이다. 따라서 검증의 목적은 시스템의 검증해야 할 최하위 레벨부터 최상위 레벨까지 도출된 물리적 아키텍처(소프트웨어와 인터페이스 포함)가 주어진 비용, 일정, 성능요건 및 위험수준을 충족시키고 있는가를 검토하는 데 있다.

성능요구의 경우 시스템, 하부시스템으로부터 하위레벨 구성품까지 각각의 규격서(Specification)에 제시한 요구도를 충족시키고 있는지를 기설정된 기준(Baseline)에 의해 도출된 데이터와 설계 시 사용된 기술 내용을 함께 이용하여 검증한다. 요구도를 검증하는 방법은 요구도 및 기능분석과 요구도 할당 시 규정된 검증 데이터로 한다. 검증 목록은 설계를 위해 작성하는 요구도 할당표에 나타나 있으며 이를 일관성 있게 검증할 수 있도록 지속적으로 사업관리자와 개발시험수행자가 계속 변경 관리해야 한다.

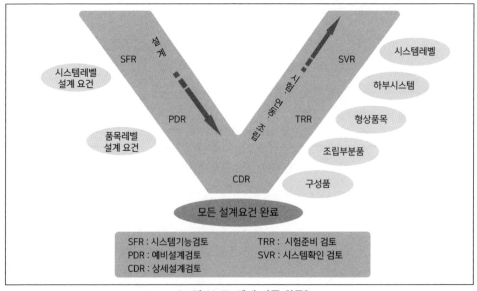

〈그림 11-5〉 체계 검증 활동[2]

---

2   합참, 전게서, 2015.

3) 품질보증

무기체계 연구개발 및 구매의 각 단계별 품질보증은 당초 사용자가 요구한 조건에 부합하는지 여부를 확인하기 위하여 군수품의 품질을 확인하고 그에 따른 미비점에 대한 수정·보완 계획을 수립·시행하는 것으로 통합사업관리팀(IPT) 또는 연구개발주관기관이 품질보증활동을 수행한다. 그 세부내용으로는 제품성능, 신뢰성, 정비유지성, 제품시험·생산 및 정비 시의 품질관리, 제품 품질확인, 시험 및 측정장비검·교정, 계측공학, 양산성 등에 대한 종합적인 검토와 시험을 통하여 사용자 요구사항 반영 및 만족도 보장을 추구한다.

조달을 위한 계약 시에는 다양한 군수품의 효율적인 조달과 규정된 품질 요구조건과의 동일성 보장을 위하여 계약품목의 품질특성에 따른 품질보증 형태 등을 계약조건에 포함하여 계약업체가 품질에 대한 책임을 질 수 있게 한다. 체계개발단계에서는 개발시험평가(DT&E)와 운용시험평가(OT&E)로 설계와 제작 과정을 입증하고 사용자요구사항을 충족하는지 여부를 검증한다. 이러한 시험평가는 규격서(Specification)에 제시된 각종 성능을 충족하는지 여부를 확인하기 위하여 수행된다.

양산단계에서는 품질보증기관이 계약업체의 자체 품질보증에 대한 감독 및 확인을 위하여 품질보증 활동계획을 수립하여 시행한다. 이때 시험평가 시 도출된 기준미달 및 보완요구사항의 조치여부를 확인한다. 군수품을 최종 수령하는 각 군 및 국방부직할기관은 자체적으로 수락검사를 실시할 수 있으며, 수락검사를 수행할 경우에는 해당 업체로 하여금 수락검사에 필요한 자료를 제공할 수 있도록 계약서에 명시하여야 한다.

4. 시험평가 프로세스

시험평가 프로세스는 획득과정의 여러 시점에서 의사결정권자들에게 의사결정에 필요한 자료를 제공할 수 있는 절차로 6개 단계가 반복적으로 이루어진다.

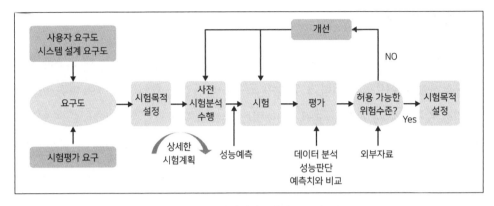

〈그림 11-6〉 시험평가 6단계 프로세스[3]

1) 시험목적 설정(1단계)

제1단계는 의사결정권자가 요구하는 시험평가 정보에 대한 확인 과정이다. 시험 평가 정보는 통상 운용개념, 시제품, 기술개발 모델, 양산체계 등 획득 단계에 따라서 시험 중인 체계를 중심으로 설정한다. 여기에는 효과성(Effectiveness) 및 적합성(Suitability), 체계가 정해진 기간 내에 사용자의 필요성을 얼마나 잘 충족시키는지 여부와 관련된 성능평가를 포함한다.

관련문서는 다음과 같다.

① 주요운용사항(COI) → 운용효과척도(MOE) → 운용성능척도(MOP)

② 시험평가기본계획서(TEMP)

③ 종합군수지원계획서(ILS-P)

④ 체계개발동의서, 체계개발실행계획서

⑤ 설계검토 과정상의 문서

이 단계는 시험전략, 모델링과 시뮬레이션 분석, 시험자원요구서와 자료관리를 포함하는 초기 시험계획 단계이다. 시험을 수행하는 기관은 사업관리부서와 협조하여 필요한 지원사항을 도출하여 요청해야 한다. 사업관리자는 시험평가 업무에 대한 추가사항을 식별하고 시험개념을 정의한다.

---

3 합참, 전게서, 2015.

2) 사전 시험분석 수행(2단계)

시험목적이 식별되면 전체적인 시험개념과 각 목적에 대해 정확하게 무엇을 어떻게 측정해야 하는지에 대하여 결정하여야 한다. 사전 시험분석 수행 단계에서는 다음과 같은 방법을 고려하여 체계 성능에 대한 수치나 시험 결과를 예측하여 시험조건과 순서를 결정하게 된다.

① 시험 시나리오를 설계하기 위한 방법
② 시험환경을 설정하기 위한 방법
③ 시험항목을 적절히 측정하기 위한 방법
④ 시험자원을 배치하고 통제하기 위한 방법
⑤ 시험순서를 정하기 위한 최선의 방법

시험데이터 요구서를 정의하기 위해 데이터 관리와 분석계획이 개발되어야 하며 시험팀이 어떻게 데이터를 분석할 것인지를 결정해야 한다. 또한 시험 수행 전 위험분야를 이해하고 예측하기 위해 모델링과 시뮬레이션(M&S)을 이용할 수 있다.

3) 시험(3단계)

시험단계에서는 시험계획, 시험수행 그리고 자료 관리로부터 시험결과 보고까지 많은 활동 범위를 포함한다. 시험계획은 시험이 잘 준비되고 효과적인 방법으로 수행될 수 있도록 수행되는 활동이다. 시험계획은 초기시험에서 문제를 식별하는 데 필요로 하는 위험분야가 정의되어야 한다.

효율적인 시험계획을 수립하기 위하여 개발시험 및 운용시험을 수행하는 요원은 통합시험팀(Combined Test Force)을 구성하여 공통 데이터 요구사항, 시험평가 자원, 분석 방법과 도구의 사용에 있어서 중복의 최소화를 위해 노력해야 한다. 시험요원은 세부 시험계획에 따라 실제 시험을 계획하고 수행한다. 이러한 계획은 개발 또는 운용시험 평가계획서와 같은 시험평가계획서와 모델링과 시뮬레이션(M&S), 사전 시험분석을 통해 구체화된다. 세부 시험계획에는 시험목적, 시험조건, 시험항목 구성, 시험횟수, 시

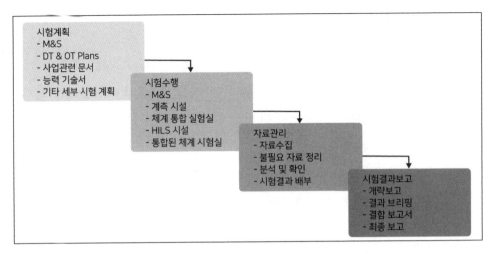

〈그림 11-7〉 시험 활동

험절차가 명확하게 포함되어야 한다.

자료관리는 가공하지 않은 시험자료를 수집하고, 공학적 방법으로 분석 및 인증하여 시험관리자에 의해 종합된다. 개발 및 운용시험 수행기관은 시험 관련 이해관계자들과 시험평가 조정·통제기관에 빠른 피드백을 위한 수시보고서, 주간·월간 단위 보고서, 의사결정자를 위한 요약보고서, 결함보고서, 공식적으로 발표되는 문서 등 시험평가 진행과 관련된 사항을 제공해야 한다.

결함보고서(DR)는 시험단계와 다음 평가단계 동안 추적하여 문제해결을 할 수 있도록 결함식별 및 조사, 추후 검증에 필요한 방안이 포함되는 등 체계적으로 문서화되어야 한다.

4) 평가(4단계)

평가는 시험결과 분석을 통해 충족·미충족 여부를 판단하는 것이다. 시험결과를 객관적이고 합리적으로 판단하는 것은 시험평가(T&E) 수행의 핵심사항이다. 시험대상에 대한 정량적·정성적 판단기준을 충족하기 위해 시험항목에 대한 수행결과를 평가해야 한다. 시험자료의 분석을 통해 예측된 결과가 나왔는지를 판단하기 위해 평가되어야 한다. 차이점이 발견되면 평가단계에서는 그것이 사전 시험분석에서의 오류에 의한 것인지, 시험설계에서의 결점에 의한 것인지, 시스템 성능의 부족에 의한 것인지 판단해야만 한다.

평가단계에서는 평가결과와 종합의견을 결과로 도출해야 한다. 평가결과는 직접적으로 시험목적과 일치여부를 객관적으로 평가하는 것이며, 종합의견은 시험결과에 대한 수행기관의 전반적 의견을 반영한다.

5) 허용 가능한 위험 수준(5단계)

이 단계는 시험결과에 대해 만족하거나 그렇지 못할 경우에 의사결정자에 의해 기준충족/기준미달, 전투용 적합/전투용 부적합이 결정된다. 시험이 제대로 수행되었는지, 생산품(시험된 체계나 시험항목)이 예상한 것과 같이 수행되었는지, 위험을 줄이기 위한 방법들은 효과가 있는지, 기간 내에 보완 가능한지 등의 사항들이 해결되지 못한다면 위험(결함)은 다른 방법에 의해 증명될 때까지 제품에 존재하게 된다.

개발시험평가에서는 심각한 결함이라 할지라도 바로잡을 수 있다. 그러나 운용시험평가에서의 결함은 바로잡을 가능성이 없어 사업 중단의 결과를 가져올 수 있다. 운용시험평가에서 발견된 결함일지라도 가능성이 있는 해결방안이 제시된 경우 의사결정자가 수용할 만한 수준의 위험 이내에 있는지 확인하기 위해 무기체계를 재시험해야 한다.

6) 개선(6단계)

만약 결함이 시험을 진행하는 중에 발생하게 되면 이러한 결함은 체계설계나 시험방법, 시험 절차의 오류로부터 기인할 수 있는데, 이러한 문제를 분석하거나 수정함으로써 무기체계 연구개발의 위험을 줄일 수 있다. 시험평가 프로세스의 특징은 향후 설계 변경이 최소화되도록 지속적으로 반영하는 것이며, 이렇게 함으로써 평가단계로부터의 피드백이 조기에 반영 가능하게 된다.

무기체계의 개발과 시험이 진행됨에 따라 성능과 효율성에 대한 예측의 정확성과 측정방법의 유효성 검증은 지속적으로 최신화되어야 한다. 사전 시험 예측을 위하여 사용된 모델링과 시뮬레이션에서 발견된 결함은 시험평가를 수행하고 관리하는 조직에서 관심을 가져야 한다. 개발시험평가의 피드백 정보에 대해 제대로 대응하지 못하면 운용시험평가와 전체 사업성공에 나쁜 영향을 줄 수 있기 때문이다.

7) 시험평가 프로세스의 통합

현대의 무기체계가 단순체계에서 복합체계(System of system: SoS) 형태로 진화함에 따라 시험평가 프로세스도 복잡한 획득과정을 지원할 수 있도록 통합되어야 한다. 시험평가 프로세스는 체계획득 프로세스와 관련이 있다. 통합된 시험평가 프로세스를 통해 체계단위의 업무분야와 팀을 구성하는 데 있어 상호협력이 필요한 상황이라면 통합된 시험계획을 수립하고 정보를 공유하며 효율적으로 자원을 사용하는 노력이 필요하다.

5. 시험평가와 신뢰성 시험의 관계

시험평가의 주목적은 의사결정에 필요한 정보를 제공하는 것으로서 무기체계 개발과 획득 및 운영과정에서 수많은 업무를 지원한다. 이러한 개념에 따라 시험평가는 무기체계 개념형성 단계부터 시작하여 폐기에 이르기까지 무기체계 전 수명주기 동안 영향을 미칠 수 있는 중요한 활동이다.

신뢰성 시험은 제품의 기능·성능, 내환경성, 내구수명 또는 고장률을 사전에 예측·검증하는 시험으로서, 무기체계 도입 시 운용단계에서 요구되는 신뢰성 수준을 만족하고 양산 전에 조기 결함을 식별하여 이를 해소하기 위해 수행되는 시험이다.

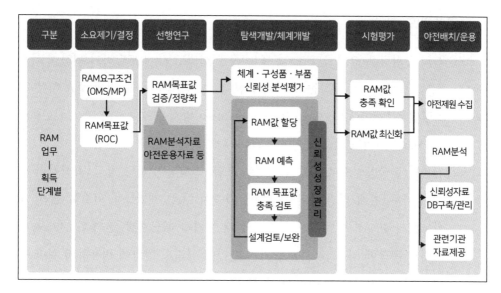

<그림 11-8> 국방 신뢰성 업무 절차[4]

1) 신뢰성 업무 절차

(1) OMS/MP 작성 및 RAM 목표값 설정

① RAM 목표값 설정을 위해서는 전·평시 작전운용형태 및 임무형태별 운용개념을 고려하여 운용목표, 운용시간, 운용횟수, 정비시간, 정비횟수 등을 검토한다.

② 이때 개발장비에 대한 정비체계, 정비개념을 포함하는 군수지원체계에 대한 정보가 없을 경우에는 유사체계/장비에 대한 정보를 활용하기도 한다.

③ 소요제안기관에서 체계개발 착수 이전까지 작성한 OMS/MP를 근거로 군수지원 신뢰도, 가용도, 정비도, 내구도 등의 RAM 목표값을 설정한다.

---

4   육군본부, 시험평가 업무소개, 2017.

(2) 신뢰도 할당

① 신뢰도 할당은 요구 신뢰도 값 또는 목표 신뢰도 값에 도달하기 위하여 설계 초기(또는 탐색단계)에 행하는 업무로서 신뢰도 예측업무 수행 전에 주요 하부 시스템별로 Bottom Up 방식, 또는 Top Down 방식을 겸용하여 현실적으로 도달 가능한 신뢰도 값을 부여하는 Trade Off 연구의 한 과정이다.

② 신뢰도 할당방법으로는 동일 구성품 조합, 전자장비 할당 방법, 유사장비 신뢰도 이용, 기계/전기 복합장비 대상 가중치 이용, 개발노력 최소화 방법, 개발노력의 최적화 방법 등이 있으나 현대 무기체계는 기계, 전기 및 전자 복합장비로 복잡한 임무 및 기능을 가지고 있어 신뢰도 할당에 적용하기 위한 방법을 선택하기가 매우 어려운 실정이다.

③ 신뢰도 할당 시 시스템 운용조건, 개발투자비용 대 효과, 기술수준, 정비기준 및 군수지원계획 등을 고려하여야 하며 주요 임무와 안전성에 관련된 중요 품목, 고장률이 증가하는 품목, 고장 발생 시 타 시스템에 치명적인 결함이 발생되어 정비 전 우선 교환이 필요한 품목, 고장발생 시 정비시간이 길고 정비를 위하여 특별한 장비나 높은 수준의 정비기술이 요구되거나 경제적 손실이 큰 품목 등에 대하여 가중치를 부여할 필요가 있다.

(3) 신뢰도 예측

① 무기체계 및 장비에 대한 소요군 요구사항에 대하여 체계나 장비의 신뢰도 값을 분석하는 과정으로 대상을 세분화하여 아래의 표와 같이 수행한다.

〈표 11-1〉 개발단계 신뢰도 분석 범위

구분	탐색개발	체계개발		
		SSR	PDR	CDR
예측 범위	신뢰도 할당	구성품 단위 신뢰도 값 예측	결합체 단위 신뢰도 값 예측	부분품 단위 예측 및 체계 종합

(4) 신뢰도 분석

① RAM 분석결과는 설계 요구조건 평가 및 설계 개선사항 도출, 사고 예방 및 대책방안 구축, 장비의 가용능력 판단, 정비계획 수립 기초자료, 고장진단 및 배제절차 기초자료, 수명 주기비용 분석 기초자료, 유사장비 개발 시 설계분석 및 RAM 요소 예측자료 지원 등의 분야에 활용할 수 있다.

(5) 신뢰도 평가

① 신뢰도 평가는 부품·체계에 대해 신뢰도를 평가하는 것으로 아래의 그림과 같은 절차로 이루어진다.

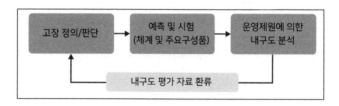

〈그림 11-9〉 신뢰도 평가업무 절차[5]

② 야전운용제원 획득을 통하여 고장다발품목이나 취약품목 등의 신뢰도 평가를 실시하여 신뢰성 있는 무기체계의 획득으로 수명주기비용을 절감할 수 있다.

2) 신뢰도 평가 방법

(1) 이력데이터를 이용한 추정

① 야전 운용제원 데이터를 수집하여 수집된 데이터로부터 수명을 추정하는 방법이다.

② 데이터 획득에 대한 일관성 확보 시 가장 정확한 방법이 될 수 있으나 장비 배

---

5   육군본부, 전게서, 2017.

치부터 확보까지 많은 시간을 필요로 하고 최신화의 어려움이 있으며 양질의 운용데이터 확보에 어려움이 있다.

(2) 신뢰도 예측자료 이용

① 부품 수준에서 필드데이터를 수집하여 고장률을 산출해 놓은 외국 기관의 데이터를 활용하여 이론적으로 제품의 수명을 계산하는 방법이다.
② 국내와는 장비 운용환경이 다른 외국의 데이터를 이용하는 경우에 해당되며, 국내 환경요소를 고려해야 한다.

(3) 정상시험

① 정상사용 조건에서 직접 시험에 의해 신뢰도를 평가하는 방법으로 생산 로트를 대표할 수 있는 시제수량을 채취하여 시험하는 방법이다.
② 정상시험은 정확한 데이터를 획득할 수 있으나 상당한 시험비용과 시간이 요구되는 단점이 있다.

(4) 가속수명시험

① 가속수명시험은 정상사용 조건보다 더 가혹한 시험조건에서 시험하여 짧은 시간 내에 고장을 발생시킨 후 얻은 고장데이터를 가속모델을 통하여 정상사용 조건에서의 고장데이터로 환산하여 제품의 수명을 추정하는 방법이다.
② 가속수명시험은 가속계수를 얻기 위한 시험을 동반하며, 보통 부품이나 조립품에 많이 적용한다.
③ 가속수명시험은 비교적 현실적인 데이터를 얻을 수 있고 짧은 시간에 데이터를 얻을 수 있는 장점은 있으나 시험에 따른 비용이 많이 소요되는 단점이 있다.

<표 11-2> 신뢰도 평가 방법에 따른 장단점

종류	장점	단점
이력데이터 분석	• 가장 현실적인 데이터를 얻을 수 있음	• 데이터의 질이 낮음 • 데이터 수집에 장시간 소요됨
신뢰도 예측 자료 이용	• 데이터를 얻기가 쉬움 • 주로 설계단계에서 설계 대안들의 비교나 여러 업체 제품의 상호 비교 등 상대적인 비교에 사용	• 여러 변수(사용 환경, 제조업체 품질수준 등)를 보정할 수 있도록 모델을 만들어 놓았지만 현실적인 수명과 차이가 클 수 있음
정상시험	• 가장 현실적인 데이터를 얻을 수 있음	• 시험시간 장시간 소요 • 시험비용이 많이 소요
가속수명시험	• 비교적 현실적인 데이터를 얻을 수 있음 • 비교적 짧은 기간에 데이터를 얻을 수 있음	• 시험비용이 많이 소요됨

제2절 체계공학과 시험평가 관계[6]

1. 개요

'체계공학(Systems Engineering)'은 사용자의 요구사항을 만족시키고 관리자의 의사결정을 위한 정보제공을 위해 통합되고 최적으로 균형된 일련의 제품과 프로세스 설계를 발전시키고 검증하는 다학재(Interdisciplinary)적인 접근방법이다(미 DoD). 미 국방부는 시험평가를 전 획득 순기를 통하여 지속 적용토록 공식화하여 강조하고 있으며 이러한 정책은 획득단계의 위험도를 낮추고 체계의 운용효과 및 운용 적합성을 예측하는 데에 중점을 둔 것이다. 이 목표를 달성하기 위해 시험활동을 개발과정 전반에 걸쳐 적절히 포함하고 있으며, 체계공학 관점에서 보면 시험계획, 시험수행 및 시험결과에 대한 분석 모두가 기본적인 개발과 생산 정의 과정(Product Definition Process)에 포함되어 서로 연결되어 있는 부분들이다.

---

6   합참, 무기체계 시험평가 실무 가이드북, 2015.

체계공학 과정은 운용요구(ON: Operational Needs)로부터 모든 운용 및 지원체계 요소들을 생산하여 배치하는 데까지 요구되는 내용들로서 반복적이며, 논리적 분석, 설계, 시험, 의사결정 활동으로 구성된다.

2. 체계설계 과정

1) 체계설계 과정 개요

연구개발 과정에서 기술적인 문제를 인식하고 이에 대한 해결방안을 정립해 가는 과정이다. 체계설계 과정은 시스템의 '요구사항 분석'에서 시작되며, '기능분석 및 할당' 업무를 통해 정의된 요구사항을 달성하기 위해 필요한 기능을 분석하고 이 기능은 체계의 하위요소에 할당된다.

'설계조합' 업무에서는 할당된 기능을 구현할 수 있는 기술적 해법을 선정한다. 마지막으로 위와 같은 개발활동에 필요한 '시스템 분석 및 통제' 업무가 존재한다. 이러한 체계공학 업무들은 무기체계의 연구개발 전 단계에 걸쳐 상호보완적이고 반복적으로 수행된다.

2) 체계설계 과정별 활동

요구사항 분석: 요구사항 분석은 무기체계가 달성해야 하는 목표 또는 기타 속성을 정의하는 단계로, 연구개발 결과물의 성능, 비용, 일정에 대한 위험(Risk)을 결정하는 가장 핵심적인 단계이다. 시스템엔지니어는 무기체계의 전 수명주기와 관련된 모든 이해당사자의 참여를 통해 가능한 누락 없이 간결하고 명확한 요구사항을 정의해야 한다.

① 기능분석 및 할당: 기능분석은 무기체계의 요구사항을 달성하는 데 필요한 하부기능을 식별하기 위한 업무이다. 기능분석을 통해 상위레벨의 기능인 임무(mission) 또는 임무프로파일(mission profile)은 하위레벨의 기능 및 성능으로 세분화

되고 각 기능 간의 상호관계, 내·외부 인터페이스가 정의된다. 정의된 기능 및 성능은 물리적 아키텍처의 각 요소들로 할당되어야 한다.

② 설계조합(Synthesis): 물리적 아키텍처의 각 요소에 할당된 기능을 만족하기 위한 설계 해결책이 검토 및 선정되는 단계이다. 다양한 시스템 설계개념이 검토되고, 형상품목 및 시스템 요소가 정의된다. 제품 및 프로세스에 대한 해결방안이 선정되며, 물리적 인터페이스가 정의되는 단계이다.

③ 시스템 분석 및 통제: 요구사항 및 기능이 분석되고, 설계안이 조합되는 전 과정에서 발생하는 논리적·공학적 분석 활동 및 위험관리, 인터페이스 관리, 형상관리 등과 같은 체계공학 기술관리 활동에 대한 업무이다.

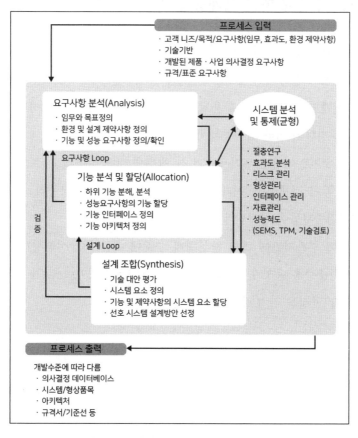

〈그림 11-10〉 체계설계 과정 활동(MIL-STD-499)

3) 연구개발단계에 따라 예상되는 결과물

(1) 선행연구단계: 상위 수준의 시스템 구성 및 운용개념, 사업추진기본전략

(2) 탐색개발단계: 소요되는 기술 또는 구성품별 기술성숙도, 위험도가 높은 기술 또는 구성품에 대한 검증된 규격

(3) 체계개발단계: 초도양산 또는 양산에 적용 가능한 무기체계의 완전하고 검증된 양산규격

3. 체계 계층수준에 따른 체계공학 과정

① 체계공학을 통한 무기체계 연구개발 프로세스는 V형 모델로 표현된다.

② 소요군에서 운용개념 및 초기 작전운용성능을 제시하고, 방위사업청에서는 무기체계의 연구개발에 활용될 수 있도록 요구사항을 정제하고, 연구개발사업을 추진하기 위한 체계공학계획(SEP)을 수립한다.

③ 연구개발기관에서는 무기체계의 각 계층에 대해 하향식(Top-down)으로 분석 및 설계활동이 전개되며, 시제품의 구성품을 개발한 후 상향식(Bottom-up)으로 통합 및 검증활동이 전개된다.

④ 연구개발주관기관에 의해 완성체계 수준에 대한 개발시험평가(DT&E)가 수행되어 기준충족 판정과 소요군 주관으로 운용시험평가(OT&E)가 수행되고 '전투용 적합' 판정을 거쳐 양산단계로 진입하게 된다.

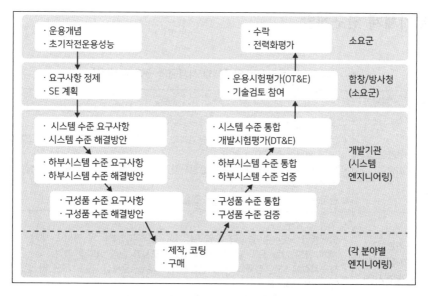

〈그림 11-11〉 체계공학 프로세스

제3절 시험평가 종류

1. 개요

무기체계 시험평가는 그 대상에 따라 연구개발, 구매(국내, 국외), 핵심기술개발, 민·군겸용기술사업, 신개념기술시범(ACTD)사업에 관한 시험평가로 구분한다.

2. 무기체계 연구개발

〈표 11-3〉 무기체계 연구개발 시험평가 구분 및 내용[7]

단계	시험평가	내용
탐색 개발 단계	운용성 확인	• 수행: 소요군 • 탐색개발 기간 중 잠재적인 운용효과와 운용적합성의 의사결정자료를 조기에 제공하기 위하여 실시하는 평가 • 요구사항에 대한 정제와 주요 결함사항, 도출된 문제점, 향후 개선 및 발전시킬 사항 등에 대해 파악 • 판정은 하지 않고 체계개발단계 진입 가능 여부에 대한 의견 제시
	기본설계 시험평가 (함정사업)	• 수행: 소요군 • 탐색개발 기간 중 함정의 제원 및 성능, 탑재무기체계 및 장비의 배치, 장비사양, 체계 간의 연동 등의 결과물에 대하여 요구사항 충족 여부를 평가 • 요구사항에 대한 정제와 주요 결함사항, 도출된 문제점, 향후 개선 및 발전시킬 사항 등에 대해 파악 • 판정: 잠정 전투용 적합 또는 잠정 전투용 부적합
체계 개발 단계	개발 시험평가	• 수행: 연구개발 기관(국방과학연구소 또는 개발업체) • 개발 장비의 시제품에 대하여 요구성능 및 개발목표 등의 충족여부를 검증하기 위한 시험평가 • 판정: 기준충족 또는 기준미달
	운용 시험평가	• 수행: 소요군 • 개발 장비의 시제품에 대하여 작전운용성능 충족여부 및 군 운용 적합여부를 확인하기 위한 시험평가 • 판정: 전투용 적합 또는 전투용 부적합 * 핵심기술연구개발과 민·군겸용기술 개발(무기체계개발 제외)은 군사용 적합 또는 군사용 부적합 판정

무기체계 연구개발 시험평가는 탐색개발단계의 운용성 확인(함정사업의 경우 기본설계시험평가)과 체계개발단계의 개발시험평가 및 운용시험평가로 구분하여 수행하며, 시험평가 구분 및 내용은 〈표 11-3〉과 같다.

---

7 합참, 무기체계 시험평가 업무지침, 2018.

3. 무기체계 구매

구매사업은 구매형태에 따라 국내구매, 국외구매, 임차로 구분되며, 구매시험평가는 '실물에 의한 시험평가' 적용을 원칙으로 하며 '자료에 의한 시험평가'와 '자료+실물에 의한 시험평가'를 수행할 수 있다.

1) 실물에 의한 시험평가

국내시험평가 또는 국외시험평가로 구분하며 작전운용성능, 군 운용의 적합성, 전력화 지원요소 등의 충족여부를 판단하되 국외시험평가의 경우 한국적 작전환경에서의 적합성이 필요한 경우에는 국내시험을 실시한다.

2) 자료에 의한 시험평가

업체가 제시한 성능자료, 개발경위, 제작국의 시험평가 결과, 해당국의 군사용여부 및 판매실적 등이 포함된 제안서와 수집된 각종자료 및 정보 등의 관련 자료를 이용하여 작전운용성능, 종합군수지원요소 등의 충족여부를 판단하는 시험평가이다.

3) 자료 + 실물에 의한 시험평가

성능 충족여부를 확인하기 위해 실물에 의한 시험평가 방법을 적용하되, 실물에 의한 시험평가가 제한되는 항목에 대하여 자료에 시험평가를 병행 적용하는 시험평가이다.

4. 핵심기술 연구개발

핵심기술 연구개발사업은 기초연구 · 응용연구 · 시험개발단계로 구분하여 수행된다. 핵심기술개발 과제의 평가는 과제 수행 중에 실시하는 성과평가(중간평가 및 단계평가)와 최종단계에서 수행하는 시험평가(개발시험평가 및 운용시험평가)로 구분하여 실시한다.

핵심기술개발 시험평가는 응용연구단계로 종결되는 사업 또는 시험개발단계의 핵심기술사업에 대하여 수행하며, 개발시험평가와 운용시험평가로 구분하고 응용연구계획서 및 시험개발계획서에 기초하여 실시한다.

5. 민·군겸용기술 개발

민·군겸용기술사업에 대한 시험평가는 기술개발, 부품국산화, 무기체계 개발로 분류하며, 부품국산화 시험평가를 제외하고는 무기체계 및 핵심기술 연구개발의 시험평가 방법 및 절차와 동일하다.

부품국산화 시험평가는 방위사업청 "무기체계 양산단계의 부품국산화 지침"에 따라 소요제기 승인 후 개발업체 또는 연구개발주관기관이 개발계획서에 따라 제작된 시제품을 시험평가계획에 따라 세부단위 구성부품과 조립체(완제품) 단위로 외관, 성능, 환경시험을 실시하고 당해 시험성적서와 개발단위부품의 내역을 첨부하여 기품원에 개발시험을 의뢰하고, 기품원은 기술용역계약을 체결하여 시험평가를 지원한다.

6. 신개념기술시범(ACTD)사업

신개념기술시범사업의 평가는 자체평가와 군사적 실용성평가로 구분한다. 자체평가는 연구개발주관기관에서 수행하며, 사업관리부서는 자체평가결과에 대한 소요군 등의 의견을 종합·검토하여 군사적 실용성평가로의 진행여부를 판단한다.

군사적 실용성평가는 소요군에서 수행하며 무기체계 연구개발의 운용시험평가 절차와 유사하나, 수행 목적과 방법은 다음과 같다.

먼저 수행목적은 ACTD에 의해 개발된 시제품의 군 운용 적합성, 사용의 편의성,

군사작전에 미치는 효과성 등에 대하여 야전 운용환경에서 시범을 통하여 자료를 획득하고 주요 운용이슈별로 군사적 실용성을 평가, 다음 단계로의 진입여부를 판정하는 데 있다.

수행방법은 요구성능에 대해 장비 운용 시나리오와 임무 프로파일 등을 기초로 테스트베드, 전투실험, 야전운용환경에서의 훈련(부대 야외훈련과 병행 가능 등), 제한된 분야에 대한 시범, 기타 무기체계의 특성을 고려한 방법을 적용하여 자료를 획득하고, 실측 또는 분석, 통계기법 등을 활용하여 평가(Green, Yellow, Red)를 수행한다.

제4절 시험평가 수행 절차

1. 시험평가 계획 수립

1) 시험평가계획서의 작성

개발시험평가 계획(안) 제출 시 IPT 검토 후 제출한다. 적용무기체계가 있는 핵심기술 중 체계 영향성이 미미한 부분품 및 구성품은 개발시험평가로 종결 가능하며 이에 해당되는 경우에는 개발시험평가계획만 수립한다.

2) 시험평가계획서 수정

합참 시험평가부장은 시험평가계획서에 대한 수정소요 발생 시 중요한 또는 경미한 내용 수정인지를 판단한다. 중요한 내용인지 여부에 대한 판단이 제한될 경우 통합시험평가팀(또는 관련기관) 회의를 통하여 판단할 수 있다. 중요한 내용 수정의 경우에는 수정소요가 중요한 내용일 경우, 관련기관(방위사업청, 연구개발주관기관, 소요군) 검토결과를 포함하여 시험평가부장의 결재를 받아 계획서를 수정하고 관련기관에 통보한다.

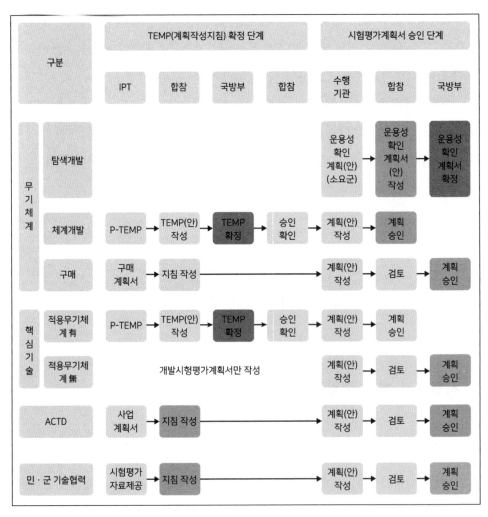

<〈그림 11-12〉 유형별 시험평가 프로세스[8]>

이때 국본(전력정책관실)에서 계획서를 확정한 경우 국본(전력정책관실)으로 계획서 수정을 건의하고, 합참은 국본(전력정책관실)에서 승인 및 확정한 사항을 관련기관에 통보한다.

경미한 내용 수정의 경우에는 수정소요가 시험평가 기간·방법·절차 변경, 선행문서 변경(소요결정문서 또는 체계개발실행계획서 수정 등을 통한 시험평가 기준 변경 포함)에 따른 수정, 기타 오탈자 수정 등의 경미한 내용일 경우, 관련기관(방위사업청, 연구개발주관기관, 소요군) 검토

8　합참, 전게서, 2018.

결과를 포함하여 합참 시험평가과장의 결재를 받아 계획서를 수정하고 관련기관에 통보한다. 필요시 경미한 내용 수정의 경우에도 합참 시험평가부장의 결재를 받아 처리할 수 있다.

2. 시험평가 수행

1) 통합시험평가 관련 조직 및 역할

통합시험평가 관련 조직 및 역할은 아래 표에서 보는 바와 같이 국방부, 합참, 방위사업청, 각 군, 국방과학연구소, 국방기술품질원 및 업체 등이 참여하며 각각의 역할을 수행한다.

〈표 11-4〉 통합시험평가 관련 조직 및 역할

조직		역할
국방부	전력정책관실	• 시험평가 법령 검토 및 국회 제출 • 시험평가 규정 반영 • 시험평가 결과 검토 및 판정 • 통합시험평가팀 구성의 적절성 검토(소요군 포함 시)
	군수관리관실 (전력지원체계)	• 시험평가 정책수립 및 제도발전(전력지원체계)
합참	시험평가부 (무기체계)	• 시험평가 정책수립 및 제도발전(무기체계) • 시험평가기본계획 수립, 조정·통제 • 시험평가 결과 검토 및 판정안 작성 • 시험평가 예산 반영·검토 및 집행
방위사업청 (사업본부)		• 개발시험평가 계획 검토(관급지원 포함) • 시험평가 관리 및 지원, 시험평가 예산확보 및 지원
육·해·공군		• 운용시험평가 수행 • 운용시험평가 예산 소요제기(운용, 수시시험)
국방과학연구소		• 국과연 주관 연구개발사업 개발시험 수행 • 각 군 및 기관 시험평가 관련 기술지원
국방기술품질원		• 각 군 및 기관 시험평가 관련 기술지원
개발업체		• 업체주관 연구개발사업 개발시험 수행 • 각 군 및 기관 시험평가 지원

2) 통합시험평가팀 구성 및 운영

시험평가는 통합시험평가팀을 구성하여 실시하며, 통합시험평가팀 업무는 다음과 같다.

① 구매하는 무기체계에 대한 시험평가 관련 사항 검토

② 예비 시험평가기본계획서 검토

③ 체계개발동의서 내용 중 통합시험 수행항목 검토

④ 체계개발실행계획서 내용 중 통합시험팀 구성 및 운용계획 검토

⑤ 시험평가기본 계획(안) 및 통합시험 수행항목 검토

⑥ 시험평가 계획(안) 검토, 시험평가 진행 확인

⑦ 시험평가 결과 검토, 시험평가 시기 조정 건의

통합시험평가팀 팀장은 합참 시험평가과장이 되며, 팀장은 통합시험평가팀을 대표하고, 그 사무를 총괄한다. 통합시험평가팀은 팀장 및 간사 각 1인과 해당사업 관련부서 인원을 팀원으로 구성한다. 통합시험평가팀은 필요에 따라 연구개발사업인 경우 계약체결 이후부터 시험평가 결과판정 시까지, 구매사업인 경우 대상장비 선정 이후부터 시험평가 결과판정 시까지 운영하되, 사업의 특성을 고려하여 운영시기를 조정할 수 있다.

〈표 11-5〉 통합시험평가팀 구성 및 운영

구분	내용
정의	• 시험평가 계획을 수립하고, 시험평가 진행을 확인하며, 평가결과에 대한 판정건의를 위하여 합참 중심으로 통합사업관리팀, 기술품질원, 각 군(연구개발주관기관 포함) 및 민간전문가 등이 참여, 편성
운영 기간	• 연구개발사업: 계약체결 이후부터 사업 종료 시까지 • 구매사업: 대상장비 선정 이후부터 시험평가 결과 판정 시까지 • 수행업무의 성격을 고려하여 융통성 있게 조정 * 해체 시기는 사업의 특성에 따라 조정 가능하며 통상 운용 또는 구매시험평가 결과판정 이후 해체
팀원	• 통합시험평가팀장은 해당사업 관련 시험평가과장(PL 포함)이 되며 간사는 해당사업 담당이 수행

구성	(당연직) • 필요 인원에 대하여 방위사업청, 각 군 및 각 기관(국방과학연구소, 방산업체, 일반업체, 전문연구기관 및 일반연구기관)에 요청하여 추천을 받음 • 사업의 성격을 고려하여 충분한 인원이 참여토록 함(소요군: 장비주관부서, 장비운용부서, 시험평가부서 등) 　* 통상 8~12명 정도의 인원으로 구성

3) 연구개발사업 시험평가 간 결함발생 시 처리

(1) 결함, 중단, 보류의 정의는 다음과 같다.

① 결함은 시험평가 항목에 영향을 주는 기술적·운영적 하위요소 중 시험평가 항목과 관련된 부족하고 불완전한 부분으로 해당 시험항목 및 시험평가 결과 판정에 영향을 주는 사항을 말한다.

② 중단은 시험평가 진행 중 결함 등이 발생되어 시험평가 기간 내 결함 등 사유 해소가 불가능하여 더 이상 시험평가를 진행하지 않는 상태를 말한다.

③ 보류는 시험평가 진행 중 결함 등이 발생되었으나, 시험평가 기간 내 결함 등 사유 해소가 가능하여 일시적으로 시험평가를 진행하지 않는 상태를 말한다.

(2) 결함 유형의 구분은 다음과 같다.

① 결함의 정의에 따른 결함 유형은 아래와 같이 분류할 수 있으며, 분류 유형에 따라 시험평가 보류, 중단, 계속진행 등으로 구분하여 시험평가를 추진할 수 있다.

② 결함이 발생할 경우 결함 유형은 개발시험평가 진행 간에는 통합사업관리팀장이, 운용시험평가 진행 간에는 소요군이 주관하여 연구개발주관기관과 협의하여 결정하며, 결정결과를 합참 등에 통보한다.

③ 결함 유형

　㉠ 작전운용성능에 크게 미달하여 군 전술적 임무수행이 곤란하다고 판단되는 결함이 있는 경우(유형1)

　㉡ 대상장비의 기능이 비정상적이고 불안정하여 계속 시험평가를 진행할 경

우 인원 및 장비의 손실과 안전이 우려되는 경우(유형 2)

ⓒ 다른 시험항목에 영향을 미치는 결함이 있어 시험평가 진행이 곤란한 경우
(유형 3)

(3) 결함 유형에 따른 업무처리 절차는 다음과 같다.

① 결함발생 시 원인분석이 완료될 때까지 해당 시험항목에 대한 시험평가는 진행하지 않는다.

② 원인분석 결과 유형 1에 해당되는 경우에는 시험평가를 중단 또는 보류하고, 재시험평가는 결함원인 해소 및 설계보완 후 수행한다.

(4) 운용시험평가 간 결함발생 시 절차는 다음과 같다.

① 소요군은 결함발생 시 해당 항목에 대한 시험평가를 진행하지 않고, 연구개발주관기관에게 원인분석을 요구한다. 단, 유형 1에 해당하는 결함 발생 시 합참 및 관련기관 등에 통보한다.

② 연구개발주관기관은 소요군의 요구에 따라 해당 결함사항에 대한 원인을 분석하여 합참 및 소요군에게 제출하며, 운용시험평가관의 요구 시 외부 전문연구기관의 기술검토를 받아야 한다.

③ 유형 1에 해당되는 결함사항이 발생하고, 시험평가 기간 중 보완이 불가능한 경우에는 소요군은 연구개발주관기관과 협의하여 시험평가 진행을 중단하고, 이를 합참 시험평가과장 및 통합사업관리팀장에게 통보한다.

④ 발생된 결함이 유형 1에 해당하고, 시험평가 기간 중 보완이 가능한 경우는 보류가 가능한 사항으로서 소요군은 시험평가 보류 결정 시 관련기관에 통보한다.

⑤ 연구개발주관기관은 보류사유 해소로 인한 다른 항목에 미치는 영향요소를 제시하여야 한다.

⑥ 소요군은 연구개발주관기관의 원인분석/보완결과를 검토 후 보류사유가 해소된 때에는 시험평가 재개를 관련기관에 통보한다.

⑦ 통합사업관리팀장은 보류사유 해소 후 시험평가 재개시, 보류사유 해소를 위한 형상변경사항을 확인하여 형상관리 절차에 의한 조치를 하여야 한다.

4) 구매시험평가 수행

구매시험평가 시 소요군은 모든 제안업체를 대상으로 업체제안서 및 추가 제출자료를 근거로 시험평가를 수행하며, 시험준비검토(TRR) 회의 시 요구기간(시험평가결과서 합참 제출 이전 소요군이 제시한 기간) 내 요청자료를 미제출하거나 제출한 자료가 미흡할 경우에는 해당 시험평가항목을 기준 미달로 평가함을 공지하고 업체의 동의서를 제출받는다.

복수의 제안업체를 대상으로 시험평가 수행 시 소요군은 경쟁업체의 시험평가 결과가 누설되지 않도록 업체 간 시험평가 결과를 비교하는 행위를 해서는 안 되며, 구매시험평가의 보류, 중단, 재시험평가 관련 내용은 아래와 같다.

① 소요군은 구매시험평가 수행 중 다른 시험의 평가결과에 영향을 미치지 않는 단순결함 발견 시에는 보류하지 않고 결함수정 후 시험을 계속 진행할 수 있다.

② 소요군은 시험평가 기간 중 보완 가능하나 일시적으로 보류할 결함이 발생된 경우 합참 및 방위사업청 등에 통보하고, 합참은 공정성 및 형평성 등에 위배되지 않는 범위 내에서 통합시험평가팀 또는 시험평가현안협의회 검토를 거쳐 보류 및 보완기회를 부여하며, 소요군은 합참의 시험평가 지침에 따른다.

③ 소요군은 보류사유가 없어진 때에 시험평가를 재개하고 합참 및 방위사업청 등에 통보한다. 하지만 소요군이 보류사유 해소에 대한 판단이 불가능한 경우에는 방위사업청과 협의하여 「방위사업법」 제3조제10호의 전문연구기관에 검증을 의뢰할 수 있다.

④ 단일 업체가 선정된 국내구매 사업일 경우, 소요군은 시험평가 중 대상장비의 기능이 비정상적이고 불안정하거나 다른 시험항목에 영향을 미치는 결함이 발생하여 시험평가 진행을 계속하기가 곤란하고 시험평가 기간 중 보완이 불가능하여 시험평가의 중단이 필요하다고 판단되는 경우 합참 및 방위사업청 등에 통보한다.

⑤ 방위사업청은 구매시험평가가 중단된 경우 사업의 중단 또는 재시험평가 등에 관하여 합참과 협의한 후 사안의 중요도에 따라 위원회 또는 분과위원회의 심의를 거쳐 그 결과를 합참 및 소요군 등에 통보한다.

⑥ 방위사업청은 국내 구매시험평가 결과 대상장비가 전투용 부적합으로 판정될 경우, 전력화 시기 및 보완 가능성 여부 등을 관련 위원회를 거쳐 합참으로 재시험을 요청할 수 있다.

⑦ 소요군은 합참의 재시험평가 지침에 의거 재시험평가를 위한 시험평가계획 ㈜을 작성하여 합참에 제출하고, 합참은 이를 검토하여 확정절차를 거친 후 방위사업청 및 소요군 등에 통보한다. 하지만, 업무의 효율성을 고려 합참에서 관련기관과 협의하여 재시험평가계획을 작성할 수 있다.

3. 시험평가 결과의 판정

1) 시험평가결과 제출

개발시험평가 경우에 연구개발주관기관은 개발시험평가 종료일로부터 30일 이내에 개발시험평가결과를 작성한 후 검토회의를 거쳐 기준미달 항목 및 보완계획을 포함하여 방위사업청에 제출하고, 방위사업청은 방산기술센터의 지원을 받아 이를 검토하여 합참 시험평가부에 제출한다.

운용시험평가의 경우에 소요군은 운용시험평가 완료 후 30일(전장정보관리체계는 45일) 이내에 운용시험평가 결과를 작성하여 검토회의를 거쳐 합참 시험평가부에 제출한다.

합참 시험평가부는 관련 내용을 자체 검토 후 관련기관에 통보하여 2주 이내에 검토의견을 수렴하여, 결과 검토의견 접수 이후 통합시험평가팀 검토회의를 주관한다. 이때 통합사업관리팀은 기준미달 항목 및 보완요구사항에 대한 조치계획을 수립하여 합참 시험평가부에 제출한다.

합참 시험평가부는 운용 및 구매시험평가 결과 검토 시 시험평가위원회 또는 주관부서를 통해 시험평가계획서를 기준으로 결과의 적법성,[9] 객관성,[10] 타당성[11]을 검토하여, 시험평가위원회 또는 주관부서에서 검토한 결과를 국방부(전력조정평가과)에 보고한다.

2) 기준미달 또는 전투용부적합 판정 후 재시험평가

시험평가결과 기준미달 또는 전투용부적합 판정 시 합참 시험평가부는 관련기관에 판정결과를 통보하며, 통합사업관리팀은 위원회 또는 분과위원회에 보고하여 사업의 중단 또는 계속추진 여부를 결정하되, 사업을 계속 추진하는 경우에는 전 항목 재시험 혹은 부분 재시험을 구분하여 결정한다.

위원회 또는 분과위원회에서 사업 계속추진을 위해 재시험평가가 결정되면 시험평가 주관기관은 재시험평가를 실시하며, 합참 시험평가부는 시험평가 주관기관으로부터 결과를 접수 · 검토하여 판정절차를 거친다.

운용시험평가의 재시험 절차는 다음과 같다.

① 방위사업청(통합사업관리팀)은 연구개발주관기관의 시제품결함사항 보완여부를 방산기술센터 등의 기술지원을 받아 확인한 후 합참에 운용시험평가 재수행을 요청한다.

② 합참은 재시험평가 지침을 방위사업청(통합사업관리팀), 소요군 및 연구개발주관기관 등에 통보한다.

③ 소요군은 합참의 재시험평가 지침에 따라 재시험평가를 위한 시험평가 계획(안)을 작성하여 합참에 제출하고, 합참은 이를 검토하여 확정한 후 방위사업청(통합사업관리팀), 소요군 및 연구개발주관기관 등에 통보한다.

④ 소요군은 시험준비검토(TRR)회의, 운용시험평가 재수행 후 결과를 합참에 제출한다.

---

9 適法性: 법에 어긋남이 없이 맞는 것 , 행위가 동기와는 관계없이 외형상 도덕률에 일치하는 일

10 客觀性: 주관에 좌우되지 않고 언제 누가 보아도 그러하다고 인정되는 성질

11 妥當性: 사물의 이치에 맞는 옳은 성질, 한 명제가 모든 사물에 일반적 · 필연적으로 통하는 성질

⑤ 운용시험평가 재수행에 따른 결과제출 및 판정절차는 운용시험평가결과 제출 및 판정절차와 동일하다.

합참 시험평가부는 판정안 작성 시 방위사업청(통합사업관리팀) 또는 소요군으로부터 시험평가 기간 동안 도출된 보완요구사항의 후속조치계획이 포함된 재시험평가 결과를 접수하여 반영하며, 일부 항목에 대해 재시험을 실시한 경우는 재시험평가 이전에 실시한 시험평가 항목에서 도출된 보완요구사항과 재시험 간 도출한 보완요구사항을 포함하여 판정한다(국방부 훈령(2020) · 무기체계 시험평가 실무가이드북(2015) 등 참조).

>> **생각해 볼 문제**

1. 시험평가 시 전투용 부적합 사례와 시사점은?
2. 시험평가 인력의 전문성 필요성 및 대책은?
3. 경직된 시험평가 판정의 합리성 향상방안은?
4. 시험평가 행정처리 절차 분석 및 발전방안은?

제12장

분석평가

'애물단지' 전락한 K-11복합형소총… 軍, 결국 사업 중단키로

군 당국은 4일 제124회 방위사업추진위원회(방추위)를 열고 제품 결함으로 전력화가 중단된 K11 복합형소총 사업을 중단하기로 결정했다.

K11복합형소총 개발 사업은 2009년부터 2024년까지 3,924억 원을 투자해 5.56mm 소총탄과 20mm 공중폭발탄 사격이 가능한 복합형 소총을 확보하는 사업이었다. 지난 2000~ 2008년 국방과학연구소(ADD)가 개발해 2010년 방위사업청이 S&T모티브와 초도양산 및 2차 양산계약까지 체결했다. 화기 및 복합소총 체계는 S&T모티브가, 사격통제장치는 이오시스템, 공중폭발탄은 풍산과 한화가 생산을 담당했다.

하지만 양산 당시 총기에서 두 번의 폭발 사고가 발생했고, 품질검사에서도 사격통제장치에서 3회의 균열이 있었다. 이어 두 번의 비정상 격발 현상도 나타났다.

방사청 관계자는 "2018년 3월 사격통제장치 3차 균열 개선을 위한 기술변경 입증시험에서 총몸 파손현상 등이 발생했다"며 "2018년 7월 당해 납품물량 52정에 대한 분산도와 정확도 시험 중 1정에서 탄피 고착현상 등이 발생했다"고 설명했다.

방사청은 "감사원 감사결과와 사업추진 과정에서 식별된 품질 및 장병 안전문제, 국회 시정요구 등을 고려해 사업을 중단하는 것으로 심의·의결했다"고 밝혔다.

이데일리, 2019.12.4.

제1절 일반사항

분석평가란 사업을 기획, 계획, 예산 편성 및 집행할 때, 사업 목표의 달성과 자원의 합리적인 배분 및 효율적 사용을 보장하기 위하여 사업 추진과 관련되는 제 요소를 분석하고 평가함으로써 의사결정권자 또는 각종 심의 및 의결기구에서의 합리적 의사결정을 보좌하는 국방기획관리제도상의 중요한 기능이다.

분석평가 결과는 방위사업 의사결정에 결정적인 역할을 하므로 평가결과에 대한 신뢰성 제고를 위한 관계자들의 전문성 향상 및 외부 전문가들의 적극적인 참여가 요망된다.

1. 업무수행원칙

분석평가의 수행원칙은 방위사업청의 "분석평가업무실무지침서(2019)"에 반영된 내용을 기초로 정리하였다.

1) 적시성

방위력개선사업 단계별 업무체계에서 적시에 의사결정 자료로 활용될 수 있도록 분석평가 업무를 계획하고 수행하여야 한다.

2) 신뢰성

유사 및 연관 사업과의 연계성·중복성 검토, 이전 단계에서 행해진 분석자료 및 결과의 적극적 활용, 관련기관·부서의 검토의견 청취 등 종합적이고 거시적인 접근 방법에 의해 분석평가를 수행하여야 한다.

3) 실행 가능성

보편타당한 논리와 현장 확인을 강화하여 가정사항을 최소화하고 실행 가능한 대안을 제시하여야 하며, 제시된 결과는 의사결정권자가 필요로 하는 정보를 충분히 담고 있어 분석결과의 활용성이 보장되는 현실성 있는 대안을 제시하는 분석활동이어야 한다.

4) 결과의 공유성

과학적·체계적 분석기법 적용, 전문적 요원에 의한 분석, 국내·외 객관적 자료의 충분한 확보 및 활용 등 전문적이고 심층적인 분석평가 수행으로 유사한 방위력개선사업에 참고자료가 될 수 있도록 해야 한다.

2. 분석평가 구분

1) 방위력개선사업 분석평가 범위

방위력개선사업 단계별 분석평가는 다음과 같이 사업의 소요결정, 전력화 시점을 기준으로 소요기획단계, 획득단계, 운영유지단계 분석평가로 구분된다. 먼저 소요기획단계 분석평가는 소요제기 및 소요결정과정에 대한 분석평가로서 소요전력의 타당성을 검증하는 전력소요분석이다. 획득단계 분석평가는 사업계획 수립 및 중기계획 수립과정에 대한 계획단계 분석평가, 예산의 편성에 대한 예산단계 분석평가, 집행과정에 대한 집행단계 분석평가로 구분한다. 운영유지단계 분석평가는 무기체계 초도 배치 후 1년 이내에 실시하는 전력화 평가와, 전력화평가 이후 야전운영 중인 무기체계에 대한 전력운영분석으로 구분한다.

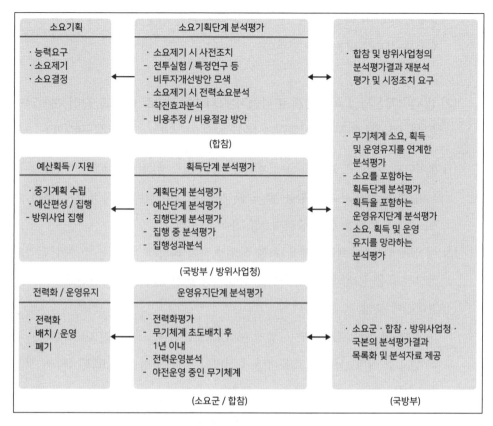

소요기획	소요기획단계 분석평가	
· 능력요구 · 소요제기 · 소요결정	· 소요제기 시 사전조치 - 전투실험 / 특정연구 등 · 비투자개선방안 모색 · 소요제기 시 전력소요분석 - 작전효과분석 - 비용추정 / 비용절감 방안 (합참)	· 합참 및 방위사업청의 분석평가결과 재분석 평가 및 시정조치 요구
예산획득 / 지원	획득단계 분석평가	· 무기체계 소요, 획득 및 운영유지를 연계한 분석평가
· 중기계획 수립 · 예산편성 / 집행 - 방위사업 집행	· 계획단계 분석평가 · 예산단계 분석평가 · 집행단계 분석평가 - 집행 중 분석평가 - 집행성과분석 (국방부 / 방위사업청)	- 소요를 포함하는 획득단계 분석평가 - 획득을 포함하는 운영유지단계 분석평가 - 소요, 획득 및 운영 유지를 망라하는 분석평가
전력화 / 운영유지	운영유지단계 분석평가	
· 전력화 · 배치 / 운영 · 폐기	· 전력화평가 - 무기체계 초도배치 후 1년 이내 · 전력운영분석 - 야전운영 중인 무기체계 (소요군 / 합참)	· 소요군 · 합참 · 방위사업청 · 국본의 분석평가결과 목록화 및 분석자료 제공 (국방부)

〈그림 12-1〉 분석평가 구분 및 내용[1]

2) 방위력개선사업 획득단계 분석평가

(1) 방위력개선사업 획득단계 분석평가는 그 내용과 목적에 따라 다음과 같이 사업분석과 비용분석으로 구분한다.

① 사업분석: 소요 결정된 사업에 대하여 사업추진 단계별 사업목표의 달성과 자원의 합리적인 배분 및 효율적인 사용을 위해 사업추진과 관련되는 제 요소를 분석평가함으로써 합리적인 의사결정을 지원하는 것을 말한다.

② 비용분석: 확정된 방안에 대하여 계획·예산단계에서 사업집행의 효율성 제고를 위한 적정비용을 추정하여 계획·예산단계에 반영하고 단계별 목표비

---

1 합참, 분석평가업무규정, 2017.

용올 선정하여 적징 양산단가 결정 및 이를 위한 집행과정에서 비용 소성·통제를 목적으로 하는 것을 말한다.

(2) 방위력개선사업 획득단계 분석평가는 사업단계별로 다음과 같이 계획단계 분석, 예산단계 분석, 집행단계 분석(집행 중 분석, 집행성과분석)으로 구분한다.

① 계획단계 분석: 소요결정(중·장기) 이후 사업의 필요성, 전력화계획·작전운용성 능의 적정성, 현용체계 활용 및 수출 가능성, 총사업비의 적정성, 경제적 효과, 경쟁촉진 요소 등을 중점적으로 분석하는 것을 말한다.

② 예산단계 분석: 예산반영을 위한 사업추진의 타당성 및 효율성, 예산편성의 적절성 등을 중점적으로 분석하고 목표비용을 산정하는 것을 말한다.

③ 집행단계 분석

ㄱ 집행 중 분석: 집행중인 사업에 대하여 중간성과, 사업추진 간 예상되는 위험요소 식별, 사업의 효율적인 추진방안 등에 중점을 두고 분석하는 것을 말한다.

ㄴ 집행성과 분석: 집행 완료된 사업에 대하여 차기 유사사업 추진의 교훈 및 시사점 도출 등에 중점을 두고 분석하는 것을 말한다.

(3) 방위력개선사업 획득단계 분석평가는 수행주체에 따라 다음과 같이 자체 분석, 방위사업정책국 분석 및 전문용역 분석으로 구분한다.

① 자체분석: 사업의 효율적 추진을 위하여 사업담당 주체로서 직접 실시하는 것을 말한다.

② 방위사업정책국 분석: 방위사업정책국에서 분석대상사업을 선정하여 분석하는 것을 말한다.

③ 전문용역 분석: 외부 연구기관(정부출연연구소 및 대학교 등을 포함한다)에 의뢰하여 사업 분석 또는 비용분석을 실시하는 것을 말하며, 책정된 용역예산과 사업의 효율성 및 투명성 등을 고려하여 필요하다고 판단할 경우 전문용역 분석을 의뢰하

여 실시할 수 있다.

3. 분석평가 대상사업의 선정

(1) 방위사업정책국은 다음과 같은 사업 중에서 분석평가심의위원회를 통해 분석평가 대상사업을 선정하고 심의결과를 관련기관에 배포한다.

① 중기계획 신규 반영사업 중 총사업비 100억 원 이상 사업 및 기계획 대비 20% 이상 총사업비 변경 사업

② 예산편성 신규 반영사업 중 총사업비 100억 원 이상 사업 및 기계획 대비 20% 이상 총사업비 변경 사업, 단 사업타당성 조사 대상사업은 그 결과로 대체할 수 있다.

③ 예산 집행 중 또는 집행 완료된 사업 중 분석평가가 필요하다고 판단되는 사업

④ 장관 · 청장이 분석평가를 지시한 사업

⑤ 위원회에서 분석평가를 요구한 사업

⑥ 사업본부장이 분석평가를 의뢰한 사업

⑦ 기타 분석평가가 필요하다고 판단되는 사업

(2) 사업추진과정에서 획득환경의 변화 등에 따라 신속한 분석평가가 필요하여 장관 또는 청장이 분석평가를 지시한 사업은 분석평가심의위원회를 생략할 수 있다.

4. 분석평가 대상사업 선정절차

(1) 방위사업정책국은 차기년도에 반영된 예산을 고려하여 차기년도 분석평가 대상사업을 매년 12월에 확정한다.

(2) 방위사업정책국은 사업본부 등 관련부서에 분석평가 대상사업 제출을 요정한다.

(3) 사업주관부서는 심층적인 분석평가가 필요하다고 판단되는 사업에 대하여 분석평가 분야, 분석중점, 분석기간 및 자체분석결과 등을 첨부하여 방위사업정책국에 분석평가를 의뢰한다.

(4) 방위사업정책국은 분석평가 대상사업 선정 기준, 분석평가 수행능력 및 예산, 사업타당성 조사와의 중복성 등을 검토하여 분석평가 대상사업 선정(안)을 작성하고, 분석평가심의위원회 심의·의결을 통하여 분석평가 대상사업을 선정하며 분석평가심의위원회는 다음에 따라 운영한다.

① 심의위원회는 위원장을 포함하여 8명(위원장 1명, 내부위원 3명, 외부위원 4명)의 위원과 1명의 간사로 구성한다.
　㉠ 위원장: 방위사업정책국장
　㉡ 내부위원(3명): 방위사업분석과장, 계획총괄팀장, 재정계획담당관
　㉢ 외부위원(4명): 방위사업정책국장이 위촉한 자로 하며, 임기는 2년으로 하되 연임 가능
　㉣ 간사: 방위사업분석과 총괄업무 담당자
② 심의위원회는 분석평가 연구용역 대상과제의 연구필요성, 중복성, 연구기간 등에 대하여 심의하고 과제선정 여부를 의결한다.
③ 심의위원회는 위원장을 포함한 제적위원의 1/2 이상(외부위원 1/2 이상 포함)이 참석(또는 의결권 행사)하고, 참석위원 중 과반수의 동의로 의결한다.
④ 심의위원회는 매년 2회(5월, 12월) 개최하는 것을 원칙으로 하며, 필요시 수시로 개최할 수 있다.
⑤ 방위사업정책국은 분석평가 대상사업을 선정하여 국방부에 보고하고 관련부

서에 통보한다.

⑥ 방위사업정책국은 선정된 대상사업에 대하여 각 사업별 담당자를 배정하며, 사업별 분석평가 담당자는 분석 대상사업 관련부서와 협의 후 구체적인 분석평가 계획을 수립하고, 방위사업정책국장 승인을 받은 후 분석평가를 실시한다.

5. 분석평가 결과의 처리 및 활용

(1) 방위력개선사업에 대한 분석평가 결과의 처리는 다음 절차에 따른다.

① 방위사업정책국은 대상사업에 대한 분석평가결과를 분석평가 종료 후 2주 이내 국방부에 보고하며, 관련 기관에 통보한다.

② 분석평가 결과를 접수한 사업주관부서, 기관 및 관련부서는 결과에 대한 정책 반영 계획을 3개월 이내에 '별지 제8호' 서식으로 방위사업정책국에 통보하여 야 하며, 반영이 어려운 사항에 대해서는 사유를 첨부한다.

(2) 사업본부장 및 국과연소장은 자체분석 및 전문용역분석 결과자료를 보존하고 전체 분석목록을 작성하여 매년 12월 말까지 방위사업정책국장에게 제출하며, 사업본부장 등은 선행연구단계에서 실시한 전문용역분석 결과(함정 개념 설계 등)를 방위사업정책국장에게 송부하고 방위사업정책국장은 이를 차후 사업분석 및 비용분석 자료로 활용한다.

제2절 전력소요분석

1. 전력소요분석 목적 및 대상

전력소요분석은 소요기획단계에서 소요 제기되는 무기체계에 대한 소요의 타당성, 합리성, 정책부합성 등을 분석평가하여 내실 있는 소요결정에 기여하는 것을 목적으로 하며, 전력소요분석 대상사업은 합동군사전략목표기획서의 장기전력 중 중기로 전환되는 사업, 중기신규 사업 및 긴급전력 사업 소요제기 시, 기결정된 소요의 변경 요구 시, 유보 또는 삭제된 사업 중에서 재요구된 사업, 전력소요분석을 실시하지 않고 진행 중인 사업 중 필요한 경우다.

2. 전력소요분석결과 포함요소 및 수행절차

(1) 전력소요분석결과에 포함할 요소는 아래와 같으며, 해당 사업의 특성에 따라 필요한 요소를 선별하여 분석평가를 실시할 수 있다.

① 사업의 필요성
② 편성 및 운영개념의 타당성
③ 소요기준 및 소요량의 적정성
④ 작전운용성능의 적합성
⑤ 전력화 지원요소의 적절성
⑥ 비투자 개선방안(필요시)
⑦ 작전효과분석(필요시 비용 대 효과 분석)
⑧ 기술검토 결과, 위탁 및 의뢰기관의 분석결과 등

(2) 전력소요분석 수행절차는 다음과 같은 사항을 준수하여 수행한다.

① 합참 전력기획부는 다음 연도 전력소요분석 대상사업을 선정하여 매년 11월 말까지 합참 분석실험실로 다음 연도 전력소요분석 대상사업 목록을 통보해야 한다.

② 합참 분석실험실은 합참 전력기획부와 실무조정협의회의를 실시하여 차기연도 전력소요분석 대상사업을 선정한 후 연간 전력소요분석계획을 수립하여 12월 중순까지 국방부(전력정책관실)에 보고 및 합참 전력기획부에 통보한다.

③ 합참 전력기획부는 연간 전력소요분석계획 및 각 군으로부터 접수받은 소요제기서를 기초로 전력소요서(안)를 작성하여 분석평가에 소요되는 최소한의 기간(2개월 이상) 전에 합참 분석실험실로 전력소요분석을 의뢰해야 한다. 단, 긴급소요 반영을 위한 전력소요분석 대상사업인 경우에는 2개월 이내에 전력소요분석을 의뢰할 수 있다.

④ 연간 계획에 미반영된 전력소요도 필요시 전력소요분석을 의뢰할 수 있다.

⑤ 합참 분석실험실은 분석의뢰를 접수받은 대상사업에 대한 전력소요분석을 실시한 후 합동전략실무회의 개최 2주 전까지 전력소요분석결과를 국방부(전력정책관실)에 보고 및 합참 전력기획부에 통보하며, 소요가 결정된 사업에 대해서는 방위사업청(사업본부, 사업분석담당관)에 통보한다. 단, 긴급소요 반영을 요구하는 전력소요분석은 예외로 한다.

3. 전력소요분석결과의 처리 및 활용

(1) 전력소요분석결과는 해당사업의 중요도를 고려하여 분석실험실장이 전결할 수 있고, 다음과 같은 경우 전력소요분석은 합참의장의 결재를 받아야 한다.

① 총사업비 규모가 1,000억 원 이상인 사업

② 총사업비 규모는 1,000억 원 미만이나, 분석결과 전력소요서(안)의 작전운용

성능, 소요량 등 주요 항목의 수정이 요구되는 사업

③ 기타 합참의장이 지시한 사업

(2) 합참 전력기획부는 특별한 사유가 없는 한 분석실험실로부터 통보받은 전력소요분석결과를 전력소요서에 반영하며(반영하지 아니할 경우 그 사유를 분석실험실에 통보한다), 전력소요분석결과는 중기전력 소요제기 시에는 전력소요서에 첨부하고, 장기전력 소요제기 시에는 전력소요서에 필요시 첨부한다.

(3) 합참 분석실험실은 소요기획단계와 획득 및 운영유지단계의 연계성 있는 분석평가를 위해 전력소요분석결과 및 분석에 활용된 자료 등의 정보공유를 위해 필요시 분석평가 관련부서 및 기관에 관련자료를 통보할 수 있다.

(4) 합참 전력기획부는 전력소요분석결과에서 도출된 문제점 및 개선방안과 교훈을 중·장기 전력소요를 위한 전력소요서 작성 및 유사사업 추진 시 반영한다.

(5) 전력소요분석결과는 해당 사업의 전력화 시점까지 존안 및 관리한다.

제3절 획득단계 사업분석

1. 계획단계 사업분석

1) 계획단계 사업분석 및 구분

계획단계의 사업분석은 사업계획의 타당성, 소요예산의 적절성 등을 분석하여 내실 있는 국방중기계획 작성을 지원하기 위해 수행하며, 계획단계의 사업분석은 다음과 같이 단위사업 분석, 무기체계 전력별 분석, 중기계획요구서 분석으로 구분하며 세부내용은 다음과 같다.

(1) 단위사업 분석

국방중기계획에 반영을 추진 중이거나 기반영된 사업 중 주요사업을 선정하여 사업의 타당성, 사업추진 방법 및 시기, 사업의 경제성 등을 분석하는 것이다.

(2) 무기체계 전력별 분석

기동전력, 항공전력, 해상전력 등 유사 무기체계를 그룹화하여 체계 간 중복성·연계성 검토 및 미래 전력의 발전추세 등을 종합 분석하는 것이다.

(3) 중기계획요구서 분석

국방중기계획서의 내실 있는 작성에 기여하기 위하여 사업주관부서 및 국과연의 중기계획요구서를 검토하는 것이다.

2) 계획단계 주요 분석요소

연구개발 양산사업 및 구매사업의 주요 분석요소는 사업의 필요성, 운용계획의 적절성, 계획의 실현 가능성, 계획수립의 완전성, 계획예산의 타당성, 전력화 시기 및 소요량의 적정성, 작전운용성능 적정성, 비용 대 효과 분석, 추진전략(기술확보 목표 등)의 적정성, 상호운용성 확보계획의 적절성, 필요시 효율적인 감항인증 개략적 계획 등이다.

무기체계 연구개발사업에 대한 주요 분석요소는 사업의 필요성, 전력화계획의 적절성, 작전운용성능(ROC)의 적정성, 상호운용성 확보계획의 적절성, 현용체계 활용 및 수출 가능성, 총사업비 적정성, 사업추진계획의 적절성, 필요시 효율적인 감항인증 개략적 계획 등이다.

3) 계획단계 사업분석 절차

계획단계 사업분석은 국방중기계획 반영의 타당성 및 국방중기계획요구서의 물량·시기의 적절성, 군 요구조건의 타당성, 획득대안이나 사업추진방법, 사업추진에 필요한 소요예산의 적정성 등을 중점적으로 분석한다. 주요 검토사항은 소요기획단계 사업분석 실시 및 계획단계 반영 여부, 소요기획단계 분석 시 누락요소 및 변화요인 유무, 추가 보완발전 분야 유무, 예산 및 사업추진방법의 변동 여부 및 사유, 소요량 및 전력화 시기의 변동 여부 및 사유, 상용 대체 가능부분 유무, 패키지(Package) 개념에 따른 발전·추가될 분야의 유무 등이다.

분석절차는 사업의 필요성 분석으로 소요기획단계 분석결과를 확인하고, 중장기 군사력 건설방향에 부합여부를 검토한다. 운용개념의 적절성 분석으로는 대체전력의 유무 판단, 통합전력 발휘 측면의 검토를 실시한다. 계획의 실현 가능성 분석에서는 전력화 목표 및 연도별 계획의 타당성과 기술능력 및 예산의 가용성을 확인한다. 계획수립의 합리성 분석에서는 제반규정 및 절차 이행 여부와 패키지 요소 적용 여부를 분석하고, 계획예산의 적정성 분석에서는 주로 비용분석서를 확인한다. 그리고 비용 대 효과 분석, 사업추진전략의 타당성 분석, 사업추진 간 예상 문제점을 분석한다.

2. 예산단계 사업분석

1) 예산단계 사업분석

예산단계 사업분석은 예산의 적정성, 계약내용 및 선행조치내용 등에 대한 최종 점검을 통하여 사업추진의 타당성 및 효율성 등을 분석함으로써 예산을 구체화하고 사업추진계획의 실현성을 높이기 위하여 수행한다.

2) 예산단계 사업분석 구분

(1) 예산편성단계의 단위사업 분석

예산편성 대상사업에 대하여 사업추진방향 설정내용, 가계약내용, 기타 필요한 선행조치 내용, 적정 예산규모 등에 대한 최종점검을 통하여 예산 낭비요인을 사전 제거하고 사업 추진계획의 실현성을 증대시킨다.

(2) 예산요구서 작성을 위한 분석

방위력개선사업 예산요구서에 대하여 요구 예산의 적정성, 사업 우선순위의 타당성, 당해 연도 집행 가능성 등을 분석함으로써 예산편성의 합리성 · 효율성을 제고시킨다.

3) 예산단계 주요 분석요소

① 획득대상 기종의 성능 등 효과
② 획득대상 기종의 수명주기비용
③ 절충교역 계획, 국산화 계획의 적절성
④ 각종 규정 및 지침, 절차 이행여부(선행조치 등)
⑤ 요구예산의 타당성

⑥ 사업집행 간 예상되는 제반 문제점 및 위험도

⑦ 계획단계 및 예산편성을 위한 사업분석 결과반영 여부

4) 예산단계 사업분석 절차

(1) 분석중점

각종 사업 분야별 예산 편성의 타당성을 평가하고 방위사업관리상 제반 의사결정의 합리성을 최종 점검하는 단계로 예산집행의 낭비요인과 사업추진상 문제점을 사전 차단하는 데 중점을 둔다.

(2) 분석절차

① 사업의 필요성 분석

　㉠ 소요기획 · 계획단계의 사업분석 결과 확인

　㉡ 중 · 장기 군사력 건설방향에 부합성 검토

② 각종 규정, 지침, 절차의 준수여부 확인

③ 요구예산의 적정성 분석

　㉠ 획득비용(연구개발비 또는 구매비 등) 산정의 적정성

　㉡ 사업 및 세사업 내역의 타당성

④ 추진 간 예상 문제점 분석

　제반 요소별 불확실성 예측 및 대비책 제시

(3) 방위력개선사업 예산요구서 분석업무 절차

① 사업주관부서 및 국과연은 예산요구서를 매년 3월 말까지 방위사업정책국에 제출한다.

② 방위사업정책국은 대상사업을 선정하여 분석을 실시하고, 그 결과를 사업본부에 통보한다.

3. 집행단계 사업분석

1) 집행단계 사업분석 구분

집행단계 사업분석은 집행 중 사업분석과 집행성과 사업분석으로 구분하여 실시하며, 집행 중 사업분석은 예산을 집행 중인 방위력개선사업에 대하여 사업추진 및 집행의 효율성, 사업추진 방법의 적절성 등을 분석함으로써 사업 추진 간 문제점을 식별하고, 최적대안을 제시하기 위해 실시한다.

2) 집행 중 사업분석 대상사업

방위사업정책국은 다음과 같은 사업을 집행 중 사업분석 대상사업에 포함한다.
① 총사업비 관리대상 사업 중 최초 총사업비 대비 20% 이상 증가한 사업
② 개발 일정이 지연되고 전력화에 차질이 예상되는 사업
③ 전장환경이 변경되어 사업추진에 대해 재검토가 필요한 사업 및 기타 집행 중 평가가 요구되는 사업

3) 집행 중 사업분석의 주요 분석요소 및 절차

집행 중 사업분석의 주요 분석요소는 사업집행계획 대비 실적, 소요기획/계획/예산단계 평가결과 반영여부, 사업추진절차 및 과정의 타당성 · 객관성, 예산집행과정의 합리성 · 투명성, 계획의 변동요소 및 대처방법 등의 적정성, 문제점 발생 가능성 및 방지대책, 효율적 사업관리 여부다.

집행 중 사업분석 중점은 집행기간 중의 산출물에 대한 실적 및 성과 위주의 분석을 실시하고 분석절차는 다음과 같다.

(1) 소요기획/계획/예산단계 분석결과 반영 여부 확인

(2) 예산집행과정의 투명성 검토

① 업체선정의 투명성

② 예산집행 성과 및 계획대비 집행 실적

(3) 계획의 변동요소 분석

① 운용개념, 예산, 전력화 시기 및 부품 측면의 변동요소 확인

② 작전요구성능 구현 가능성

③ 주변 환경 변동요인

(4) 계획변동 대처방법의 적절성 분석

(5) 기종결정, 업체선정, 계약, 주도형태 등 사업단계별 합리성/투명성/경제성
분석

(6) 문제점 및 대안 제시

4) 집행성과 사업분석

집행성과분석은 집행을 완료한 사업에 대하여 사업목표 달성 정도, 당초계획 대
비 성과, 차기 사업추진 시의 교훈 등을 분석하여 차기사업 또는 유사사업 추진 시 반
영할 사항을 도출하는 데 그 목적이 있다. 집행성과 사업분석의 분석중점은 산출물에
대한 사업목표 달성도 및 직·간접효과, 자원의 효율적 이용, 교훈 등 성과 위주로 분
석을 실시한다.

(1) 주요 분석요소

① 구매 및 양산사업

㉠ 사업목표 달성 정도 및 직·간접 효과

㉡ 사업추진과정의 효율성

㉢ 재원사용의 경제성(타 사업 추진방법 등과 비교)

ⓔ 사업관련 제 지원요소의 적시성 및 적합성

ⓜ 관련법규 및 방침 준수여부

ⓑ 절충교역의 적절성 및 사후관리 여부

ⓢ 차기 및 타 사업 계획에 적용할 교훈

ⓞ 단계별 사업분석결과 반영여부 등

② 연구개발사업

ⓐ 개발목표 대비 성과(국산화 수준 등)

ⓛ 다음 단계의 필요성, 성공 가능성(무기체계 연구개발사업의 경우) 또는 연계성(핵심기술

연구개발사업의 경우)

ⓒ 재원 사용의 경제성(양산단가 대비 직구매가 비교 등)

ⓔ 주도형태 결정·체계개발업체 및 연구기관 선정 등 주요 의사결정의 적절성

ⓜ 개발인력/기술관리 실태

ⓑ 절충교역 통한 도입기술의 활용실태 등

(2) 분석절차

① 소요기획/계획/예산/집행 중 분석결과 반영여부 확인

② 제반 규정, 지침 및 절차 준수여부 확인

③ 사업진행과정의 합리성/투명성 분석

ⓐ 사업추진방법, 기종결정, 업체선정, 협상/계약 등 주요 사업추진 단계별 판단

ⓛ 계획대비 집행실적 확인

④ 운용개념, 예산, 전력화시기 측면의 변경 등 집행계획 변경내역 확인

⑤ 계획변동 대처방법의 적절성 분석

제4절 획득단계 비용분석

1. 계획단계 비용분석

1) 계획단계 비용분석의 목적

국방중기계획 작성 시 사업기간, 군 요구조건, 획득대안 등을 고려하고 사업추진에 필요한 비용을 추정하여 목표비용(개발, 양산 및 운영유지비용)을 구체화하고 적정예산을 반영토록 함으로써 내실 있는 국방중기계획 작성을 지원하기 위하여 실시한다.

2) 계획단계 비용분석 구분 및 중점

계획단계의 비용분석은 계획단계 단위사업 비용분석과 중기계획요구서 분석으로 구분하는데, 먼저 계획단계 단위사업 비용분석은 국방중기계획 최초 반영을 위한 신규사업 중 주요사업을 선정하여 총사업비의 적절성, 연도별 예산계획의 적절성 등을 분석하는 것이다. 중기계획요구서 분석은 국방중기계획 재원의 효율적 배분을 지원하기 위하여 사업주관부서 및 국과연의 방위력개선사업 국방중기계획요구서에 대해 총사업비의 적절성, 연도별 예산계획의 적절성 등을 검토하는 것이다.

계획단계 비용분석 수행 중점은 국방중기계획 작성 시 사업기간, 군 요구조건, 획득대안 등을 고려하고 사업추진에 필요한 비용을 추정하여 적정예산이 반영될 수 있도록 하는 데 중점을 두고 실시한다.

3) 계획단계 비용분석 대상사업 선정

계획단계 비용분석 대상사업은 국방중기계획 최초 반영을 위한 신규 사업을 대상으로 다음과 같이 선정하여 실시한다.

① 사업본부 및 국과연은 국방중기계획에 신규로 반영하고자 하는 사업, 계획을 변경하고자 하는 사업 등에 대해 필요시 자체비용분석을 실시한다.

② 방위사업정책국은 자체선정사업, 청장 지시사업, 사업주관부서의 의뢰사업 중에서 분석이 필요하다고 판단한 사업에 대해 방위사업정책국 비용분석 및 용역 비용분석을 실시한다.

③ 비용분석 대상사업 선정 시 자료수집이 제한되는 국외 구매사업, 시장에 의해 사전 가격이 형성되는 국내 구매사업, 표준단가를 적용하는 시설사업은 비용분석대상에서 제외한다.

4) 계획단계 비용분석 수행 절차

계획단계 비용분석 중 계획단계 단위사업 비용분석 수행절차는 방위사업청 사업주관부서 또는 국과연은 국방중기계획(안) 비용분석 대상사업에 대하여 소요기획단계 비용분석 결과 및 선행연구/탐색개발 결과를 참조하여 비용분석을 실시한 후, 목표비용 및 산출근거를 포함하여 방위사업정책국에 제출한다. 이후 방위사업정책국은 방위사업청 사업주관부서 및 국과연이 제출한 비용분석서를 검토한 후 비용분석을 실시하고, 분석종료 후 2주 이내에 그 결과를 국방부(전력조정평가과), 원가회계 관련부서, 사업주관부서에 통보한다.

중기계획요구서 분석은 먼저 사업주관부서 및 국과연은 국방중기계획 작성지침상의 일정을 준수하여 방위력개선사업의 국방중기계획요구서를 근거자료와 함께 방위사업정책국에 제출한다. 이후 방위사업정책국은 중기계획요구서상의 사업 중에서 대상사업을 선정하여 총사업비와 연도별 예산배분의 적정성 등을 검토하고, 그 결과를 요구서 접수 후 45일 이내에 사업주관부서에 통보한다.

2. 예산단계 비용분석

1) 예산단계 비용분석 목적

예산단계 비용분석은 예산요구사업에 대한 비용구성 요소별 상세분석을 통하여 적정 사업비용을 추정함으로써 목표비용을 제시하고, 국방재원의 효율적 배분을 지원하기 위하여 실시한다.

2) 예산단계 비용분석 구분 및 중점

예산단계의 비용분석은 예산단계 단위사업 비용분석과 방위력개선사업 예산요구서 검토로 구분하는데, 예산단계 단위사업 비용분석은 최초 예산편성을 위한 신규사업을 대상으로 연구개발비, 양산단가의 적절성을 분석하여 목표비용을 제시하고 적정예산을 반영하기 위해 분석하는 것이다. 방위력개선사업 예산요구서 검토는 국방 예산편성의 합리성·효율성 제고를 위해 사업주관부서 및 국과연의 방위력개선사업 예산요구서에 대해 요구예산의 적정성, 당해 연도 집행 가능성 등을 검토하는 것이다.

예산단계 비용분석 수행 중점은 예산단계 비용분석은 확정된 대안에 대하여 적정한 예산규모를 추정하여 사업추진 단계별 목표비용 제시 및 예산반영을 통해 사업집행의 효율성을 제고시키는 데 중점을 두고 실시한다.

3) 예산단계 비용분석 대상사업 선정

예산단계 비용분석 대상사업은 최초 예산편성 전 신규사업을 대상으로 다음과 같이 선정하여 실시한다. 사업본부 및 국과연은 예산요구서에 신규로 반영하고자 하는 사업, 기타 비용분석이 필요한 사업에 대해 자체비용분석을 실시하며, 방위사업정책국 자체선정사업, 청장 지시사업, 위원회 및 사업본부 의뢰사업 중에서 예산단계 비용분석이 필요한 사업, 사업본부, 국과연 등의 예산요구서상의 대상사업 검토를 대상으로 방위사업정책국 비용분석 및 용역비용 분석을 실시한다.

비용분석 대상사업 선정 시 자료수집이 제한되는 국외 구매사업, 시장에 의해 사전 가격이 형성되는 국내 구매사업, 표준단가를 적용하는 시설사업은 비용분석대상에서 제외하며, 비용분석 전 사업타당성 조사 대상사업으로 선정된 경우 비용분석은 생략한다. 하지만 비용분석이 필요한 경우 방위사업정책국장이 주관하는 분석평가심의위원회에서 선정할 수 있다.

4) 예산단계 비용분석 수행절차

예산단계 단위사업 비용분석의 수행절차는 방위사업청 사업주관부서 또는 국과연은 예산단계 비용분석 대상사업에 대하여 소요기획단계 비용분석 결과 및 선행연구/탐색개발 결과를 참조하여 비용분석을 실시한 후, 목표비용 및 산출근거를 포함하여 방위사업정책국에 제출한다. 이후 방위사업정책국은 방위사업청 사업주관부서 및 국과연이 제출한 비용분석서를 검토 후 비용분석을 실시하고, 분석종료 후 2주 이내에 그 결과를 국방부(전력조정평가과), 원가회계검증관련부서, 사업주관부서에 통보한다.

예산요구서 작성을 위한 분석은 사업주관부서 및 국과연은 예산편성지침상의 일정을 준수하여 방위력개선사업의 예산요구서를 근거자료와 함께 방위사업정책국에 제출한다. 이후 방위사업정책국은 예산요구서상의 사업 중에서 대상사업을 선정하여 요구예산의 적정성, 당해 연도 집행 가능성 등을 검토하고, 그 결과를 요구서 접수 후 45일 이내에 사업주관부서에 통보한다.

3. 집행단계 비용분석

1) 집행단계 비용분석의 목적

목표비용과 사업추진 결과와의 비교분석으로 집행상 문제점, 교훈 및 시사점을 도출하여 향후 비용분석업무 추진 시 반영하며, 차기 유사사업 추진 시 활용하기 위하여 실시한다.

2) 집행단계 비용분석의 수행중점

집행단계 비용분석은 목표비용과 실투입비용 및 최신화된 비용추정치 비교분석, 차후 사업의 추정정확도 향상을 위하여 자료축적 및 데이터베이스 구축을 위한 활동에 중점을 두고 수행한다.

3) 집행단계 비용분석 수행절차

집행 중 또는 집행완료 후 비용분석은 비용분석 결과와 사업추진 결과와의 차이 발생요인을 규명하여 향후 비용분석 업무 시 반영한다. 이후 방위사업정책국은 분석 종료 후 2주 이내에 그 결과를 국방부(전력조정평가과), 원가회계검증관련부서, 사업주관 부서에 통보한다.

제5절 전력운영분석

1. 전력운영분석 목적 및 대상사업

전력운영분석은 전력화되어 야전운용 중인 무기체계에 대하여 합동전력 운영 차원에서의 전력발휘 효과 및 운용실태를 분석하고 야전운용의 문제점과 개선방안을 도출하여 보완함으로써 현존전력 발휘의 극대화를 보장하는 것을 목적으로 한다.

전력운영분석 대상사업은 전력화가 완료되어 운용 중인 무기체계, 2개 군 이상이 관련되어 합동전력 운용 차원의 분석평가가 요구되는 무기체계, 기존 전력발휘에 영향을 미치는 특정 기능범주별 무기체계이다.

2. 전력운영분석 포함요소

전력운영분석 포함 요소는 최초 소요제기부터 전력화까지의 소요 변동실태, 확정요구성능 및 전력화 이후 성능, 운용개념 대비 작전운용 실태, 부대구조, 편제, 편성대비 인력확보 및 운용실태, 탄약확보 및 운용실태, 교관, 교범·교보재 등 교육훈련체계 운용실태, 수리부속 보급체계 확보현황 및 조달계획, 정비교육 및 정비지원체계 운용실태, 전력발휘에 필요한 각종 지원요소 확보 실태, 그 밖에 개선보완이 요구되는 사항이며, 대상사업의 특성에 따라 필요한 요소를 선별하여 전력운영분석을 실시할 수 있다.

3. 전력운영분석 수행절차

전력운영분석 수행절차는 각 군의 관련부서는 다음 연도 전력운영분석이 필요한 대상사업을 선정하여 매년 11월 말까지 합참 분석실험·실로 통보하며, 합참 분식실험실은 각 군으로부터 의뢰받은 대상사업과 합참에서 선정한 대상사업 중에서 다음 연도 전력운영분석 대상사업을 선정한 후 연간 전력운영분석계획을 수립하여 12월 중순까지 국방부(전력정책관실)에 보고 및 각 군과 방위사업청에 통보한다. 합참 분석실험실은 연간 전력운영분석계획에 따라 관련부서 및 기관으로부터 분석에 필요한 자료를 수집하고, 야전운용 현장 확인을 통하여 합동전력 운용 차원에서의 문제점 분석 및 개선방안을 도출한다. 그리고 합참 분석실험실은 대상사업에 대한 전력운영분석을 완료한 후 2주 이내에 국방부(전력정책관실)에 보고 및 각 군과 합참 관련부서 및 방위사업청에 통보한다.

4. 전력운영분석 결과의 처리 및 활용

합참 분석실험실의 전력운영분석 결과는 합참의장에게 보고하는 것을 원칙으로 하며, 필요시 각 군 참모총장 및 방위사업청장에게 보고할 수 있다. 단, 전력운영분석 결과의 중요도와 특이사항 등을 고려하여 분석실험실장이 전결할 수 있다. 각 군 및 합참 관련부서와 방위사업청은 합참 분석실험실로부터 통보받은 전력운영분석결과에 대한 소관분야 후속조치를 실시하며, 후속조치가 어려운 사항에 대해서는 1개월 이내에 그 사유를 첨부하여 국방부(전력정책관실) 보고 및 합참 분석실험실로 통보하여야 한다.

전력운영분석결과에 대한 후속조치 평가회의를 반기 1회 합참 분석실험실에서 주관하여 실시하는 것을 원칙으로 하며, 각 군 및 합참과 방위사업청의 관련부서는 후속조치 평가회의에 참석하여 후속조치 추진계획 및 진행사항을 보고하고, 전력운영분석결과는 후속조치가 완료되는 시점까지 존안 및 관리해야 한다.

제6절 전력화평가

1. 평가 목적

전력화평가(IOC: Initial Operational Capability)의 목적은 신규 전력화된 무기체계의 운용실태를 평가하여 개선·보완방안을 제시함으로써 전력발휘의 완전성을 보장하는 데 있다.

2. 평가 대상

전력화평가는 초도양산(구매) 또는 후속양산(구매)되는 모든 무기체계 중 다음과 같은 조건을 충족하는 무기체계를 대상으로 각 군 기참부가 각 군 분석평가단과 협의하여 결정한다. 초도양산(구매) 또는 후속양산 배치 후 1년 이내의 사업, 전력화평가 후 개선·보완 요구사항에 대한 후속조치가 완료되지 않았거나, 전력화평가가 필요한 수준의 새로운 문제점이 발생한 사업, 후속양산 배치 후 전력화평가가 필요한 사업, 전력화평가 후 문제점 시정이 완료되지 않은 사업이나 새로운 문제점이 발생한 사업 등이다.

3. 전력화평가 수행

각 군은 전력화평가 계획서를 작성하여 방위사업청장(방위사업정책국장)에게 제출하고, 방위사업정책국장은 평가에 필요한 제반사항을 지원한다.

① 방위사업정책국장은 소요군의 전력화평가 계획서를 기초로 지원사항을 식별하고 지원계획을 수립한다. 지원사항은 소요군의 요청에 따라 분석평가 자료

는 방위사업정책국장이 지원하고, 기술 및 인력은 사업본부장이 지원하도록 한다.

② 전력화평가는 소요군이 실시함을 원칙으로 하며, 소요군은 전력화 평가 시 합참, 방위사업청 소속인원과 국방과학연구소 개발자, 생산업체 요원이 포함된 평가팀을 구성하여 운영할 수 있다.

③ 전력화 평가는 최초운영능력 확인과 병행하여 실시할 수 있으며, 부대임무 달성 여부, 군수지원능력, 전력화 지원사항 위주로 실시한다.

④ 소요군은 후속조치에 필요한 사항을 포함하여 평가결과 평가 후 3개월 이내에 방위사업청장(방위사업정책국장)에게 제출하여, 방위사업정책국장은 사업본부장에게 통보한다.

⑤ 사업본부장은 평가결과에서 나타난 문제점에 대한 조치계획과 조치결과를 방위사업정책국장에게 제출한다.

⑥ 방위사업정책국장은 평가결과 조치계획 및 결과를 국방부 및 소요군에 보고·통보하고, 후속조치 결과를 확인·조정한다.

⑦ 방위사업정책국장은 전력화평가 결과에 대한 후속조치결과를 확인·조정하기 위해 팀을 구성하여 운용할 수 있다.

⑧ 사업본부장은 전력화평가 결과에서 나타난 문제점과 교훈을 차기 후속사업 및 유사사업 추진에 반영하여야 한다. 하지만 소요군에 위임된 전력지원체계에 대한 후속조치는 소요군에서 조치한다.

⑨ 소요군은 차기년도 전력화평가 계획서를 작성하여 12월 말까지 방위사업청장(방위사업정책국장)에게 제출하며, 방위사업정책국장은 사업본부장에게 통보한다.

제7절 야전운용시험

1. 일반사항

1) 시험목적

야전운용시험(FT: Field Test)의 목적은 야전에 배치하는 전력의 완전성을 향상하기 위해 초도생산 또는 초도구매 수량을 대상으로 육군이 야전운용상 제한사항을 조기에 식별하고, 방위사업청이 이를 보완하여 후속양산 또는 후속구매 시 반영하도록 하는 데 있다.

2) 야전운용시험 시기 및 책임

연구개발 무기체계의 경우 시험평가가 종료된 후 초도 생산된 무기체계에 대해 육군이 인수하여 야전운용시험을 실시하며, 구매 무기체계의 경우 시험평가를 통해 기종결정을 실시하고 초도구매가 되면 야전운용시험을 실시한다. 분석평가단은 후속 양산 또는 후속구매 시기를 고려하여 초도생산 또는 초도구매 수량의 수락시험 중에도 야전운용시험을 병행할 수 있다.

야전운용시험 책임은 육군에 있으며, 야전운용시험단장은 분석평가단장으로 한다. 분석평가단은 야전운용시험 결과를 육본 기참부(필요시 참모총장)에 보고하고 관련 부대(서)에 통보하며, 기참부는 이를 국본(전력정책관실)에 보고한다.

3) 초도생산 및 초도구매 수량 및 시험기간

초도생산 및 초도구매 수량은 무기체계 운용환경과 전술단위 운용특성을 고려하여 기참부에서 판단하고, 합참 및 방위사업청과 협의하여 기획 및 계획문서에 반영한다. 야전운용시험 기간은 무기체계 특성과 장비조작 난이도, 후속양산 또는 후속구매

시기 등을 종합적으로 고려하여 전력화계획이 지언되지 않도록 분석평가단이 기참부 및 방위사업청과 협의하여 결정한다. 기참부는 정작부 및 분석평가단과 협의하여 야전운용시험 전담부대를 지정한다. 야전운용시험 전담부대 규모는 무기체계별 편성 및 운용개념을 고려하여 분석평가단이 기참부와 협의하여 선정한다.

방위사업청은 후속조치사항 중 우선조치사항은 형상변경, 구매계획 수정 등을 통해 후속양산 또는 후속구매를 추진하고, 성능개선 또는 성능개량사항은 별도 사업으로 추진한다. 분석평가단은 야전운용시험에 필요한 예산을 F-1년 3월까지 기참부에 제출하고, 기참부는 이를 검토 후 전력화지원요소에 포함하여 방위사업청에 요구한다.

2. 야전운용시험 대상 및 요소

야전운용시험 대상은 모든 무기체계의 초도생산 또는 초도구매품을 대상으로 실시한다. 하지만 전장관리정보체계 등 무기체계 특성상 시제품과 생산품의 구분이 없거나 초도구매와 후속구매로 구분하기 어려운 경우, 그 밖에 야전운용시험이 부적절하다고 판단되는 경우에는 국방부 승인 시 생략할 수 있다.

야전운용시험에 포함할 사항은 무기체계 야전운용성능(작전운용성능)의 적합성, 부대전투수행 능력 중 무기체계 전술단위 임무수행능력의 적합성, 전력화 지원요소 확보의 적정성, 시험평가결과 보완요구사항 반영여부(형상의 변경상태 등) 등이다.

3. 전력화평가와 비교

앞에서 언급한 전력화평가와 야전운용시험을 시기, 대상부대, 기간, 점검중점 등으로 구분하여 비교해 보면 다음 표와 같다.

구분	야전운용시험(FT)	전력화평가
시기	초도 전력화 이후	전력화 이후 1년 이내
대상 부대	전담부대(최소 전술단위)	전력화된 부대 현장 평가
기간	장기간 시험(일부 상주)	단기간 평가(비상주)
점검 중점	DT 및 OT 결과, ILS, 국방규격, 교범 등에서 후속조지 과제 도출	야전 의견을 수렴하여 개선 요구사항 도출
후속조치	• 우선 조치사항: 후속양산에 반영 • 성능개량, 성능개선 소요: 별도 추진	개선 요구사항: 후속양산에 반영, 또는 차기 사업/유사사업에 반영

분석평가업무규정(2017) · 분석평가업무실무지침서(2019) 등 참조

> 〉〉 생각해 볼 문제

1. 국방기획관리체계 중 분석평가의 역할과 중요성은?

2. 획득단계에서 분석평가 종류와 내용은?

3. 야전운용시험평가와 전력화평가의 차이점은?

4. 전력화평가 결과를 후속 조치 시 기술적 한계 및 비용 등으로 후속 조치를 하지 못하는 경우 처리 방안은?

---

2   육군분석평가단, 분석평가업무, 2017.

제13장
업체선정 평가

7조 규모 한국형 '미니 이지스함' 사업에 무슨 일이?

총 7조 원 규모에 달하는 한국형 차기 구축함(KDDX) 사업의 첫 단계인 '기본설계' 사업자 선정에서부터 잡음이 나오고 있다. 후순위 업체가 제안서 평가결과에 이의신청을 하는가 하면 방위사업청(이하 방사청)은 개청 이후 처음으로 평가검증위원회까지 열어 평가 결과를 검토했다.

KDDX는 해군의 7,600t급 이지스구축함보다 작은 6,000t급으로 '미니 이지스함'으로 불린다. 함정의 두뇌 역할을 하는 전투체계까지 국산화하는 것으로 총 6척을 건조할 계획이다. 기본설계 사업 예산은 200억 원 수준이지만, 이 사업을 따내야 '상세설계'와 실제 건조 사업까지 수주하는 데 유리하기 때문에 업체 간 경쟁이 치열한 상황이다.

25일 군 당국과 관련 업계에 따르면 KDDX 기본설계 사업 제안서 평가에서 현대중공업과 0.0565점 차이로 2순위가 된 대우조선해양이 평가결과를 납득할 수 없다며 이의신청을 했다.

대우조선해양이 부당하다고 주장하는 부분은 우선, 현대중공업의 한국전력 뇌물공여로 부정당업자 제제 처분에 대한 감점 조치가 이뤄지지 않았다는 점이다. 이에 대한 '디브리핑'에서 방사청은 한국전력은 공기업이기 때문에 내부 지침에서 규정하는 '정부기관'에 해당하지 않아 감점 조치를 할 수 없다고 설명했다. 디브리핑은 업체가 요청 시 제안서평가 점수와 평가 사유를 설명하는 제도다. 방사청은 지난해 3월 이를 도입했다. (이하 생략)

이데일리, 2020.8.25.

제1절 일반사항

1. 업체선정 평가의 중요성

업체선정을 위한 평가는 무기체계 획득에서 매우 중요한 과정이며, 업체 입장에서는 때로는 사활이 걸린 문제가 되기도 한다. 따라서 무엇보다도 투명하고 공정하게 업체선정을 위한 평가가 진행되어야 하고, 업체선정 과정을 통해 방위산업 육성과 경제적이고 효율적인 조달에 기여할 수 있는 선순환 구조로 전환이 되도록 관련 제도를 운영하거나 개선하여야 한다.

이러한 차원에서 그동안 정부에서도 많은 노력을 하였다. 최근에도 방위산업 발전 및 경쟁력 강화를 위한 많은 정책을 수립하여 추진하고 있는데, 기술 중심의 업체선정, 중소기업 참여 가점 부여, 비용평가 하한선을 95%로 상향 조정, 신규채용 우수기업 평가 및 업체의 성실도 반영 등이다.

2. 제안서평가팀 구성 및 운영

무기체계 연구개발을 위한 업체선정을 위해서는 기본적으로 전문가로 구성된 제안서평가팀을 구성하여 평가를 실시한다. 좀 더 구체적으로 살펴보면 통합사업관리팀장은 제안서 평가계획을 수립한 후 해당 사업의 관련 전문가로 구성된 제안서평가팀을 구성하여 제안서 평가계획에 따라 업체의 제안서를 평가한다. 제안서평가팀은 팀장을 포함하여 10명 내외로 구성하고, 구매사업일 경우는 대분류 항목별로 2명 이상 5명 이하로 분과를 구성하도록 되어 있다.

제안서 평가위원 선정 시 공정성과 객관성을 확보하기 위하여 국방부, 합참, 소요군, 방위사업청, 국과연, 기품원, 산업통상자원부 등 관련기관과 학계, 연구소 등 민간전문가를 포함하여 2배수 이상 추천하여 선정하며, 제안서 평가위원의 자격 기준

1. 관련 또는 유사 무기체계 운용경험이 3년 이상인 자
2. 관련 또는 유사 사업관리 경력이 2년 이상인 자
3. 무기체계 연구개발사업 또는 구매사업 경력이 3년 이상인 자
4. 해당 기관의 업무담당자, 관련분야 교수 · 부교수 · 조교수
5. 국과연, 기품원, 국방연구원, 민간연구소 등에서 연구원으로 관련 분야 근무경력 5년 이상인 자, 해당 분야 자격증 등 소지자

은 〈표 13-1〉에서 보는 바와 같다.

3. 제안서 평가결과 검증 및 공개

제안서 평가결과에 대하여 방위사업추진위원회 또는 분과(실무)위원회 보고 전에 사업본부장의 승인을 받아 계약관련부서, 방위사업감독관실, 타 사업부 팀장 등 5~10명으로 구성된 검증회의를 통해 검증 할 수 있으며, 검증은 다음과 같은 경우에 실시할 수 있다.

① 자체감사 등 감사결과 처분 요구가 있을 경우

② 제안서 내용 및 제출서류 중 위조, 변조, 허위 등 사실이 아닌 내용이 작성된 것으로 의심되거나 기타 평가에 오류가 발생한 경우

③ 입찰등록 마감일 기준 최근 2년 이내 방위력개선사업의 입찰 · 낙찰 또는 계약의 체결 · 이행과정에서 부정한 방법으로 정보를 득하여 개입하거나 제출서류의 위조 · 변조, 허위 등 사실이 아닌 내용을 포함시켜 전력화시기를 지연시키는 등 사업추진을 방해한 전력이 있는 경우

④ 민원 제기가 있는 경우 등 해당 사업부장이 필요하다고 판단하는 경우

평가결과는 정보공개법, 동법 시행령 및 시행규칙에서 정한 정보공개 기준 및 절차에 따라 공개가 가능하며, 정보공개는 위원회 또는 분과(실무)위원회에서 업체선정이 결정된 이후 통합사업관리팀장이 정보공개 내용 및 방법에 대해 사업본부장의 승인

을 받아 브리핑, 보도자료, 인터넷 등을 통해 공개한다.

제2절 연구개발사업 제안서평가 및 협상

1. 제안서 평가

1) 업체선정 평가 절차

방위사업청의 무기체계 제안서 평가업무 지침에 의하면 업체선정 절차는 아래 표에서 보는 것처럼 평가항목 및 항목별 가중치, 기술능력평가 및 비용평가 배점 등이 포함된 제안요청서를 작성하여 공고한 후 관심 있는 업체를 대상으로 설명회를 실시한다.

〈표 13-2〉 무기체계 연구개발사업 업체선정 절차

단계	내용
제안요청서 작성	• 기술능력평가 및 비용평가 배점 결정 • 평가항목 및 평가항목별 배점 결정 • 제안요청서 검토위원회 개최
제안요청서 공고/설명회	• 입찰 공고: 40일 이상 • 입찰 공고 후 참여 희망업체를 대상으로 설명회 개최
제안서 평가위원 선정/ 제안서평가	• 방위사업청, 국과연, 기품원, 소요군, 민간연구소/대학 등 전문가 2배수 이상 추천, 선정 • 제안서평가팀장 책임하 평가실시
방추위/ 분과위 상정	• IPT 팀장 위원회에 보고(협상대상업체/우선순위 결정)
평가결과 통보	• 업체에 협상순위, 평가결과, 협상일정 등 통보
협상/계약	• 업체와 가격 및 조건 협상, 계약체결

그리고 업체로부터 제안서를 접수하여 제안서를 평가하며 그 결과를 위원회에 상정하여 협상우선순위를 결정하고 그 순위에 따라 협상 후 계약하는 절차를 거치게 된다.

2) 제안서 평가분야 및 배점한도

제안서 평가는 기술능력평가와 비용평가, 가감점을 종합하여 평가하며 배점한도는 기술능력평가 분야 80점, 비용평가 분야 20점으로 하되, 선행연구 결과 및 사업의 특성을 고려하여 필요한 경우 분야별 배점한도를 10점 범위 내에서 가·감할 수 있다.

〈표 13-3〉 제안서 평가 분야별 배점

구분	합계	기술능력평가	비용평가	중소·중견 기업 참여 가점	기타
점수	102점	80±10점	20±10점	2점 이내	가·감점

기술능력평가 또는 비용평가 분야별로 배점한도를 더할 수 있는데, 그 경우는 다음과 같다.

(1) 기술능력평가에 배점을 더할 수 있는 경우

① 기술의 난이도가 높아 첨단기술 개발이 요구되는 경우
② 다중복합무기체계로서 체계통합의 복잡성이 예상되는 경우
③ 개발되어야 할 핵심기술 소요가 많은 경우
④ 함정사업의 기본설계를 포함한 탐색개발사업을 하는 경우

(2) 비용평가에 배점을 더할 수 있는 경우

① 무기체계 개발 시 복잡성이 덜 요구되어 적은 비용으로 개발이 가능한 경우
② 요구되는 기술이 개발되어 있어 가격경쟁이 가능한 경우

③ 비용평가를 통해 비용절감 유도가 가능한 경우

3) 기술능력평가

기술능력 평가항목별 평가내용은 기술능력 분야 평가항목은 대분류, 중분류, 세부분류 항목으로 구분하며, 대분류는 개발(양산)계획, 개발(양산) 능력으로 구분하고, 사업의 특성을 고려하여 기술능력평가항목 중 과거사업수행성실도 평가항목을 제외한 세부분류항목과 배점을 조정할 수 있다. 이때 과거사업수행성실도는 비용성과, 일정성과, 성능성과, 보완요구 조치율, 협력업체 유지 등을 반영한다.

〈표 13-4〉 무기체계 연구개발사업: 평가항목 및 배점(예)

평가항목			(표준)배점	
대분류	중분류	세부분류	탐색·체계	양산 포함
개발 계획	무기체계/구성품 및 소프트웨어 개발 (양산)계획	개발 목표 및 추진전략	3.6	3.6
		체계통합 및 구성품 개발 계획	4.0(4.4)	4.0(4.4)
		체계 및 구성품 요구성능 충족도 등	2.8(3.2)	3.6(4.0)
		상호운용성 확보계획(주파수 운용 포함)	2.8	1.6
		SW 개발·관리방안	2.8	1.6

4) 비용평가

비용 분야 평가는 업체 제안가격 대비 평가기준가를 반영하여 산식에 따라 평가한다. 복수업체 평가 시 평점산식은 아래와 같으며, 이 산식에 의하면 평가기준가 대비 95% 이하일 경우에 최고 점수를 얻게 된다. 이와 같은 산식은 협상에 의한 계약[1]을 추진하더라도 비용평가는 방위사업의 특성을 반영하여 적정 연구개발비를 보장해주기 위해 2010년부터 별도로 제정하여 적용하고 있다.

---

1 협상의 의한 계약을 추진하는 경우 비용평가 산식은 기재부 회계예규를 적용하여 비용평가를 하도록 되어 있는데, 그 비용평가 신식을 적용할 경우 평가기준가 대비 60% 이하로 입찰해야 최고 점수를 받도록 되어 있다.

$$평점 = 비용평가 \ 배점한도 \times \left(\frac{최서제안가격}{당해제안가격} \right)$$

- 최저제안가격: 유효한 입찰자 중 최저제안가격
- 당해제안가격: 당해 평가대상자의 제안가격으로 하되, 제안가격이 평가기준가의 100분의 95 미만일 경우에는 평가기준가의 100분의 95에 상당하는 가격

5) 가·감점 평가

업체식별 감점, 중소·중견기업 가·감점, 보안사고 감점, 입찰조력자 허위 명시 등 감점, 신규채용 우수기업 가점 등을 반영하여 평가한다.

⟨표 13-5⟩ 제안서평가 시 가감점 내용

가감점 대상	가감점
중소·중견기업 참여 가점(별표 11)	+ 2.0(최대)
중소·중견기업 참여 감점	- 0.6(최대)
보안사고 감점(별표 12)	- 3.0(최대)
입찰조력자 허위 명시 등의 감점(별표 13)	- 0.5(최대)
업체식별 표시 감점	- 0.1
신규채용 우수기업 가점(별표 14)	+ 0.3(최대)

6) 현장실사 및 제안서 설명회

통합사업관리팀장은 제안서 평가를 위해 입찰 참가업체에 대한 현장실사를 실시하며, 현장실사반은 사업본부, 국과연, 기품원, 소요군 등 소속 전문가로 구성하며, 필요시 민간전문가를 포함할 수 있다. 이 경우 현장실사반장은 통합사업관리팀장이 수행한다. 정량적으로 평가가 가능한 내용에 대하여 현장실사를 실시하고, 그 결과를 제안서평가 종료 전에 제안서평가팀에 제공한다.

통합사업관리팀장은 제안서 평가전에 제안내용에 대한 평가위원의 이해도 향상과 구체적인 내용 파악을 위해 제안 설명 및 질의응답을 할 수 있도록 업체로 하여금 제안서를 설명하도록 하고, 이때 제안업체가 제안서설명회 중 제안업체를 인지할 수

있는 업체명 언급 등을 할 수 없도록 한다.

2. 분야별 평가방법

제안서 평가는 기술능력평가와 비용평가 및 가·감점 평가를 분리하여 실시하며, 제안서 제출업체가 하나일 경우에는 통합하여 실시할 수 있다. 기술능력평가는 제안서평가팀(평가위원별 독립적으로 평가)이 수행하고 비용평가 및 가·감점 평가는 통합사업관리팀장이 주관이 되어 제안서평가팀장과 간사 등이 참여하여 수행한다.

1) 기술능력 분야 평가방법

통합사업관리팀장은 기술능력 평가분야 평가항목에 대하여 각 항목별 평가기준표를 작성하고, 이를 제안서 평가 시작 전에 제안서평가팀에 제공하며, 제안서평가팀은 평가기준표를 근거로 평가항목에 대한 평가점수를 부여하고, 평가항목별 제안요청에 대해 제안하지 않을 경우에는 해당항목을 '0'점 처리하며, 정성평가 항목의 경우에는 업체별로 차등점수를 부여한다.

(1) 기술능력 분야 평가항목 중 기술유출 방지대책 평가는 다음에 따라 수행한다.

① 통합사업관리팀장은 정보보호체계 구축 항목의 평가를 위해 입찰업체의 보안 시스템 구축여부를 입찰등록 마감 전일 기준으로 구축여부를 제안서평가 전까지 확인한다.

② 통합사업관리팀장은 보안감사·보안측정 항목 평가를 위해 운영지원과에 정기 보안감사 및 보안측정 결과를 요청하여야 하며 그 결과를 제안서평가에 반영한다.

(2) 기술능력분야 평가항목 중 과거사업수행성실도 평가는 다음에 따라 수행한다.

① 통합사업관리팀장은 제안요청서에 과거사업수행성실도 평가항목을 반영하고, 입찰등록 마감일 전일 기준으로 최근 2년간 부정당업자 제재사항 및 과징금부과처분 사항을 업체에게 제출하도록 명시하고 평가 시 통합사업관리정보체계를 통해 확인하고 평가한다.

② 과거사업수행성실도 평가는 사업수행평가와 성실도 평가로 구성한다.

　　㉠ 사업수행평가를 위해 통합사업관리팀장은 계약업체에 대해 매년 사업수행을 평가하고 그 결과를 통사체계에 입력하여야 하며, 평가지원 파트리더는 사업수행평가 결과를 관리하고 제안서평가 시 제안업체별 사업수행평가 결과를 통합사업관리팀장에게 제공하여 평가에 반영한다. 국과연 주관 연구개발사업의 사업수행평가는 국방과학연구소장이 계약업체에 대해 매년 실시하고 그 결과를 통합사업관리팀장에게 제출한다.

　　㉡ 사업수행평가는 입찰공고일 기준으로 제안업체의 전년도 사업수행평가 점수의 평균값을 비용평가 시에 적용하며, 사업수행평가 실적이 없는 업체(신규업체 포함)가 입찰에 참여했을 경우에는 모든 제안업체에게 사업수행평가 점수를 85점으로 일괄 적용한다.

　　㉢ 성실도 평가는 입찰등록 마감일 전일을 기준으로 제안업체의 최근 2년간의 부정당업자 제재사항(과징금 부과 포함) 처분에 대해 산정하여 사업수행평가 점수에 반영한다.

2) 비용분야 평가방법

통합사업관리팀장은 비용평가를 위해서 평가의 기준이 되는 제안서 평가기준가격을 비용평가 전까지 다음에 따라 정하여야 한다.

연구개발사업의 평가기준가를 정할 경우 원가팀에서 산정한 예정가격을 적용하고, 예정가격 산정 불가 시 비용분석 결과, 해당 통합사업관리팀의 비용분석 자료 순으로 활용하여 산정한다. 만일 평가기준가 산정이 불가능한 경우에는 사업예산을 활용하여 산정할 수 있으며, 사업예산은 입찰공고 시에 공개하되, 평가기준가는 최종 평가결과 공개 시까지 누설되어서는 아니 된다.

비용평가는 기술능력 평가분야 평가결과 종합 후 통합사업관리팀장 주관하에 제안서평가팀장 및 간사가 입회하여 제안서 평가기준가를 기준으로 평점산식에 의하여 평가한다.

3) 가·감점 분야 평가방법

제안서평가의 가·감점 부여 평가항목은 중소·중견기업 가·감점, 보안사고 감점, 입찰조력자 허위 명시 등의 감점, 업체식별 감점 및 신규채용 우수기업 가점항목 등으로 구분한다.

중소·중견기업 참여에 따른 가·감점평가를 할 수 있으며, 가점평가는 참여업체 수 1점, 참여규모 1점 총 2점 범위 내에서 부여하고, 감점평가는 단수인 평가대상 업체가 해당 사업에 참여하는 중소·중견기업이 최소 3개 이상을 충족하지 못했을 경우에 적용하고 미충족한 업체당 0.2점씩을 종합점수에서 감점한다.

이때 중소·중견기업 참여 가·감점평가는 제안서 평가협의회를 통해 가점 대상 중소·중견기업의 수행 내용이 사업 범위에 포함되는지 여부와 감점대상 여부를 판단하고 가·감점평가 결과를 반영하며, 보안사고가 있는 경우 및 입찰조력자 허위 명시도 감점하여 반영하다.

업체식별 감점평가는 제안서 평가 시 제안서에 제안업체를 인지할 수 있는 심볼(로고 등)이 포함된 경우나 제안서설명회 시 업체명 언급 등으로 제안업체를 인지할 수 있는 경우에 제안서 평가협의회의 협의를 통해 종합점수에서 건수와 관계없이 0.1점을 감점하며, 신규채용 우수기업은 신규 채용 수준을 고려하여 가점을 부여한다.

4) 제안서 평가협의회 운영

제안서 평가 간 평가위원의 편파적인 평가여부 분석 등 공정하고 투명한 제안서 평가를 위해 그 기준과 절차를 정하여 제안서 평가협의회를 운영할 수 있으며, 제안서 평가협의회는 다음의 기준과 절차에 따라 운영한다.

① 제안서 평가협의회는 제안서평가팀장, 통합사업관리팀장, 평가위원 대표 2명 및 간사로 구성

② 제안서 평가협의회는 협의해야 할 사항이 있다고 판단하는 각 평가위원이 제안서평가팀장 또는 평가위원 대표에게 요청하거나 제안서평가팀장이 필요하다고 판단할 경우 개최 가능

③ 제안서 평가협의회 의사결정은 평가협의회 구성 인원 전원이 참석하여야 하고 과반수 찬성으로 결정하며 협의 결과를 제안서평가에 반영

제안서 평가협의회 협의대상은 제안서평가와 관련된 사항으로 한정하며 다음 사항을 포함한다.

① 제안서 내용 확인을 위한 추가자료 요청 여부

② 현장실사 결과와 제안내용이 불일치하는 경우 사업에 미치는 영향정도에 따라 해당 평가항목 배점의 20% 범위 이내에서 감점 여부 결정

③ 중소 · 중견기업 참여 가 · 감점 부여 대상 여부 결정

④ 제안서 평가 시 제안서에 제안업체를 인지할 수 있는 심볼(로고 등)이 포함된 경우나 제안서설명회 시 업체명 언급 등으로 제안업체를 인지할 수 있는 경우 감점 여부 결정

⑤ 제안서 평가 간 평가위원의 편파적인 평가여부 확인

⑥ 기타 평가위원 협의가 필요하다고 판단되는 사항

3. 협상

1) 협상대상업체 및 협상순위 결정

통합사업관리팀장은 제안서 평가결과 기술능력평가 점수가 기술능력 평가분야 배점의 85% 이상인 업체를 협상대상업체로 선정하며, 평가대상업체가 단수인 경우에는 기술능력평가 점수가 기술능력 평가분야 배점의 85% 이상이고 동시에 종합점수(기술능력평가 + 비용평가)에서 중소·중견기업 최소 참여 감점, 보안사고 감점, 입찰조력 현황 허위 명시 등에 관한 감점, 업체식별 표시 감점, 신규채용 우수기업 가점을 반영한 점수가 총배점(100점)의 85% 이상인 경우에 선정한다.

협상순서는 협상대상업체의 종합점수에 기타 가·감점을 합산한 최종점수의 고득점 순에 따라 결정하며, 최종점수가 동일한 제안업체가 2개 이상일 경우에는 기술능력평가점수가 높은 제안업체를 우선순위 업체로 하고, 기술능력 평가점수도 동일한 경우에는 기술능력 평가분야의 대·중분류 순으로 평가항목 중 배점이 큰 항목에서 높은 점수를 얻은 업체를 우선순위 업체로 한다.

통합사업관리팀장은 제안서 평가결과에 따라 협상대상업체 및 협상우선순위를 정하여, 그 결과를 위원회 또는 분과(실무)위원회에 보고한다. 위원회에서 협상대상업체 및 우선순위가 결정된 이후에 협상대상업체에 협상대상업체 전원의 기술능력과 비용평가 점수, 가·감점을 적용한 최종점수, 협상순위 및 협상일정 등을 통보한다.

2) 협상팀 구성 및 협상목록 작성

통합사업관리팀장은 해당 사업부장의 승인을 받아 방위사업청, 소요군, 국과연, 기품원 및 민간전문가 등을 포함한 협상팀을 구성하여 협상을 실시하며, 협상팀장은 통상 통합사업관리팀장이 수행한다. 통합사업관리팀장은 효율적 협상을 위하여 합참, 소요군, 방위사업청, 국과연 등의 전문가로부터 의견을 받아 협상목록을 작성하여 협상팀에게 제공하며, 협상목록을 작성할 때에는 기술협상·조건협상 및 가격협상으로 구분하며, 가격협상 목록을 작성할 때에는 평가기준가 이하로서 업체가 제안한 가격을 근거로 작성한다.

제3절 구매사업 제안서 평가 및 기종결정

1. 제안서 평가

1) 평가항목 · 요구조건 결정

통합사업관리팀장은 작전운용성능, 기술적 · 부수적 성능, 종합군수지원, 목록화 자료, 신용도 등 사업의 특성을 고려한 평가항목(대분류, 중분류, 세부분류)과 평가항목 중 세부분류 항목별 요구조건(필수조건, 선택조건) 및 선택조건 총 항목 수에 대한 충족 항목수의 비율(선택조건 충족비율)을 정하여 사업본부장의 승인을 받아 결정한다. 이때 세부분류 평가항목별 요구조건을 필수조건과 선택조건으로 구분하고 제안요청서에 반영하고, 획득비, 운영유지비 등 비용요소 항목은 필수조건과 선택조건으로 구분하지 않을 수 있다.

필수조건을 작전운용성능을 포함하여 대상장비 평가를 위해서 반드시 충족되어야 하는 필수적인 항목으로 구분하며, 필요시 필수조건에 대한 램(RAM)분석 등 객관적인 비용검증을 위하여 주장비와 전력화지원요소의 총비용에 대한 검증자료 제출을 업체에 요구할 수 있다. 이 경우 ① 신용도 평가, ② 보안사고 유무, ③ 군용항공기 사업의 경우 감항인증관련 사항은 반드시 필수조건으로 포함하고, 대상장비로 선정되기 위해서는 선택조건 충족비율이 제안요청서에 제시한 기준(통상 70%) 이상이어야 한다.

2) 평가방법

통합사업관리팀장은 제안요청서에 명시된 평가항목 및 기준에 따라 각 항목별 평가기준표를 작성하여 제안서 평가 시작 전에 제안서평가팀에 제공하고, 제안서평가팀은 통합사업관리팀장이 제공한 평가기준표를 근거로 각 평가항목에 대해 평가한다. 이때 제안서평가팀은 제안서상으로는 '충족'되나 추가적인 사실관계의 확인이 필요한 경우에는 업체에게 내용 확인을 위한 추가 자료를 요구할 수 있다.

대상장비 선정을 위한 제안서 평가는 세부분류 항목별로 '충족' 또는 '미충족'으로만 평가하고, 신용도 평가는 업체가 제출한 신용등급평가결과가 충족기준에 미달 시 '미충족'으로 평가한다.

3) 제안서 평가협의회 운영

구매사업 제안서 평가 시에도 제안서 평가 중 평가위원의 편파적인 평가여부 확인등 공정하고 투명한 제안서평가를 위해 제안서 평가협의회를 운영할 수 있다. 제안서 평가 간 분과별 협의 이외의 사항에 대해 협의가 필요한 경우에는 제안서 평가협의회를 운영할 수 있다.

① 구성: 제안서평가팀장, 통합사업관리팀장, 각 분과장 및 간사
② 개최: 각 평가위원이 제안서평가팀장 또는 분과장에게 요청하거나, 제안서평가팀장이 필요하다고 판단할 경우 개최 가능
③ 의사결정: 제안서 평가협의회 의사결정은 평가협의회 구성 인원 전원이 참석하고, 과반수 찬성으로 결정
④ 협의대상
　㉠ 분과별 협의에서 의견 조율이 되지 않을 경우
　㉡ 제안서 내용 확인을 위한 추가자료 요구 여부
　㉢ 기타 평가위원 협의가 필요하다고 판단되는 사항

4) 대상장비 선정

제안서 평가결과를 근거로 대상장비 선정안을 작성하고 사업본부장의 승인을 받아 이를 확정하되, 사안의 중요도에 따라 필요한 경우 위원회 또는 분과(실무)위원회의 심의를 거쳐 확정한다. 이때 제안요청서 요구조건 중 필수조건 항목 중 1개 항목이라도 미충족되는 경우와 선택조건 항목 중 미충족 항목비율이 제안요청서에서 제시한 선택조건 충족비율에 미달할 경우 대상장비 선정에서 제외한다.

해당 사업의 특성상 시험평가를 위한 장비제작과 설치, 시험평가에 과다한 비용이 소요될 가능성이 있는 등 효율적인 사업추진이 제한된다고 판단될 경우에는 대상장비를 일정 수 이하로 제한할 수 있다. 대상장비의 수를 제한할 경우에는 평가항목별 배점에 의한 방법, 선택조건의 충족비율에 의한 방법 등을 적용할 수 있다.

2. 시험평가 및 협상

1) 시험평가

구매대상 무기체계에 대한 시험평가는 「국방전력발전업무훈령」 구매사업 시험평가 절차와 합참의 관련 지침에 따라 실시한다. 시험평가는 각 군 시험평가기관에서 실시하며 시험평가가 종료되면 합참에 시험평가 판정(안)을 제출하고, 합참은 이를 검토하여 국방부에 제출하며, 국방부는 합참이 제출한 판정(안)을 근거로 시험평가 결과를 판정하여 합참에 통보한다. 그리고 합참은 국방부가 통보한 시험평가 판정결과를 관련기관에 통보하는 절차를 거친다.

2) 협상팀 구성

통합사업관리팀장은 해당 사업부장의 승인을 받아 방위사업청, 소요군, 국과연, 기품원 및 민간전문가 등을 포함한 협상팀을 구성하여 협상을 실시하며, 통상 협상팀장은 통합사업관리팀장이 수행한다.

통합사업관리팀장은 사업의 성격에 따라 해당 사업부장의 승인을 받아 협상팀장을 별도로 정할 수 있으며, 협상의 내용(기술·가격·계약조건·절충교역 등)에 따라 해당 협상을 주관할 책임자를 별도로 선임하여 각각 운영할 수 있다.

3) 협상계획 수립

통합사업관리팀장 또는 협상팀장은 협상계획을 관련 부서와 협의하여 수립하고 사업본부장에게 보고하고 협상을 수행한다. 협상은 대상장비로 선정된 장비를 제안한 업체와 실시하며, 절충교역을 위한 협상, 장비의 성능 등 기술과 관련한 협상, 계약조건 등에 대한 협상, 가격을 결정하는 협상으로 구분하여 추진한다.

절충교역 협상은 방위사업정책국이 주관하고, 가격 및 계약일반조건 협상은 계약부서에서 주관하되 가격협상에서 기준가격은 해당 사업예산 이하로 한다. 협상팀장은 협상 대상업체가 제안한 내용이 제안요청서의 내용을 충족하는지 여부를 확인하고, 보완·조정해야 할 사항에 대하여 협의한다.

통합사업관리팀장은 시험평가 결과 및 협상결과를 종합하여 계약부서에 가계약 체결을 의뢰하며, 가계약은 협상에 참가한 모든 업체와 체결한다.

3. 요구조건 충족 시 최저비용 방법에 의한 기종결정

1) 기종결정 평가

기종결정은 선정된 대상장비에 대한 시험평가 및 협상 완료, 가계약 체결 이후에 실시한다. 기종결정 평가요소는 무기체계의 기종결정을 위한 평가방법을 구매계획서 및 제안요청서에 반영하여 추진하며, 기종결정을 위한 평가요소는 비용요소와 비비용요소로 구분한다. 비용요소란 구매가격, 운영유지비, 지급일정, 비반복비용 환급, 보증조건 및 지급 이행조건 등 비용으로 환산될 수 있는 모든 요소를 말하며, 비비용

요소는 비용요소 외에 무기체계 성능 및 절충교역조건 등 비용으로 환산할 수 없는 요소를 말한다.

2) 평가방법

요구조건 충족 시 최저비용에 의한 방법을 적용할 경우 제안요청서에 제시된 모든 요구조건을 필수조건과 선택조건으로 구분하고, 가격협상은 절충교역을 포함하여 장비의 성능 등 기술과 관련한 협상, 협상결과 및 시험평가결과 등이 제안요청서 작성 시 설정된 평가요소 및 기준을 충족하는 장비에 대하여 수행하되 사업의 특성을 고려하여 시험평가와 동시에 진행할 수 있다.

기종결정을 위한 최저비용은 업체가 제시한 최종가격과 운영유지비 등을 포함할 수 있으며, 이 경우 운영유지비 산정은 평가시점을 기준으로 작성하고 구매계획서 및 제안요청서에 다음을 참고하여 최저비용 산출기준 및 방법을 구체적으로 명시하여야 한다.

① 유류비: 면세유 등

② 인건비: 운영자를 병사와 간부로 구분한 기준 호봉 등

③ 적용시간: OMS-MP나 RAM 분석을 통하여 산출된 시간 등

④ 연간 장비운용시간: 무기체계 수명주기 또는 1회 창정비를 고려한 시간 등

⑤ 수리비, 부품비: 부품의 고장 간 평균시간 등

⑥ 정비비: 예방정비에 소요되는 정비인시와 정비인력의 시간당 인건비 등

3) 기종결정

통합사업관리팀장은 시험평가결과, 협상결과 및 가계약 체결결과 등을 종합하여 기종결정안을 작성하며, 기종결정안에는 사업개요, 사업경위, 대상장비의 조건충족 상태, 수명주기비용(획득비용, 운영유지비용, 폐기비용 등), 가계약 내용 요약, 계획대비 가용예산 및 소요예산에 대한 판단, 과거계약의 이행실적 및 신용도 평가결과, 대상장비 중 기종결정 건의안 등을 포함한다.

통합사업관리팀장은 사업본부장의 승인을 받은 기종결정안을 위원회 또는 분과 (실무)위원회에 상정하여 기종을 확정한다. 주요사업 계획보고에 의하여 대통령 보고 대상사업으로 결정된 사업의 기종결정에 대하여는 대통령에게 보고한다.

4. 종합평가 방법에 의한 기종결정

1) 종합평가 기종결정 대상

종합평가에 의한 방법을 채택할 수 있는 경우는 대상무기체계의 성능 차이가 큰 경우, 대상무기체계가 기개발된 품목이어서 한국의 요구조건에 맞추어 성능을 조정할 수 없는 경우, 최신 기술을 요구하는 무기체계 등 필요성이 인정되는 경우, 주요 국책사업 및 대규모 방위력개선사업의 경우, 안보 및 군사외교, 국가경제적 파급효과 등의 고려가 필요한 경우, 기타 통합사업관리팀장이 구매사업의 효율성을 고려하여 사업본부장의 승인 절차를 거쳐 인정하는 경우 등이다.

2) 기종결정 평가

기종결정평가는 선정된 대상장비에 대한 시험평가 및 협상이 완료되고, 가계약 체결 이후에 실시하며, 기종결정 평가는 다음의 기종결정 평가요소를 고려하여 투자 비용 대 효과를 분석하고 기타 정책적 고려사항을 종합적으로 평가하여 결정한다.
① 투자비 및 운영유지비의 경제성
② 도입가격, 인도시기 및 인도조건 등 계약조건
③ 시험평가 결과, 전력화 지원요소
④ 절충교역 협상결과 및 최근 5년간 절충교역 계약이행 실적
⑤ 방산·군수협력 협정체결 및 해외협력사업 추진여부
⑥ 계약상대국에 대한 우리 군수품의 판매실적과 해당 구매무기의 주요국가 운용실적, 협상결과, 국가전략 및 안보, 군사외교 등 국가이익

⑦ 과거 협상 및 계약의 이행실적·성실도·신용도·신인도 평가결과

종합평가에 의한 방법은 대상장비 시험평가결과와 협상결과 및 가계약서 등을 근거로 기종결정요소를 종합적으로 비교 평가한다. 기종결정 평가항목은 표준평가항목(대분류·중분류)과 세부분류 평가항목으로 구분하고 표준평가항목은 다음과 같은 사항을 포함한다.
　　① 비용: 초기획득비, 운영유지비
　　② 성능: 작전운용성능, 기술적·부수적 성능
　　③ 운용적합성: 전력화 지원요소, 운용여건
　　④ 계약 및 기타조건: 계약조건, 절충교역, 신용도, 계약이행성실도

기종결정 종합평가의 표준평가항목 중 비용분야 배점은 30점으로 하고 성능, 운용적합성, 계약 및 기타 조건 등을 종합하여 배점을 70점으로 하며, 사업의 특성을 고려하여 필요한 경우 해당 통합사업관리팀장은 사업본부장의 승인을 얻어 배점한도를 10점 범위 내에서 가·감 조정할 수 있다.

〈표 13-6〉 기종결정 평가 배점

구분	합계	비비용 분야	비용 분야
점수	100점	70±10점	30±10점
비고		성능, 운용적합성, 계약 등	

기종결정 평가항목은 표준평가항목을 기준으로 하여 기종결정 평가항목(대분류, 중분류, 세부분류)을 결정할 수 있고, 필요시 표준평가항목을 추가 또는 삭제할 수 있다. 이 경우 모두 입찰공고 전까지 국방부, 합참, 방위사업청, 소요군, 국과연, 기품원 및 학계 등 전문가 의견을 반영하여 사업본부장의 승인을 받아 결정한다.
평가항목별 배점 결정은 전문가 의견수렴 방법(AHP 및 델파이 기법 등)을 통한 관련분야 전문가의 의견을 반영하여 제안서 접수 마감 전일까지 결정하고, 평가항목별 배점

결정을 위한 전문가 선정은 국방부, 합참, 방위사업청, 소요군, 국과연, 기품원 또는 산업통상자원부 등 정부기관, 학계, 연구소 등의 협조를 얻어 분야별 배점 결정에 필요한 전문가를 선정한다. 계약이행성실도 평가항목 배점은 총배점(100점)의 2%에 해당하는 점수를 적용한다.

기종결정 평가위원은 통합사업관리팀장이 제공한 평가기준표를 근거로 평가항목에 대해 평가하며, 비용평가는 아래 평점산식에 따른다.

$$평점 = 비용평가 배점한도 \times \left(\frac{최저\ 제안가격}{당해\ 제안가격} \right)$$

- 최저제안가격: 유효한 입찰자 중 최저제안가격
- 당해제안가격: 당해 평가대상자의 제안가격

기종결정을 위한 평가위원 선정은 기종결정 평가를 객관적이고 공정성 있게 진행하기 위하여 대(중)분류 평가항목별 전문가들로 기종결정평가팀을 구성하고, 평가위원은 대분류 항목별로 2명 이상 5명 이하로 분과를 구성한다. 기종결정안은 통합사업관리팀장이 대상장비 시험평가결과, 협상결과, 가계약 체결 결과 및 기종결정 평가결과 등을 종합하여 작성하며, 기종결정안에는 사업개요, 참여업체 및 기종 현황, 참여업체·기종별 평가결과, 가격, 성능, 가격에 영향을 주는 전력화 지원요소 등 기종결정을 위한 비교평가, 전력화 지원요소, 항목별·연도별 예산집행계획 등의 내용을 포함한다.

기종결정은 통합사업관리팀장이 기종결정안을 위원회 또는 분과(실무)위원회에 상정하고 심의·의결을 거쳐 확정하며, 주요사업 계획보고에 의하여 대통령 보고 대상사업으로 결정된 사업의 기종결정에 대하여는 대통령에게 보고한다(무기체계 제안서 평가 업무 지침(2019) 등 참조).

>> 생각해 볼 문제

1. 기술 중심의 업체선정 필요성 및 방안은?

2. 연구개발 및 구매 시 어떤 가격으로 제안하는 것이 유리한가?

3. 제안서평가 항목 및 각종 가 · 감점에 대한 생각은?

4. 업체선정을 위한 제안서평가 시스템 분석 및 발전방안은?

제14장

절충교역

우리 군 첫 전용 통신위성 '아나시스 2호' 발사

우리 군 최초의 전용 통신위성인 '아나시스 2호'가 성공적으로 발사됐습니다.

아나시스 2호는 우리 시각으로 오늘 아침 6시 반쯤 미국 케이프 커내버럴 공군기지 케네디 우주센터에서 발사됐습니다.

아나시스 2호는 우리 군의 첫 전용 통신위성으로, 기존 민·군 공용 통신위성인 무궁화 5호보다 정보 처리 속도와 전파 방해 대응 기능, 통신 가능 거리 등이 대폭 향상됐습니다.

아나시스 2호는 우리 군이 F-35A 스텔스 전투기를 도입하면서 록히드마틴사와 맺은 절충 교역으로 제공된 것으로, 에어버스사가 '유로스타 E3000' 위성을 기반으로 제작했습니다.

방위사업청은, 최초 군 전용 위성 확보는 전시작전통제권 전환을 위한 핵심 전력 확보와도 관련 있다며, 우리 군의 단독 작전 수행 능력이 향상될 거라고 강조했습니다.

YTN, 2020.7.21.

제1절 일반사항

1. 절충교역 개요

1) 유래 및 개념

절충교역은 2차 대전 후 미국이 서독에서 주둔 비용을 상쇄(offset)하기 위해 서독 군에게 미국산 무기의 구매를 요구한 것에서 비롯되었고, 이후 서유럽 NATO 회원국 들이 미국의 무기를 구매할 때 바터무역 형태로 기술이전 등 절충교역(Offset Trade)을 요 구하게 되었다. 현재 한국을 포함한 세계 130여 개국에서 무기구매의 보편적 제도로 정착하게 되었고, 한국도 1983년 국방부에서 정책으로 채택하여 적용하고 있다.

절충교역은 국외로부터 무기 또는 장비 등을 구매할 때 국외의 계약상대방으로 부터 관련 지식 또는 기술 등을 이전받거나 국외로 국산무기·장비 또는 부품 등을 수출하는 등 일정한 반대급부를 제공받을 것을 조건으로 하는 교역을 말한다.

절충교역은 획득하고자 하는 군용물자와 관련된 기술이전 및 부품수출에 관한 직접 절충교역과 획득하고자 하는 군용물자와 직접 관련이 없는 간접 절충교역의 두 가지 형태로 구분한다.

〈표 14-1〉 직접 절충교역과 간접 절충교역

구분	내용
직접 절충교역	• 구매하고자 하는 무기체계 등과 직접 관련된 기술이전, 부품제작 수출 등에 관한 절충교역: 해당 무기체계에 사용되는 부품제작에 참여, 해당 무기체계 창정비 기술 이전 등
간접 절충교역	• 구매하고자 하는 무기체계 등과 직접 관련이 없는 기술이전, 부품생산수출 등에 관한 절충교역: 국외업체가 보유한 기술획득 이전, 군수품 이외 물자로서 산자부 등이 추천한 품목

2) 필요성

절충교역은 구매국이 무기를 수입하면서 반대 급부로 기술이전 등을 요구하여 기술 등을 획득하는 하나의 방법으로 사용하고 있다. 이러한 절충교역은 구매국 입장에서는 다음과 같은 사항을 얻을 수 있으며, 이를 통해 국내연구개발 능력을 향상시킬 수 있다.

① 방위력개선사업에 필요한 기술의 확보
② 구매하는 무기체계에 대한 군수지원능력의 확보
③ 계약상대국에서 생산하는 무기체계의 개발 및 생산에의 참여
④ 방산물자 등 군수품의 수출
⑤ 계약상대국의 무기체계에 대한 정비물량의 확보
⑥ 군수품 외의 물자의 연계 수출 등

반면 판매국 입장에서는 기본적으로 방산수출을 통한 무역수지를 개선할 수 있고, 자국 무기체계의 우수성을 홍보할 수 있고, 안정적인 부품을 공급할 수 있어 시장 확보 및 유지가 가능하게 된다. 또한 수출업체는 생산량을 증가시킬 수 있기에 생산 단가를 인하할 수 있고 품질은 향상시킬 수 있어 경쟁력 확보도 가능하다.

3) 기본원칙

① 국외로부터 구매하는 군수품의 단위사업별 금액이 1천만 미합중국달러 이상인 경우 절충교역을 추진하는 것을 원칙으로 한다.
② 절충교역 합의각서의 체결은 기본계약 체결 전에 완료하는 것을 원칙으로 하되, FMS 사업의 경우에는 LOA 수락 전에 합의각서를 체결하여야 한다.
③ 절충교역 이행은 기본계약기간 이내에 완료하는 것을 원칙으로 한다.
④ 절충교역으로 제공되는 기술의 소유권 또는 실시권, 장비 · 공구의 소유권 또는 사용권은 대한민국 정부가 보유한다.

2. 절충교역 확보가치

　　최근 5년간 총 9개 국가의 국외기업이 우리나라 절충교역 사업에 참여하였다. 절충교역 가치기준으로 미국은 29건의 사업에서 총 45.69억 달러(절충교역 총 가치의 80.5%) 가치로 참여해 가장 높은 비중을 차지하였으며, 그다음으로 프랑스가 8건의 사업에서 총 7.27억 달러(절충교역 총가치의 12.8%) 가치를 기록하였다. 미국과 프랑스의 절충교역 참여가 높은 이유는 차기전투기 및 공중급유기 사업 등 대규모 항공 사업을 수주한 결과이며, 사업수 기준으로는 이스라엘이 미국에 이어 두 번째로 많은 9개 사업에 참여하였고, 대부분은 레이더 및 항공기용 영상장비 관련 사업이었다.

　　또한, 최근 5년간 우리나라 절충교역에 참여한 국외기업들 중 절충교역 합의가치를 기준으로 참여 현황을 살펴보면, LM(Lockheed Martin)사가 차기전투기 사업 등 2건의 대형사업을 통해 총 39.77억 달러(총 절충교역 가치의 70.0%) 가치로 참여해 가장 높은 비중을 차지하였다. 2020년 7월 F-35A 스텔스 전투기 도입 시 절충교역으로 추진한 군 전용 위성통신을 발사하여 성공하였다.

　　그다음으로 Airbus사가 공중급유기 등 4건의 사업에서 총 6.81억 달러(총 절충교역 가치의 12.0%) 가치로 참여해 2위를 차지하였으며, 절충교역 참여 유형은 국외업체의 사업영역에 따라 분류되는 특성이 있고, 5세대 전투기 생산기업인 LM사는 기술이전 분야

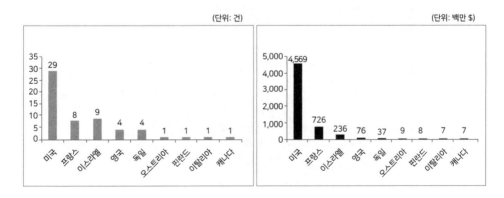

〈그림 14-1〉 국가별 절충교역 확보 건수 및 가치[1]

1　방위사업청, 2019년도 방위사업 통계연보, 2019.

에, 민항기 및 엔진 제조기업인 Airbus사와 GE사는 항공기 부품 수출 분야에 많이 참여한 것으로 분석된다.

3. 절충교역 제도의 변화

우리나라는 절충교역을 1982년 각 군에서부터 실시하였고, 1984년부터는 국방부 차원에서 본격적으로 시행하고 있다. 그동안 정책목표는 부분적으로 변경되어 왔으나 그 근본 목적인 방위산업 육성 및 발전에는 변함이 없었다.

또한, 적용비율도 부분적으로 변동되어 왔고 현재는 경쟁 시에는 50% 이상, 비경쟁 시에는 10% 이상을 적용하고 있다. 이러한 절충교역은 우리나라도 상당한 수준의 방산수출을 하고 있기 때문에 방산수출 시 방산수출 상대 국가에서 우리에게 절충교역을 요구하고 있는 상황이다.

〈표 14-2〉 절충교역 제도 변화

연대별	수행조직	정책목표	적용기준	적용비율
1980년대	각 군 주관 ('82~'84)	국내상품의 국외수출 ('83~'86)	대규모 사업 ('83~'84)	계약금액의 50% 이상 ('83~'87)
	국방부 방위산업국 통합수행('84~'85)	정부권장품목 수출과 하청생산('87~'90)	100만$ 이상 ('85~'88)	미국 : 30%이상 기타 : 50%이상 ('88)
1990년대	정책과 집행 이원화 정책 : 국방부 집행 : 조달본부 ('86~'05)	무기체계 설계, 제작, 시험평가 등 핵심기술 획득 ('91~'99)	200만$ 이상 ('89~'91)	계약금액의 30% 이상 ('89~'09)
			500만$ 이상 ('92~'96)	경쟁시 50%이상 비경쟁시 30%이상 ('09~'11)
2000년대	방위사업청 ('06~현재)	핵심기술의 획득, 부품제작 수출, 군수지원요소 획득 ('00~현재)	1000만$ 이상 ('97~현재)	경쟁시 50%이상 비경쟁시 10%이상 ('12~현재)

제2절 절충교역 추진 결정

1. 추진 여부 결정

절충교역은 단위사업별 금액이 1천만 미합중국달러 이상에 해당하는 경우에 추진하는 것을 원칙으로 하며, 선행연구 결과 등을 근거로 국익에 도움이 된다고 판단되는 경우에 한하여 방위사업추진위원회의 심의를 거쳐 추진한다. 이때 경제적 효율성을 판단해야 하는데, 이는 경쟁여건이 형성되지 않아 절충교역 추진으로 인해 전력화 일정을 지연시키거나 기본계약금액의 상승을 초래할 가능성이 있는 경우를 우선하여 판단한다.

만일 국익에 도움이 된다고 판단되면 국외로부터 구매하는 군수품의 단위사업별 금액이 1천만 미합중국달러 미만인 경우에도 절충교역을 추진할 수 있고, 통합사업관리팀장은 절충교역 추진여부 및 방향을 검토한 결과를 사업추진기본전략에 포함한다. 하지만, 사업추진기본전략 수립단계에서 사업비용, 경쟁여건 등의 구체화가 제한되는 경우 체계개발실행계획, 양산계획 또는 구매계획 수립단계에 포함한다.

2. 대상사업 통보

통합사업관리팀장은 방위사업추진위원회의 심의를 거쳐 절충교역 추진여부 및 방향 수립 후 7일 이내에 절충교역 대상사업을 규정 서식으로 국장에게 통보하고, 조달기획팀장은 경상운영사업(전력운영사업) 등 사업본부의 소관이 아닌 사업에 대하여 각 군 및 해당 계약팀과 협조하여 조달계획서 또는 방위사업추진위원회의 심의 결과를 근거로 절충교역 대상사업을 확정한다.

3. 적용비율 결정

절충교역 적용비율은 경쟁여건 및 절충교역 협상목표 달성 가능성 등을 고려하여 정하는데, 경쟁여건이 형성된 경우에는 기본계약 예상금액의 50% 이상이고, 경쟁여건이 형성되지 않는 경우에는 기본계약 예상금액의 10% 이상으로 결정한다.

결정된 절충교역 적용비율은 절충교역 제안요청서에 명시하며, 국외업체에서 제출한 제안서 검토결과 및 협상과정에서 기본사업 추진을 위하여 절충교역 적용비율의 변경이 필요한 경우에는 절충교역 심의회의 심의를 거쳐 적용비율을 상향 또는 하향 조정할 수 있다.

4. 절충교역의 통합 및 분리 추진

절충교역 대상사업 중 수의계약(FMS 포함)으로 추진하는 사업 가운데 두 건 이상 사업의 절충교역이 동일업체와 추진되는 경우에 절충교역을 통합하여 추진할 수 있으며, 통합 절충교역 합의각서를 체결하는 경우에 다음의 사항을 따른다. 먼저, 두 건 이상의 사업 중 우선 추진되는 사업의 기본계약 체결 전에 통합 절충교역 합의각서를 체결하는 것을 원칙으로 한다. 둘째, 통합하는 사업의 전체 기본계약기간 이내에 통합 절충교역의 이행을 완료해야 하나, 필요시 절충교역 이행기간을 연장할 수 있다.

전력화 지연 등의 손실이 예상되는 경우에는 단일업체를 대상으로 하는 사업에 한하여 심의회의 심의·조정을 거쳐 기본계약을 우선 체결하고 절충교역은 기본계약과 분리하되 기존 적용비율의 최대 50% 범위 내에서 추가 적용하여 추진할 수 있으며, 절충교역을 기본계약과 분리하여 추진하기로 결정한 경우 기본계약서에 절충교역 합의각서 체결 전까지 대금(선·중도금 등) 중 일부(절충교역 의무가치의 10%)를 지불 보류하는 조건을 포함한다.

제3절 협상방안 수립 및 제안요청서 작성

1. 협상방안 수립

사업추진기본전략에 포함된 절충교역 추진여부 및 방향 등을 반영하여 절충교역 협상방안을 수립하며, 협상방안을 수립할 때 법 제20조제2항에 따라 국방과학기술 진흥에 관한 중·장기정책 및 실행계획과 연계되도록 하고, 국방과학기술 관련 사항의 확보, 무기체계 부품 등의 제작 및 수출, 무기체계 군수지원 관련 사항의 확보, 기존 장비의 성능개량, 군수품의 수출(수출용 개조·개발품 포함), 외국 정비물량의 확보, 주요 개발사업의 공동참여, 군수 및 민·군겸용 항공 MRO(Maintenance Repair Overhaul: 유지, 보수, 정비) 능력의 확보 등을 고려하여 협상방안을 수립한다.

협상방안을 확정하기 위하여 관련 부서나 기관의 검토 의견을 반영하며, 협상방안의 우선순위 및 평가등급 결정 시 다음 사항을 고려하고 협상방안이 확정되면 이를 관련부서나 기관에 통보한다.

〈표 14-3〉 협상방안 우선순위 및 평가등급 결정 시 고려사항

A 등급: 무기체계 핵심기술의 이전, 무기체계 부품 등의 제작·수출, 군수품의 수출, 주요 개발사업의 공동 참여
B 등급: 기존장비의 성능개량, 창정비 관련 사항의 확보, 군수품 외의 물자의 수출(산업통상자원부장관 및 중소기업청장이 추천한 품목)
C 등급: 창정비를 제외한 군수지원 관련 사항의 확보, 외국인 투자의 유치
D 등급: 일반 방산기술의 이전, 외국 정비물량의 확보
E 등급: 기타 방위력 개선과 관련하여 국익에 기여할 수 있는 사항

2. 제안요청서 작성 및 배부

절충교역 제안요청서 작성 시 일반사항으로 목적, 절충교역 기본방침, 절충교역

인정대상 및 제외대상, 가치평가, 절충교역 양해각서 체결, 질충교역 합의각서 체결 조건, 이행보증금 설정 및 국고귀속, 절충교역 이행, 절충교역 제안서의 내용, 제안서 작성 방법 등을 포함하고, 절충교역 협상방안 및 절충교역 합의각서 표준 양식 등을 포함하여 작성한다.

또한, 국외업체가 절충교역 제안서를 절충교역 합의각서 양식으로 작성하여 가치평가를 위한 자료(장비가격을 입증할 수 있는 서류 등), 권한위임장, 절충교역 외국인투자 사업계획서 등의 자료를 함께 제출하도록 절충교역 제안요청서에 명시한다.

기본계약 제안요청서에 절충교역 제안서를 기본사업 제안서와 함께 제출하도록 하고, 절충교역 제안요청서를 기본계약 제안요청서에 포함하여 국외업체에 배부한다.

제4절 제안서 접수 및 가치평가

1. 제안서 접수 및 검토

통합사업관리팀장은 국외업체로부터 제안서를 접수한 경우 제안서 평가 후에 절충교역 제안서를 국장에게 통보하고, 국장은 접수한 절충교역 제안서를 관련부서 등과 협조하여 절충교역 기본방침 충족 여부, 절충교역 합의각서 표준조건 수용 여부, 기본계약 관련사항(기본계약예상금액 및 기간, 기본 계약서에 포함된 사항이 절충교역 제안서에 포함되었는지 여부 등), 제안내용의 효용성, 필요성, 중복성 및 세부 활용분야, 국내 기술보유 또는 기술개발 가능성 여부, 절충교역 이행 기간 및 그 밖의 이행조건의 합리성, 관계규정과의 합치 여부 및 수정·보완사항 등을 검토한다.

2. 가치평가

국장은 국외업체가 제안한 내용에 대하여 가치평가 공인기관 또는 전문부서·기관에 가치평가를 의뢰하며, 필요한 경우에는 외부 가치평가 전문기관에 평가를 의뢰하고, 가치평가를 의뢰받은 부서 또는 기관이 관련부서, 전문기관 또는 전문가 등의 의견을 받아 객관적이고 과학적인 기법으로 가치평가를 실시한다. 국장은 가치평가 시 국외업체가 절충교역 제안서에 제3국의 화폐단위를 사용한 경우에는 절충교역 제안요청서를 발송한 주의 평균 환율(매매기준율 기준)을 적용하며, 절충교역 가치 인정기준은 다음과 같다.

1) 기술이전

(1) 국외업체가 방위사업청이 요구하는 핵심기술을 제공하거나 대한민국 정부의 정책에 부합한다고 판단되면 노하우에 대한 평가가치의 2배 범위 내에서 인정할 수 있다.

(2) 기술자료의 가치는 기술이전 형태(기술의 소유권 또는 사용권 등), 기술이전 시기, 기술의 경제성, 기술 수준, 제안내용 및 국외업체의 신뢰도, 국내 핵심기술 육성 분야와의 관련성, 기술자료의 완성도 등을 고려하여 평가한다.

(3) 국외교육의 가치는 다음을 고려하여 평가한다.

① 교육비(교관 급여 포함): $10,000/월, 교관수 기준

② 준비비(교재, 교범 등): $5,000/월, 교육생수 기준

③ 항공료: $3,000 이내 / 미국, 유럽 기준

④ 체재비(항공을 제외한 교통, 숙식비, 보험 등): 공무원 인재개발법 시행령의 국외훈련비 지급기준을 준용하여 가치로 인정한다.

(4) 기술지원의 가치는 다음을 고려하여 평가한다.

① 기술지원비(국외기술자 급여 포함): $7,000 ~ 15,000/월, 기술자수 기준
② 항공료: $3,000~4,000 / 미국, 유럽 기준
③ 체재비: 실비를 기준으로 인정하나 일당 $400을 초과할 수 없다.

(5) 절충교역 이외의 상거래를 통하여 타국 간에 거래(기술료 지불)된 실적이 있는 기술은 거래 금액의 2배 범위 내에서 인정할 수 있다.

2) 부품제작 및 수출 등(외국 정비물량의 확보 포함)

① 국외업체와 국내 참여업체 간 합의된 금액을 가치로 인정한다.
② 기술이전비는 통상 인정하지 않지만 기술을 이전받지 않으면 부품제작이 불가능한 중요 기술인 경우에는 부품제작 수출 가격의 30% 범위 내에서 기술이전(기술자료, 국외교육, 기술지원 및 노하우 등을 포함) 가치를 인정할 수 있다.
③ 국외업체와 국내 참여업체 간 합의된 금액에 대한 가치의 1.5배를, 국내 참여업체가 중소기업인 경우 합의된 금액에 대한 가치의 3배를 최종 가치로 인정한다.
④ 국내 참여업체가 중소기업인 경우에 한하여 국외업체와 국내 참여업체 간 합의된 금액에 대한 가치의 2배를 최종 가치로 인정한다.

3) 장비 및 공구 제공 등

① 국외업체로부터 장비 및 공구 등을 제공받는 경우에 국외업체가 사용 중이던 것을 제공할 때에는 평가된 가격의 2배의 가치를 인정하고, 신품을 제공할 때에는 평가된 가격의 3배의 가치를 인정하나 별도의 노하우 가치는 인정하지 않는다.
② 절충교역 외국인투자는 외국인투자금액을 가치로 인정한다.

제5절 협상 및 합의각서 체결

1. 협상

절충교역 제안요청서에 포함된 기본방침, 협상방안의 우선순위, 절충교역 적용비율 및 가치평가 결과 등을 고려하여 협상을 실시하며, 협상 시 통합사업관리팀, 법률소송담당관실, 각 군, 국과연, 기품원 등 관련부서와 기관 및 국제계약 자문위원, 대한무역투자진흥공사, 국내 참여업체 등에 협상지원을 요청할 수 있고, 필요한 경우에는 사전에 문서로 요청해야 하며, 국외업체와의 협상 시 다음과 같은 사항을 고려한다.

① 기본계약금액이 확정되지 않은 상태에서 국외업체가 제시하는 기본계약예상금액을 기준으로 절충교역 협상 및 합의각서 체결을 할 수 있다. 이때 절충교역 합의각서에 기본계약금액은 기본계약예상금액을 초과해서는 안 된다.

② 합의된 내용의 이행에 대한 의무와 책임이 있는 이행당사자는 국외업체로 한다. 하지만, 국외업체가 다른 국외업체로 하여금 절충교역 의무를 대신 이행하게 하려는 경우에는 이에 대한 서면요청서를 제출하게 하고 국외업체가 제출한 요청서를 검토한 후 의무이행 당사자를 사례별로 인정할 수 있다.

③ 기술자료는 전산매체의 형태로 제공받는 것을 원칙으로 한다.

④ 협상방안 중 수출 관련사항은 절충교역 합의각서 체결 이전까지 세부품목, 국내 참여업체, 단가 및 총 수출물량 등을 구체화하는 것을 원칙으로 한다. 하지만 협상기간 중 현지실사, 업체 간 협상 등의 사유로 세부내역을 구체화할 수 없을 경우에 절충교역 합의각서에 포함시키는 조건으로 총 수출물량 및 이행기간 등의 일부 항목만 정하여 절충교역 합의각서를 체결할 수 있다.

⑤ 절충교역 합의각서에는 이행보증금 및 절충교역으로 제공되는 품목의 권리·비용 등의 사항을 포함한다.

설충교역 목표가치가 충족되고 협상내용을 평가한 결과 절충교역 목표를 달성하였다고 판단되면 절충교역 합의각서 조건 및 합의 내용에 대해 법무 검토와 절충교역 심의회의 심의를 거친 후에 서명하고 이를 통합사업관리팀과 국내 참여기관 등에 통보한다.

2. 협상결과 평가

협상결과는 아래에 따라 평가하며, 평가 결과와 절충교역 합의가치, 절충교역 합의각서 표준조건 수용 여부, 핵심기술의 획득 정도 등을 기종결정(업체 선정) 시 반영한다.

① 협상결과에 대한 평가점수는 다음의 공식을 이용하여 산출한다.

$$\frac{\Sigma(\text{절충교역 합의내용별 가치} \times \text{등급별 배점})}{\text{목표가치(기본계약예상금액} \times \text{절충교역 적용비율)} \times \text{평균등급배점(3)} \times \Sigma(\text{합의내용별 가중치} \times \text{합의내용별 이행기간 지연지수})} \times 100$$

② 합의내용별 이행 기간 지연지수는 절충교역 합의내용별 이행기간이 기본계약의 이행기간보다 짧거나 같은 경우, 국외업체가 외국인투자 및 축적된 가치로 의무를 이행하려고 하는 경우 등에는 1로 하고, 합의내용별 이행기간이 기본계약의 이행기간보다 긴 경우에는 다음의 공식으로 산출한다.

$$\text{합의내용별 이행기간 지연지수} = \frac{\text{이행기간(월)}}{\text{기본계약 이행기간(월)}}$$

③ 절충교역 제안 내용은 그 중요도에 따라 5개 등급으로 구분하여 평가하며, 등급에 따른 배점기준은 아래와 같다.

등급	A 등급	B 등급	C 등급	D 등급	E 등급
배점기준	6점	4점	3점	2점	1점

④ 평가점수가 100점 이상인 경우 절충교역 목표를 충족한 것으로 본다.

3. 국내 참여업체 선정

절충교역 합의각서 체결 전까지 업체능력, 방위사업 전문성, 절충교역 참여도, 업체제재 등을 고려하여 합의된 항목별로 국내 참여업체를 선정하고, 그 결과를 국내외 관련업체 등에 통보한다. 이때 기술을 이전받는 경우에는 복수업체를 선정할 수 있고, 절충교역 참여를 신청한 국내업체가 단일 업체이거나 국외업체가 국내 참여업체를 지정하여 절충교역 제안서를 제출한 경우에는 위 선정을 생략할 수 있다.

국내 참여업체를 선정하는 경우, 기한을 정하여 국내업체에게 절충교역 참여 계획서를 제출하게 하고, 국내업체가 기한까지 제출하지 않은 경우에는 '업체능력 및 방위 사업전문성' 평가 시 0점 처리를 할 수 있으며, 국내업체가 제출한 절충교역 참여 계획서의 내용이 사실과 다른 경우 해당 업체의 절충교역 참여를 제한할 수 있다.

국내 참여업체 선정을 위하여 다음과 같이 부서 및 기관에서 업체 선정 평가항목에 대한 검토 및 평가를 할 수 있으며, 필요한 경우에는 참여하려는 국내업체를 직접 실사할 수 있다.

제출된 자료를 토대로 국내 참여업체를 선정하여 그 결과를 국내외 관련업체 등에 통보하며, 중소기업과의 상생협력을 위한 상생협력계획서 및 고용창출계획서를 양해각서 체결 전까지 제출하게 하고, 국내업체가 절충교역 참여 계획서를 제출한 때로부터 5년 이내에 다른 절충교역에서 〈표 14-5〉와 같은 어느 하나에 해당하는 행위를 한 경우에는 감점을 부과할 수 있다.

〈표 14-4〉 국내 참여업체 선정 평가항목 및 관련 부서(기관)

• 업체능력: 기품원, 사업본부(해당 통합사업관리팀) 등
• 방위사업 전문성: 방위산업진흥국, 사업본부(해당 통합사업관리팀)
• 업체제재: 해당 계약팀

〈표 14-5〉 절충교역 평가 시 감점 기준

- 10점의 감점
  - 외교상의 문제를 야기하거나 보안 사고를 유발한 경우
  - 국내 참여업체로 선정되어 기술지원협정서 등을 체결한 후 경제성 등을 이유로 국장에게 포기 의사를 서면으로 통지한 경우
  - 기술지원협정서 등을 절충교역 합의각서와 다르게 체결한 경우
  - 절충교역 참여 계획서가 사실과 다른 경우

- 5점의 감점
  - 국내 참여업체로 선정된 후 기술지원협정서 등을 체결하지 않거나 체결한 이후에 정당한 사유 없이 이행을 지체한 경우
  - 국장의 사전 승인 없이 방위사업청과 국외업체간 합의된 내용과 다르게 절충교역 양해각서를 체결한 경우
  - 절충교역 이행실적 보고서 및 성과분석 보고서를 이 지침 또는 국장이 지정한 기간 내에 2회 이상 제출하지 않은 경우

4. 절충교역 양해각서 및 합의각서 체결

협상이 종료되면 국외업체에게 절충교역 합의각서를 체결하기 전까지 국내 참여기관 등과 절충교역 양해각서를 체결한 후 사본을 제출하게 하며, 외국인투자의 경우 절충교역 양해각서를 체결하지 않고 합의된 절충교역 외국인투자 사업계획서를 절충교역 합의각서에 포함한다.

절충교역 양해각서 체결이 완료되면 국외업체와 절충교역 합의각서를 체결하며, 서명된 절충교역 합의각서 사본을 통합사업관리팀장과 해당 계약팀장에게 통보하여 기본계약서에 첨부될 수 있도록 하고 국내 참여기관 등에 통보하여 기술지원협정서 등을 국외업체와 체결하게 한다.

절충교역 합의각서 체결 이후 기본계약의 물량증감으로 인하여 계약금액이 증감된 경우에는 상호 합의에 따라 절충교역 가치를 비례적으로 증감시킬 수 있다. 하지만, 물량증감에 의하지 아니하고 국외업체의 가격 조정으로 인하여 기본계약금액이 감소된 경우에는 이미 합의된 절충교역 가치를 변경시킬 수 없다.

제6절 절충교역 이행

1. 이행보증금 설정

국외업체는 합의각서 발효일로부터 30일 이내에 절충교역 합의가치의 10%에 해당하는 절충교역 이행보증금을 기본계약 이행보증금과 별도로 설정하며, 절충교역 이행보증금은 현금예치, 보증증권 또는 방위사업청을 수익자로 하는 취소불능 보증신용장 형태로 하며 절충교역 이행기간 만료 후 90일까지 유효해야 한다.

국외업체가 절충교역 합의각서의 이행기간 내에 절충교역 의무이행을 완료하지 못한 경우 절충교역 이행보증금에서 미이행 가치의 10%에 해당하는 금액(위약벌)을 국고 귀속하며, 국외업체가 절충교역 이행을 조기 완료하는 경우 잔여기간에 관계없이 이행종결 통보 후에 예치된 현금 및 보증증권의 반환, 신용장 개설의 취소 또는 해제의 방법으로 절충교역 이행보증금을 국외업체에게 반환할 수 있다.

2. 기술지원협정서 등의 체결 및 이행관리

국외업체는 국내 참여기관 등과 절충교역 세부 이행내역, 일정 등을 협의한 후 기술지원협정서 등을 체결한다. 기술지원협정서 등은 절충교역 합의각서의 내용에 위배되어서는 안 되며, 상이한 경우에는 절충교역 합의각서가 우선한다.

절충교역 이행 현황을 유지하고 관리하며, 국외업체가 합의된 내용을 성실히 이행하도록 이행 촉구 등 필요한 조치를 한다. 이때 절충교역의 이행사항을 확인하고 감독하기 위하여 국외업체에게 매년 11월 말까지 다음 연도의 절충교역 이행 계획서를 작성하여 제출하게 하며, 국외업체가 이행실적이 있는 경우에 6개월마다(6월 말, 12월 말) 절충교역 이행실적 보고서 및 이행실적 증빙서류를 제출하게 한다.

국외업체가 기술지원협정서 등에 따라 성실히 이행하지 않은 경우에는 사실 여부를 확인하여 사실인 경우 해당 국외업체에 시정을 촉구하거나 절충교역 합의각서에 따라 관련 조치를 실시한다. 이때 국내 참여업체의 불성실한 이행으로 인하여 이행목적을 달성할 수 없을 것으로 판단되는 경우에는 국외업체와 협의하여 국내 참여업체를 변경하거나 합의내용을 변경하는 등의 조치를 취할 수 있다.

3. 가치축적

1) 가치축적 승인

다음과 같은 경우 국외업체의 요청에 따라 절충교역 심의회의 심의·조정을 거쳐 가치축적 신청을 승인할 수 있다.

① 국외업체가 기본사업과 관계없이 절충교역 이행에 관한 사항을 제안하는 경우
　㉠ 무기체계의 부품제작 및 수출
　㉡ 민·군겸용 부품의 공동개발 및 후속생산
　㉢ 무기체계 연구개발에 필요한 핵심기술의 이전
　㉣ 군수품의 수출, 군수분야 정비물량의 확보
　㉤ 방위산업 경쟁력 향상에 도움이 되는 민수분야의 산업협력
　㉥ 외국인투자
② 국외업체가 절충교역 합의서 상 합의된 사항에 대하여 초과 이행을 하려고 하는 경우
③ 물량 감소에 따른 기본계약금액의 감소로 초과 이행이 예상될 경우

국외업체가 가치축적 이행실적을 승인받은 날부터 축적된 가치가 활용되는 사업의 절충교역 제안요청서 발송일이 7년 이내인 경우에 한정하여 축적된 가치의 활용을 인정할 수 있다. 하지만, 민수 분야에서 축적된 가치는 5년 이내인 경우에 한정하여 인정할 수 있으며, 국외업체가 군수 분야 또는 민·군겸용 분야에서 축적된 가치

에 한하여 제3자에게 양도하게 할 수 있다.

2) 가치축적 이행관리 및 활용

가치축적 이행관리를 위해 국외업체가 매년 1월 31일까지 가치축적 합의내용의 진행상황, 국내 참여기관의 산업용품 또는 기술서비스의 구매 등과 관련된 서류, 향후 12개월간의 이행계획 등의 내용을 포함하여 당해 연도 가치축적 이행계획서를 제출하게 한다.

국외업체가 국외업체 귀책사유로 가치축적 합의내용을 불이행할 경우, 이를 기본사업 합의각서 의무 불이행과 동등한 것으로 간주하여 향후 사업에 대한 해당업체의 사업 제안서 및 기종결정 평가 시 감점요소로 반영하며, 국외업체의 가치축적 성과에 따라 향후 사업에 대한 해당 업체의 사업제안서 및 기종결정 평가 시 가점이 부여되도록 조치한다.

관련 업체가 축적된 가치의 활용을 위해 국외업체가 축적된 가치의 활용을 요청하는 경우에 가치축적 합의서 사본과 이행실적 승인 및 가치 부여 자료를 절충교역 제안서에 포함하여 제출하게 하며, 국외업체가 축적된 가치의 양도를 요청하는 경우에는 사전 동의서를 제출하게 하고 검토 후 승인한다(방위사업통계연보·절충교역지침(2019) 등 참조).

>> **생각해 볼 문제**

1. 절충교역 추진 사업 중 문제 사례와 시사점은?

2. 절충교역은 방위산업발전을 위해 어떻게 역할을 할 수 있는가?

3. 절충교역 가치 축적 제도의 개념과 실효성 제고 방안은?

4. 수출 시 상대국도 절충교역을 요구하는데, 이에 대한 생각은?

제15장

과학적 사업관리

ADD · 육군본부 · 대전시 육군 M&S 국제학술대회 공동 개최

국방과학연구소(ADD)는 육군본부, 대전시와 공동으로 12~13일 대전컨벤션센터에서 제12회 육군 M&S(Modeling&Simulation) 국제학술대회를 개최한다.

이번 학술대회는 '국방 M&S 미래! 어디로, 어떻게 갈 것인가?'를 주제로 ▲첨단 M&S 기술 발전 동향 ▲미래 M&S 전력 창출 ▲과학화 전투훈련 발전 방향에 대한 주제발표와 토의가 진행된다.

70여 편의 논문이 총 5개 분과(정책·분석, 획득·기술, AI·빅데이터, 교육훈련, 국제)에 걸쳐 발표되는 동안 대전컨벤션센터에서 열리는 국방 ICT 전시회에는 45개 참여 기관이 마련한 첨단 M&S 체계·핵심 기술 부스가 열린다.

이번 학술대회엔 육군참모총장, 대전시 정무부시장, 충남대 총장, 한미연합사령부 작전참모부장을 비롯한 군·산·학·연 관계자 2,000여 명이 참석할 예정이다. 특히 한미연합사령부 윌러드 벌러슨(Willard M. Burleson III) 작전참모부장은 12일 오전 'Fight Tonight with Modeling & Simulation'을 주제로 기조연설을 진행하며 국방 M&S의 가치와 중요성에 대해 소개한다.

ADD 소장은 "이번 학회를 계기로 과학적 분석을 기반으로 한 미래 지상전력이 고도화돼 우리나라의 군사력이 더욱 강화되길 기대한다"라고 말했다.

중도일보, 2019.11.12.

제1절 일반사항

과학적 사업관리는 무기체계 획득단계에서 발생하는 다양한 요소들을 체계적으로 분석하거나 과학적으로 예측하여 사업의 성공을 도모하기 위한 제도이다. 방위사업청은 국내 방위사업 특성 및 환경에 부합되는 과학적사업관리를 2014년 제도화하여 지속적으로 발전시켜 왔으며, 현재까지 차륜형 전투차량, 장보고-Ⅲ, 소형무장헬기사업 등 100여 개 사업에 적용하고 있다.

현대의 무기체계가 첨단화 · 복잡화 · 대형화됨에 따라 연구개발 추진 간 효율적인 비용관리와 체계적인 사업관리는 더욱 중요해질 것이며, 과학적 사업관리 중요성에 대한 인식 제고와 효율적인 적용을 통해 경제적이고 합리적인 방위사업 관리가 필요하다.

제2절 사업성과관리(EVM)

1. 사업성과관리 목적 및 대상

사업성과관리(EVM: Earned Value Management)는 연구개발사업의 효율적인 비용 및 일정관리를 목적으로 하며, 사업성과관리 적용대상은 연구개발 단계별 사업기간이 3년(36개월) 이상이고 사업예산이 100억 원 이상인 개산계약 형태의 무기체계 연구개발사업, 사업기간이 3년(36개월) 이상이고 사업예산이 100억 원 이상인 개산계약 형태의 핵심기술(시험개발) 연구개발사업, 그리고 통합사업관리팀장 또는 핵심기술과제 담당부서장이 사업관리의 효율성과 특성 등을 고려하여 사업성과관리 적용이 필요하다고 판단한 경우 적용할 수 있나.

2. 사업성과관리 기본원칙

방위력개선사업을 수행하는 통합사업관리팀장 및 핵심기술과제 부서장은 사업성과관리 적용여부를 사업추진기본전략 및 시험개발기본계획서에 명시하고, 탐색개발(기본설계)・체계개발(상세설계 및 함 건조) 기본계획 및 양산계획(후속함 건조)에 반영하여 추진한다. 연구개발주관기관은 사업성과관리의 수행 주체이며, 사업관리기관은 사업성과관리의 관리 주체로 연구개발주관기관과 유기적으로 협조한다.

사업성과관리를 위한 도구는 연구개발주관기관에서 이미 확보하였거나 경제적으로 획득 가능한 도구 또는 방위사업청 보유 EVM 도구를 활용하여 수행하며, 종합된 자료는 통합사업관리정보체계에 입력하여 관리한다. 정보화기획담당관은 통합사업관리정보체계를 활용하여 연구개발주관기관(협력업체 포함)의 사업성과관리 자료를 분석 가능하도록 데이터베이스(DB)로 구축・관리하고, 사업관리기관은 연구개발주관기관에 관련정보를 제공하는 등 정보화기획담당관과 유기적으로 협조한다.

사업관리기관은 사업성과관리 기본원칙과 수행절차를 준수해야 하나, 사업의 특성에 따라 연구개발주관기관과 협의 후 일부 수행절차를 조정할 수 있으며, 사업성과관리 수행 중 축적되는 비용자료는 사업비용의 투명성 확보를 위하여 연구개발주관기관은 협력업체를 포함한 비용자료를 모두 통합하여 사업관리기관에 제출하고, 계획예산 및 비용자료 등에 의한 자금흐름이 명확하고 투명하게 관리되어야 한다.

사업추진기본전략 수립 시 해당 계약팀장 및 원가팀장에게 사업성과관리 대상사업 현황을 통보하고, 적절한 계약방법 결정 및 계약특수조건 설정, 원가정산의 연계방안 및 지원범위 등을 협의하고, 연구개발주관기관이 사업성과관리 적용 간 제출한 비용자료는 사업관리기관의 사업관리를 위한 분석 및 원가정산을 위한 참고자료로 활용할 수 있다.

3. 사업성과관리 수행절차

1) 제안요청서 반영 및 평가

사업성과관리를 수행하기 위해 사업관리기관은 사업성과관리 적용여부, 사업성과관리 수행계획(일정 포함), 사업성과관리 보고서 제출, 사업성과관리 분야 등을 고려하여 제안요청서에 사업성과관리에 대한 요구사항을 반영하여 평가한다.

2) 작업분할구조 및 조직분할구조 작성

연구개발주관기관은 작업분할구조(WBS: Work Breakdown Structure) 및 조직분할구조(OBS: Organization Breakdown Structure)를 작성하여 사업관리기관으로 제출하며, 작업분할구조는 사업특성을 반영하여 작성되어야 하며, 사업의 작업분할구조 단계별 업무내용의 명확한 분할, 업무의 합리적인 흐름과 종적·횡적관계를 고려한 분할, 분할된 업무에 대한 명확한 업무내용 반영, 작업분할구조 최소 수준(Level 5) 이상으로 구체적 분할 등의 기준에 따라 작성되었는지 구체적으로 검토한다.

사업관리기관은 작업을 수행하는 데 필요한 내·외부의 자원 가용성 등을 고려하여 작성된 작업분할구조 및 조직분할구조를 검토하여 연구개발주관기관에 검토결과를 통보하고, 보완이 필요한 사항은 수정하도록 하여 재검토 후 확정하고, 연구개발주관기관(협력업체 포함) 등의 의견을 수렴하여 작업분할구조 작성기준을 조정하여 반영할 수 있다.

3) 통제계정 확정

사업관리기관은 작업분할구조와 조직분할구조를 조합하여 작성된 책임할당표를 검토하여 통제계정을 확정한다. 이때 연구개발주관기관(협력업체 포함) 등의 의견을 수렴하여 반영할 수 있고, 연구개발주관기관은 확정된 통제계정별로 계정을 책임지고 관리할 통제계정 관리자를 선정하여 사업관리기관에 통보한다.

연구개발수관기관은 통제계성별로 작업분할구조 번호, 딤딩부시명, 담당기관 명칭 등을 명시하며, 계정별 세부작업 일정이 반영된 작업패키지와 확정된 통제계정별로 작업정의서를 작성하는데, 작업정의서에는 통제계정명, 통제계정번호, 작업분할구조명, 담당부서명, 작업내용 등을 명시한다.

4) 일정계획 수립

연구개발주관기관은 작업분할구조, 통제계정, 작업패키지 등의 수준별 일정계획을 수립하고, 각각의 일정계획은 논리적으로 상호연계가 되도록 통합하며, 사업관리기관과 협의하여 사업의 규모, 복잡성의 정도에 따라서 일정계획의 세부수준을 조정할 수 있다.

5) 성과측정기준선 수립

사업관리기관은 성과 및 편차를 분석하고 미래 예측을 위한 각종 지수를 계산하기 위해 성과측정기준선을 설정한다. 이때 성과측정기준선이 적절하게 수립되었는지 연구개발주관기관과 협의하고, 가용자원을 고려 연구개발주관기관과 협의하여 작업패키지별로 예산을 배분한다.

또한 사업관리기관은 성과측정기준선이 설정되면 성과측정기준선을 구성하고 있는 각각의 작업패키지 특성을 파악하여 연구개발주관기관과 협의하여 성과측정방법을 결정하고, 성과측정기준선의 변경이 필요한 경우 사업관리기관은 연구개발주관기관과 협의를 통하여 변경할 수 있다. 성과측정기준선은 최초 확정된 이후부터 변경이력을 별도로 유지 및 관리한다.

6) 계약서 반영

사업성과관리의 정상적인 추진을 위해 사업관리기관과 연구개발주관기관은 계약서에 사업성과관리와 관련된 사항을 명시하고, 그 내용을 계약특수조건에 반영하며, 계약서에는 성과 및 비용자료 등이 사업관리기관에 제출될 수 있도록 자료의 종류 및 제출시기 등의 조건을 구체적으로 명시한다.

만일 사업관리기관은 연구개발주관기관이 사업성과관리 업무를 외주용역으로 수행할 경우, 연구개발주관기관에 해당 용역비와 관련된 일반관리비 및 이윤이 제조원가에 포함되지 않도록 계약특수조건에 명시한다.

7) 통합기준선검토 및 사업성과관리 계획승인

사업관리기관은 계약체결 후 3개월 이내에 연구개발주관기관으로부터 사업성과관리계획서를 제출받아 통합기준선 검토 후 사업성과관리 계획을 최종 승인한다. 통합기준선검토를 실시하는 경우 연구개발주관기관(협력업체 포함) 등의 의견을 수렴하여 반영할 수 있다.

매년 통합기준선 검토를 실시하여 사업성과관리계획서를 검토 및 승인하는 것을 원칙으로 하며, 사업의 특성에 따라 실시주기를 조정할 수 있다. 이때 연구개발주관기관은 사업성과관리 계획에 대한 변경을 요청할 수 있으며, 사업성과관리계획서에는 다음의 내용이 반영되어야 한다.

〈표 15-1〉 사업성과관리계획서에 포함해야 하는 사항

• 통제계정별로 작업을 세부적으로 정의한 통제계정별 작업정의서 • 통합일정계획 • 계획예산이 포함된 성과측정기준선 • 각각의 작업 패키지에 대한 성과측정 방법 • 보고서의 종류, 제출방법 및 제출주기 • 비용자료의 종류, 제출방법 및 제출주기 • 기타 사업성과 관리를 위해 필요하다고 인정되는 사항

4. 사업성과 분석 및 관리절차

1) 비용, 일정, 성과측정 및 분석

사업관리기관은 원가팀과 협조하여 직접비(노무비, 재료비, 경비), 간접비(노무비, 재료비, 경비), 일반관리비, 이윤 등 비용관련 비목을 구성한다. 비용은 관련법령 및 규정을 적용하거나 사업관리기관과 연구개발주관기관이 협의한 기준을 적용하여 산출할 수 있다.

성과측정은 매월 실시하는 것을 원칙으로 하되 실시주기는 사업의 특성을 고려하여 사업관리기관과 연구개발주관기관 간의 협의에 의하여 조정할 수 있다. 하지만, 성과측정 방법은 사업관리기관과 연구개발주관기관 간 통합기준선 검토를 통해 협의된 방법으로 측정하고, 각 작업패키지에는 하나의 성과측정 방법을 적용한다. 또한 설정된 성과측정기준선과 비교하여 비용자료를 기초로 일정편차, 비용편차, 일정성과지수, 비용성과지수 등의 사업성과지수를 분석하여 관리한다.

2) 보고서 작성 및 제출

보고서는 편차분석보고서, 성과보고서 및 대책보고서로 구분되며 사업의 특성에 따라 보고서의 종류, 제출방법 및 제출주기를 조정할 수 있다. 연구개발주관기관(협력업체 포함)은 보고서 이외의 모든 사업성과관리 자료를 사업관리기관에서 요구하는 형식에 따라 제출한다.

3) 조기경보 및 대책수립

사업관리기관은 통제계정별로 제출되는 편차분석보고서 및 성과보고서 등을 통하여 편차를 확인하고 미래 시점에서의 최종사업비 추정액 및 최종사업비 편차 등을 고려하여 위험도를 판단하며, 위험도 판단결과 사업성과관리 계획승인 시 설정된 편차 기준치를 초과한 경우 연구개발주관기관으로부터 대책보고서를 제출받아 검토한 후 적절한 대책을 수립하여 조치한다. 또한 필요시 계약, 원가 및 분석업무를 수행하는 부서 등에 업체 성과보고서에 대한 자료검토를 요청할 수 있다.

제3절 목표비용관리(CAIV)

1. 개요

1) 목표비용관리 목적 및 대상

목표비용관리(CAIV: Cost as An Independent Variable)는 연구개발사업의 목표비용(개발비, 양산비, 운영유지비)을 설정하고, 이를 합리적으로 관리하는 것을 목적으로 한다.

목표비용관리 적용은 사업기간이 3년(36개월) 이상인 무기체계 연구개발사업(탐색개발 및 체계개발)을 대상으로 하며 사업추진기본전략에 수행여부를 명시하고, 탐색개발(기본설계) 및 체계개발(상세설계 및 함건조) 기본계획에 반영한다. 하지만, 통합사업관리팀장은 연구개발 단계별 사업예산이 100억 원 미만의 소규모 사업은 사업관리의 효율성과 특성 등을 고려하여 적용하지 아니할 수 있으며, 사업기간 3년(36개월) 미만 사업일지라도 양산물량이 많거나 양산단가 및 운영유지비용 절감효과가 큰 사업은 적용할 수 있다. 이때는 그 사유를 사업추진기본전략에 명시한다.

2) 목표비용관리 기본원칙

사업관리기관은 대상사업을 선정하고 기관 간 협의를 통해 확정된 양산단가 및 운영유지비에 대한 목표비용에 따라 지속적인 목표비용관리를 수행한다. 하지만, 사업의 특성에 따라서 필요한 경우에는 양산단가에 관한 목표비용이나 운영유지비에 관한 목표비용만을 설정할 수 있다. 이때는 타당한 근거 또는 사유를 제시하여야 한다.

또한 사업관리기관은 목표비용관리의 관리주체가 되어야 하며, 연구개발주관기관과 유기적으로 협조하고, 목표비용관리는 방위사업청의 통합사업관리정보체계를 활용하여 수행한다. 사업관리기관은 목표비용관리 기본원칙과 수행절차를 준수하여야 하나, 사업의 특성에 따라 연구개발주관기관과 협의 후 일부 수행절차를 조정할 수 있다.

목표비용관리 수행 중 축적되는 비용자료는 사업비용의 투명성 확보를 위하여, 연구개발주관기관은 협력업체의 비용자료를 통합하여 사업관리기관에게 제출하고, 비용에 대한 추적성 및 명확성의 보장 요건을 충족하여야 한다.

그리고 사업관리기관은 사업추진기본전략 수립 시 해당 계약팀장 및 원가팀장에게 목표비용관리 대상사업 현황을 통보하고, 적절한 계약방법 결정 및 계약특수조건 설정 등을 협의하고, 목표비용관리를 위해 제출한 비용자료는 사업관리를 위한 분석 및 후속단계 계약을 위한 참고자료로 활용할 수 있으며, 효율적인 목표비용관리를 위해 필요시 해당업무를 외부기관에 위탁하여 수행할 수 있다.

2. 목표비용관리 계획수립 및 승인절차

1) 제안요청서 반영 및 평가

목표비용관리를 적용하기 위해 사업관리기관은 다음과 같은 사항을 고려하여 제안요청서에 목표비용관리에 대한 요구사항을 명확하게 반영하여야 한다.

① 목표비용관리 적용여부

② 목표비용관리 수행계획 및 수립지침

③ 비용 대 성능 절충분석 절차

④ 목표비용관리 보고서 제출

⑤ 목표비용관리 분야 제안서 평가항목 반영 및 평가방법

⑥ 비용 산출을 위한 기본조건 및 기준값 제시

2) 비용분할구조 작성

연구개발주관기관은 작업분할구조(WBS: Work Breakdown Structure)를 기준으로 비용 추정이 가능하도록 비용분할구조(CBS: Cost Breakdown Structure)를 작성하여 제안서에 포함하여 사업관리기관에 제출하고, 비용분할구조는 추정비용의 정확성을 위하여 사업특성에 따라 최대한 구체적으로 분할하고, 연구개발주관기관이 제출한 비용분할구조를 검토한다.

사업관리기관은 비용분할구조 검토결과를 계약 이전에 연구개발주관기관에 통보하고, 보완이 필요한 부분은 수정하여 확정한다.

3) 목표비용 설정

연구개발주관기관은 확정된 비용분할구조에 따라 개발 초기에 실현 가능한 양산단가 및 운영유지비에 대한 목표비용을 추정하여 협상 시 사업관리기관에 제출하고, 독립적으로 목표비용을 추정하여 양산단가 및 운영유지비의 목표비용 설정 시 활용한다.

또한, 사업관리기관은 연구개발주관기관 등과 협의하여 목표비용을 설정하고, 정책변경, 사업예산 조정, 경제 환경의 변화 등으로 전체 목표비용의 조정이 필요한 경우 사업본부장의 승인을 받아 목표비용을 조정할 수 있다.

4) 목표비용관리계획 수립

연구개발주관기관은 설정된 목표비용을 지속적으로 관리할 수 있는 목표비용관리계획안을 수립하여 협상 시 사업관리기관에 제출하고, 목표비용관리계획은 설정된 비용분할구조 수준(Level)을 기준으로 목표비용관리 품목을 설정하며, 목표비용관리 품목별 관리자를 선정하여 체계적으로 관리할 수 있도록 수립한다.

목표비용관리계획서에는 목표비용관리 품목 설정 및 근거, 체계 및 선정된 목표비용관리 품목별 양산단가 및 운영유지비 목표비용 설정 및 근거, 비용 대 성능 절충분석 계획, 그리고 업무절차, 조직구성, 권한 및 책임 등 목표비용관리에 필요한 사항을 반영한다.

5) 계약서 반영

사업관리기관과 연구개발주관기관은 목표비용관리의 효율적 추진을 위하여 계약특수조건에 목표비용관리와 관련된 사항을 반영하고, 계약서에는 목표비용을 검토 및 승인하기 위한 제출시기, 주기적인 비용추정치와 목표비용 간의 비용편차를 확인하기 위한 보고서 종류 및 제출시기와 연차별 위험도 기준치 등을 명문화하여 반영한다. 측정시점의 비용추정치가 사업관리기관이 정한 위험도 기준치를 초과하여 달성하기 어렵다고 판단되는 경우의 조치사항 등을 계약서에 반영한다.

6) 목표비용관리계획 승인

사업관리기관은 계약체결 후 3개월 이내에 협상결과를 반영한 최종 목표비용관리계획서를 연구개발주관기관으로부터 제출받아 목표비용 검토 후 목표비용관리계획을 최종 승인한다. 이때 사업관리기관과 연구개발주관기관이 협의된 경우 목표비용관리계획서 제출일정을 조정할 수 있으며, 목표비용 검토를 실시하는 경우 연구개발주관기관(협력업체 포함) 등의 의견을 반영하여 검토할 수 있다.

사업관리기관은 최초 승인된 목표비용 설정 후 매년 목표비용을 검토하여 목표비용관리계획서를 승인하는 것을 원칙으로 하며, 연구개발주관기관과의 협의 후 검토 주기를 조정할 수 있다. 이때 연구개발주관기관은 목표비용관리계획에 대한 변경을 요청할 수 있다.

3. 목표비용관리 수행 및 통제절차

1) 비용 대 성능 절충분석

연구개발주관기관은 지속적으로 체계 및 목표비용관리 품목별로 현 설계안에 대한 양산단가 및 운영유지비를 절감할 수 있는 절충분석을 수행하여 비용 대 효과가 최적인 체계를 개발하고, 사업관리기관 및 연구개발주관기관은 기본설계검토 및 상세설계검토 시 대안분석 등을 포함한 절충분석 결과 및 목표비용 달성여부에 대한 의견을 제시한다. 또한 비용 대 성능 절충분석 결과는 비용추정치가 목표비용을 초과한 체계 및 목표비용관리품목에 대한 대책보고서 작성 시 반영한다.

2) 비용분석

연구개발주관기관은 분기별로 비용분석을 통한 목표비용을 추정하여 사업관리기관에 제출한다. 이때 사업관리기관과 연구개발주관기관이 협의된 경우 비용분석 주기 및 제출일정을 조정할 수 있으며, 비용분석은 양산단가 및 운영유지비를 포함하며, 비용 대 성능 절충분석 내용을 기준으로 수행한다. 연구개발주관기관은 상세설계 종료 후 공학적추정법 및 모수추정법 등을 적용하여 양산단가 및 운영유지비를 최신화할 수 있다.

3) 보고서 제출 및 현황유지

연구개발주관기관은 분기별로 양산단가 및 운영유지비를 추정하여 목표비용과 비교한 비용분석 결과를 포함한 관리보고서를 작성하여 사업관리기관에 제출한다. 이때 사업관리기관과 연구개발주관기관이 협의된 경우 제출일정을 조정할 수 있으며, 분기별 양산단가 및 운영유지비 추정비용을 승인된 목표비용과 비교하여 위험도 기준치를 초과한 체계 및 목표비용관리 품목별로 대책보고서를 작성하여 제출한다. 사업관리기관 및 연구개발주관기관은 분기별로 제출된 보고서를 체계적으로 관리하고 유지하여야 한다.

4) 후속단계 계약자료 축적 및 제공

사업관리기관은 연구개발주관기관이 제출하는 목표비용관리 보고자료를 향후 후속단계의 계약을 위하여 데이터베이스(DB)화하여 축적하여야 하며, 후속단계 계약을 위한 참고자료로 활용할 수 있도록 목표비용관리 결과 및 관련자료 등을 해당 원가 및 비용부서에 통보한다.

5) 조기경보 및 대책수립

사업관리기관은 연구개발주관기관이 제출하는 양산단가 및 운영유지비 관리보고서를 검토하여 위험도를 판단하며, 양산단가 및 운용유지비 관리보고서를 기준으로 비용편차 및 추세분석을 수행하고 목표비용관리계획 승인 시 설정된 편차 기준치를 초과하는 경우 연구개발주관기관으로부터 대책보고서를 제출받아 검토한 후 적절한 대책을 수립하여 조치하여야 한다.

또한, 사업관리기관은 연구개발주관기관에 비용 대 성능 절충분석을 통하여 양산단가 및 운영유지비용의 목표를 달성할 수 있는 경제적인 설계안의 제시를 요구할 수 있다. 이때 연구개발주관기관은 절충분석을 통하여 비용을 절감할 수 있는 대책을 제시할 수 있다.

제4절 획득단계별 M&S 적용

1. 개요

1) M&S 적용목적

무기체계 획득단계별 M&S(Modeling & Simulation) 적용은 무기체계 및 핵심기술 연구개발사업의 개념발전, 비용절감, 개발기간 단축, 사업 효율성 향상 등을 위해 M&S 기반의 과학화된 획득관리를 적용하고, 구매사업 간 M&S 기술자료 획득 및 M&S를 활용하여 체계 성능 검증을 목적으로 한다.

2) M&S 적용대상

무기체계 획득단계별 M&S 적용은 무기체계 및 핵심기술(총사업비 100억 원 응용연구 및 시험개발) 연구개발사업, 구매사업을 대상으로 하며, 사업관리기관은 사업의 성격, 규모, 기간, 예산 등 M&S 활용 가능성을 고려하여 M&S 적용이 불필요하다고 판단되는 경우 적용하지 않을 수 있다.

3) M&S 적용 기본원칙

무기체계 획득단계별 M&S 적용 기본원칙은 다음과 같다.

(1) 성능보장

무기체계 및 핵심기술 연구개발사업의 획득단계별로 작전요구성능을 충족시킬 수 있도록 M&S 기반의 획득업무 수행

(2) 비용 절감, 개발기간 단축 및 사업효율성 향상

M&S 기반의 무기체계 획득을 통해 비용절감, 개발기간 단축 및 사업효율성 향상 유도

(3) 통합 획득

무기체계 획득을 위한 M&S 자원은 「방위사업관리규정」의 무기체계 및 핵심기술 연구개발 절차에 따라 통합하여 확보

(4) 기술자료 작성 및 유지관리

무기체계 획득을 위한 M&S 자원은 요구사항, 설계, 시험 등에 관한 M&S 관련 자료를 작성하여 SBA(Simulation Based Acquisition) 통합정보체계에 저장 및 관리

(5) 운영유지 및 성능개량 활동 보장

무기체계 전 수명주기 동안 M&S 자원의 효율적인 운영유지 및 성능개량 활동 보장

(6) M&S 체계 간 연동성 및 상호운용성 보장

(7) M&S 기반기술 및 공통기술 확보

(8) M&S에 대한 검증, 확인 및 인정(VV&A)

무기체계 성능에 결정적인 영향을 미치는 M&S는 개발자와 사용자의 필요 및 관련기관의 협의에 의해 검증, 확인 및 인정(VV&A)을 수행

(9) M&S 자원 재사용

무기체계 획득을 위한 M&S 자원은 재사용을 권장하며 M&S 자원을 개발하기 전에 M&S 자원들 또는 유사사업을 수행하는 중에 개발된 M&S 자원들을 대상으로 재사

용 가능여부를 확인

2. 선행연구단계 M&S 적용

1) 선행연구계획서

통합사업관리팀장은 M&S의 활용 가능성, 확보 및 활용방안을 선행연구계획서
에 반영한다.

2) 획득방안의 개발

통합사업관리팀장은 획득방안 개발 시 M&S 활용 개략계획을 작성한다. 이때,
M&S 활용 개략계획의 수립을 위해 국과연, 방산기술센터 또는 기품원에 기술지원을
요청하거나 국내외 전문기관에 용역을 의뢰할 수 있다.

3) 사업추진기본전략

통합사업관리팀장은 사업추진기본전략(안) 수립 시 방위사업정책국 및 방산기술
센터에 M&S 활용 개략계획에 대한 검토를 요청하며, 통합사업관리팀 구성 후 M&S
활용 개략계획을 통합사업관리팀장에게 인계한다.

3. 연구개발사업 단계별 M&S 적용

1) 제안요청 및 제안서평가

M&S 활용계획 작성대상 무기체계 및 핵심기술 연구개발사업의 사업관리기관은
M&S 활용계획의 작성 및 평가에 관한 사항을 제안요청서에 포함하여 작성한다.

세안서에는 제안요청서에서 요구된 M&S 활용계획을 포함하고, 제안서 평가 시 M&S 활용계획(SBA 통합정보체계 등록 실적 등)을 평가요소에 반영하여 타당성 및 가용성, 효과성 등을 고려하여 평가한다.

2) 무기체계 연구개발사업 단계별 M&S 활용계획 작성 및 절차

① 탐색개발단계: 연구개발주관기관은 M&S 활용계획 작성 대상사업에 대해 M&S 활용계획을 작성 또는 최신화하고, 이를 적용한다.

② 체계개발단계: 연구개발주관기관은 M&S 활용계획 작성 대상사업에 대해 M&S 활용계획을 작성 또는 최신화하고, 이를 적용한다.

③ 승인 및 변경: 연구개발주관기관은 작성된 M&S 활용계획을 통합사업관리팀장에게 제출하고, 통합사업관리팀장은 소요군, 국과연, 방산기술센터, 기품원 등 관련기관 검토 후 획득단계별 주요문서에 이를 반영하고 승인한다. 개발 착수 이후에 M&S 활용계획을 변경하고자할 경우, 통합사업관리팀장의 승인을 받아 이를 개발활동에 적용한다.

④ 관리 및 감독: 통합사업관리팀장은 승인된 M&S 활용계획에 따라 연구개발 추진 간 계획된 M&S 자원을 확보하고 활용여부를 확인·감독한다.

3) 핵심기술 연구개발사업 단계별 M&S 활용계획 작성 및 절차

① 응용연구단계: 연구개발주관기관은 응용연구단계 핵심기술 연구개발사업 중 M&S 활용계획 작성 대상사업에 대해 응용연구계획서에 M&S 활용계획을 작성하고, 이를 적용한다.

② 시험개발단계: 연구개발주관기관은 시험개발단계 핵심기술 연구개발사업 중 M&S 활용계획 작성 대상사업에 대해 시험개발계획서에 M&S 활용계획을 작성하고, 이를 적용한다.

③ 승인 및 변경: 연구개발주관기관은 작성 및 최신화한 M&S 활용계획을 핵심기술 연구개발 단계별 주요문서에 반영하고, 핵심기술과제 담당부서장의 승인

을 받아 개발활동에 적용한다. 개발 착수 이후에 M&S 활용계획을 변경하고
자할 경우, 핵심기술과제 담당부서장의 승인을 받아 개발활동에 적용한다.

④ 관리 및 감독: 핵심기술과제 담당부서장은 연구개발주관기관이 작성 및 최신
화한 M&S 활용계획에 따라 핵심기술 연구개발 간 계획된 M&S 자원을 확보
하고 활용하는지를 확인 · 감독한다.

4) 검증, 확인 및 인정(VV&A)

M&S에 대한 신뢰성 제고를 위하여 검증, 확인 및 인정(VV&A: Verification, Validation & Accreditation) 절차를 적용할 경우, 사업관리기관은 적용대상 및 범위 등을 정하여 사업
추진기본전략 및 응용연구 · 시험개발기본계획서에 명시하고, 탐색개발(기본설계) 및 체
계개발(상세설계 및 함건조) 기본계획에 반영하여 추진하며, 검증 및 확인(V&V)을 수행하는
연구개발주관기관은 검증 및 확인(V&V) 에이전트를 선정하여 사업관리기관의 승인을
받아야 한다. 인정(A) 업무절차는 다음과 같다.

① 사업관리기관은 기품원을 인정(A) 에이전트로 지정하는 것을 원칙으로 하며,
필요한 경우 전문연구기관을 지정할 수 있다.

② 방위사업정책국은 F+1~F+7년도 인정(A) 소요를 F년도 11월 말까지 종합하여
기품원에 통보한다.

③ 기품원은 사업관리기관, 시험평가기관 등과 협의를 거쳐 연도별 인정(A) 계획
을 수립하여 국방 M&S 획득분과위에 보고하고, 그 결과를 사업관리기관에
통보한다.

④ 인정(A) 에이전트는 인정평가 항목 및 기준을 정하여 인정(A) 계획을 수립하고
관련기관 검토를 거쳐 사업관리기관의 승인을 받아야 한다.

⑤ 인정(A) 에이전트는 신뢰성 있는 인정업무 수행을 위해 관련분야 전문인력이
참여하는 주제전문가(Subject Matter Expert) 그룹을 운영할 수 있다.

⑥ 인정(A) 에이전트는 인정평가 결과를 사업관리기관에 보고하고, 사업관리기관
은 관련기관 검토회의를 통해 인정(A) 여부를 결정한다.

⑦ 연구개발수관기관은 인정(A) 결과가 '제한인정' 또는 '인정불가'인 경우 보완계획을 제출하고, 사업관리기관은 관련기관 검토회의를 통해 후속조치 방안을 결정한다.

5) HLA 적합성 인증

M&S체계 연동 기반기술로 HLA(High Level Architecture)[1] 표준기술을 사용한 경우, 기품원에서 HLA 표준적합성 인증시험을 받을 수 있으며, 발급받은 인증결과를 표준적합성 시험평가에서 활용할 수 있다. HLA 적합성 인증 업무절차는 다음과 같다.

① 방위사업정책국은 F+1~F+7년도 HLA 적합성 인증 소요를 F년도 11월 말까지 종합하여 기품원에 통보한다.

② 기품원은 통합사업관리팀, 시험평가기관 등과 협의를 거쳐 연도별 HLA 적합성 인증시험 계획을 수립하여 국방 M&S 획득분과위에 보고하고, 그 결과를 통합사업관리팀장에게 통보한다.

③ 통합사업관리팀장은 연도별 계획에 따라 기품원에 인증시험을 의뢰하고 이때 연구개발주관기관은 대상체계 및 기술자료(개발단계 산출물, 연동통제문서, HLA 관련 설계문서 등)를 제출하여야 하며, 기품원은 통합사업관리팀과 협의하여 인증시험 세부계획을 수립하고, 필요한 자료를 추가 요구할 수 있다.

④ HLA 적합성 인증시험은 정적검사와 동적검사로 구분하며, 정적검사를 합격한 체계에 한하여 동적검사를 수행하고, 동적검사 이후 최종결과를 판정한다.

⑤ 기품원은 최종결과 판정 후 인증시험 결과를 통합사업관리팀장에게 통보한다. 이때, 적합 판정 시에는 HLA 적합성 인증서를 발급한다.

⑥ 연구개발주관기관은 인증시험 결과 부적합 판정 시 보완계획을 제출하고, 통

---

1 미 국방성은 1990년대로 접어들면서 광범위한 영역에 모델링과 시뮬레이션 기술을 적용할 필요성을 절감하게 되었다. 단순한 훈련을 넘어 연구 개발, 획득, 시험 평가, 개념 시연 등이 포함되는데, 이러한 활동을 조직적으로 지원하기 위해 DMSO(Defense Modeling and Simulation Office)를 설치했다. DMSO에서 다양한 M&S의 상호 운용성을 보장하기 위한 골격을 제공하는 통합된 고급 분산 시뮬레이션을 시도하여 1996년 HLA가 탄생하였고, 미 국방성을 통해 진행되는 모든 훈련 체계는 반드시 HLA와 호환되어야 함을 명시하고 있다.

합사업관리팀장은 관련기관 실무회의를 통해 재시험 수행여부 및 방법을 결정한다.

4. 구매사업 단계별 M&S 적용

1) 제안서평가

무기체계 구매사업의 통합사업관리팀장은 M&S 활용 실적자료, M&S 기술 이전범위 및 평가에 관한 사항을 제안요청서에 포함하여 작성한다.

제안서에는 제안요청서에서 요구된 M&S 관련 사항이 포함되어야 하며, 제안서 평가 시 체계개발 간 M&S 활용 실적자료, M&S 기술 이전범위, M&S를 활용한 요구성능 검증 등을 평가요소에 반영하여 타당성, 가용성 및 효과성 등을 고려하여 평가한다.

2) 구매사업 단계별 M&S 활용계획 작성 및 절차

구매계획서 작성 시 통합사업관리팀장은 제안요청서에 포함할 M&S 관련 사항을 개략적으로 작성할 수 있으며, 협상계획 수립 시 제안된 M&S 기술이전범위(검증활동, 검증기술 및 모델)에 관한 사항을 반영한다. 시험평가 시에 실 환경에서 평가가 제한되는 요구성능에 대하여 데모, 시뮬레이터, 기타 M&S 도구를 활용한 시험평가방안을 작성할 수 있다.

5. M&S 자원 관리 및 재사용성 보장

1) M&S 자원 활용결과 분석 및 보고

연구개발주관기관은 탐색개발 및 체계개발결과보고서, 응용연구결과서 및 시험개발결과서 작성 시 M&S 자원 활용결과(SBA 통합정보체계 등록실적 포함)를 포함한다. 이때 사업관리기관은 국과연, 방산기술센터 또는 기품원에 기술검토를 요청하고 연구개발주관기관은 이를 반영하고, 방산기술센터는 M&S 자원 활용결과를 검토하여 사업관리기관에 통보하고, 이를 토대로 M&S 자원 활용실적 및 성과를 분석하여 국방 M&S 획득분과위에 보고한다.

2) 기술자료의 작성 및 관리

연구개발주관기관은 무기체계 획득 시 M&S 자원을 활용한 경우 M&S 활용계획에 명시된 기술자료를 개발 완료 후 SBA 통합정보체계에 저장한다.

3) 형상정보관리

사업관리기관 및 연구개발주관기관은 연구개발 종료 후 확보된 M&S 기술자료를 기품원에 이관하여야 하고, 기품원은 각 기관으로부터 이관된 M&S 기술자료를 SBA 통합정보체계에 저장하여 형상정보를 통합관리하며, 관련기관 요청 시 자료를 제공하여야 한다.

4) 재사용

연구개발주관기관은 무기체계 및 핵심기술 연구개발 시 SBA 통합정보체계와 관련 기관에 등록된 M&S 자원의 재사용 가능여부를 우선적으로 검토하여 해당기관 통제계획에 따라 재사용하고, 재사용이 불가능하여 개발이 필요한 M&S 자원에 대해서는 재사용이 가능하도록 개발하는 것을 원칙으로 한다. 이때, 재사용 가능한 M&S 자원 식별을 위하여 방산기술센터에 기술지원을 요청할 수 있으며, 사업본부(통합사업관리팀)는 무기체계 연구개발에 대하여, 기술보호국·국과연·방산기술센터는 핵심기술 연구개발에 대하여, M&S 자원의 핵심기술자산을 식별하고 식별된 핵심기술자산이 SBA 통합정보체계에 저장 가능한 형태로 개발되도록 관리 및 감독한다.

재사용이 가능하도록 개발된 M&S 자원에 대하여 연구개발주관기관은 SBA 통합정보체계에 등록하여 재사용이 용이하도록 제반 자료를 제공하고 관리하고, 필요시 업체주관 무기체계 연구개발 및 방산기술센터 소관 산학연주관 핵심기술 연구개발의 경우 방산기술센터가, 국과연주관 무기체계 연구개발, 국과연주관 및 국과연소관 산학연주관 핵심기술 연구개발의 경우 국과연이 M&S 자원의 재사용에 대한 기술지원을 수행한다.

6. 국방 M&S 조정협의회 획득분과위

1) 국방 M&S 조정협의회 획득분과위

방위사업분석과장은 방위사업의 효율적·효과적 획득 및 M&S 능력 발전과 M&S 자원의 재사용을 촉진하여 무기체계의 합리적·경제적 획득을 지원하기 위하여 국방 M&S 조정협의회 획득분과위를 운영하며, 국방 M&S 조정협의회 획득분과위는 다음과 같이 구성한다.

① 위원장: 방위사업분석과장
② 위원: 연합사, 합참, 각 군(육·해·공 및 해병대), 방위사업청, 기품원, 국과연, 국방연, 방산기술센터 등
③ 자문위원: 기타 위원장이 지명하는 자

2) 국방 M&S 조정협의회 획득분과위 기능 및 운영

국방 M&S 조정협의회 획득분과위는 다음과 같은 사항을 심의·조정한다. 먼저

M&S 기반 획득(SBA) 정책 및 제도, 계획 관련 사항으로는 SBA 관련 규정 및 지침 제·개정, SBA 발전 방안 및 계획, M&S 획득 관련 정책 및 제도 등이다. SBA 통합정보체계 운영 관련사항으로는 SBA 통합정보체계 구축 및 관리(유지보수) 사항, SBA 통합정보체계 활용 및 입력자료 관리 등이며, 기타 무기체계의 효율적·효과적 획득 지원 및 M&S 능력 발전 사항, 국방 M&S 체계의 통합 및 상호운용성에 관한 사항, 국방 M&S 국산화 및 표준화, 재사용에 관한 사항 등이다.

정기 분과위는 반기별로 실시하는 것을 원칙으로 하며 임시 분과위는 위원장이 필요하다고 인정할 때에 실시하며, 위원장이 회의를 실시하고자 하는 경우에는 회의 개최일 10일 전까지 회의일시, 장소 및 상정의안을 각 위원에게 통지하고, 분과위의 회의는 재적위원 3분의 2의 출석으로 개의하고, 출석위원 과반수의 찬성으로 의결한다(과학적사업관리 수행지침(2019) 등 참조).

〉〉 생각해 볼 문제

1. 과학적 사업관리의 실효성을 높이기 위한 방안은?

2. 모든 사업 관리에 과학적 사업관리는 필요한가?

3. 확정계약 시에도 목표비용 관리는 필요한가?

4. 구매사업에서 M&S 적용 시 한계는 없는가?

제16장
의사결정

제128회 방위사업추진위원회 결과

○ 제128회 방위사업추진위원회(이하 방추위)가 6월 26일 오전 10시 개최되었으며, 이번 방추위는 코로나19 상황을 고려하여 화상으로 진행하였습니다.

○ 오늘 방추위에 상정된 안건은
   - 전술입문용훈련기 2차 사업 기종결정(안)
   - 백두체계능력보강 2차 사업추진기본전략(안)입니다.

○ '전술입문용훈련기 2차 사업'은 공군 전투조종사 양성을 위해 부족한 전술입문용훈련기를 추가로 확보하는 사업으로서, 이번 방추위에서는 TA-50 Block-2로 전술입문용훈련기 2차 사업 기종결정(안)을 심의 · 의결하였습니다.
   * 사업기간: '19 ~ '24년, 총사업비: 약 1조 원

○ '백두체계능력보강 2차 사업'은 한반도 주변에서 발생하는 신호정보를 수집하는 무기체계를 확보하는 사업으로서, 이번 방추위에서는 국내 연구개발로 백두체계능력보강 2차 사업을 추진하는 것으로 사업추진기본전략(안)을 심의 · 의결하였습니다.
   * 사업기간: '21 ~ 26년, 총사업비: 약 8,700억 원 〈끝〉.

방위사업청 보도자료, 2020.8.26.

제1절 일반사항

1. 의사결정의 개념

인생은 선택의 연속이란 말이 있다. 오늘 직장에 갈 때 버스를 탈 것인가, 지하철을 탈 것인가, 점심은 구내식당에서 밥을 먹을 것인가, 아니면 밖으로 나가서 양식을 먹을 것인가, 한식을 먹을 것인가와 같은 비교적 사소한 사안에서부터 어떤 직업을 선택할 것인가, 어떤 배우자를 선택할 것인가 등 상대적으로 중요한 사안에 이르기까지 우리는 늘 선택의 순간에 직면하게 된다. 이러한 선택이 모두 의사결정이라고 할 수 있고, 이러한 의사결정은 조직에 있어서도 마찬가지이다.

조직에서의 의사결정은 조직의 문제를 해결하기 위한 여러 대안을 모색하고 그 중에서 기대효과가 가장 높고, 실현 가능성이 가장 높은 대안인 최선의 대안을 선택하는 행위이다. 이러한 의사결정은 결국 조직의 성과에 영향을 주는 근본적인 요인이 된다. 예를 들면, 조직의 목표, 전략 및 과업의 설정, 조직 및 구성원의 업무분담, 그리고 그 과정에서 조직 또는 개인 상호간 야기되는 마찰 등은 피할 수 없는 것이 현실이다. 이러한 마찰들을 어떻게 해석하고 결정하느냐에 따라 조직의 효율성이 좌우되고 조직의 성과도 영향을 받을 수밖에 없다.

이러한 의사결정이 중요하다는 것을 모두 인식하지만 의사결정의 어려움은 합리적이고 과학적인 의사결정을 통해 최적의 대안을 선택하더라도 그 선택이 반드시 최선의 결과를 가져오지 않을 수도 있다는 것이다. 즉, 때로는 덜 과학적이고 덜 합리적인 의사결정이 더 좋은 결과를 가져올 수도 있다. 이는 조직이 처한 상황의 복잡성 및 불확실성과 밀접하게 관련이 있는데, 어떠한 의사결정이 가장 좋은 결과를 낳느냐는 것은 이러한 상황적 요인들로 인해 달라질 수 있다.

2. 의사결정의 상황

의사결정은 여러 가지 상황 속에서 하게 된다. 어떤 경우에는 아주 단순하고 평범한 의사결정을 하는 경우도 있고, 때로는 복잡하고 충분한 정보가 없는 상황에서 의사결정을 해야 하는 경우도 있다. 이에 따라 의사결정 결과를 미리 인지하고 있는 상황에서 의사결정을 하는 경우가 있을 수 있고, 아니면 결과를 예측하지 못하는 상황에서 의사결정을 해야 하는 경우가 있다. 이러한 의사결정 상황은 통상 확실성하의 의사결정, 위험하의 의사결정, 그리고 불확실성하의 의사결정 등 세 가지로 구분하여 살펴볼 수 있다.[1]

1) 확실성하의 의사결정

이 경우는 의사결정에 따르는 결과를 확실하게 예측할 수 있는 상황하의 의사결정이다. 확실성하의 의사결정은 필요한 모든 정보를 보유하고 있으며 이를 활용할 수 있고, 문제를 해결하기 위한 의사결정 결과에 대한 예측이 가능하다. 하위계층의 의사결정은 대부분 이런 경우에 속한다.

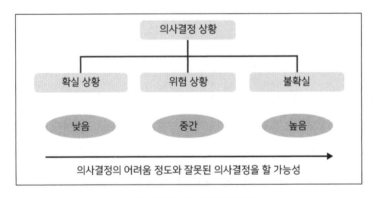

〈그림 16-1〉 의사결정의 상황

---

1   김진규 등, 현대경영학, 2019.

2) 위험하의 의사결정

이 경우는 의사결정에 따른 결과를 예측할 수는 없고, 단지 일정한 확률을 가지고 예측할 수 있는 상황하의 의사결정으로 확실성보다는 불확실하고, 불확실보다는 확실한 중간 정도의 상황에서의 의사결정이라 할 수 있다. 의사결정권자들은 의사결정의 결과에 대한 약간의 정보를 가지고 있으나 모든 결과를 확실히 인수 없기 때문에 각 대안의 어떤 결과를 낳을 것인지에 대해서는 확실하게 예측할 수 없다.

조직에서의 실제 의사결정은 완벽하게 확실하거나 완벽하게 불확실한 경우보다는 이러한 위험하의 의사결정 상황이 많으므로 위험 상황하에서의 의사결정은 조직의 중요한 관심이고 여기에 적용되는 개념이 확률이라 할 수 있다. 이러한 경우에는 대안별 미치는 효과와 발생할 확률을 고려하여 평가해야 한다. 중간계층에서의 의사결정이 보통 이런 상황이라 할 수 있다.

3) 불확실성하의 의사결정

이 경우는 의사결정 결과를 의사결정자가 전혀 예측할 수 없는 상황에서의 의사결정이다. 불확실성하의 의사결정은 그 결과가 매우 불확실하기 때문에 발생확률조차 예측할 수 없는 경우에 해당된다. 보통 조직과 환경의 복잡성과 동태성에서 야기되며, 주로 최고 경영층이 내리는 의사결정이 흔히 이런 상황에 속한다.

3. 의사결정 과정

개인이든 조직이든 우리는 지속적으로 크고 작은 의사결정을 반복하게 된다. 이때 여러 대안들 중에서 최선의 선택을 해야 하는 상황에 처하게 된다. 최근의 의사결정은 항상 미래 불확실성과 급변하는 환경으로 인해 매우 어렵고 중요한 일이다. 기업의 경우를 예를 들면 새로운 공장의 건립, 자금 차입, 해외 진출, 종업원의 채용, 노조와의 관계 등에 대한 의사결정은 더욱 그러하다. 이러한 의사결정은 보통 ① 문제의 파악, ② 선택대안 개발, ③ 대안의 평가 및 최적대안의 선택, ④ 선택된 대안의 실천, ⑤ 평가 및 피드백의 과정을 거친다.[2]

1) 문제의 파악

의사결정과정의 첫 단계는 문제를 파악하는 것이다. 문제를 정확하게 파악해야 문제의 원인과 해결방안을 세울 수 있다. 의사가 환자를 진단하여 처방을 내리듯이 문제를 파악하여 정확하게 원인을 알아야 한다. 문제의 원인을 깊이 있게 탐색하는 과정이 없이 성급하게 또는 즉흥적으로 의사를 결정하는 것은 오히려 엉뚱한 결과를 초래할 수 있다.

2) 선택대안의 개발

의사결정의 두 번째 단계는 문제해결을 위한 선택대안을 개발하는 단계이다. 선택대안은 현재의 상황과 바람직한 상황 간의 차이를 줄이거나 제거하기 위한 활동을 찾는 것이다. 좋은 선택대안을 찾기 위해서는 충분한 시간과 정보가 주어져야 하고 다른 사람들의 아이디어를 비판하지 않는 분위기와 인내력을 가지고 기다려야 한다.

3) 대안의 평가 및 최적대안의 선택

다양한 선택대안을 평가하여 최적의 대안을 선택하는 단계이다. 대안은 다양한 방법으로 평가될 수 있다. 각각의 대안의 드는 비용, 기간, 장단점 등을 종합적으로 고려해야 하는데, 통상 각 대안별 세 가지 기준에 의해 평가하게 된다. ① 실행 가능성, ② 각 대안이 문제해결에 보여주게 될 효과성, ③ 각 대안의 실행결과로 조직에 미치게 될 결과의 중요성 등으로 평가하여 최적의 대안을 선택한다.

환자를 예를 들면 의사는 환자에 대한 최적의 처방을 내리기 전에 과거 동일 환자의 치료 내용 및 결과, 해당 환자의 과거 치료내용 및 결과, 환자의 경제능력, 시간,

---

2   김정원 등, 경영학원론: 핵심정리와 사례, 2018.

완치 가능성 등을 대안별로 종합적으로 평가하여 최적의 처방을 내리게 된다.

4) 대안의 실천

최적 대안이라도 실천되지 않으면 문제를 해결할 수 없기 때문에 대안의 실천은 매우 중요한 단계이다. 관리자들은 실천에 필요한 자원이나 능력, 지식, 리더십, 기술 등을 통해 대안을 실천해야 한다.

5) 평가 및 피드백

마지막 단계는 의사결정의 효과성에 대한 평가와 피드백을 제공하는 단계이다. 의사결정의 첫 단계에서 발견된 문제가 해결되었는가? 최적의 대안이 실천된 문제가 개선되었는가? 만약 문제해결이 미흡하다면 관리자는 실패의 원인을 규명하여 피드백으로 제공해야 한다.

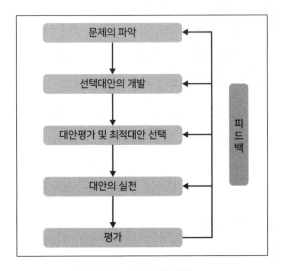

〈그림 16-2〉 의사결정 과정

제2절 집단의사결정

환경이 점차 복잡해지고 동태적인 변화에 따라 조직은 충분한 정보와 전문성을 확보하기 위해 집단의사결정에 의존하게 된다. 조직은 집단의사결정을 통해 효율적 의사결정에 필요한 전문화된 지식을 얻을 수 있을 뿐만 아니라 의사결정 이후 실행에 옮기는 데 필요한 집단구성원의 공감을 확보할 수 있게 된다.

방위사업에서의 중요한 의사결정은 위원회를 통해 결정되므로 집단의사결정에 의해 결정된다고 볼 수 있다. 선행연구 이후 사업추진방안을 결정하기 위한 사업추진 기본전략의 심의·조정, 제안요청서 확정을 위한 위원회, 연구개발로 추진 시 제안서 평가 결과를 반영한 협상 우선순위를 결정하기 위한 위원회, 구매로 추진할 경우 기종결정을 위한 위원회, 시험평가 결과를 판정하기 위한 위원회 등 많은 의사결정 과정을 거치면서 진행된다.

한편 AHP(Analytical Hierarchy Process) 기법은 관련 전문가들의 의견을 반영하기 좋은 기법으로 방위사업에서는 업체선정을 위한 제안서평가 시 평가항목별 배점을 정하거나 무기체계를 구매로 획득하는 경우 종합평가에 의한 방법으로 기종결정 시 성능, 비용, 종합군수지원, 정책적 고려요소 등 분야별 배점을 정하는 데에도 가장 흔히 사용된다. 또한 AHP 기법은 방위사업 분야에 대해 연구하는 경우에도 상대적 중요도를 고려하여 기중치를 산정하기 위해 많이 적용되고 있다.

1. 집단의사결정의 기법

1) 브레인스토밍

브레인스토밍(brainstorming)은 집단구성원이 문제해결을 위해 떠오르는 아이디어를 즉흥적으로 제안하도록 하는 기법이다. 보통 6~12명으로 구성된 집단이 탁자에 둘러

앉아 모두가 문제 해결을 위한 새로운 아이디어를 제출한다. 이 방법의 특징은 제안된 아이디어의 실천 가능성 여부를 판단하기보다 창의적인 아이디어를 최대한 많이 만들어내는 데에 있다. 따라서 다음과 같은 원칙이 지켜져야 한다. ① 비판엄금의 원칙, ② 자유분방의 원칙, ③ 질보다 양의 원칙, ④ 결합 및 개선의 추구 원칙 등이다.

이 기법은 구성원이 아이디어를 짜내려는 경쟁적 분위기를 촉진하여 풍부한 아이디어를 얻을 수 있으며 다른 사람의 아이디어에 자기의 아이디어를 추가하여 보다 좋은 아이디어를 제시할 수 있는 기회를 제공할 수 있다.

2) 명목집단법

명목집단법(nominal group technique)은 팀의 구성원이 모여서 의사결정 과정 동안 토론이나 대화를 하지 않고 의견을 제안하는 방법이다. 명목상으로는 집단활동을 하지만 실제는 개인 활동이기 때문에 붙여진 이름이다. 참가자가 다른 사람과 대화하지 않고 주제에 대한 자신의 생각을 정리할 수 있도록 일정한 시간을 부여한다. 의사결정 참여자들이 서로 대화하지 못하도록 하는 것은 다양한 생각을 아무런 압력이나 제한 없이 마음속에 생각하고 있는 바를 자유롭게 끌어내려는 것이다.

진행방법은 ① 구성원은 집단으로 모여 토론 전에 독자적으로 자신의 생각을 기록, ② 일정 시간 후 각자 아이디어를 제시하고, 진행자는 이를 기록, ③ 집단의 명확성을 위해 아이디어들을 토의 후 평가, ④ 독자적으로 아이디어에 점수를 부여하고, 최고점을 받은 의견을 최종 결정한다.

3) 델파이집단 기법

델파이집단 기법에서는 많은 심사위원들로부터 전문적 의견을 수렴하기 위해 설문지를 사용한다. 따라서 브레인스토밍이나 명목집단법보다는 더 복잡하고 시간이 소요되는 기법이다.

델파이집단 기법은 다음가 같은 순서로 진행된다.

① 해결해야 할 문제가 무엇인지에 대해 작성된 설문지를 심사위원들에게 발송

하고 설문지에 그 문제의 해결책이 될 수 있는 아이디어를 적어 다시 회송해 달라고 요구한다.

② 심사위원들은 독자적으로 그리고 익명으로 첫 번째 설문지를 완성하여 다시 회송한다.

③ 첫 번째 설문지 결과는 수집·분석·정리되어 그것을 다시 심사위원들에게 회송한다.

④ 심사위원들은 첫 번째 설문의 결과를 검토한 후 자신이 제안한 해결책을 수정 하거나 전혀 새로운 해결책을 다시 제시한다.

⑤ 의견합일에 도달할 때까지 ③단계와 ④단계의 작업을 반복한다.

델파이집단 기법은 비교적 효과적인 방법으로 인정받고 있는데 그 이유는 심사 위원들은 익명을 보장받고, 자신의 마음에 있는 생각을 거리낌 없이 나타낼 수 있기 때문이다. 또한 전문가를 한곳으로 모이게 하는 비용부담이나 불편 없이 전문적인 의 견을 수집할 수 있는 장점이 있다. 하지만 반복되는 설문지의 발송과 함께 회신하고 분석하며 정리하는 작업으로 인하여 시간의 소모가 많다는 단점이 있다.

2. 집단의사결정의 장·단점

1) 집단의사결정의 장점

먼저 집단의사결정의 장점은, ① 집단이 가지고 있는 보다 완벽한 정보와 지식을 활용 가능, ② 의사결정에 의해 영향을 받게 될 사람이나 그 결정을 실행하는 데 있어 서 핵심적인 역할을 한 사람들이 결정과정에 참여하게 되면 그 결정을 수용할 가능성 은 그만큼 높아져 해결책에 대한 수용 가능성이 증진되고, ③ 집단의사결정과정은 다 수의 의견을 따르는 민주적 이상과 일치하므로 한 개인의 의사 결정보다 더 합법적인 것으로 간주된다.

2) 집단의사결정의 단점

반면 집단의사결정의 단점은, ① 집단회의를 소집하는 데 시간이 소요되고 집단이 일단 소집되면 때로는 비능률적인 경우도 있다. 그리하여 결과적으로 개인의 의사결정보다는 해결책에 도달하는 데 더 많은 시간이 소요된다. ② 집단에는 사회적 압력이 작용한다. 즉 집단구성원의 대부분은 그 결정을 수용하고자 하는 열망이 있고, 그 결정이 집단에 중요한 것으로 인식되는 경우에는 구성원은 자신과 반대되는 불일치 의견을 억누르게 되는 경우도 있다. ③ 개인의사결정은 의사결정 결과에 대한 책임소재가 분명하다. 그러나 집단의사결정의 책임은 집단구성원에게 분배된다. 따라서 최종결과에 대하여 누가 실제로 책임을 질 것인가는 모호해지고 불투명해질 수밖에 없다.

제3절 AHP 기법

1. AHP 기법 개념

AHP(Analytical Hierarchy Process)는 Saaty(1978)에 의해 개발된 계층분석적 의사결정방법으로 복잡한 의사결정 문제를 계층적으로 분석하여 최적의 대안을 선정하는 기법이다. AHP 기법은 의사결정의 계층구조를 구성하고 있는 요소 간의 쌍대 비교(pairwise comparison)에 의한 판단을 통하여 평가자의 지식, 경험 및 직관을 포착하고자 하는 하나의 의사결정 기법이다. AHP 기법은 이론의 단순성 및 명확성, 적용의 편리성 및 범용성이라는 특징으로 인하여 여러 의사결정 분야에서 널리 응용되어 왔으며, 이론구조 자체에 관해서도 활발한 연구가 진행되고 있다.

일반적으로 AHP 기법은 불확실한 상황이나 다양한 평가기준에 있어서의 의사결징 기법으로서 문제분석에 있어서 인간의 주관적 판단과 시스템적 접근을 잘 적용한 문제해결형 의사결정 기법이라 할 수 있다. 즉 AHP 기법은 복잡한 문제의 계층화부터 평가지표의 최종 중요도 결정까지의 절차가 체계화되어 있는 계층화 의사결정 기법인 것이다. 또한 이러한 AHP 기법은 의사결정자의 판단에 대한 일관성을 측정할 수 있는 기능을 포함하고 있다.

AHP 기법은 상위계층에 있는 요소를 기준으로 하위계층에 있는 각 요소의 가중치를 측정하는 방식을 통하여, 상위계층의 요소하에서 각 하위요소가 다른 하위요소에 비하여 우수한 정도를 나타내 주는 수치로 구성되는 쌍대 비교행렬을 작성하게 된다. AHP 기법의 주요 장점은 의사결정 구성요소를 목표, 평가기준, 대안 등의 계층으로 나누어 판단하는 계층적 구조, 정량적 요소와 정성적 요소의 동시적 반영이 가능한 측정, 우선순위를 결정하는 데 이용되는 평가자의 판단에 대한 논리적 일관성 검증 가능, 그룹의사결정, 과정의 반복 및 민감도 분석 가능 등 〈표 16-1〉에서 보는 바와 같다.

〈표 16-1〉 AHP 기법의 주요 장점[3]

기능	주요 장점
계층적 구조	• 인간의 자연적인 사고과정을 반영 • 의사결정 구성요소를 목표, 평가기준, 대안 등의 계층으로 나누어 판단
측정	• 정량적 요소와 정성적 요소의 동시적 반영 가능 • 상이한 척도를 가진 요소들의 비교 통합 가능 • 9점 척도 쌍대비교 결과의 신뢰성 입증
일관성 검증	• 우선순위를 결정하는 데 이용되는 평가자의 판단에 대한 논리적 일관성 검증 가능
그룹의사 결정	• 개별평가 결과의 합리적인 통합을 통해 집단의사의 효과적 결정이 가능
과정의 반복	• 문제의 정의를 수정할 수 있게 해주며, 반복을 통해 판단과 이해를 수정할 수 있음
민감도 분석	• 의사결정과 관련된 요소 또는 정보의 변화에 따른 민감도 분석이 가능

---

3 조근태 외, 계층분석적 의사결정, 2005.

2. AHP 기법 적용단계

AHP 기법은 상위 단계로서 의사결정자의 목표, 중간단계로서 하부단계(대안)의 비교 및 평가의 요소, 그리고 하부단계로서 대안들로 구성되는 계층구조를 이룬다. 중간단계는 문제의 복잡성에 따라서 여러 단계로 세분될 수 있으며, 문제해결을 위한 단계가 구성되면 최종목표를 위해 각 평가기준의 가중치를 산출하고 가중치가 산출된 평가기준으로 각각의 대안을 평가한다. 이때 동일단계에 있는 평가기준의 가중치는 그 하위단계에 전달된다. 이러한 계층적 구성 원리에 의해 최종목표에 합당한 최적대안을 선택한다. AHP 기법은 비교 및 평가 도중에 유익한 정보를 도출할 수 있고, 계층구조 작성이 비교적 단순하며 이를 평가하기 위한 설문조사 및 처리 절차가 복잡하지 않다는 특징을 가지고 있다.

AHP 기법 적용단계는 〈그림 16-3〉에서 보는 바와 같이, 1단계는 문제의 계층화, 2단계는 쌍대비교를 통한 AHP 입력 자료 비교, 3단계는 상대적 가중치의 추정, 그리고 4단계는 각 계층의 상대적 가중치를 종합하여 최적대안을 도출하는 과정을 거치게 된다. 이때 일관성을 측정하여 유효하지 못한 설문은 제외한다(조근태 외, 2005).

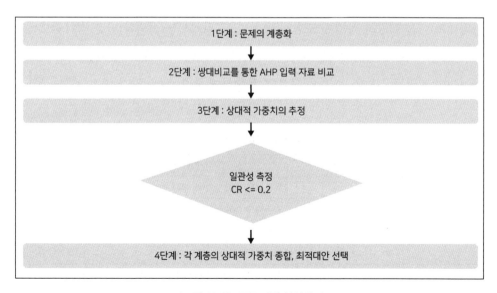

〈그림 16-3〉 AHP 기법 분석절차

1) 1단계: 문제의 계층화(hierarchy of decision problem)

주어진 의사결정 문제를 상호 관련된 의사결정 요소들로 계층화하여 문제를 분리하는 과정이다.

2) 2단계: 평가기준의 쌍대비교(pairwise comparison)

다속성 의사결정일 때는 각 속성의 상대적인 중요도를 모두 고려하여 중요도를 정하기에 어려움이 있다. 따라서 AHP 기법에서는 속성들을 두 개씩 쌍대비교를 한다. 어떤 계층에 있는 한 기준(속성 또는 요소)의 관점에서 하위계층에 있는 기준들의 상대적 중요도(선호도 또는 우월정도)를 평가하기 위해 기준들 간에 쌍대비교를 행하여 그 결과를 행렬로 나타내는 과정이다. 문제의 각 단계에서의 구성요소들을 비교할 때 각각 다음과 같은 정방행렬이 입력 자료로서 생성된다. 다음과 같은 입력행렬은 $A_{ji} = 1/A_{ij}$이고, 정방행렬의 주대각선(principle axis)의 원소들이 역수행렬(reciprocal matrix)이다. 역수속성을 지닌 정방행렬은 고유벡터(eigenvector)와 고유값(eigenvalue)이라는 성질을 이용하면 쉽게 해를 구할 수 있다.

쌍대비교의 과정에는 평가기준 등에 대한 의사결정자의 선호도(preference)를 먼저 나타내고 이를 계량화 과정에 포함시킨다. 이를 위해서는 신뢰할 만한 평가척도(scale)가 필요하며, AHP 기법에서는 Saaty가 제안한 1~9점 척도가 많이 이용되고 있으며 구체적인 정의는 〈표 16-2〉와 같이 '1'은 동등하게 중요, '3'은 약간 중요, '5'는 강하게

〈표 16-2〉 평가척도의 예시

척도(numerical judgement)	정의(verbal judgement)
1	동등하게 중요 (equal importance)
3	약간중요 (weak)
5	강하게 중요 (strong)
7	대단히 중요 (very strong)
9	절대적으로 중요 (absolute)
2, 4, 6, 8	가까운 숫자에 근접한 중요 (중간단계)

중요, '7'은 대단히 중요 그리고 '9'는 절대적으로 중요한 것을 나타내고 있다.

3) 3단계: 가중치의 추정(estimation of relative weights)

상대적 중요도를 평가하는 쌍대비교를 행한 후에는 각 계층에 대하여 비교 대상 평가요소들이 갖는 상대적인 가중치를 추정하는 단계이다. 일관성 지수를 무작위 지표 평균으로 나눈 값을 일관성 비율(Consistency Ratio: CR)이라 하며 이 일관성 비율이 0.1 이내일 때에만 무리가 없는 모델로 받아들여지고 0.2까지는 허용할 만한 수준으로 간주된다. 집단의사결정에 있어 개별적 평가자들로부터 얻은 쌍대비교 값들의 대표 값으로는 기하평균이 추천되는데 이는 기하평균들로 구성된 쌍대비교 행렬만이 역수행렬을 만족하기 때문이다.

4) 4단계: 가중치의 종합(aggregation of relative weights)

AHP 기법의 마지막 단계는 하위계층에 있는 평가요소들의 가중치를 구하기 위해서 각 계층에서 계산된 평가기준들의 가중치를 종합하는 과정이다. 즉 상위계층에 있는 의사결정 문제의 궁극적인 목표를 미치는지 또는 어느 정도의 중요성을 갖고 있는지를 알아보기 위해 평가요소들의 종합 가중치를 구한다.

3. 적용 사례

AHP 기법은 일반적으로 방위사업 개발업체를 선정하기 위한 제안서 평가의 배점을 정하거나 구매사업의 경우 종합평가에 의한 기종결정을 위한 배점을 정하기 위해 많이 적용되고 있다. 여기에서는 방위사업 부정당업자 제재 개선요인 우선순위 연구(김선영, 2019)를 사례로 살펴보았다.

1) 1단계: 문제의 계층화(hierarchy of decision problem)

먼저 1단계로 문제의 계층화이다. 〈표 16-3〉에서 보는 바와 같이 3개의 개선 분야와 각 개선 분야에 각각 3개의 개선요인을 선정하여 총 9개의 개선요인이 선정되었다. 이를 선정할 경우에는 상호 중복되지 않고 배타적이어야 한다. 그리고 신뢰성 및 타당성을 검증해야 한다. 이를 입증하기 위한 설문을 통한 통계분석 또는 전문가의 의견을 반영하는 델파이집단 기법을 적용할 수 있다.

〈표 16-3〉 부정당업자 제재 개선요인 계층화

개선 분야	개선요인
부정당업자 발생 예방대책 강화	업체능력확인체계 강화
	규격 및 구매요구서 정확성 유지
	연구개발 및 생산기간 보장
부정당업자 제재의 탄력적 운영	과징금 부과 및 행정지도 활성화
	제재 완화 / 감면 적정 시행
	고의 부정행위 시 제재 강화
업체지원 강화, 투명성 제고	적극적인 정보공개
	업체 대상 교육 강화
	투명성 제고

2) 2단계: 평가기준의 쌍대비교(pairwise comparison)

2단계는 1단계에서 계층화된 요인에 대하여 해당 분야의 전문가로부터 설문으로 상호 쌍대비교를 하는 단계이다. 이러한 설문을 각각의 개선분야별로 개선요인에 대해 쌍대비교를 실시한다. 예를 들면, 개선분야의 부정당업자 발생 예방대책 강화, 부정당업자 제재의 탄력적 운영, 업체지원 강화, 투명성 제고에 대해 상호 비교하는 것이다.

〈표 16-4〉 가중치 도출을 위한 쌍대비교(전문가 설문 예)

항목	절대중요 (9)	아주중요 (8)	(7)	중요 (6)	(5)	약간중요 (4)	(3)	(2)	대등 (1)	약간중요 (2)	(3)	중요 (4)	(5)	아주중요 (6)	(7)	절대중요 (8)	(9)	항목
부정당업자 발생 예방대책 강화							✓											부정당업자 제재의 탄력적 운영
부정당업자 발생 예방대책 강화					✓													업체지원 강화. 투명성 제고
부정당업자 제재의 탄력적 운영								✓										업체지원 강화. 투명성 제고

3) 3단계: 가중치의 추정(estimation of relative weights)

2단계에서 설문결과를 AHP 프로그램에 입력하면 아래와 같은 가중치가 산출된다. 이와 같은 결과를 각 개선 분야별 개선요인의 가중치가 산출된다.

〈표 16-5〉 개선 분야 분석결과(전문가 설문결과 산출)

개선 분야	상대적 중요도	우선순위
부정당업자 발생 예방대책 강화	0.5304	1
부정당업자 제재의 탄력적 운영	0.2507	2
업체지원 강화 및 투명성 제고	0.2189	3

4) 4단계: 가중치의 종합(aggregation of relative weights)

가중치의 종합은 개선 분야 분석결과와 개선요인 분석결과의 각 가중치를 곱하여 산출한다. 예를 들면, 업체능력확인체계 강화는 개선분야 분석결과인 부정당업자 발생 예방대책 강화 가중치 0.5304와 개선요인 분석결과인 가중치 0.4316을 곱한 것으로 0.2289이다. 위와 같은 방법으로 분석결과를 종합하면 부정당업자 제재 개선방안 9개 중에서 가상 중요하게 생각히는 것은 업체능력확인체계 강화(0.2289), 다음으로 규격 및 구매요구서 정확성 유지(0.2038), 그리고 제재 완화 / 감면 적정 시행(0.1276) 순으로 중요도가 높게 나왔다. 상대적으로 투명성 제고(0.0473)나 고의 부정행위 시 제재 강화(0.0520) 및 업체 대상 교육 강화(0.0630) 등은 중요도가 낮게 나타났다.

〈표 16-6〉 부정당업자 제재 개선요인 우선순위 산출결과

단계	개선 분야	상대적 중요도	순위	단계	개선요인	상대적 중요도	상대적 중요도 (종합)	순위
1 단 계	부정당업자 발생 예방대책 강화	0.5304	1	2 단 계	업체능력 확인체계 강화	0.4316	0.2289	1
					규격 및 구매요구서 정확성 유지	0.3842	0.2038	2
					연구개발 및 생산기간 보장	0.1842	0.0977	5
	부정당업자 제재의 탄력적 운영	0.2507	3	2 단 계	과징금 부과 및 행정지도 활성화	0.2845	0.0713	6
					제재 완화 / 감면 적정 시행	0.5090	0.1276	3
					고의 부정행위 시 제재 강화	0.2075	0.0520	8
	업체지원 강화 및 투명성 제고	0.2609	2	2 단 계	적극적인 정보공개	0.4957	0.1085	4
					업체 대상 교육 강화	0.2880	0.0630	7
					투명성 제고	0.2163	0.0473	9

제4절 방위사업 의사결정

1. 방위사업 의사결정의 특성

방위사업은 국방정책 결정부터 소요결정, 소요결정 이후 진행되는 사업관리, 그리고 시험평가 및 전력화까지 지속적인 의사결정으로 진행되는 업무이다. 이러한 의사결정체계는 그동안 지속적으로 변화하면서 오늘에 이르게 되었다. 이러한 복잡하고 많은 의사결정을 거쳐야 하는데, 이는 그만큼 중요하기 때문이지만 때로는 그러한 의사결정 때문에 효율적으로 방위사업을 추진하는 데 지장을 주기도 한다.

방위사업의 의사결정은 결국 국방력을 강화하고 유지하는 데 결정적으로 영향을 미치기 때문에 중요하다 할 것이다. 방위사업 관련 의사결정은 대부분 집단의사결정인 위원회를 통한 의사결정이 이루어진다. 이러한 의사결정은 다양한 기관에서 다양한 전문가가 참여하여 전문가에 의해 공정하고 투명하게 추진하기 위함이다.

2. 청와대의 국가안전보장회의(NSC: National Security Council)

청와대는 기본적으로 국방정책을 수립하기 위한 지침이나 방향을 제시하는 역할을 수행한다. 때로는 국방 현안이 발생할 경우에는 방향을 제시하고 조정 및 통제, 지시를 한다. 청와대에서 국방관련 의사결정은 국가안정보장회의(NSC: National Security Council)에서 주로 이루어진다.

국가안정보장회의는 대통령 자문기관인 동시에 국무회의의 전심기관(前審機關)으로, 국가안전보장에 관련된 대외정책·대북정책·군사정책 및 국내정책 사항은 국무회의 심의에 앞서 가능한 이 회의의 자문을 거쳐야 한다. 그러나 대통령이 자문을 거치지 않고 바로 국무회의의 심의에 붙인 경우에도 효력에는 영향이 없다. 따라서 법적인면에서는 그 존재의의가 별로 없지만 실제로 국가안전보장에 관하여 신중한 검토, 특히 전문적 입장에서의 검토를 할 수 있는 계기를 마련하는 데 의의가 있다.

NSC는 대통령·국무총리·통일부장관·외교통상부장관·국방부장관·국가정보원장과 대통령이 정하는 약간의 위원으로 구성하며, 대통령이 의장이다. 의장은 회의를 소집하고 주재(主宰)하며, 국무총리로 하여금 그 직무를 대행하게 할 수 있으며, 필요하다고 인정한 때는 관계부처의 장과 비상기획위원회 위원장, 합동참모회의 의장과 기타 관계자를 회의에 출석시켜 발언하게 할 수 있다.

국가정보원장은 국가안전보장에 관련된 국내외 정보를 수집·평가하여 이를 보고함으로써 심의의 자료가 되게 한다. 그리고 사무처를 두어 국가안전보장전략의 기획 및 조정, 국가위기 예방·관리 대책의 기획, 군비통제에 관한 사항, 안보회의 및 상임위원회의 심의사항에 대한 이행상황의 점검, 기타 안보회의·상임위원회·실무조정회의 및 정세평가회의의 운영에 관한 사무를 처리하고 있다.

3. 국방부의 군무회의 및 방위사업협의회

국방부의 최고 의사결정기구는 군무회의이다. 군무회의는 주요 국방정책을 심의하는 국방부의 최고 심의회의로, 국방 기본 정책서, 국방 중기 계획서 등 기획 관리 문서와 국방 주요 정책의 결정 및 변경에 관한 사항, 정부 부처와 대 외국과의 협조에 관한 정책적인 결정이 요구되는 주요 사항 및 2개 군 이상이 관련되는 주요 정책 사업 등의 현안을 다룬다.

군무회의 의장은 국방부 장관이며, 위원은 합참의장·각 군 참모총장·연합사 부사령관·차관·국방부 각 실장·정책 보좌관·차관보·국방정보본부장·국군안보지원사령관·기타 장관이 지정하는 자로 구성된다.

방위사업협의회는 소요·획득·운영유지 등 방위사업 전반에 걸쳐 제기된 제반 문제점을 해소하기 위한 협의를 위해 운영하며, 대상안건은 방위사업추진위원회(분과위원회 등 포함) 심의·조정 전에 기관 간 이견이 있는 사안에 대해 사전 협의가 필요한 사항, 전력정책 또는 방위사업 추진을 위해 기관 간 협의가 필요한 사항, 기타 의장이 협의회에서 논의가 필요하다고 인정하는 사항 등이다. 협의회 의장은 국방부 차관과 방위사업청장이며, 위원은 국방부 전력자원관리실장, 합참 전략기획본부장, 각 군 참모차장, 해병대 부사령관, 방위사업청 관련 본부장 등이며, 운영시기는 분기별 1회 개최한다.

4. 방위사업 의사결정

1) 합동참모회의

합동참모회의는 합참에서 운영하는 의사결정기구로 각 군에서 요구한 소요제기서를 종합 검토하여 최종 소요를 결정한다. 합참은 필요시 Top- Down으로 소요 지침을 지시하는 역할을 한다.

합참의장이 합동참모회의 위원장이며, 각 군 참모총장, 해병대사령관, 합참본부장이 참여한다. 합참은 국방부장관의 최고 군사자문기관 역할을 한다.

2) 방위사업추진위원회

방위사업추진위원회는 방위사업 관련 최고 의사결정기구이다. 심의대상 안건은 방위사업과 관련된 주요 정책 및 계획에 관한 사항, 방위력개선사업 분야의 중기계획 수립에 관한 사항, 방위력개선사업의 예산편성에 관한 사항, 방위력개선사업의 추진방법 결정에 관한 사항, 구매하는 무기체계 및 장비 등의 기종결정에 관한 사항, 절충교역에 관한 사항, 분석·평가 및 그 결과의 활용에 관한 사항, 군수품의 표준화 및 품질보증에 관한 사항, 군수품의 조달계약에 관한 사항, 국방과학기술진흥에 관한 중·장기정책의 수립에 관한 사항, 방위사업육성기본계획의 수립에 관한 사항, 방위산업물자 및 방산업체의 지정에 관한 사항 등이다.

위원회 구성은 위원장 1인을 포함한 25인 이내의 위원으로 구성하며, 위원회의

위원장은 국방부장관이 되고, 부위원장은 방위사업청장이 된다. 위원은 국방부차관, 국방부 전력자원관리실장, 방위사업청 차장·사업본부장, 합동참모본부 전략기획본부장, 육·해·공군 참모차장 및 해병대부사령관, 기획재정부·과학기술정보통신부·산업통상자원부의 실·국장급 공무원으로서 소속기관의 장이 지명하는 자, 국방과학연구소장, 국방기술품질원장 및 한국국방연구원장, 국회 국방상임위원회가 추천하는 자 중에서 국방부장관이 위촉하는 자, 방위사업에 관한 전문지식 및 경험이 풍부하거나 학식과 덕망을 갖춘 자로서 방위사업청장이 추천하는 자 중에서 국방부장관이 위촉하는 자 등이다.

예를 들면, 방위사업청은 2018년 7월 새로 건조하는 3척의 이지스구축함(KDX-Ⅲ, Batch-Ⅱ)에 탑재하는 SM-2 함대공미사일 수십 발을 미국에서 추가 구매하기로 결정했는데, 이는 국방부 장관 주재로 열린 제117회 방위사업추진위원회 회의에서 의결한 것이다. 방추위 심의안건은 사전에 분과위 심의조정을 거치도록 규정하고 있다.

3) 방위사업기획관리분과위원회

방위사업기획관리분과위원회는 기존의 정책기획분과위원회, 사업관리분과위원회 및 군수조달분과위원회가 통합된 위원회이다. 안건 대상은 방추위에서 분과위에 위임한 사항으로 '방위사업추진 주요 정책 및 계획에 관한 일반 사항' 등 방위사업기획·관리 분과위 소관의 위임사항이다. 또한 분과위 위임사항 중 필요시 분과위 심의·조정을 생략하고 실무위 심의·조정을 거쳐 분과위에 보고할 수 있는 사항이다. 예를 들면, 소규모(총사업비 200억 원 미만)이거나 반복·계속사업 등 주요 의사결정이 불필요한 사항, 총사업비 규모 3,000억 원 미만 품목, 연구개발비가 100억 원 미만 또는 총사업비가 1,000억 원 미만인 연구개발사업의 표준품목의 지정 및 해제, 국방규격의 제정·개정 및 폐지, 계약금액 500억 원 미만(단, 정비품목의 경우 500억 원 이상도 포함), 5,000만 불 미만의 방산업체 존립이 불확실한 경우의 계약, 입찰참가 자격 제한자와 수의계약, 계약 지체상금 부과 등이다.

기타 일부 안건의 축소 및 조정된 사항으로 먼저 단순 사실·집행사항 등 위원회 심의 불필요 안건으로 ① 방위력개선사업추진계획서: 기확정 예산 및 사업일정 등 단순사실 보고, ② 기술이전 승인(국내 이전): 업체의 양산, 성능개량 등을 위한 단순 집행 사항, ③ 특화연구센터 선정, ④ 핵심기술 R&D 주관 및 업체 선정: 별도 평가위원회(민간위원 포함) 심의·조정 결과의 단순사실 보고 등이다. 또한 필요시 선행단계인 '사업추진기본전략'과 통합하여 상정이 가능한데, 대상은 ① 구매계획서, ② 탐색개발기본계획서, ③ 체계개발기본계획서: 일부 사업의 경우, 사추전략과 주요 작성항목이 중복되거나 동시 수립 가능하다.

분과위 구성은 방추위 위원의 소속기관 추천자 및 방추위 민간위원이 모두 참여하도록 하여 5인 이상 26명 이내로 구성하도록 되어 있다. 위원장은 방위사업에 관한 총괄적 심의·조정 위원회로서의 성격을 고려하여 방위사업청의 부기관장인 차장이며, 불가피한 사유로 위원장 부재 시 위원장이 위원 중 부위원장을 지명할 수 있다. 위원은 기관별 대표성을 고려하여 방추위원이 해당 기관에서 추천하는 직위자, 민간위원은 민간 방추위원 전원(정원 7인), 간사는 방위사업청 기획조정관실 정책조정담당관이 수행한다.

4) 방위사업위원회 개최 현황

최근 5년간 방위사업 관련하여 위원회 현황을 살펴보면, 다음 표에서 보는 바와 같이 총 953건으로 연평균 190건, 월단위로 약 16건이다. 개최 횟수는 총 225회로 연평균 45회이며, 월단위로는 약 4회가 개최되었다. 각 분과위원회 산하에는 각 부서별로 실무위원회를 운영하는데 실무위원회 개최 횟수는 아마도 전체 분과위 이상 위원회 개최 횟수보다 많을 것이다(방위사업추진위원회 운영규정(2019) 등 참조).

<표 16-7> 방위사업 관련 위원회 개최 현황(안건수/개최횟수)

구분	2014	2015	2016	2017	2018
방위사업추진위원회	50/12	20/7	27/6	37/10	40/10
정책기획분과위원회	55/12	23/7	36/9	37/9	26/7
사업관리분과위원회	85/23	63/17	59/14	60/13	88/18
군수조달분과위원회	10/5	47/11	43/12	73/13	74/10
총계	200/52	153/42	165/41	207/45	228/45

>> 생각해 볼 문제

1. 집단의사결정의 장단점은?

2. 방위사업 의사결정 관련 문제점 및 개선방안은?

3. 방위사업 의사결정에서 위원회 또는 주관부서의 역할과 책임은?

참고문헌

국가계약법, 2017. 12. 19. 일부 개정.

국가계약법 시행령, 2019. 9. 17. 일부 개정.

국가계약법 시행규칙, 2019. 9. 17. 일부 개정.

국방과학연구소, 국방과학연구소 40년 연구개발 투자효과, 2010.

국방기술품질원, 2018년 국가별 국방과학기술 수준 조사서, 2019. 12.

국방대학교 직무교육원, 국방사업관리, 2017.

국방부, 국방전력발전업무훈령, 2020. 5. 14.

_____, 방위산업에 관한 계약사무 처리 규칙, 2006. 11.

_____, 방산원가 대상물자의 원가계산에 관한 규칙, 2019. 12.

_____, 2018년 국방백서, 2019.

_____, 2019~2033 국방과학기술진흥정책서, 2019.

김선영, 국방 정보시스템 연구개발사업 업체선정 평가모형 개발에 관한 연구, 정보시스템연구, 한국정보시스템학회, 2010. 6.

_____, 무기체계 구매사업의 성공적인 추진을 위한 시스템 개선방안, 방위산업진흥회, 국방과 기술, 2017. 4.

_____, 방위사업 이론과 실제, 서울: 북코리아, 2017. 11.

_____, 방위산업 발전과 효율적인 방위력개선을 위한 무기체계 R&D 지체상금 제도 개선방안, 방위산업진흥회, 국방과 기술, 2020. 1.

_____, 방위산업에서 부정당업자 제재 개선요인 우선순위 연구, 한국방위산업학회, 방위산업학회지, 2019. 12.

_____, 효율적인 전력증강을 위한 무기체계 소요기획체계 혁신방안 연구, 한국방위산업학회, 방위산업학회지, 2018. 9.

김정원 외, 경영학원론: 핵심정리와 사례, 도서출판 범한, 2018.

김진규 외, 현대경영학(제8판), 도서출판 법문사, 2019.

민재형, 스마트 경영과학, ㈜생능, 2008.

방위사업법, 2017 11. 28. 일부개정

방위사업법 시행령, 2019. 12. 3. 일부개정

방위사업법 시행규칙, 2019. 12. 4. 일부개정

방위사업청, 과학적사업관리 수행지침, 2019. 9. 18.

_____, 국방과학기술연구개발 소개, 2014.

_____, 국방획득 원가 및 계약실무, 2015.

_____, 군수품조달관리규정, 2019. 9. 18.

_____, 계약변경업무 처리지침, 2019. 9. 18.

_____, 기술성숙도평가(TRA) 업무지침, 2019. 12. 24.

_____, 무기체계 제안서 평가업무 지침, 2019. 12. 4.

_____, 방위력개선 사업관리지식창고 101(증보판), 2016. 2.

_____, 방위사업기획·관리분과위원회 운영규정, 2019. 9. 26.

_____, 방위사업관리규정, 2020. 3. 31.

_____, 방위사업추진위원회 운영규정, 2019. 5. 24.

_____, 분석평가업무 실무지침서, 2019. 5. 13.

_____, 절충교역지침(OFFSET PROGRAM GUIDELINES), 2019. 12. 16.

_____, 종합군수지원 개발 실무지침서, 2015. 7.

_____, 표준화 업무지침, 2020. 4. 10.

_____, 2019 방산육성 및 방산수출 지원제도 GUIDE, 2019. 2.

_____, 2019년도 방위사업 통계연보, 2019.

_____, 2019년도 방위산업육성 실행계획, 2019. 2.

산업연구원, 『'18~'22 방위산업육성 기본계획』 수립을 위한 정책연구, 2017. 10. 30.

_____, 2014 방위산업통계 및 경쟁력백서, 광공업통계기준, 2017.

안보경영연구원, 방위산업 통계조사 기반구축 및 협력업체 실태조사, 2017.

유형곤 외, 방산수출 확대에 따른 방위산업 선진화 방안 연구, 안보경영연구원, 2012.10.

육군본부, 분석평가 규정(전, 평시용), 2015. 8. 1.

_____, 분석평가업무, 2017.

_____, 야전운용시험 및 전력화평가 실무지침서, 2018.

_____, 시험평가 업무소개, 2017.

장준근, 통합군수원론, 북코리아, 2019.

조근태 외, 계층분석적 의사결정, 동현 출판사, 2005.

조영갑 · 김재엽, 현대무기체계론, 선학사, 2019.
최종환 외, 2019 최신개정판 제조원가계산실무, 한국원가분석학회, 2019.
합참, 분석평가업무규정(평시용), 2017. 6. 13.
_____, 무기체계 시험평가 실무 가이드북, 2015.
_____, 무기체계 시험평가 업무지침, 2018. 8. 10.

찾아보기